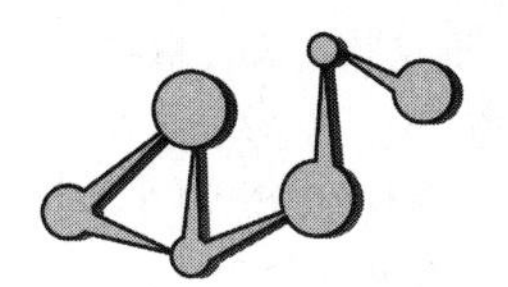

普通高等教育“十三五”规划教材

大学化学

DAXUE HUAXUE

第二版

卢学实　王桂英　王吉清　主编

化学工业出版社

·北京·

《大学化学》是普通高等理工科学校非化学化工类专业化学基础课教材。全书共分为八章，主要内容包括物质结构基础、化学反应的基本原理、溶液、电化学原理及应用、化学与材料、化学与能源、可持续发展与绿色化学、大学化学选做实验。前七章章末附有本章要点和习题。本书特点是以现代化学的基本原理和知识为基础，融合了传统化学学科的多个分支，并渗透了与化学密切相关的材料、能源、环境等学科的交叉内容。其知识体系系统完整、语言精练、概念准确、内容新、范围广，可以满足非化学化工类专业学生对化学知识的需求。

本书可作为材料、能源、环境、冶金、海洋、地质、包装等非化学专业本科生教材，也可供相关专业师生和科研工作者参考。读者可根据自身专业的特点，选学相应的章节。

图书在版编目（CIP）数据

大学化学/卢学实，王桂英，王吉清主编．—2版．—北京：化学工业出版社，2019.9 （2023.8重印）
ISBN 978-7-122-34779-4

Ⅰ.①大… Ⅱ.①卢…②王…③王… Ⅲ.①化学-高等学校-教材 Ⅳ.①O6

中国版本图书馆CIP数据核字（2019）第133638号

责任编辑：旷英姿　林　媛　　装帧设计：王晓宇
责任校对：王鹏飞

出版发行：化学工业出版社（北京市东城区青年湖南街13号　邮政编码100011）
印　　装：三河市延风印装有限公司
787mm×1092mm　1/16　印张19¾　彩插1　字数478千字　2023年8月北京第2版第5次印刷

购书咨询：010-64518888　　售后服务：010-64518899
网　　址：http://www.cip.com.cn
凡购买本书，如有缺损质量问题，本社销售中心负责调换。

定　　价：49.00元

《大学化学》 编写人员

主　编　卢学实（湖南工业大学）

　　　　王桂英（湖南工业大学）

　　　　王吉清（湖南工业大学）

副主编　贺全国（湖南工业大学）

　　　　邓　靖（湖南工业大学）

参　编（以姓氏笔画为序）

　　　　王湘英（湖南工业大学）

　　　　卢珏名（湖南工业大学）

　　　　华　杰（湖南理工学院）

　　　　刘有势（湖南工业大学）

　　　　孙开太（湖南工业大学）

　　　　李　青（湖南工业大学）

　　　　李福枝（湖南工业大学）

　　　　肖细梅（湖南工业大学）

　　　　何　英（湖南工业大学）

　　　　季　东（兰州理工大学）

　　　　周晓媛（湖南工业大学）

　　　　郑淑琴（湖南理工学院）

　　　　陶　炳（湖南工业大学）

　　　　傅　欣（湖南工业大学）

　　　　戴玉春（湖南工业大学）

前言

化学是一门既古老又年轻的科学，是研究物质的组成、结构、性质及其变化规律的科学。与工业生产、人民生活等都有非常密切的关系。

化学又是一门应用性极强的学科，它与数学、物理等学科共同成为自然科学迅猛发展的基础。化学的核心知识已经应用于自然科学的各个区域，化学是创造自然，改造自然的强大力量的重要支柱。目前，化学家们运用化学的观点来观察和思考社会问题，用化学的知识来分析和解决社会问题，例如能源问题、粮食问题、环境问题、健康问题、资源与可持续发展等问题。

化学与物理一起属于自然科学的基础学科，已经与各相邻学科交叉与渗透，产生了生物化学、农业化学、环境化学、能源化学、地球化学、材料化学、计算化学、医药化学等。

化学在保证人类的生存并不断提高人类的生活质量方面起着重要作用，例如：利用化学生产化肥和农药，以增加粮食产量；利用化学合成药物，以抑制细菌和病毒，保障人体健康；利用化学开发新能源、新材料，以改善人类的生存条件；利用化学综合应用自然资源和保护环境以使人类生活得更加美好。

总之，化学与人类的衣、食、住、行以及能源、信息、材料、国防、环境保护、医药卫生、资源利用等方面都有密切的联系。

大学化学是整个化学学科的导论，它扼要地阐述化学的基本理论、基本知识，并与关系国民经济发展的各种关键科学技术相联系。同时也是非化学、化工类专业在大学里必修的一门重要基础课程。使学生掌握现代化学的基本知识和理论，了解化学在社会发展和科技进步中的作用，了解化学在其发展过程中与其他学科相互渗透的特色，培养学生用现代化学的观点去观察和分析可能遇到的化学问题，为今后继续学习和工作打下必要的化学基础。

本次教材修订在第一版基础上进行，增加了选做实验。分为 8 章，分别为物质结构基础、化学反应的基本原理、溶液、电化学原理及应用、化学与材料、化学与能源、可持续发展与绿色化学、大学化学选做实验。

本教材具有以下特点：

1. 准确表达基本概念、基本原理，以及涉及的各有关专业名词术语。
2. 教材内容覆盖面大、实用性强，注重新概念、新内容的引入。
3. 贴近社会、生活实际，反映现代科技新成就，激发学生学习化学的兴趣和求知欲望。

参加编写工作的有：卢学实（第1章，第5章5.6、5.7，第7章7.1、7.6）；王桂英（第2章2.1～2.4，第4章4.1～4.3）；王湘英（第2章2.5，第8章实验三）；何英（第3章）；卢珏名（第4章4.4，第8章实验一、实验二）；王吉清、李福枝（第5章5.1～5.5）；王吉清、贺全国、邓靖、郑淑琴、季东、华杰（第6章）；肖细梅（第7章7.2～7.5）；周晓媛（第8章实验四～实验六）；刘有势（第8章实验七，附录）；陶炳（第8章实验八）；傅欣（第8章实验九）；李青（第8章实验十、实验十三）；孙开太（第8章实验十一）；戴玉春（第8章实验十二）。本教材是在全体编者多年教学实践的基础上完善并充实的，在编写过程中得到各同行与化学工业出版社的关注与支持，在此表示感谢。对本书中引用的文献资料的作者致以衷心的感谢！

鉴于大学化学内容极为广泛，因此在内容取舍与文字编排中的疏漏、不妥之处在所难免，恳请专家与读者批评指正。

编者

2019年5月

第一版前言

化学是一门既古老又年轻的科学，是研究物质的组成、结构、性质以及变化规律的科学。化学与工业生产和国防现代化、人民生活和人类社会等都有非常密切的关系。

化学又是一门应用性极强的学科，其核心知识已经应用于自然科学的各个领域，是创造自然、改造自然的强大力量的重要支柱。目前，化学家们运用化学的观点来观察和思考社会问题，用化学的知识来分析和解决社会问题，例如能源问题、粮食问题、环境问题、健康问题、资源与可持续发展等问题。

化学属于自然科学的基础学科，与各相邻学科交叉与渗透，产生了生物化学、农业化学、环境化学、能源化学、地球化学、材料化学、计算化学、医药化学等。

化学在保证人类的生存并不断提高人类的生活质量方面起着重要作用。如利用化学生产化肥和农药，以增加粮食产量；利用化学合成药物，以抑制细菌和病毒，保障人体健康；利用化学开发新能源、新材料，以改善人类的生存条件；利用化学综合应用自然资源和保护环境，以使人类生活得更加美好。

总之，化学与人类的衣、食、住、行以及能源、信息、材料、国防、环境保护、医药卫生、资源利用等方面都有密切的联系。

大学化学是整个化学学科的导论，它扼要地阐述化学的基本理论、基本知识，并与关系国民经济发展的各种关键科学技术相联系。同时也是非化学、化工类专业在大学里必修的一门重要基础课程。该课程使学生掌握现代化学的基本知识和理论，了解化学在社会发展和科技进步中的作用，了解化学在其发展过程中与其他学科相互渗透的特色，培养学生用现代化学的观点去观察和分析可能遇到的化学问题，为今后继续学习和工作打下必要的化学基础。

本教材分为七部分，分别为物质结构基础、化学反应的基本原理、溶液、电化学原理及应用、化学与材料、化学与能源、化学与环境保护。

本教材在编写中力求具有以下特点。

1. 准确表达基本概念、基本原理以及涉及的各有关专业名词术语。

2. 教材内容覆盖面大、实用性强，注重新概念、新内容的引入。

3. 贴近社会、生活实际，反映现代科技新成就，激发学生学习化学的兴趣和求知欲望。

本书编写分工如下：卢学实编写前言及1，王桂英编写2、4，何英编写3，李福枝编写5，郑淑琴、季东、华杰编写6，肖细梅编写7及附录。本教材是在全体编者多年教学实践的基础上完善充实后编写完成的，在编写过程中得到各同行与化学工业出版社的关注与支持，在此表示感谢。对本书中引用文献资料的作者致以衷心的感谢！

本书可作为材料、能源、环境、冶金、海洋、地质、包装等非化学专业本科生教材，也可供相关专业师生和科研工作者参考。读者可根据自身专业的特点，选学相应的章节。

鉴于大学化学内容极为广泛，因此在内容取舍与文字编排中的疏漏、不妥之处在所难免，恳请专家与读者批评指正。

编者

2012 年 6 月

目 录

1 物质结构基础

物质世界五光十色、千变万化，归根结底，由物质的组成、结构决定。研究物质世界就是研究物质的组成、结构、性质及其变化规律。本章将讨论原子结构、化学键和晶体结构方面的基本理论和基础知识，这对于掌握物质的性质及其变化规律具有十分重要的意义。

1.1 原子结构

原子由原子核和电子组成，原子核由质子和中子组成。电子的质量为 9.109×10^{-31}kg，而质子和中子的质量分别是电子质量的 1836 倍和 1839 倍。因此，在原子中，电子的质量可以忽略不计。原子很小，其直径约为 10^{-10}m，原子核的直径为 $10^{-16}\sim10^{-14}$m，电子的直径约为 10^{-15}m。由此，我们得到两个结论：①电子在原子中的活动空间是巨大的；②原子核的密度是巨大的，约为 10^{14}g/cm^3。

1.1.1 氢原子结构

为了解释 1885 年巴尔麦（Balmer）在可见光范围内发现的氢原子的线状光谱，1913 年玻尔（N. Bohr）吸收了普朗克（Planck）在 1900 年提出的量子论和爱因斯坦（Einstein）在 1905 年提出的光子论，大胆地提出了新的原子结构理论——玻尔理论，成功地解释了氢原子光谱。但是玻尔理论不能解释氢原子光谱的精细结构和多电子原子光谱，这是因为玻尔理论并没有完全摆脱经典力学的束缚，认为电子是沿着固定的原子轨道绕核运动，这不符合电子的运动规律。

受光的波粒二象性的启发，1924 年德布罗意（de Broglie）提出电子等微观粒子也具有波粒二象性，这一假设的正确性很快被电子衍射实验所证实。至此，必须建立一个新的观念：电子等微观粒子的运动不能用经典力学的理论来描述。

为了描述电子等微观粒子的运动规律，薛定谔（E. Schrodinger）、海森堡（Heisenberg）、保罗·狄拉克（Paul Dirac）等创立了量子力学，为物质微观结构的研究奠定了理论基础。1926 年奥地利物理学家薛定谔（E. Schrodinger）根据德布罗意关于物质波的观点，引用电磁波的波动方程，提出了描述微观粒子运动规律的波动方程——薛定谔方程，这是一个二阶偏微分方程：

$$\frac{\partial^2 \psi}{\partial x^2}+\frac{\partial^2 \psi}{\partial y^2}+\frac{\partial^2 \psi}{\partial z^2}+\left(\frac{8\pi^2 m}{h^2}\right)(E-V)\psi=0$$

对于氢原子系统，式中 m 为电子的质量；E 相当于氢原子的总能量；V 为系统的势能；ψ 为电子三维空间坐标 x、y、z 的函数，称为波函数（习惯上称原子轨道），即描述原子核外电子运动状态的函数；h 为普朗克常数。解薛定谔方程，就可求出描述微观粒子（如电子）运动状态的函数式——波函数 ψ 以及与此状态相应的能量 E。薛定谔方程体现了微观粒子的粒子性（m 和 E）和波动性（ψ）的特性。

1.1.1.1 描述电子运动状态的四个量子数

对氢原子薛定谔方程精确求解的过程中很自然地引入了三个参数 n、l、m。这三个参数的取值必须是量子化的，因而统称为量子数。为使所得到的解有合理的物理意义，必须对它们的取值作一定的限制。现将它们的取值和在描述电子运动状态时的物理意义分述如下。

三个量子数的取值规定如下。

$n=1, 2, 3, 4, \cdots, \infty$　　正整数

$l=0, 1, 2, 3, \cdots, (n-1)$　　共可取 n 个值

$m=0, \pm1, \pm2, \pm3, \cdots, \pm l$　　共可取 $2l+1$ 个值

可见，l 取值受 n 的数值限制，当 $n=1$ 时，l 只能取 0；m 取值又受 l 的数值限制，当 $l=0$ 时，m 只能取 0；当 $l=1$ 时，m 可取 -1，0，$+1$ 三个数值。因此，三个量子数的组合必须符合一定的规律。原子轨道与 n、l、m 三个量子数的关系列于表 1-1 中。

表 1-1 氢原子轨道和三个量子数的关系

n	l	m	轨道名称	轨道数
1	0	0	1s	1
2	0	0	2s	1
2	1	−1,0,+1	2p	3
3	0	0	3s	1
3	1	−1,0,+1	3p	3
3	2	−2,−1,0,+1,+2	3d	5
4	0	0	4s	1
4	1	−1,0,+1	4p	3
4	2	−2,−1,0,+1,+2	4d	5
4	3	−3,−2,−1,0,+1,+2,+3	4f	7

(1) 主量子数（n）

主量子数 n 是确定电子能级的主要量子数，对于氢原子电子能量 E）仅和主量子数 n 有关，即：

$$E=-2.179\times10^{-18}\left(\frac{1}{n^2}\right)$$

可见，n 越大，电子能级越高。

主量子数 n 也表示原子轨道离核的远近。即通常所说的电子层的层数，它是描述原子轨道能量高低的主要因素。n 值越大，表示电子离核平均距离越远。通常具有相同 n 的各原子轨道同属一个电子层。与 n 对应的电子层的符号如下：

主量子数 n　1　2　3　4　5　6　7　…

电子层符号　K　L　M　N　O　P　Q　…

(2) 角量子数 (l)

角量子数 l 用于确定原子轨道(或电子云)的形状。l 数值不同，轨道形状也不同。例如，s 轨道，$l=0$，其轨道形状为球形；p 轨道，$l=1$，其轨道呈哑铃形；d 轨道，$l=2$，其轨道呈花瓣形；f 轨道，$l=3$，轨道形状较复杂。

角量子数 l 也表示电子所在的电子亚层，具有相同角量子数的各个原子轨道同属一个电子亚层。与 l 对应的电子亚层的符号如下：

角量子数 l　0　1　2　3　4　…

电子亚层符号　s　p　d　f　g　…

原子轨道形状　球形　哑铃形　花瓣形

对多电子原子来说，角量子数 l 对其能量也将产生影响。此时电子能级由 n、l 两个量子数决定。

(3) 磁量子数 (m)

磁量子数 m 可以确定原子轨道或电子云在空间的取向。当 l 数值相同，m 数值不同时，表示与 l 对应形状的原子轨道可以在空间取不同的伸展方向，从而得到几个空间取向不同的原子轨道。如 $l=0$，$m=0$，在空间只有一种取向，只有一个 s 轨道；$l=1$，$m=0$，±1，在空间有三种取向，表示 p 亚层有三个轨道：p_x，p_y，p_z；$l=2$，$m=0$，±1，±2，在空间有五种取向，表示 d 亚层有五个轨道：d_{xy}，d_{xz}，d_{yz}，d_{z^2}，$d_{x^2-y^2}$；$l=3$，$m=0$，±1，±2，±3，在空间有七种取向，表示 f 亚层有 7 个轨道。

在没有外加磁场的情况下，同一亚层的原子轨道(如 p_x，p_y，p_z)能量相等，叫等价轨道。

(4) 自旋量子数 (m_s)

原子光谱实验证明，三个量子数皆相同的电子仍表现出不同的性质，为解释这一现象，引出了第 4 个量子数，称自旋量子数 m_s。从量子力学的观点看，电子自旋并非真像地球绕轴自旋一样，它只是表示电子的两种不同状态。这两种状态有不同的“自旋”角动量，m_s 能取 $\pm\frac{1}{2}$ 两个数值。通常用“↑↑”表示自旋平行状态的两个电子，用“↑↓”表示自旋非平行(配对)状态的两个电子。

根据四个量子数间的关系，可以得出各电子层中可能存在的电子运动状态的数目，见表 1-2 所列。

表 1-2　核外电子可能存在的状态数

电子层	K $n=1$	L $n=2$		M $n=3$			N $n=4$				n
原子轨道符号	1s	2s	2p	3s	3p	3d	4s	4p	4d	4f	…
轨道的空间取向数	1	1	3	1	3	5	1	3	5	7	…
电子容量	2	8		18			32				$2n^2$

1.1.1.2 氢原子波函数

波函数可用直角坐标表示为 $\psi_{n,l,m}(x, y, z)$，也可用球坐标表示为 $\psi_{n,l,m}(r, \theta, \varphi)$。用球坐标表示更方便。设原子核在坐标原点 O 上，P 点为核外电子的位置，如图 1-1 所示，γ 表示 P 点到坐标原点的距离(电子离核的距离)，θ 表示 z 轴与 r 的夹角，φ 表示 r 在 xOy 平

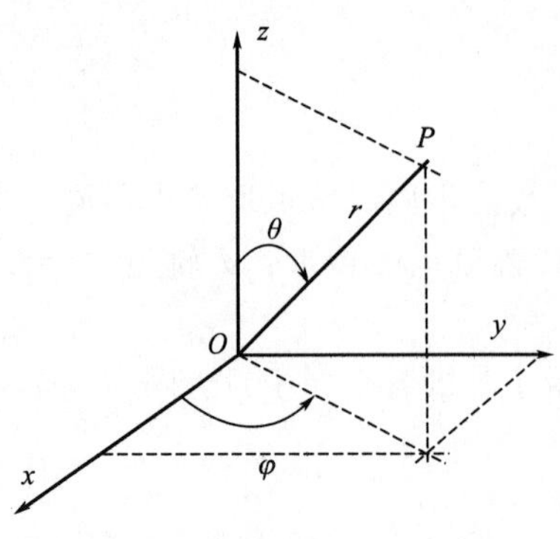

图 1-1 直角坐标与球坐标的关系

面投影与 x 轴的夹角。因此有：

$$x=r\sin\theta\mathrm{con}\varphi$$

$$y=r\sin\theta\sin\varphi$$

$$z=r\cos\theta$$

$$r=\sqrt{x^2+y^2+z^2}$$

通过变量分离可得：

$$\psi_{n,l,m}(r,\theta,\varphi)=R_{n,l}(r)Y_{l,m}(\theta,\varphi)$$

其中，R 与 n、l 有关，是变量 r 的函数，称为波函数的径向部分；Y 与 l、m 有关，是变量 θ、φ 的函数，称为波函数的角度部分。

对应 n、l、m 的一组合理组合所解得的 $\psi_{n,l,m}$ 实际上是一个数学函数式（表 1-3）及其对应的能量 E，即

$$E=-2.179\times10^{-18}\left(\frac{1}{n^2}\right)$$

式中，n 即是主量子数。对于氢原子，E 的数值取决于 n，n 越大，E 的数值越大，电子的能量越高。

表 1-3 氢原子的波函数

轨道	$\psi(r,\theta,\varphi)$	$R(r)$	$Y(\theta,\varphi)$
1s	$\sqrt{\frac{1}{\pi\alpha_0^3}}\mathrm{e}^{-r/\alpha_0}$	$2\sqrt{\frac{1}{\alpha_0^3}}\mathrm{e}^{-r/\alpha_0}$	$\sqrt{\frac{1}{4\pi}}$
2s	$\frac{1}{4}\sqrt{\frac{1}{2\pi\alpha_0^3}}\left(2-\frac{r}{\alpha_0}\right)e^{-r/2\alpha_0}$	$\sqrt{\frac{1}{8\alpha_0^3}}\left(2-\frac{r}{\alpha_0}\right)\mathrm{e}^{-r/2\alpha_0}$	$\sqrt{\frac{1}{4\pi}}$
$2\mathrm{p}_z$	$\frac{1}{4}\sqrt{\frac{1}{2\pi\alpha_0^3}}\left(\frac{r}{\alpha_0}\right)\mathrm{e}^{-r/2\alpha_0}\cos\theta$		$\sqrt{\frac{3}{4\pi}}\cos\theta$
$2\mathrm{p}_x$	$\frac{1}{4}\sqrt{\frac{1}{2\pi\alpha_0^3}}\left(\frac{r}{\alpha_0}\right)\mathrm{e}^{-r/2\alpha_0}\sin\theta\cos\varphi$	$\sqrt{\frac{1}{24\alpha_0^3}}\left(\frac{r}{\alpha_0}\right)\mathrm{e}^{-r/2\alpha_0}$	$\sqrt{\frac{3}{4\pi}}\sin\theta\cos\varphi$
$2\mathrm{p}_y$	$\frac{1}{4}\sqrt{\frac{1}{2\pi\alpha_0^3}}\left(\frac{r}{\alpha_0}\right)\mathrm{e}^{-r/2\alpha_0}\sin\theta\sin\varphi$		$\sqrt{\frac{3}{4\pi}}\sin\theta\sin\varphi$

1.1.1.3 波函数的角度分布图

由于波函数可写成径向部分和角度部分两个函数式的乘积，从数学上可分别做两个函数式的图形，依次称为波函数的径向分布图和角度分布图。在研究化学键时多用 $Y_{l,m}$（θ，φ）的图形，所以在此重点讨论波函数的角度分布图。

从坐标原点出发，引出方向为 θ、φ 的直线，长度取 Y 值大小，再将所有这些直线的端点连成光滑的曲线，在空间旋转 180°得到一个曲面，这样的图形称为波函数的角度分布图（见图 1-2）。

由于 s 轨道的角度部分与角度无关，$Y_{l,m}(\theta,\varphi)=\sqrt{\frac{1}{4\pi}}$，所以 s 轨道的角度分布图都是一个以 $\sqrt{\frac{1}{4\pi}}$ 为半径的球面。p_x 和 p_y 的角度分布图相同，只是在空间的取向不同，它们分别

在 x 轴和 y 轴上伸展。5 个 d 轨道的角度分布图在空间有 5 种取向，也有正负之分，这里不做详细介绍。

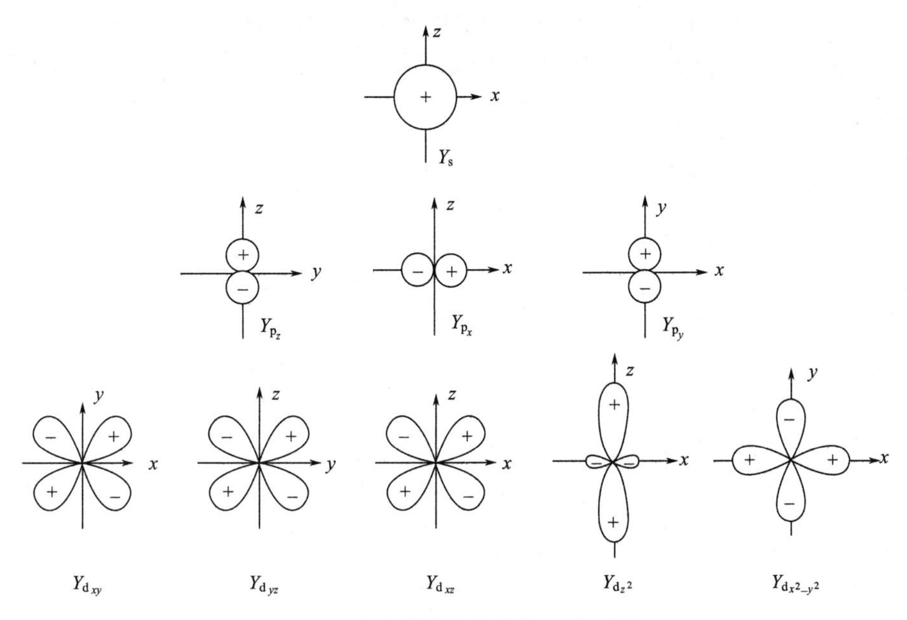

图 1-2　波函数的角度分布（平面图）

波函数角度分布图直观地反映了波函数的角度部分 Y 随角度 θ 和 φ 的变化情况。曲面上每点到原点的距离，代表在该角度上波函数的角度部分 Y 值的大小；正、负号表示 Y 在这些角度上为正值或为负值。

1.1.1.4　电子云的角度分布图

根据玻恩（Born）量子力学统计解释，$|\psi|^2$ 表示空间某点附近电子出现的概率密度，其空间图像可用小黑点的疏密程度来表示，$|\psi|^2$ 大的地方黑点密度大，反之亦然。这种从统计的角度用黑点的疏密对电子出现的概率密度所作的形象化描述称为电子云，如图 1-3 所示。

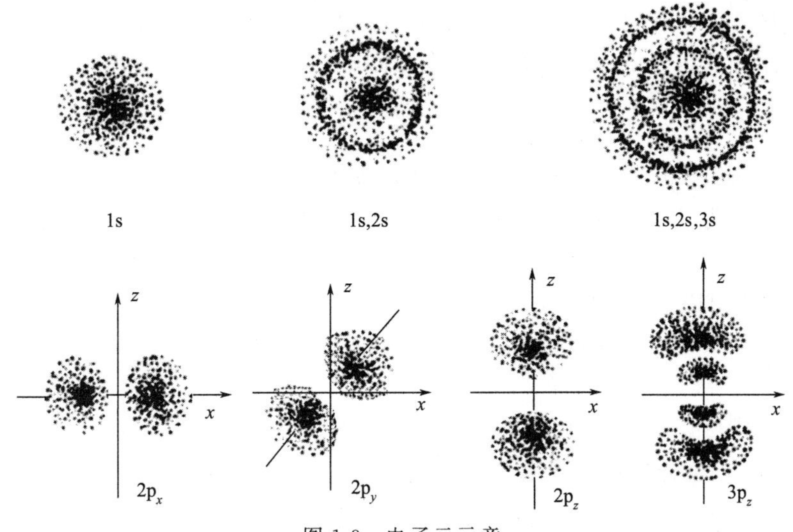

图 1-3　电子云示意

将 $|\psi|^2$ 的角度部分 Y^2 随 θ，φ 角的变化作图，所得图像叫做电子云的角度分布图（图 1-4）。它反映了电子在核外空间各个方向上出现的概率密度的分布规律。这些图像与原子轨道的角度分布图形状相似。其区别在于：第一，原子轨道的角度分布图有正负之分，而电子云的角度分布图均为正值，这是因为 Y 值的平方皆为正值；第二，电子云角度分布图比原子角度分布图“瘦”些，这是因为 Y 值小于 1，Y^2 值更小。

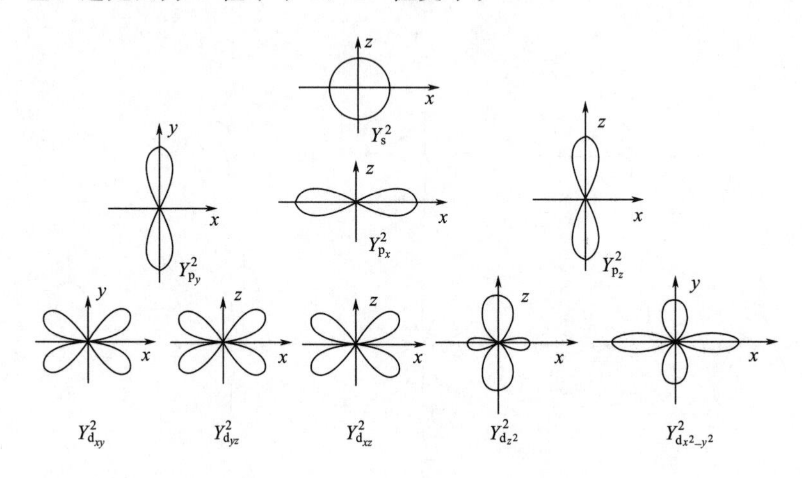

图 1-4 电子云角度分布（平面图）

1.1.2 多电子原子结构

前面讨论的是氢原子的电子结构，除氢原子以外，所有元素的原子核外都有一个以上电子，这些原子统称为多电子原子。在多电子原子中，核外电子不仅受原子核的吸引，还存在着电子间的相互排斥。

1.1.2.1 屏蔽效应

在多电子原子中，电子受到其余电子的排斥，电子间的排斥作用相当于抵消了一部分原子核的吸引作用。这种核电荷对某个电子的吸引力因其他电子对该电子的排斥而被削弱的作用称为屏蔽作用。若以 Z 表示核电荷，被抵消后的核电荷为 Z^*，称为有效核电荷，则有：

$$Z^* = Z - \sum\sigma$$

式中，Z 为核电荷数；σ 为参与屏蔽电子的屏蔽常数；$\sum\sigma$ 为所有参与屏蔽电子 σ 的总和。

若被屏蔽电子为（ns，np）组中的电子，同组中其他电子对该电子屏蔽的 $\sigma=0.35$（同组为 1s 电子时，σ 为 0.30）；（$n-1$）层中每一个电子对第 n 层电子屏蔽的 $\sigma=0.85$；($n-2$)以及更内层的电子对第 n 层电子屏蔽的 σ 均为 1.00。若被屏蔽的电子为 nd 或 nf 组中的电子，同组中其他电子对该电子屏蔽的 $\sigma=0.35$；按上述顺序所有左侧各组中各个电子的 σ 均为 1.00。

根据上述规则可计算出多电子原子的 $\sum\sigma$ 和 Z^*。

例1-1 试计算作用在氮原子核外 2s 上 1 个电子的有效核电荷数。

解 N 原子核外电子排布为 $1s^2 2s^2 2p^3$，1 个 2s 电子受到的屏蔽作用，同层（$n=2$）同组其余电子有 4 个，每个电子的 $\sigma=0.35$。

$$\sum\sigma_1 = 0.35\times4 = 1.40$$

($n-1$) 层即 $n=1$ 有 2 个电子，每个电子的 $\sigma=0.85$

$$\sum\sigma_2 = 0.85\times2 = 1.70$$

作用在一个 2s 电子上的： $\sum\sigma = \sum\sigma_1 + \sum\sigma_2 = 3.10$

所以 N 原子核作用在 2s 上的一个电子的有效核电荷数为：

$$Z^* = Z - \sum\sigma = 7 - 3.10 = 3.90$$

对于具有某波函数的电子，其能量（J）计算公式为：

$$E = -2.179\times10^{-18}\left(\frac{Z^*}{n}\right)^2$$

对于 n 相同而 l 不同的电子，其能量不同，随着 l 值的增大，能级依次增高。

$$ns < np < nd < nf$$

有时会出现 4s<3d 的情况，这种现象称为能级交错。例如，对于钾原子，根据斯莱特（Slater）原则，原子核作用在 4s 电子的有效核电荷数和作用在 3d 上一个电子的有效核电荷数分别为 2.20 和 1.00，4s 电子所受核的吸引力大，能级较低，原子稳定，所以钾的最后一个电子填充在 4s 上而不是 3d 上。

1.1.2.2 基态原子的核外电子排布

根据原子光谱实验和量子力学理论，基态原子的核外电子排布服从构造原理。构造原理是指原子建立核外电子层时遵循的规则。

（1）泡利不相容原理

同一原子中不能存在运动状态完全相同的电子，或者说同一原子中不能存在四个量子数完全相同的电子，这称为泡利不相容原理。例如，一原子中电子 A 和电子 B 的三个量子数 n，l，m 已相同，m_s 就必须不同了。例如：

量子数	n	l	m	m_s
电子 A	2	1	0	$+\frac{1}{2}$
电子 B	2	1	0	$-\frac{1}{2}$

本例中的主量子数、角量子数和磁量子数分别为 2，1 和 0，自旋量子数就只能分别取 $\left(+\frac{1}{2}\right)$ 和 $\left(-\frac{1}{2}\right)$ 了。前三个量子数相同说明所讨论的两个电子处于同一层、同一亚层和同一轨道，自旋量子数分取 $\left(+\frac{1}{2}\right)$ 和 $\left(-\frac{1}{2}\right)$ 表示轨道上运动状态不同的两个电子。这里得出一条重要的推论：同一轨道上最多容纳自旋方向相反的两个电子。不可能容纳第三个电子，是因为不论该电子的 m_s 取值 $\left(+\frac{1}{2}\right)$ 或 $\left(-\frac{1}{2}\right)$，都将违背泡利不相容原理。

由该推论并结合三个轨道量子数之间的关系，能够推知各电子层和电子亚层最多可容纳的电子数。各电子层最多可容纳的电子数与主量子数之间的关系为：最多可容纳的电子数 $=2n^2$。

（2）能量最低原理

多电子原子处于基态时，核外电子的分布在不违反泡利不相容原理的前提下总是优先占据能量较低的轨道，只有当能量较低的轨道占满后，电子才依次进入能量较高的轨道（图1-5），称为能量最低原理。根据图1-6电子填充顺序图，电子填入轨道时遵循下列次序：

1s 2s 2p 3s 3p 4s 3d 4p 5s 4d 5p 6s 4f 5d 6p 7s 5f 6d 7p

钒（$Z=23$）之前的原子严格遵守这一顺序，铬（$Z=24$）之后的原子有时出现例外。

（3）洪德规则

电子排布到等价轨道时，总是先以相同的自旋状态分占不同轨道，称为洪德规则。n 和 l 都相同的电子尽先处于 m 不同的轨道，且自旋平行。作为洪德规则的特例，在同一能级组中（除 s 能级外），当 $l=1$，2，3 等时，填充的电子个数为半满或全满时原子较稳定。例如，Cr 原子外层电子排布不是 $3d^4 4s^2$，而是 $3d^5 4s^1$。

根据以上规则可写出大多数元素原子的电子排布式。如 N，原子序数为 7，即 $Z=7$，有 7 个电子，其电子排布式为 $1s^2 2s^2 2p^3$；Fe，$Z=26$，电子排布式为：$1s^2 2s^2 2p^6 3s^2 3p^6 3d^6 4s^2$。

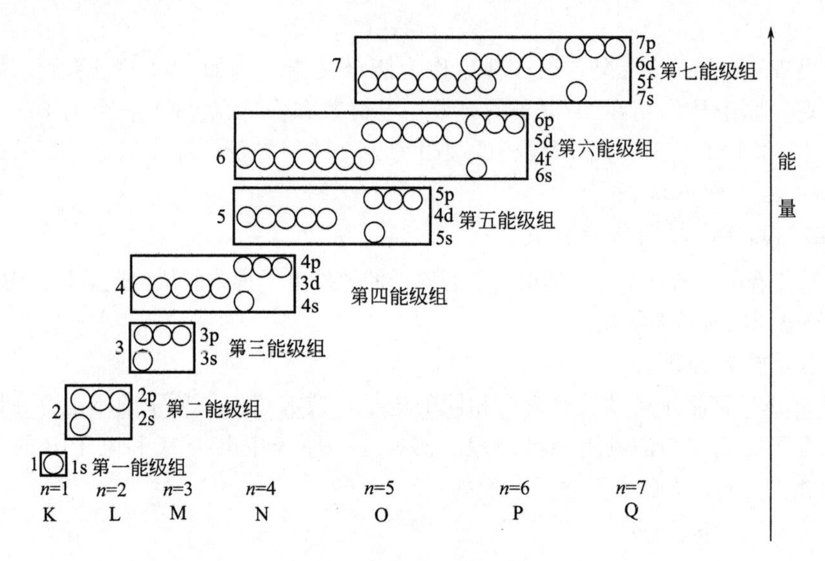

图 1-5 原子轨道能级示意

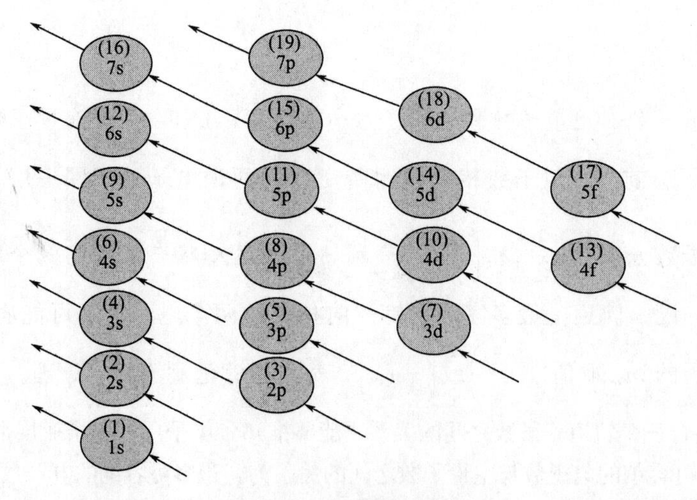

图 1-6 电子填充顺序

在化学反应中，只有外层电子参与反应，能参与反应的电子称为价电子。所以通常没有必要写出完整的电子排布式，只需写出外层电子排布式(也称外层电子构型)。对于过渡元素来说，外层电子还包括能参加反应的次外层的 d 电子。如：N 的外层电子排布式为 $2s^2 2p^3$，Fe 的外层电子排布式为 $3d^6 4s^2$。

当 3d 轨道上填充了电子以后，4s 轨道上电子的 Z^* 变小，能量升高，所以当原子失去电子时，首先失去的是外层 4s 轨道上的电子。如：Fe^{2+} 的外层电子构型为 $3s^2 3p^6 3d^6$。

1.1.3 元素周期律

元素以及由元素所形成的单质、化合物的性质随着元素的原子序数（核电荷数）的依次递增，呈周期性变化的规律称为元素周期律。

1.1.3.1 原子的电子层结构和元素周期表

原子核外电子排布的周期性是建立元素周期表的基础。在周期表中，元素所处的周期数等于该元素原子的电子层数（钯除外），即最大的主量子数。各周期元素的数目等于相应能级组中原子轨道所能容纳的电子总数。A 族元素及ⅠB 族、ⅡB 族元素所处的族数等于最外层电子数。ⅢB～ⅦB 族元素所在的族数度等于最外层电子数与次外层 d 电子数之和。ⅧB 族元素最外层电子数与次外层 d 电子数之和分别为 8、9、10，ⅧA 族元素最外层电子数为 8 或 2。

根据各元素原子的外层电子构型，可以将周期表划分为五个区：s 区、p 区、d 区、ds 区和 f 区（图 1-7）。

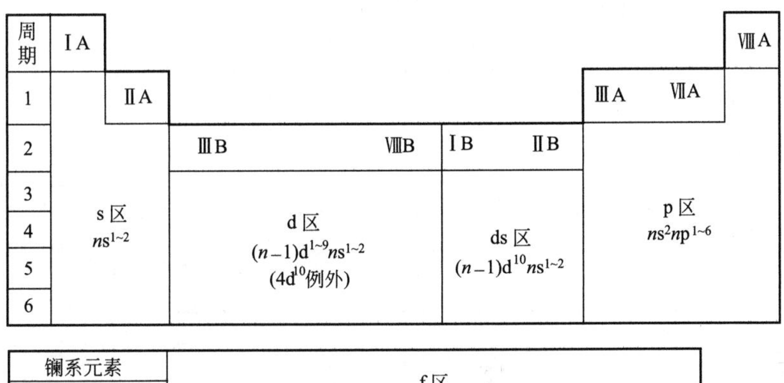

图 1-7 周期表各区

每一区元素都有其共同的特点。s 区元素除氢外都是活泼金属，最外层的 s 电子受核的吸引小，容易被激发。电子工业常利用这一特点选择该区元素及其化合物作为光电子或电子发射材料。

p 区元素除稀有气体外，有金属和非金属，该区元素发生化学反应时最外层的 s 和 p 电子参与成键。例如，Al^{3+} 是 Al 原子失去最外层的一个 p 电子和 2 个 s 电子而形成的；Cl^- 则是 Cl 原子得到一个电子使最外层达到 $3s^2 3p^6$ 结构。

d 区元素都是金属。参与化学反应的电子不仅仅是原子最外层的 s 电子，还有部分或全部次外层 d 电子。

ⅠB和ⅡB两族元素的原子的次外层都有10个d电子，因此将ⅠB和ⅡB从d区中分出单独为ds区。

f区元素也都是金属。该区的特点是参与化学反应的不仅有原子外层的s电子和次外层的d电子，有时还有倒数第3层的f电子。锕系元素都具有放射性，这是由于这些元素的原子核里所含中子数多，以致原子核很不稳定。

1.1.3.2 元素性质的周期性

在元素周期表中，元素的性质变化具有周期性，这种性质的周期性变化与元素原子的电子结构密切相关。

(1) 原子半径 (r)

根据现代原子结构理论，原子核外电子的运动无确定的轨迹，谈论原子的大小、形状、半径等都是无意义的。但是由于人们在讨论原子的化学行为时，常常把它看做微小的刚体球，原子半径便成为人为规定的物理量。通常以测量元素的原子在晶体或分子中两个原子核间距离为依据，根据物质种类不同，将原子半径分为不同的类型。

金属半径：金属晶体中两个相邻原子核间距离的一半。

共价半径：两个相同原子以共价单键结合时，核间距离的一半。

范德华半径：单原子分子晶体中两相邻原子核间距离的一半。

表1-4列出了原子半径的周期性变化规律：同周期A族元素自左至右原子半径明显递减，同周期B族原子半径也同时减小，但减小缓慢。这是因为按斯莱特规则，同周期A族元素从左至右每增加一个核电荷数，原子的有效核电荷数增加0.65，而B族元素只增加0.15，所以B族元素原子半径收缩较A族元素慢。

表1-4 元素的原子半径 r（单位：pm）

周期＼族	ⅠA	ⅡA	ⅢB	ⅣB	ⅤB	ⅥB	ⅦB	ⅧB			ⅠB	ⅡB	ⅢA	ⅣA	ⅤA	ⅥA	ⅦA	ⅧA
1	H 37																	He 120
2	Li 154	Be 112											B 82	C 77	N 75	O 73	F 72	Ne 162
3	Na 154	Mg 159											Al 143	Si 111	P 106	S 102	Cl 99	Ar 191
4	K 234	Ca 197	Sc 162	Ti 146	V 133	Cr 126	Mn 126	Fe 126	Co 125	Ni 121	Cu 127	Zn 137	Ga 140	Ge 136	As 119	Se 116	Br 114	Kr 200
5	Rb 248	Sr 214	Y 179	Zr 159	Nb 145	Mo 139	Tc 135	Ru 133	Rh 134	Pd 137	Ag 144	Cd 134	In 166	Sn 162	Sb 159	Te 135	I 133	Xe 220
6	Cs 267	Ba 221	La 187	Hf 158	Ta 145	W 139	Re 137	Os 135	Ir 135	Pt 138	Au 143	Hg 157	Tl 171	Pb 174	Bi 170	Po 176	At	Rn

镧系	La	Ce	Pr	Nd	Pm	Sm	Eu	Gd	Tb	Dy	Ho	Er	Tm	Yb	Lu
	187	182	182	182	—	180	198	180	178	177	176	175	174	193	173

同一族元素的原子半径自上而下逐渐增大，A族元素比较明显，而d区和ds区，特别是镧系以后各元素不明显。镧系元素从La到Lu的15种元素，随着原子序数递增原子半径依次缩小不明显的现象，称镧系收缩。镧系元素增加的电子依次填充到$(n-2)$f上，导致作用在外层电子上的Z^*变化很小，使原子半径减小很缓慢，15种元素总收缩为14pm。由于镧系收缩，使第六周期镧系后各元素如钽、钨等原子半径同第五周期同族元素原子半径十分接近。镧系收缩是周期系中一个重要的现象。

(2) 电离能 (I)

使基态的气态原子失去一个电子成为+1价气态正离子所需的最低能量称做第一电离能，以符号 I_1 表示。由+1价气态离子失去一个电子成为+2价气态离子时的电离能称做第二电离能，用 I_2 表示，依次类推。离子正电荷越多，失去电子越困难，因此同一元素原子的各级电离能依次增大。

电离能的大小反映了原子失去电子的难易，电离能越小，原子越容易失去电子，金属性越强；反之，电离能越大，原子失去电子越难，金属性越弱。

原子失去电子的难易程度一般可用第一电离能来衡量。从表1-5可见，元素的第一电离能具有周期性的变化规律：同一周期中从左到右，金属元素的第一电离能较小，非金属元素的第一电离能较大，而稀有气体元素的第一电离能最大。同一主族中自上而下，元素的电离能一般有所减小，但对B族元素来说，这种规律较差。

表 1-5 元素的第一电离能 (I_1) (单位：kJ/mol)

ⅠA	ⅡA	ⅢB	ⅣB	ⅤB	ⅥB	ⅦB	ⅧB			ⅠB	ⅡB	ⅢA	ⅣA	ⅤA	ⅥA	ⅦA	ⅧA
H																	He
1310																	2372
Li	Be											B	C	N	O	F	Ne
519	900											799	1088	1406	1314	1682	2080
Na	Mg											Al	Si	P	S	Cl	Ar
498	736											577	787	1063	1000	1255	1519
K	Ca	Sc	Ti	V	Cr	Mn	Fe	Co	Ni	Cu	Zn	Ga	Ge	As	Se	Br	Kr
418	590	632	661	653	653	715	761	757	763	745	904	577	782	966	941	1142	1351
Rb	Sr	Y	Zr	Nb	Mo	Tc	Ru	Rh	Pd	Ag	Cd	In	Sn	Sb	Te	I	Xe
402	548	636	669	653	695	699	724	745	803	732	866	556	707	833	870	1008	1172
Cs	Ba	La	Hf	Ta	W	Re	Os	Ir	Pt	Au	Hg	Tl	Pb	Bi	Po	At	Rn
377	502	540	675	761	770	761	841	887	886	891	1008	590	715	774	812	912	1038

(3) 电子亲和能 (A)

基态的气态原子获得一个电子成为−1价气态离子所放出或吸收的能量称为第一亲和能，用符号 A_1 表示。当−1价离子再获得电子时，要克服负电荷之间的排斥力，因此要吸收热量，以 A_2 表示。表1-6列出了主族元素的电子亲和能。

表 1-6 主族元素的电子亲和能 (A) (单位：kJ/mol)

H							He
−72.7							+48.2
Li	Be	B	C	N	O	F	Ne
−59.6	+48.2	−26.7	−121.9	+6.75	−141.0	−328.0	+115.8
Na	Mg	Al	Si	P	S	Cl	Ar
−52.9	+38.6	−42.5	−133.6	−72.1	−200.4	−349.0	+96.5
K	Ca	Ga	Ge	As	Se	Br	Kr
−48.4	+28.9	−28.9	−115.8	−78.2	−195.6	−324.7	+96.5
Rb	Sr	In	Sn	Sb	Te	I	Xe
−46.9	+28.9	−28.9	−115.8	−103.2	−190.2	−295.1	+77.2

电子亲和能的大小反映了原子得到电子的难易。非金属原子的第一电子亲和能总是负值，容易得到电子；而金属原子的电子亲和能一般为较小负值或正值，不容易得到电子；稀有气体的电子亲和能均为正值，很难得到电子。

(4) 电负性 (X)

在化学反应中，金属元素容易失去电子变成正离子，而非金属元素容易得到电子变成负离子，因此，常用金属性与非金属性的强弱来衡量原子在化学反应中失去或得到电子的难易。实际上原子都不是孤立存在的，为了较全面地定量描述原子在分子中吸引电子的能力，1932 年鲍林提出了电负性的概念。元素的电负性（通常用 χ 表示）是指分子中原子将电子吸引向它自身的能力的度量，且指定最活泼的非金属元素氟的电负性值为 4.0，并以此为相对标准，求得其他元素的电负性值，见表 1-7 所示。

表 1-7 元素的电负性值

H 2.1																
Li 1.0	Be 1.5											B 2.0	C 2.5	N 3.0	O 3.5	F 4.0
Na 0.9	Mg 1.2											Al 1.5	Si 1.8	P 2.1	S 2.5	Cl 3.0
K 0.8	Ca 1.0	Sc 1.3	Ti 1.5	V 1.6	Cr 1.6	Mn 1.5	Fe 1.8	Co 1.9	Ni 1.9	Cu 1.9	Zn 1.6	Ga 1.6	Ge 1.8	As 2.0	Se 2.4	Br 2.8
Rb 0.8	Sr 1.0	Y 1.2	Zr 1.4	Nb 1.6	Mo 1.8	Tc 1.9	Ru 2.2	Rh 2.2	Pd 2.2	Ag 1.9	Cd 1.7	In 1.7	Sn 1.8	Sb 1.9	Te 2.1	I 2.5
Cs 0.7	Ba 0.9	La 1.0	Hf 1.3	Ta 1.5	W 1.7	Re 1.9	Os 2.2	Ir 2.2	Pt 2.2	Au 2.4	Hg 1.9	Tl 1.8	Pb 1.9	Bi 1.9	Po 2.0	At 2.2

根据元素的电负性，可以衡量元素金属性与非金属性的相对强弱。元素的电负性值越大，表示该元素吸引电子的能力越强，即非金属性越强，金属性越弱；元素的电负性值越小，表示该元素失去电子的能力越强，即金属性越强，非金属性越弱。

同一周期从左至右电负性值一般逐渐增大，元素的非金属性逐渐增强。同一族从上到下电负性值逐渐减小，元素的金属性逐渐增强。A 族元素间变化明显，B 族元素之间的变化幅度小些，且不太规律。周期表中，第二周期左右相差的幅度最大，以下各周期的差值递减。这显然是由于周期数的增加，外层电子与核的平均距离增大，使核电荷对元素电负性的影响变小。一般来说，金属元素的电负性值小于 2.0，非金属元素的电负性值在 2.0 以上（Si 例外）。

电负性在化学上应用简便且广泛，除可以判断元素金属性、非金属性强弱外，还可以解释和预测物质的许多物理和化学性质。如预测化学键的类型、共价键的极性大小等。电负性相同或相近的非金属元素间以共价键结合，电负性差值越大，键的极性越强。当两个原子间电负性差值约为 1.7 时，键的离子性约为 50%。所以当差值大于此值时，键的离子性大于共价性；当差值小于此值时，键的共价性就大于离子性。

1.2 化学键与分子结构

1.2.1 共价键的价键理论

美国化学家路易斯（Lewis）首先提出了共价键的概念，即共价键是原子间靠共用电子对使原子结合起来的化学键。路易斯用元素符号之间的小黑点表示分子中各原子的键合关系，代表一对键电子的一对小黑点亦可用“—”代替，这种结构式能够简洁地表达单质或化合物的成键状况。但它很难解释为什么共用一对或数对电子就可促使两个或多个原子结合起来，也不能说明共价键的本质究竟是什么。

1927 年海特勒和伦敦把量子力学的成就用于 H_2 分子结构的研究才使共价键的本质获得初步的解答。

后来鲍林等又加以发展，逐步建立了现代价键理论和分子轨道理论。

1.2.1.1 价键理论

1927 年，海特勒（Heitler，美国）和伦敦（London，美国）应用量子力学求解氢分子的薛定谔方程以后，共价键的本质才得到理论上的解释。共价键的现代理论就是量子力学理论在分子中的应用。近代共价键理论主要有价键理论和分子轨道理论。此处介绍价键理论。

（1）氢分子中共价键的形成

用量子力学求解氢分子的薛定谔方程，得到两个氢原子互相作用能（E）与它们的核间距（d）之间的关系，如图 1-8 所示。结果表明，当电子自旋方向相同的两个氢原子相互靠近时，核间电子云密度小，系统能量升高，这叫氢分子的排斥态。排斥态表明两个氢原子不可能形成稳定的氢分子。只有电子自旋方向相反的两个氢原子相互靠近时，核间电子云密度较大，系统能量降低，从而使两个氢原子结合，形成稳定的氢分子，这叫做氢分子的基态。当两个氢原子核间距 $d=74$pm（实验值）时，其能量最低，实验测得 $E_s=-436$kJ/mol。

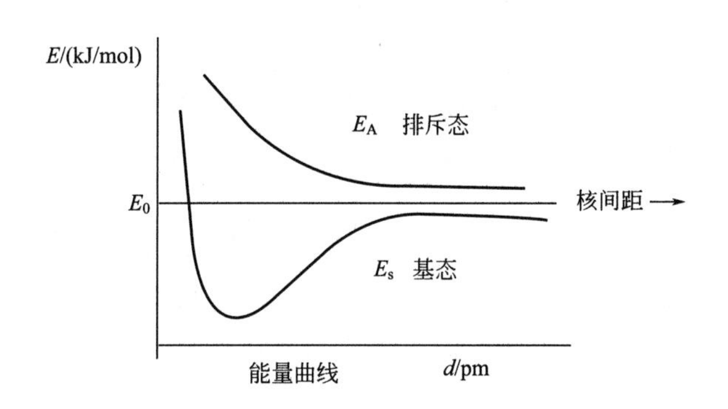

图 1-8 形成氢分子的能量曲线

此时，两个氢原子之间形成了稳定的共价键，结合成氢分子。核间距 74pm 是 H—H 键的键长，而能量 436kJ/mol 则是 H—H 键的键能。

氢分子核间距为 74pm，而氢原子的玻尔半径为 53pm。显然，氢分子核间距比两个氢原子的玻尔半径之和要小。这一事实说明，在氢分子中两个氢原子的 1s 轨道发生了重叠。正是由于成键的原子轨道发生了重叠，其结果使两核间形成了一个电子出现概率密度较大的区域，在两核间产生了吸引力，系统能量降低，形成稳定的共价键，使氢原子结合形成了氢分子。

(2) 价键理论要点

将量子力学研究氢分子的结果推广应用到其他分子系统，发展成为价键理论。

它的基本要点如下。

① 原子中自旋方向相反的未成对电子相互接近时，可相互配对形成稳定的化学键。一个原子有几个未成对电子，便可和几个自旋相反的未成对电子配对成键。例如，H—H、H—Cl、H—O、N≡N 等。

② 原子轨道重叠时，必须考虑原子轨道的“+”“-”号。因电子的运动具有波动性，两个原子轨道只有同号才能实行有效重叠。而原子轨道重叠时总是沿着重叠最多的方向进行。重叠越多，形成的共价键越牢固，这就是原子轨道的最大重叠原理。

(3) 共价键的特征

① 饱和性　由于电子自旋方向只有两种，自旋方向相反的电子配对之后，就不能再与另一个原子中未成对电子配对了，这就是共价键的饱和性。

② 方向性　根据最大重叠原理，除 s 轨道外，p、d 轨道总是沿着轨道最大值的方向才会有最大的重叠，因而决定了共价键的方向性。例如，氢原子 1s 轨道与氯原子的 2p 轨道有四种可能的重叠方式(图 1-9)，其中只有采取（a）的重叠方式成键才能使 s 轨道和 p_x 轨道的有效重叠最大。

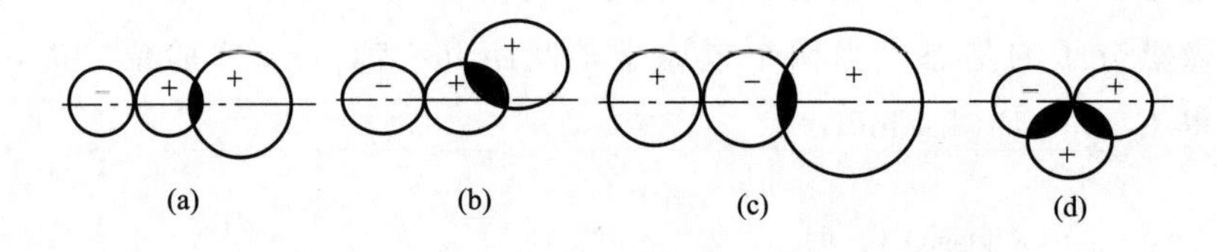

图 1-9　s 和 p_x 轨道可能的重叠方式示意

(4) 共价键的极性

价键理论将共用电子对限于成键原子之间的区域，即定域于两原子之间。根据成键电子对在原子之间的分布情况可判断共价键的极性。两个相同原子之间成键时，电子云密集于核间连线的中心区域，为非极性共价键；两个不同的原子间成键时，电子云偏向于电负性大的原子，这种键称为极性共价键。

极性共价键——成键原子的电负性不同，如 HCl、H_2O。

非极性共价键——成键原子的电负性相同，如 H_2、Cl_2。

(5) 共价键类型

根据原子轨道的方向性，p 轨道参与轨道重叠会有两种不同的重叠方式。一种是原子轨道沿键轴（即两核间连线）方向以“头碰头”方式进行重叠而成键。例如 Cl_2 分子中的 p_x—p_x 重叠等［图 1-10（a）］，这种键叫 σ 键。s 轨道参与重叠只能采取“头碰头”形式，形成 σ 键。例如 H_2 分子中的 s—s 重叠、HCl 分子中 s—p 重叠。

特点：能自由旋转而不改变电子云密度的分布。

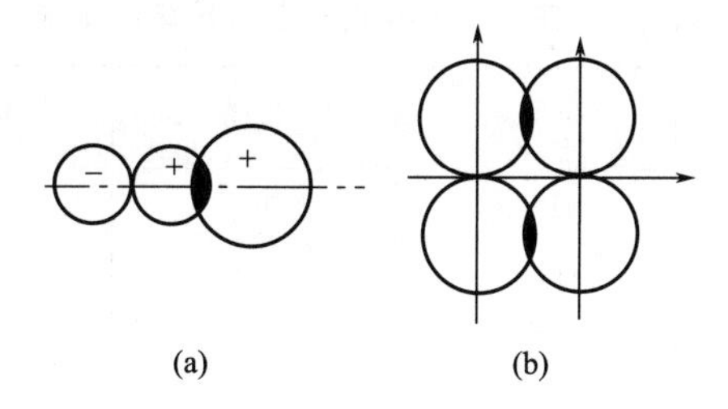

图 1-10 σ键（a）和π键（b）

另一种是原子轨道沿键轴方向以“肩并肩”方式进行重叠［图 1-10（b）］，这种键叫π键。如 p_z-p_z。

特点：不能自由旋转，π键没有σ键牢固，易于断裂。π电子云不集中在两核连线上，受核约束力小，流动性大。

一般来说，π键重叠程度小于σ键，因而能量较高，是化学反应的积极参与者。共价单键一般为σ键，在共价双键和三键中，除一个σ键外，其余为π键。

（6）共价键参数

共价键参数是表征共价键特性的物理量。根据参数可预测共价键分子的空间构型、分子的极性以及稳定性等性质。通常所指的键参数主要是键长、键角、键能。

① 键长　分子中成键的两原子核间的平衡距离叫做键长。从实验数据发现，同一种键在不同分子中的键长数据基本上是个定值。键长与键的强度有关，两个原子间若形成的单键键长越短，表示键能越大，形成的分子越稳定。

② 键角　分子中相邻两键之间的夹角叫做键角。例如 H_2O 分子，两个 O—H 键之间的夹角，即 H_2O 分子中共价键的键角为 104°45′。

③ 键能　键能是衡量共价键牢固程度的键参数。键能数值越大表示共价键越牢固，即键的强度越大。严格地说，当分子被破坏时，系统内能发生改变，不过现在多用破坏前后焓的变化来表示键能，因为这两者相差很少（除非精确计算），可以忽略这种差别。

双原子分子键能的定义是：在 298.15K 与标准压力时，气态分子断开 1mol 化学键的焓变称为该键的键能，单位：kJ/mol。通常用缩写符号 B. E. 代表键能。1 个 H_2O（g）分子含有 2 个 O—H 键，但断开第一个 O—H 键和断开第二个 O—H 键的焓变是有差别的。

$$H_2O(g) \longrightarrow H(g) + OH(g) \qquad \Delta_r H_m^{\ominus} = +502\text{kJ/mol}$$

$$HO(g) \longrightarrow H(g) + O(g) \qquad \Delta_r H_m^{\ominus} = +426\text{kJ/mol}$$

断开不同化合物中的 O—H 键的能变，也是有差别的。

对于双原子分子来说，键能在数值上就等于键的分解能。例如：

$$Cl_2(g) \longrightarrow 2Cl(g) \qquad \Delta_r H_m^{\ominus} = \text{B. E.}_{(Cl-Cl)} = +243\text{kJ/mol}$$

某种共价键在不同的多原子分子中键能是有差别的，但差别不大。通常采用的是该键在不同分子中键能的平均值。表 1-8 列出了 298.15k 时一些共价键的键能。一般来说，键能越大，键越牢固，含有该键的分子越稳定。由表可见，三键的键能比双键大，双键的键能又比单键大，但有例外。

表 1-8 在 298.15K 时一些共价键的键能 单位：kJ/mol

化学键	键能	化学键	键能	化学键	键能
H—H	436	H—F	565	C═C	620
F—F	155	H—Cl	431	C≡C	812
Cl—Cl	243	H—Br	368	N═N	419
Br—Br	193	H—I	297	N≡N	945
I—I	151	O—H	465	C═N	615
O—O	138	S—H	364	C≡N	879
S—S	264	N—H	389	C═O	708
N—N	159	C—H	415	C≡O	1072
C—C	331				

例1-2 用键能数据估算反应 $H_2(g)+Cl_2(g)\longrightarrow 2HCl(g)$ 的 $\Delta_r H_m^{\ominus}(298.15K)$。

解 查表 1-8 得：

$$E_{(H-H)}=+436kJ/mol$$

$$E_{(Cl-Cl)}=243kJ/mol$$

$$E_{(H-Cl)}=431kJ/mol$$

$$\begin{aligned}\Delta_r H_m^{\ominus}(298.15K)&=E_{(H-H)}+E_{(Cl-Cl)}-2E_{(H-Cl)}\\&=(436+243-2\times431)kJ/mol\\&=-183kJ/mol\end{aligned}$$

一般说来，如果一个分子中共价键的键长、键角确定，那么这个分子的空间构型就确定了。

价键理论虽然解释了许多实验事实，但该理论也有局限性。如解释在天然气中占 97% 的甲烷（CH_4）的分子空间构型时就遇到了困难。甲烷是正四面体结构，4 个 C—H 键键长均为 109.1pm 时，键角均为 109°28′。如果按照价键理论，碳原子只有 2 个未成对电子，只能与 2 个 H 原子形成 CH_2 分子，且键角应该是 90°，这与实验事实是不符合的。在 BCl_3、$HgCl_2$ 分子中也有类似情况。

为了解释这些事实，1931 年美国化学家鲍林和斯莱特提出了杂化轨道理论。后来经过不断完善，发展成为化学键理论的重要组成部分。

1.2.1.2 杂化轨道与分子的空间构型

(1) 杂化轨道理论的要点

① 某原子成键时，在键合原子的作用下，价层中若干个能级相近的原子轨道有可能改变原有的状态，“混杂”起来并重新组合成一组利于成键的新轨道（称杂化轨道），这一过程称为原子轨道的杂化（简称杂化）。

② 同一原子中能级相近的 n 个原子轨道，组合后只能得到 n 个杂化轨道。

③ 杂化轨道比原来未杂化的轨道成键能力强，形成的化学键键能大，使生成的分子更稳定。

对于 s、p 区的元素，由于 ns 和 np 轨道能级比较接近，往往采用 sp 型杂化；对于 d 区和 ds 区元素，由于 $(n-1)d$，ns，np 或 ns，np，nd 轨道能级比较接近，常常采用 dsp 杂化或 spd 杂化。

（2）杂化类型与分子几何构型

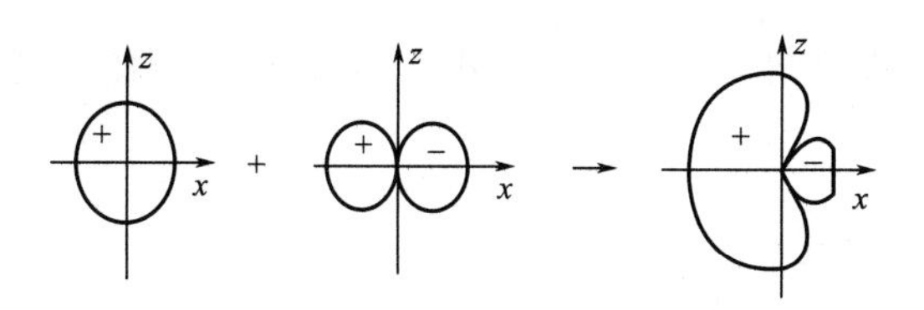

图 1-11 sp 杂化轨道的形成

① sp 杂化 同一原子内 1 个 *n*s 轨道和 1 个 *n*p 轨道杂化，称为 sp 杂化。杂化后组成的轨道称 sp 杂化轨道。sp 杂化可以且只能得到 2 个等同的 sp 杂化轨道，都含有$\frac{1}{2}$s 和$\frac{1}{2}$p 成分，轨道间夹角为 180°（图 1-11）。

例如，实验测知 $BeCl_2$ 分子是一个直线形的共价分子，2 个 Be—Cl 键的键长和键能都相等。基态 Be 原子的外层电子构型为 $2s^2$，并没有未成对电子。成键时 1 个 2s 电子被激发到 2p 轨道上，与此同时，2s 和 2p 轨道发生杂化，形成 2 个完全等同的 sp 杂化轨道。Be 原子利用这样 2 个 sp 杂化轨道分别与 Cl 原子的 3p 轨道重叠形成 2 个 σ 键而形成 $BeCl_2$ 分子（图 1-12）。由于 2 个 sp 杂化轨道间的夹角为 180°，所以 $BeCl_2$ 分子的空间构型为直线形。

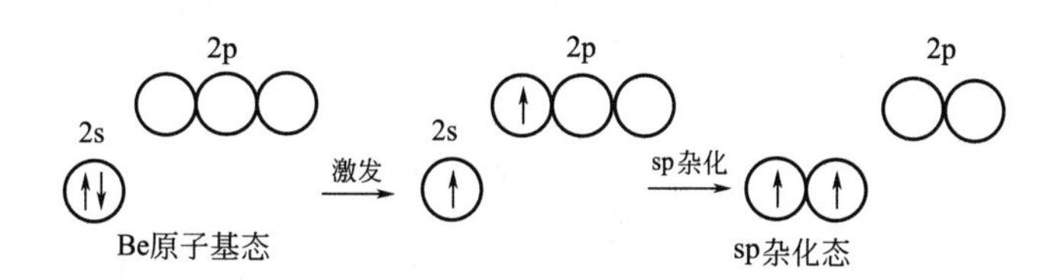

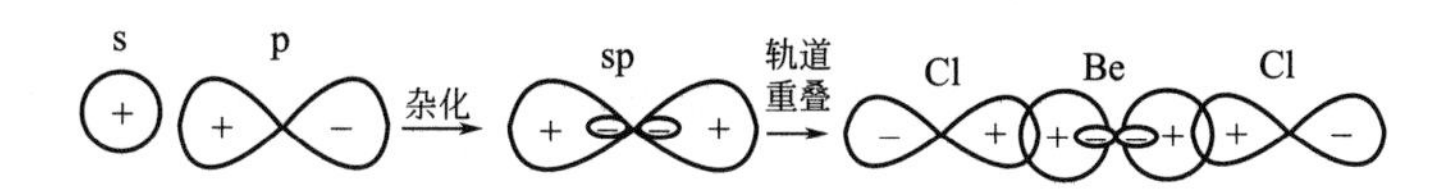

图 1-12 $BeCl_2$ 分子形成示意

除周期表中ⅡB 族 Zn、Cd、Hg 元素的某些共价化合物外，BeH_2、CO_2、CS_2、C_2H_2、HCN 等也都是以 sp 杂化方式形成的直线形分子。

② sp^2 杂化 1 个 s 轨道和 2 个 p 轨道“混合”起来成为 3 个杂化轨道，分别可与 3 个原子成键。这种杂化轨道含$\frac{1}{3}$s 和$\frac{2}{3}$p 的成分，叫做 sp^2 杂化轨道，如图 1-13 所示。

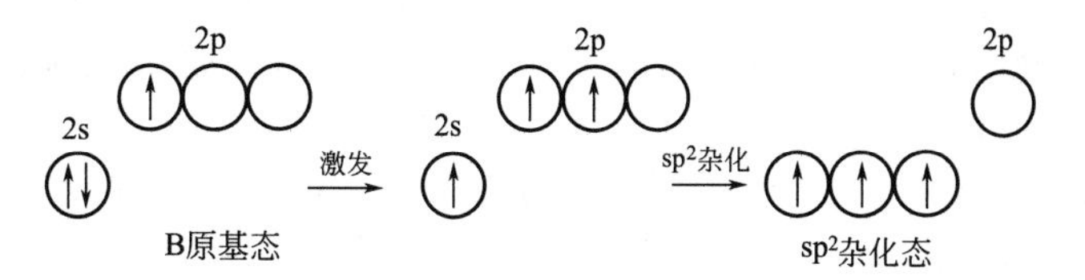

图 1-13 sp^2 杂化过程

实测 BF_3 分子为平面三角形，键角∠FBF＝120°，中心原子 B 的外层电子构型为 $2s^2 2p^1$，仅有一个未成对电子，何以形成 3 个等同的键？同理，推出 BF_3 分子的形成经历了激发、杂化过程。

sp^2 杂化轨道的图形表现出一头大、一头小，形状与 sp 杂化轨道大致相似，但伸展方向不一样（图 1-14）。

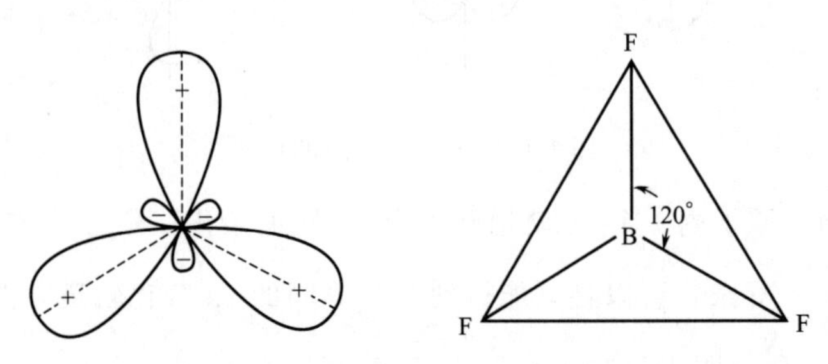

图 1-14 BF_3 的 sp^2 杂化轨道

③ sp^3 杂化 由 1 个 ns 轨道和 3 个 np 轨道发生的杂化，称为 sp^3 杂化轨道。杂化后形成 4 个等同的 sp^3 杂化轨道，每个杂化轨道中含有 $\frac{1}{4}$s 和 $\frac{3}{4}$p 成分，从而形成 4 个等同的键。由此推出分子形成过程。

以 CH_4 分子为例，实验测得其分子构型为四面体，键角∠HCH＝109°28′。C 原子的外层电子排布式为：$2s^2 2p^2$。C 原子的 2p 轨道有 2 个未成对电子，似乎应形成两个键，可事实上形成的是 4 个等同的键，对称地分布在原子核周围，轨道间夹角为 109°28′，如图 1-15 所示。

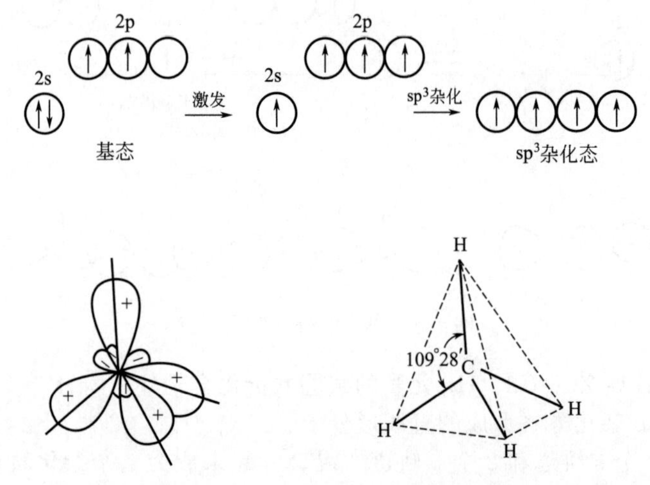

图 1-15 CH_4 分子的 sp^3 杂化轨道

④ 不等性杂化 上述 sp^3 杂化轨道中，4 个杂化轨道中的 s 成分相同、p 成分相同，sp^2 杂化轨道、sp 杂化轨道也有类似情况，这样的杂化轨道称为等性杂化轨道。在有些分子中，s 和 p 轨道形成的 sp^3 杂化轨道中，s 成分不同，p 成分也不同，这样的杂化轨道称为不等性杂化轨道。例如：NH_3 分子中 N 原子所形成的 sp^3 杂化轨道是不等性 sp^3 杂化轨道，它们由 1 个不成键轨道和 3 个成键轨道杂化而成。由于成键轨道中的电子对属于两个成键原子所共有，同时受到两个原子核的吸引，而不成键轨道中的电子对仅属于 N 原子所有，只受到一个原子核的吸引，因而孤电子对所占有的杂化轨道电子云比较密集，对于成键电子对所占

杂化轨道起了较大的推斥作用，因而在 NH_3 分子中 3 个 N—H 键间的夹角要比理论值小一些，不是 109°28′，而是 107°18′。NH_3 分子形如压扁了的四面体或三角锥，如图 1-16 所示。

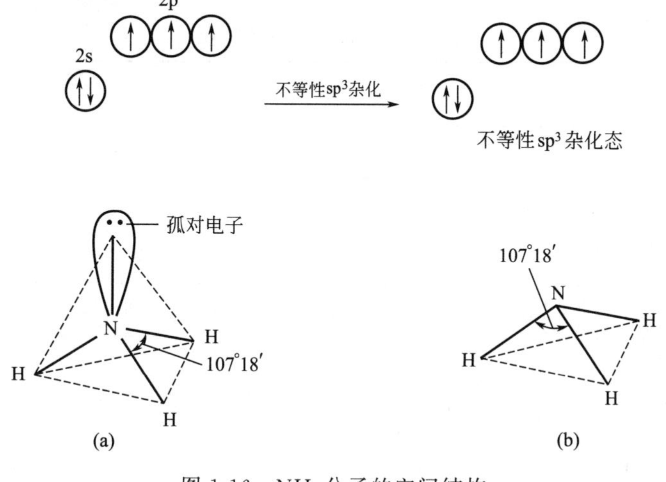

图 1-16 NH_3 分子的空间结构

除 NH_3 分子外，其他 VA 族的一些化合物，如 PH_3、PCl_3、AsH_3 等也都是以不等性 sp^3 杂化成键的。

再如 H_2O 分子，似乎应与 $BeCl_2$ 分子类似。O 原子若也采取 sp 杂化成键，键角应为 180°，但实测结果 O—H 键间的键角为 104°45′，与 109°28′更为接近。这是因为 O 原子在成键时，价电子结构 $2s^2 2p^2$ 的 4 个轨道发生 sp^3 不等性杂化，形成 4 个不完全等同的 sp^3 杂化轨道。其中两个杂化轨道各有 1 个未成对电子，分别与 H 原子的 1s 电子形成 O—H σ 键；其余两个杂化轨道各为一对孤电子对所占据，这两对孤电子对因靠近 O 原子，其电子云占据更大的空间，更大的静电斥力使键角压缩至 104°45′，致使 H_2O 分子的空间构型成“V”形，如图 1-17 所示。

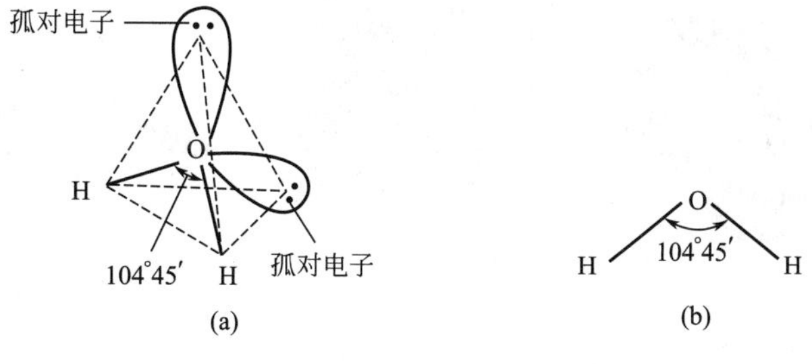

图 1-17 H_2O 分子的空间结构

除 H_2O 分子外，还有ⅥA 族的一些化合物，如 H_2S、OF_2 等也是以不等性 sp^3 杂化方式成的键。

(3) 不同杂化轨道的区别

见表 1-9 所列。

表 1-9 不同杂化轨道区别

杂化轨道类型	sp	sp^2	sp^3	不等性 sp^3
参与杂化的轨道	s+p	s+(2)p	s+(3)p	s+(3)p
杂化轨道数目	2	3	4	4
成键轨道夹角	180°	120°	109°28′	$90° < \theta < 109°28'$
分子空间构型	直线形	平面三角形	四面体	三角锥、V 形
实例	$BeCl_2$ $HgCl_2$ C_2H_2	BF_3 BCl_3 C_2H_4	CH_4 $SiCl_4$ C_2H_6	NH_3 H_2O PH_3 H_2S

d 轨道也可参与杂化：sp^3d 杂化（三角双锥），sp^3d^2 杂化（八面体），形状如图 1-18 所示。

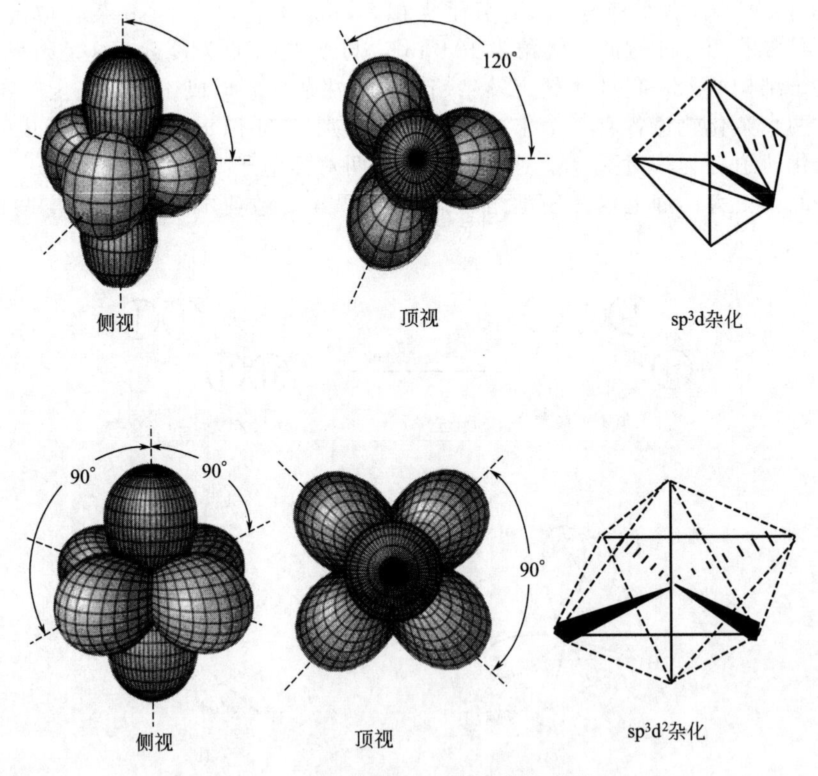

图 1-18 sp^3d 杂化、sp^3d^2 杂化轨道形状

1.2.2 配合物的价键理论

1.2.2.1 配合物的一般概念

由中心原子（或离子）和几个配体分子（或离子）以配位键相结合而形成的复杂分子或离子，通常称为配位单元。凡是含有配位单元的化合物都称做配位化合物，简称配合物，也叫络合物。如$[Co(NH_3)_6]^{3+}$、$[Cr(CN)_6]^{3-}$、$Ni(CO)_4$都是配位单元，分别称作配阳离子、配阴离子、配分子。$[Co(NH_3)_6]Cl_3$、$K_3[Cr(CN)_6]$、$Ni(CO)_4$都是配位化合物。判断的关键在于是否含有配位单元。

1.2.2.2 配合物的空间构型与磁性

（1）配合物的空间构型

表 1-10 列出了杂化轨道类型与配位单元空间结构的关系。

表 1-10 杂化轨道类型与配位单元空间结构的关系

配位数	轨道杂化类型	空间构型	结构示意	实例
2	sp	直线形	B—A—B	$[Ag(NH_3)_2]^+$,$[Cu(NH_3)_2]^+$,$[Cu(CN)_2]^-$
3	sp^2	平面三角形	B, A, B, B	$[CO_3]^{2-}$,$[NO_3]^{2-}$,$[Pd(PPh)_3]$，$[CuCl_3]^{2-}$，$[HgI_3]^-$
4	sp^3	正四面体	B, A, B, B, B	$[ZnCl_4]^{2-}$,$[FeCl_4]^-$,$[CrO_4]^{2-}$,$[BF_4]^-$,$[Ni(CO)_4]$,$[Zn(CN)_4]^{2-}$
	dsp^2 (sp^2d)	平面正方形	B, B, A, B, B	$[Pt(NH_3)_2Cl_2]$,$[Cu(NH_3)_4]^{2+}$,$[PtCl_4]^{2-}$,$[Ni(CN)_4]^{2-}$，$[PdCl_4]^{2-}$（为 sp^2d 型）
5	dsp^3 (d^3sp)	三角双锥	B, B, A, B, B, B	PF_5,$Fe(CO)_5$,$[CuCl_5]^{3-}$,$[Cu(bipy)_2I]^+$

续表

配位数	轨道杂化类型	空间构型	结构示意	实例
5	d^2sp^2 (d^4s)	正方锥形	B B B B B	Vo(acac)$_2$,$[TiF_5]^{2-}$(d^4s),$[SbF_5]^{2-}$,$[InCl_5]^{2-}$
6	d^2sp^3 (sp^3d^2)	正八面体	B B A B B B B	$[Fe(CN)_6]^{4-}$,$[W(CO)_6]$,$[PtCl_6]^{2-}$,$[Co(NH_3)_6]^{3+}$,$[CeCl_6]^{2-}$,$[Ti(H_2O)_6]^{3+}$
	d^4sp	三方棱柱	B B B A B B B	$[V(H_2O)_6]^{3+}$,$[Re(S_2C_2Ph_2)_3]$
7	d^3sp^3	五角双锥	B B B B A B B B	$[ZrF_7]^{3-}$,$[UO_2F_5]^{3-}$,$[FeEDTA(H_2O)]^-$

(2) 配合物的磁性

顺磁性：未成对电子数 $n\neq0$，磁矩 $\mu\neq0$。n 与 μ 的关系为 $\mu=\sqrt{n(n+2)}\mu_B$。

反磁性：$n=0$，$\mu=0$。

1.2.2.3 配合物的价键理论

中心离子（或原子）必须具有空的价电子轨道，以接受配体的孤电子对，形成 σ 配键。为了增强成键能力，中心离子（或原子）在成键过程中其能量相近的空的价电子轨道进行杂化，形成具有一定空间构型的杂化轨道，以杂化轨道来接受配位的孤电子对形成配合物。配离子的空间构型、配位数、稳定性等主要决定于杂化轨道的数目和类型。

(1) 配位数为 2 的配合物

sp 杂化方式。$n=0$，$\mu=0$，空间构型为直线形。

如：$[Ag(NH_3)_2]^+$，Ag^+ 外层电子构型：$4d^{10}$，有空的且能量相近的 5s、5p 轨道，可进行杂化构成 2 个 sp 杂化轨道，用来接受 2 个 NH_3 中 N 原子提供的孤电子对，如图 1-19 所示。

(2) 配位数为 4 的配合物

① sp^3 杂化方式　外轨型，$n=0$，$\mu=0$，空间构型为正四面体。

如：$[Zn(NH_3)_4]^{2+}$，Zn^{2+} 外层电子构型：$3d^{10}$，有空的且能量相近的 4s、4p 轨道，可进行杂化构成 4 个 sp^3 杂化轨道，用来接受 4 个 NH_3 中 N 原子提供的孤电子对，如图 1-20 所示。

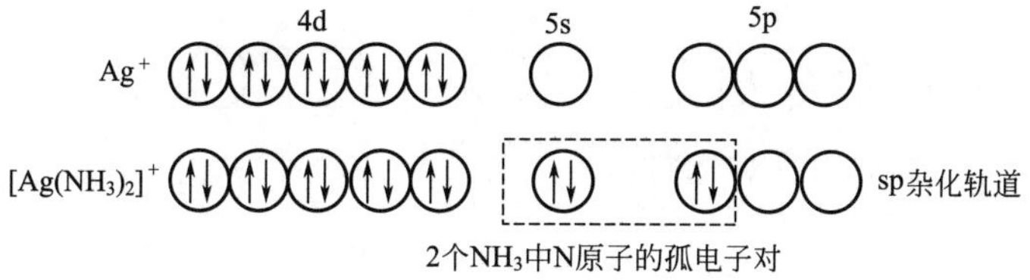

4d 5s 5p
Ag^+
$[Ag(NH_3)_2]^+$ sp杂化轨道
2个NH_3中N原子的孤电子对

图 1-19 sp 杂化

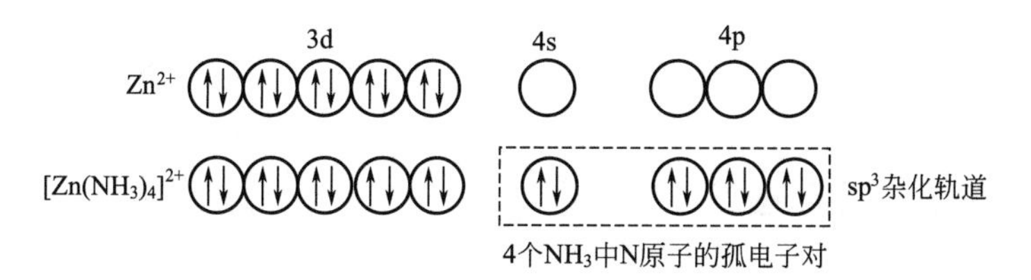

图 1-20 sp^3 杂化

② dsp^2 杂化方式 内轨型 $\mu=0$，$n=0$，空间构型为平面正方形。

如：$[Ni(CN)_4]^{2-}$，Ni^{2+} 外层电子构型：$3d^8$。当 4 个 CN^- 接近 Ni^{2+} 时，Ni^{2+} 中的 2 个未成对电子合并到一个 d 轨道上，空出 1 个 3d 轨道与 1 个 4s 轨道和 2 个 4p 轨道进行杂化，构成 4 个 dsp^2 杂化轨道，用来接受 4 个 CN^- 中 C 原子提供的孤电子对，如图 1-21 所示。

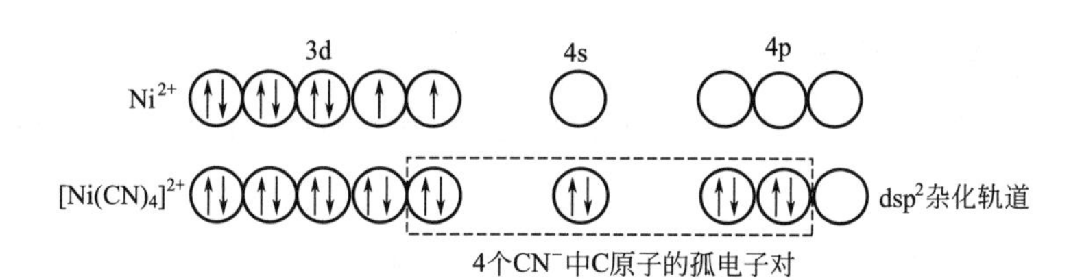

图 1-21 dsp^2 杂化

(3) 配位数为 6 的配合物

① sp^3d^2 杂化方式 外轨型，$n\neq0$，$\mu\neq0$，空间构型为正八面体结构。

如：$[FeF_6]^{3-}$，测得 $\mu=5.9$B. M.，则 $n=5$ 。Fe^{3+} 外层电子构型：$3d^5$。杂化方式如图 1-22 所示。

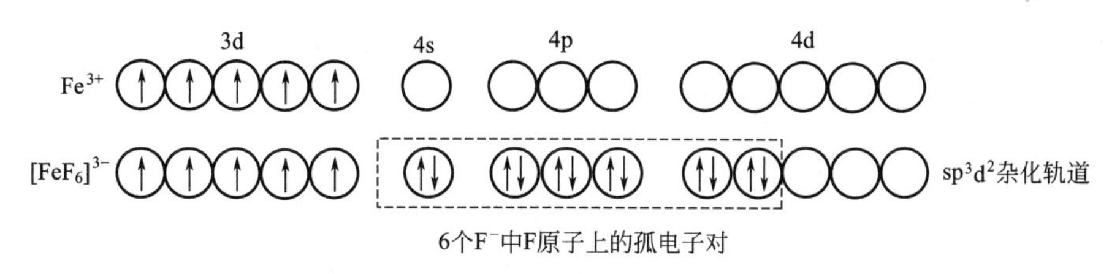

图 1-22 sp^3d^2 杂化

② d^2sp^3 杂化方式 内轨型，空间构型为正八面体结构。

如：$[Fe(CN)_6]^{3-}$，测得其 $\mu=2$ B. M.，则 $n=1$，杂化方式如图 1-23 所示。

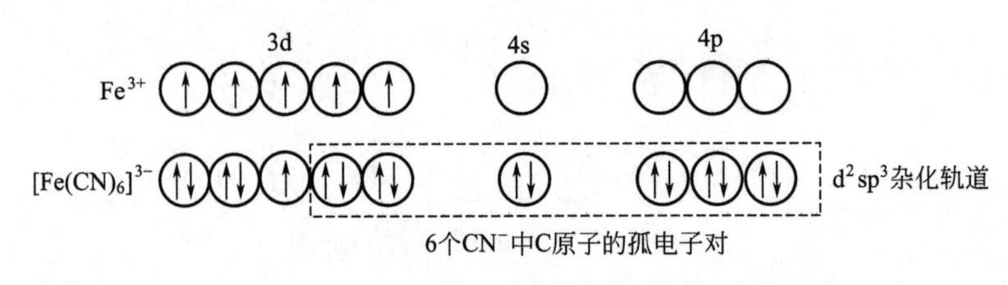

图 1-23 d^2sp^3 杂化

此外，$[Cr(NH_3)_6]^{3+}$、$[Co(NH_3)_6]^{3+}$、$[Co(CN)_6]^{3-}$、$[Mn(CN)_6]^{4-}$等均属于上述类型的内轨型正八面体配合物。

1.2.3 价层电子对互斥理论

价键理论和杂化轨道理论比较成功地说明了共价键的方向性和解释了一些分子的空间构型。然而却不能预测某分子采取何种类型杂化及分子具体呈现什么形状。例如，不能解释H_2O、CO_2都是AB_2型分子，H_2O分子的键角为104°45′，而CO_2分子是直线形。又如NH_3和BF_3同为AB_3型，前者为三角锥形，后者为平面三角形。为了解决这一问题，1940年英国化学家希德威克（Sidgwick）和鲍威尔（Powell）提出价层电子对互斥理论简称VSEPR理论。后经吉莱斯（Gillespie）和尼霍姆（Nyholm）于1957年发展为较简单的又能比较准确地判断分子几何构型的近代学说。

1.2.3.1 价层电子对互斥理论的基本要点

① 分子的立体构型取决于中心原子的价层电子对的数目。价层电子对包括成键电子对和孤电子对。

② 价层电子对之间存在斥力，斥力来源于两个方面，一是各电子对间的静电斥力，二是电子对中自旋方向相同的电子间产生的斥力。为减小价层电子对间的排斥力，电子对间应尽量相互远离。若按能量最低原理排布在球面上，其分布方式为：当价层电子对数目为2时，呈直线形；价层电子对数目为3时，呈平面三角形；价层电子对数目为4时，呈正四面体形；价层电子对数目为5时，呈三角双锥形；价层电子对数目为6时，呈八面体形等。如图1-24所示，抹去想象的球面，所得图形就是价层电子对的几何构型。

③ 成键电子对由于受两个原子核的吸引，电子云比较集中在键轴的位置，而孤电子对不受这种限制，显得比较肥大。由于孤电子对肥大，对相邻电子对的排斥作用较大。不同价层电子对间的排斥作用顺序为：

孤电子对－孤电子对＞孤电子对－成键电子对＞成键电子对－成键电子对；

三键—三键＞三键—双键＞双键—双键＞双键—单键＞单键—单键

另外，电子对间的斥力还与其夹角有关，电子对之间夹角越小，排斥力越大，斥力大小顺序是90°＞120°＞180°。

④ 成键电子对只包括形成σ键的电子对，不包括形成π键的电子对，即分子中的多重键皆按单键处理。π键虽然不改变分子的基本构型，但对键角有一定影响。

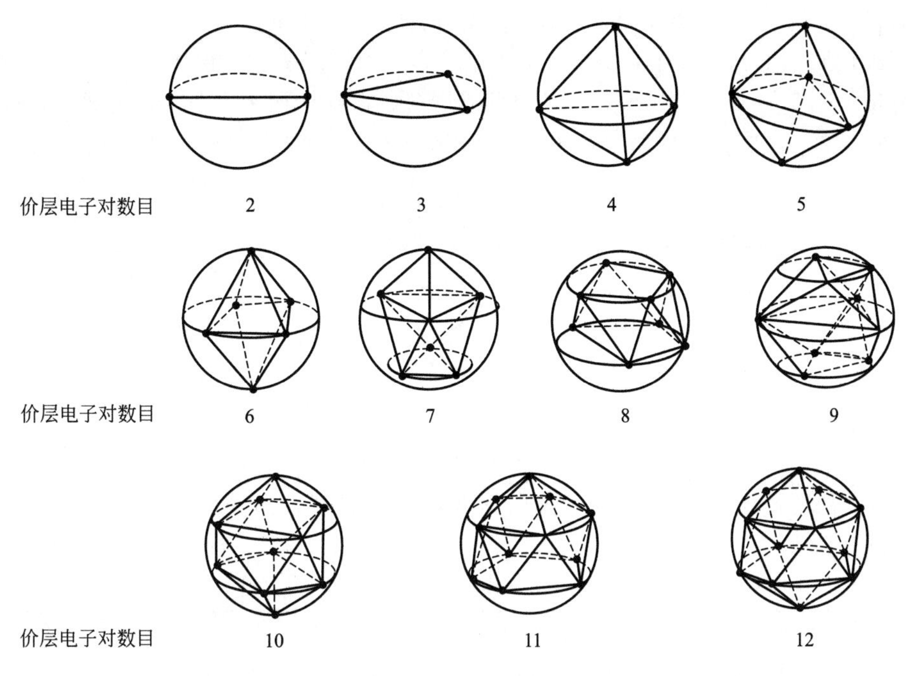

图 1-24 球面上价层电子对的最概然分布

1.2.3.2 判断分子的空间构型

根据价层电子对互斥理论（VSEPR），按以下步骤判断分子或复杂离子的几何构型。

① 确定中心原子价层电子对数。它可由下式计算得到：

$$价层电子对数=\frac{1}{2}\left[中心原子的价电子数+配位原子提供的价电子数\pm离子电荷数\begin{pmatrix}负离子\\正离子\end{pmatrix}\right]$$

式中配位原子提供电子数的计算方法是：氢和卤素原子均提供 1 个价层电子；氧和硫原子提供的价电子数为零。因为氧和硫价层电子数为 6，它与中心原子成键时，往往从中心原子接受 2 个电子而达到稳定的八隅体结构。

② 根据中心原子的价层电子对数目，找出静电斥力最小的电子对分布方式，见表 1-11。

表 1-11 静电斥力最小的电子对分布方式

电子对数目/对	2	3	4	5	6
电子对的分布	直线	平面三角	四面体	三角双锥	八面体

③ 把配位原子按相应的几何构型分布在中心原子周围，每一对电子连接一个配位原子，剩下的未与配位原子结合的电子对便是孤电子对。含有孤电子对的分子几何构型不同于价层电子的分布，孤电子对所处的位置不同，分子空间构型也不同，但孤电子对总是处于斥力最小的位置，除去孤电子对占据的位置后，便是分子的几何构型。

以 IF_2^- 为例，用上述步骤预测其空间构型。

① 中心原子 I 的价层电子数为 7，2 个配位原子 F 各提供 1 个电子。

$$价层电子对数=\frac{7+2+1}{2}=5$$

② 查图 1-24 知，5 对电子是以三角双锥方式排布。

③ 因配位原子 F 只有 2 个，所以 5 对电子中，只有 2 对为成键电子对，3 对为孤电子对。由此可得如图 1-25 的（a）、（b）、（c）三种可能情况，选择结构中电子对斥力最小，即夹角最大的那一种结构，就是 IF_2^- 的稳定构型，因此 IF_2^- 分子为直线形结构，见图 1-25（a）。

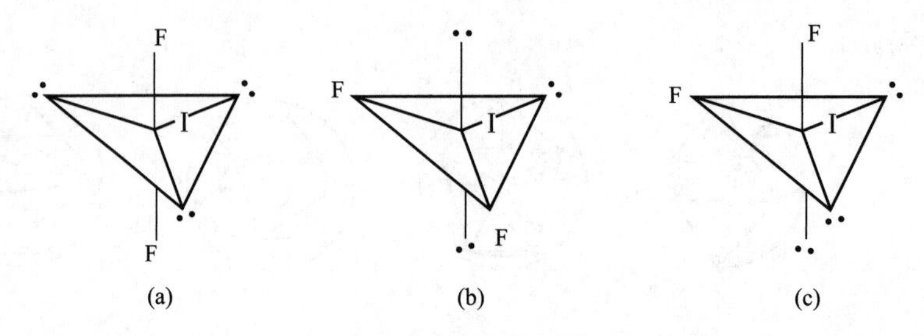

图 1-25 IF_3中的可能结构示意

用上述方法可确定大多数 A 族元素的化合物分子和复杂离子的构型，现将常见分子构型归纳于表 1-12。

表 1-12 分子构型

价层电子对数	分子结构	实际的几何构型	分子形状	实例	
2	AX_2	直线形		$HgCl_2$, CO_2	$BeCl_2$
3	AX_3	平面三角形		BCl_3, SO_3, CO_3^{2-}, NO_3^-	BF_3
	:AX_2	V 形(角形)		$SnCl_2$, $PbCl_2$, O_3, NO_2, NO_2^-	SO_2
4	AX_4	四面体		CH_4, CCl_4, $SiCl_4$, NH_4^+, PO_4^{3-}, SiO_4^{4-}, ClO_4^-	SO_4^{2-}
	:AX_3	三角锥		PF_3, $AsCl_3$, H_3O^+, SO_3^{2-}, ClO_3^-	NH_3
	:$\underset{\cdot\cdot}{AX_2}$	V 形(角形)		H_2S, SF_2, SCl_2, NH_2^-	H_2O

续表

价层电子对数	分子结构	实际的几何构型	分子形状	实例	
5	AX_5	三角双锥	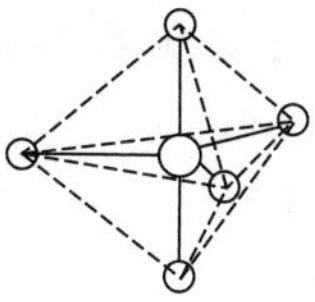	PF_5，AsF_5，SOF_5	PCl_5
	$:AX_4$	变形四面体	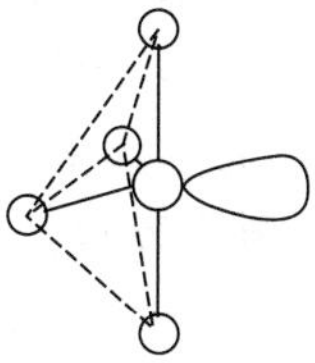	SF_4	$TeCl_4$
	$:\underset{\cdot\cdot}{A}X_3$	T 形	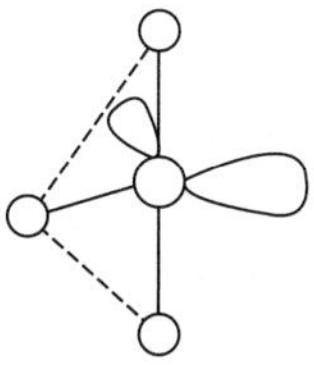	BrF_3	ClF_3
	$:\overset{\cdot\cdot}{\underset{\cdot\cdot}{A}}X_2$	直线形		XeF_2，IF_2^-	I_3^-
6	AX_6	八面体	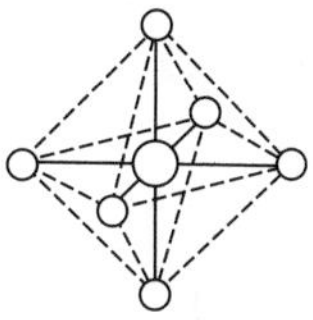	SiF_6^{2-}，AlF_6^{3-}	SF_6
	$:AX_5$	四方锥	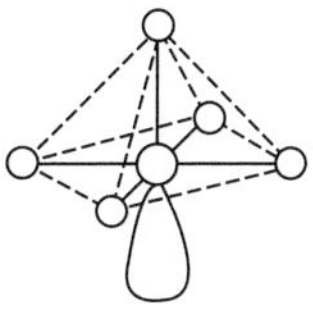	ClF_5，BrF_5	IF_5
	$:\underset{\cdot\cdot}{A}X_4$	平面正方形	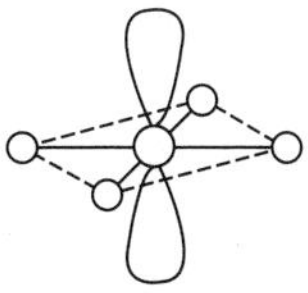	XeF_4	ICl_4^-

1.2.4 分子轨道理论

价键理论、杂化轨道理论和价层电子互斥理论虽然能较好地说明共价键的形成和分子空间构型，但也有一定的局限性。它们不能解释氧分子的顺磁性和氢分子离子 H_2^+ 中也存在单电子键等问题。1932 年美国科学家莫立根（Mulliken）、洪德（Hund）等先后提出了分子轨道理论（Molecular Orbital Theory），简称 MO 法，从而弥补了价键理论的不足。

1.2.4.1 分子轨道理论的基本要点

① 分子轨道理论的基本观点是把分子看作一个整体，其中电子不再从属于某一个原子而是在整个分子的势场范围内运动。正如在原子中每个电子的运动状态可用波函数（ψ）来描述那样，分子中每个电子的运动状态也可用相应的波函数来描述。

② 分子轨道是由分子中各原子的原子轨道线性组合而成。组合形成的分子轨道数目与组合前的原子轨道数目相等。如两个原子轨道 ψ_a 和 ψ_b 线性组合后形成两个分子轨道 ψ_1 和 ψ_2：

$$\psi_1 = c_1\psi_a + c_2\psi_b$$

$$\psi_2 = c_1\psi_a - c_2\psi_b$$

这种组合和杂化轨道不同，杂化轨道是同一原子内部能量相近的不同类型的轨道重新组合，而分子轨道却是由不同原子提供的原子轨道的线性组合。原子轨道用 s、p、d、f…表示，分子轨道则用 σ、π、δ…表示。

③ 原子轨道线性组合成分子轨道后，分子轨道中能量高于原来的原子轨道者称为反键分子轨道，能量低于原来的原子轨道者称为成键分子轨道。

④ 原子轨道要有效地线性组合成分子轨道，必须遵循下面三条原则。

a. 对称性匹配原则 只有对称性匹配的原子轨道才能有效地组合成分子轨道。哪些原子轨道之间的对称性匹配呢？如图 1-26（a）、图 1-26（c）所示。看起来 ψ_a 和 ψ_b 可以重叠，但实际上各有一半区域为同号重叠，另一半为异号重叠，两者正好抵消，净成键效应为零，因此不能组成分子轨道，亦称两个原子轨道对称性不匹配而不能组成分子轨道。再从图 1-26（b）、图 1-26（d）和图 1-26（e）看，ψ_a 和 ψ_b 同号叠加满足对称性匹配的条件，便能组合形成分子轨道。

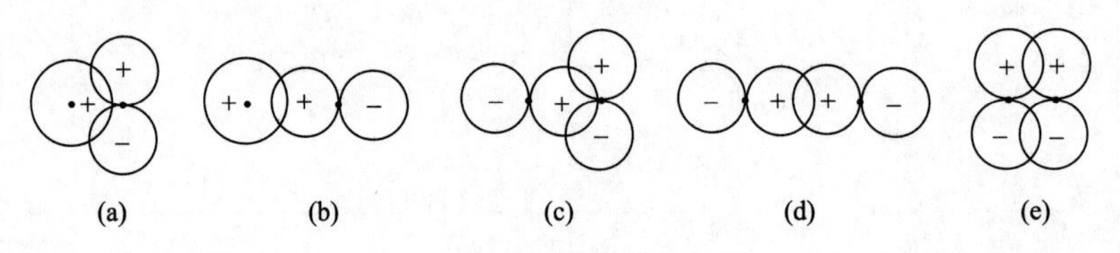

图 1-26 对称性匹配原则

b. 能量相近原则 只有能量相近的原子轨道才能组合成有效的分子轨道。能量越相近，组成的分子轨道越有效。若两个原子轨道相差很大，则不能组成分子轨道，只会发生电子转移而形成离子键。

c. 最大重叠原则　原子轨道发生重叠时，在对称性匹配的条件下，原子轨道 ψ_a 和 ψ_b 的重叠程度愈大，成键分子轨道相对于组成的原子轨道的能量降低得愈显著，成键效果愈强，形成的化学键愈稳定。

1.2.4.2　原子轨道线性组合的类型

在对称性匹配的条件下，原子轨道线性组合可得到不同种类的分子轨道，其组合方式主要有如下几种。

（1）s—s 重叠

如图 1-27（a）所示，两个轨道相加而成为成键分子轨道 σ_s，两者相减则成为反键分子轨道 σ_s^*。若是 1s 轨道，则分子轨道分别为 σ_{1s}、σ_{1s}^*，若是 2s 轨道，则写为 σ_{2s}、σ_{2s}^*。

（2）s—p 重叠

如图 1-27（b）所示，一个原子的 s 轨道和另一个原子的 p 轨道沿两核连线重叠，若同号波瓣重叠，则增加两核之间的概率密度，形成 σ_{sp} 成键分子轨道；若是异号波瓣重叠，则减小了核间的概率密度，形成一个反键分子轨道 σ_{sp}^*。

（3）p—p 重叠

两个原子的 p 轨道可以有两种组合方式，其一是“头碰头”，如 1-27（c）所示，两个原子的 p_x 轨道重叠后，形成一个成键分子轨道 σ_{p_x} 和一个反键分子轨道 $\sigma_{p_x}^*$。其二是两个原子的 p_y 轨道垂直于键轴，以“肩并肩”的形式发生重叠，如图 1-27（d），形成成键分子轨道 π_p 和反键分子轨道 π_p^*。两个原子各有 3 个 p 轨道，可形成 6 个分子轨道，即 σ_{p_x}、$\sigma_{p_x}^*$、π_{p_y}、$\pi_{p_y}^*$、π_{p_z}、$\pi_{p_z}^*$。

（4）p—d 重叠

一个原子的 p 轨道可以同另一个原子的 d 轨道发生重叠，但这两类原子轨道不是沿着键轴而重叠的，所以 p—d 轨道重叠也可以形成 π 分子轨道，即成键的分子轨道 π_{pd} 和反键的

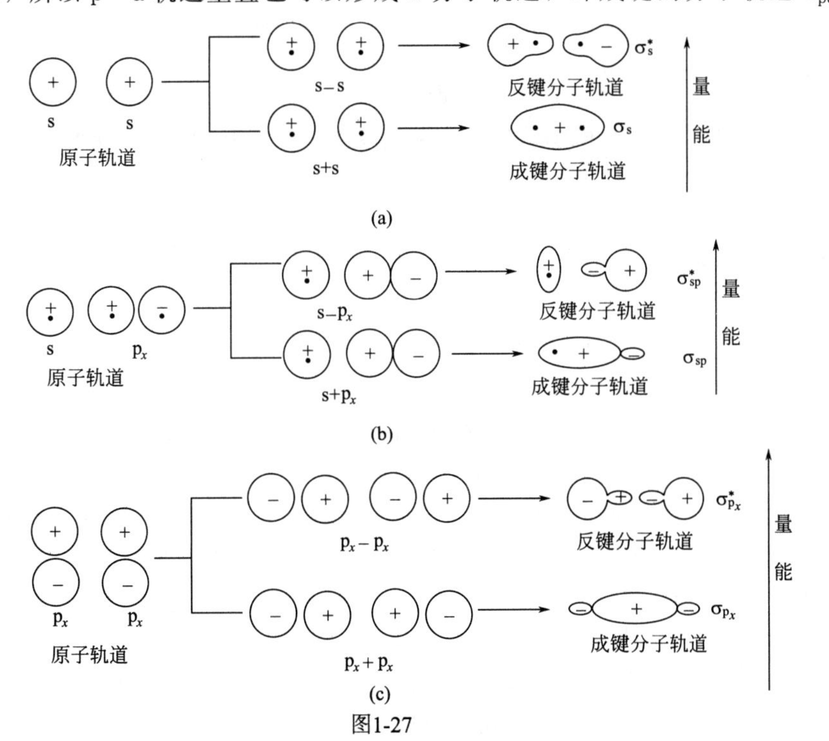

图1-27

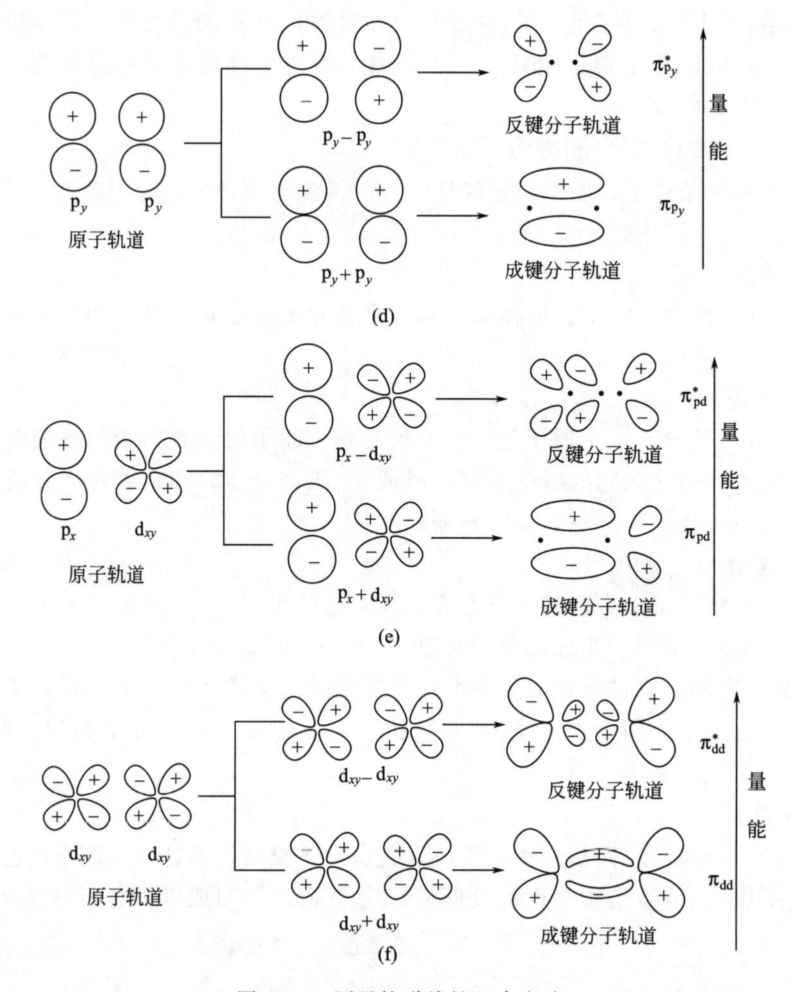

图 1-27 原子轨道线性组合方式

分子轨道 π^*_{pd}，如图 1-27（e）所示。这种重叠出现在一些 d 区和 ds 区金属化合物中，也出现在 p 区、s 区元素的氧化物和含氧酸中。

（5）d—d 重叠

两个原子的 d 轨道（如 d_{xy}—d_{xy}）也可以按图 1-27（f）所示方式重叠，形成成键分子轨道 π_{dd}和反键分子轨道 π^*_{dd}。

1.2.4.3 同核双原子分子的分子轨道能级图

每个分子轨道都有相应的能量，分子轨道的能级顺序主要是从光谱实验数据来确定的。如果把分子中各分子轨道按能级高低排列起来，可得分子轨道能级图，如图 1-28 所示。对于第二周期元素形成同核双原子分子的能级顺序有以下两种情况。当组成原子的 2s 和 2p 轨道能量差较大时，不会发生 2s 和 2p 轨道之间的相互作用，能级图如 1-28（a）所示（$\pi_{2p}>\sigma_{2p}$），但若 2s 与 2p 能量差较小，两个相同原子互相接近时，不但会发生 s—s 和 p—p 重叠，而且也会发生 s—p 重叠，其能级顺序如 1-28（b）所示（$\pi_{2p}<\sigma_{2p}$）。由于 O、F 原子的 2s 和 2p 轨道能级相差较大（大于 15eV），故不必考虑 2s 和 2p 轨道间的作用。因此 O_2、F_2 的分子轨道能级是按图 1-28（a）的能级顺序排列。而 N、C、B 原子的 2s 和 2p 轨道能级相差较小（10eV 左右），必须考虑 2s 和 2p 轨道的相互作用，导致 σ_{2p} 能级高于 π_{2p} 的颠倒现

象，故 N_2、C_2、B_2 的分子轨道能级是按图 1-28（b）的能级顺序排列的。

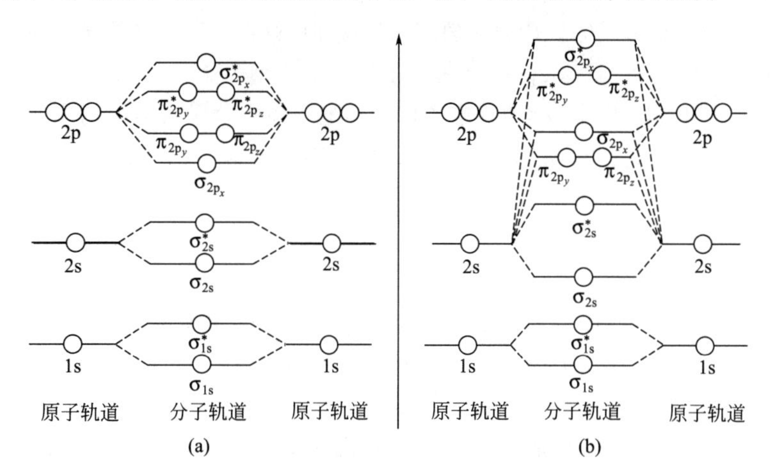

图 1-28 同核双原子分子的分子轨道能级

1.2.4.4 键级

在分子轨道理论中，常用键级的大小来表示成键的强度。键级定义为：

$$键级=\frac{成键电子总数-反键电子总数}{2}$$

键级愈大，键的强度愈大，分子愈稳定。若键级为零，表示不能形成分子。

1.2.4.5 分子轨道理论的应用

① H_2 分子结构　两个氢原子的 1s 原子轨道互相重叠后组成 σ_{1s}、σ_{1s}^* 轨道，两个电子先填入 σ_{1s} 成键分子轨道，键级为 1，分子轨道式为 $(\sigma_{1s})^2$。

② Be_2 分子是否存在　若两个 Be 原子 2s 轨道线性组合后形成 σ_{2s}、σ_{2s}^* 轨道，4 个电子有 2 个占据 σ_{2s} 成键分子轨道，另外 2 个占据 σ_{2s}^* 反键分子轨道，键级$=(2-2)/2=0$，形成分子后总能量没有降低。因此可以预期 Be_2 分子不能稳定存在。目前也确实没有发现 Be_2 分子。

③ N_2 分子结构　N 原子的电子层结构为 $1s^2 2s^2 2p^3$，N_2 分子共有 14 个电子。按能级图 1-28（b）填入电子，同样遵从能量最低原理、泡利原理和洪德规则。得到分子轨道式为 $(\sigma_{1s})^2$ $(\sigma_{1s}^*)^2$ $(\sigma_{2s})^2$ $(\sigma_{2s}^*)^2$ $(\pi_{2p_y})^2$ $(\pi_{2p_z})^2$ $(\sigma_{2p_x})^2$，为书写方便，内层分子轨道用 KK 表示，即得 KK $(\sigma_{2s})^2$ $(\sigma_{2s}^*)^2$ $(\pi_{2p_y})^2$ $(\pi_{2p_z})^2$ $(\sigma_{2p_x})^2$，键级$=(8-2)/2=3$，共形成三个键。实验也已表明，N_2 分子中 π 轨道的能级较低，比较稳定，这可能是 N_2 具有惰性的一个重要原因。

④ O_2 分子结构　氧原子的电子层构型为 $1s^2 2s^2 2p^4$，O_2 分子中共有 16 个电子，按图 1-28（a）的能级顺序分别填入电子，得分子轨道式为：$(\sigma_{1s})^2$ $(\sigma_{1s}^*)^2$ $(\sigma_{2s})^2$ $(\sigma_{2s}^*)^2$ $(\sigma_{2p_x})^2$ $(\pi_{2p_y})^2$ $(\pi_{2p_z})^2$ $(\pi_{2p_y}^*)^1$ $(\pi_{2p_z}^*)^1$，键级$=(8-4)/2=2$，实验测得键能为 494kJ/mol，相当于双键。可以认为 O_2 分子中形成两个三电子 π 键，每个三电子 π 键有 2 个电子在成键轨道上，有一个电子在反键轨道上，故相当于半个键。由于 O_2 分子中有两个单电子在反键轨道上，也解释了 O_2 分子具有顺磁性问题，这是分子轨道理论获得成功的一个重要例子。

氧的电子式可简写为 :O$\overset{\cdots}{\underset{\cdots}{—}}$O:。

1.2.4.6 异核双原子分子的分子轨道能级图

两个不同原子结合成分子时，用分子轨道法处理在原则上与同核双原子一样，例如CO分子结构。C原子的电子构型为$1s^2 2s^2 2p^2$，O氧原子的电子构型为$1s^2 2s^2 2p^4$，CO分子中共有14个电子，与N_2分子的电子数相同，称为等电子体。等电子体的分子轨道结构相似，性质也非常相似。所以，CO的分子轨道式为$(\sigma_{1s})^2$ $(\sigma_{1s}^*)^2$ $(\sigma_{2s})^2$ $(\sigma_{2s}^*)^2$ $(\pi_{2p_y})^2$ $(\pi_{2p_z})^2$ $(\sigma_{2p_x})^2$。

1.2.5 离子键

德国科学家柯塞尔根据稀有气体原子的电子层结构特别稳定的事实，首先提出了离子键理论。用以说明电负性差别较大的元素间所形成的化学键。

电负性较小的活泼金属和电负性较大的活泼非金属元素的原子相互接近时，前者失去电子形成正离子，后者获得电子形成负离子。正负离子间通过静电引力而联系起来的化学键叫离子键，例如NaCl分子：

$_{11}Na$——$1s^2 2s^2 2p^6 3s^1$　　Na^+——$1s^2 2s^2 2p^6$

$_{17}Cl$——$1s^2 2s^2 2p^6 3s^2 3p^5$　　Cl^-——$1s^2 2s^2 2p^6 3s^2 3p^6$

离子键：正负离子间通过静电作用力而形成的化学键。

1.2.5.1 离子键的特征

① 离子键的本质是静电作用力（见图1-29），只有电负性相差较大的元素之间才能形成离子键。

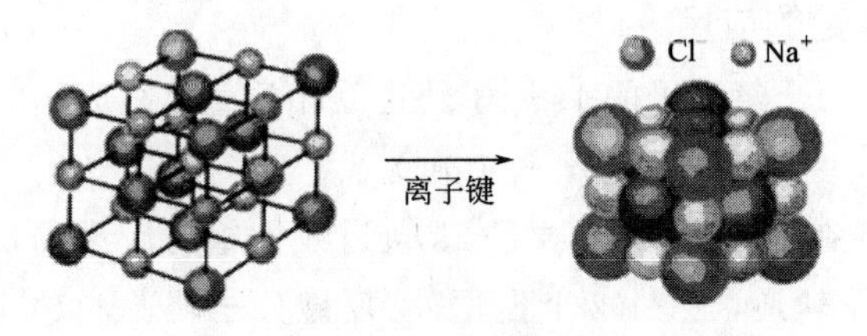

图1-29 离子键的静电作用力

② 离子键无方向性，无饱和性。

③ 离子键是极性键。

1.2.5.2 离子的电子层结构

(1) 负离子的构型

简单负离子都是8电子构型。

例：$_{17}Cl^-$　$3s^2 3p^6$　　$_8O^{2-}$　$2s^2 2p^6$

(2) 正离子的构型

由于形成正离子的原子失去电子的数目不同，因而有多种构型。

2电子构型

例：$_3Li^+$　$1s^2$　　$_4Be^{2+}$　$1s^2$

8电子构型

例：$_{11}Na^+$　$2s^2 2p^6$　　$_{12}Mg^{2+}$　$2s^2 2p^6$　　$_{13}Al^{3+}$　$2s^2 2p^6$

9～17电子构型

例：$_{26}Fe^{3+}$　$3s^2 3p^6 3d^5$　　$_{29}Cu^{2+}$　$3s^2 3p^6 3d^9$　　$_{24}Cr^{3+}$　$3s^2 3p^6 3d^3$

$_{25}Mn^{2+}$　$3s^2 3p^6 3d^5$

18 电子构型

例：　$_{29}Cu^{+}$　$3s^2 3p^6 3d^{10}$　　　　$_{30}Zn^{2+}$　$3s^2 3p^6 3d^{10}$

1.2.6 金属键

周期表中五分之四的元素为金属元素。除汞在室温是液体外，所有金属在室温都是晶体，其共同特征是：具有金属光泽，优良的导电、导热性，富有延展性等。金属的特性是由金属内部特有的化学键的性质决定的。

1.2.6.1 改性共价理论

与非金属比较，金属原子的半径大，核对价层电子的吸引比较小，电子容易从金属原子上脱落成为自由电子，汇成所谓的“电子海”，留下的正离子浸沉在这种电子海中。这些自由电子与正离子之间的作用力将金属原子黏合在一起而成为金属晶体，这种作用力称为金属键，也称改性共价键。

1.2.6.2 能带理论

金属键的量子力学模型叫做能带理论，它是在分子轨道理论的基础上发展起来的现代金属键理论。能带理论把金属晶体看成一个大分子，这个分子由晶体中所有原子组合而成。由于各原子的原子轨道之间的相互作用便组成一系列相应的分子轨道，其数目与形成它的原子轨道数目相同。根据分子轨道理论，一个气态双原子分子 Li_2 的分子轨道是由 2 个 Li 原子轨道（$1s^2 2s^1$）组合而成的。6 个电子在分子轨道中的分布如图 1-30（a）所示。σ_{2s}成键轨道填 2 个电子，σ_{2s}^*反键轨道没有电子。现在若有 n 个原子聚积成金属晶体，则各价层电子波函数将相互叠加而组成 n 条分子轨道，其中 $n/2$ 条的分子轨道有电子占据，另外 $n/2$ 条是空的，如图 1-30（b）所示。

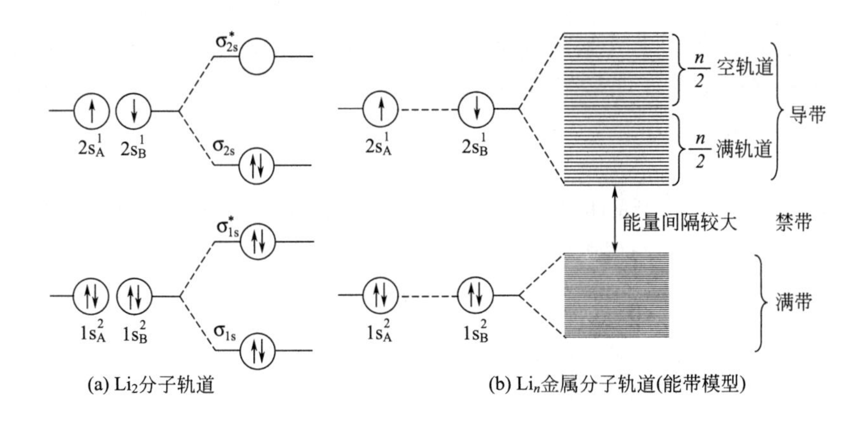

图 1-30　比较 Li_2 和 Li_n 的分子轨道

由于金属晶体中原子数目 n 极大，所以这些分子轨道之间的能级间隔极小，几乎连成一片形成能带，由已充满电子的原子轨道所形成的低能量能带称为满带；由未充满电子的能级所组成的高能量能带称为导带；满带与导带之间的能量相差很大，电子不易逾越，故又称为禁带。

金属键的能带理论可以很好地说明导体、半导体和绝缘体之间的区别。金属导体的价层电子能带是半满的（如 Li、Na）或价层电子能带虽全满，当外电场存在时，价层电子可跃迁到相邻的空轨道，因而能导电。绝缘体中的价层电子都处于满带，满带与相邻带之间存在禁带，能量间隔大（$E_g \geqslant 5eV$），故不能导电（如金刚石）。半导体的价层电子也处于满带（如 Si、Ge），其与相邻的空带间距小，能量相差也小（$E_g < 3eV$），低温时是电子的绝缘体，高温时电子能激发跃过禁带而导电，所以半导体的导电性随温度的升高而升高，而金属却因升高温度、原子振动加剧、电子运动受阻等原因，使得金属导电性下降。

1.3 分子间力与氢键

1.3.1 分子的电偶极矩和极化率

1.3.1.1 分子的电偶极矩

前面已讨论了三类化学键（离子键、共价键、金属键），它们都是分子内部原子间的作用力。原子通过这些化学键组合成各种分子和晶体。除此之外，分子与分子之间还存在着一种较弱的相互作用，大约只有几个到几十个 kJ/mol，比化学键小一二个数量级，这种分子间的作用力称为范德华力。它是决定物质熔点、沸点、溶解度等物理性质的一个重要因素。

双原子分子形成的共价键可分为极性键和非极性键，若两个相同原子组成的分子（如 H_2、O_2），由于电负性相同，两原子间形成非极性共价键，即分子中的正负电荷中心重合，这种分子是非极性分子。如果由两个不同原子组成分子（如 HCl、CO），由于它们的电负性不同，两原子间形成极性键，即分子中的正负电荷中心不重合，这种分子是极性分子。如果由多个不同原子组成的分子，如 SO_2、CO_2、CH_4、$CHCl_3$ 等，它们是否为极性分子，决定于元素的电负性（或是键的极性）和分子的空间构型。例如 SO_2、CO_2 中 S═O、C═O 都是极性键，但因为 CO_2 是直线形结构，键的极性相互抵消，正负电荷中心重叠，所以，CO_2 是非极性分子。相反，SO_2 为 V 形结构，正负电荷中心不重合，因而 SO_2 是极性分子。

分子极性的强弱，可以用偶极矩（$\boldsymbol{\mu}$）表示。分子偶极矩定义为：偶极长度（极性分子正负电荷中心间的距离 d）与偶极电荷 q 的乘积，即：

$$\boldsymbol{\mu} = qd$$

式中 q——正极（或负极）上的电量，C；

d——两极间距离，称做偶极长度，m；

$\boldsymbol{\mu}$——偶极矩，矢量，方向由正电荷中心指向负电荷中心，C · m。

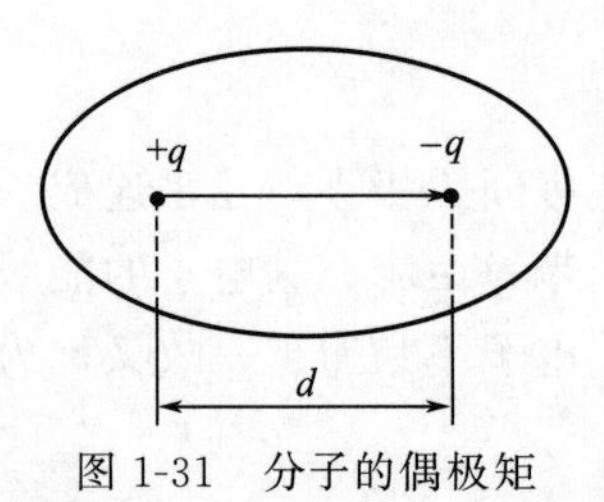

图 1-31 分子的偶极矩

偶极矩是一个矢量，规定方向从正到负，如图 1-31 所示。

通过实验测得，偶极矩越大，分子极性越大，偶极矩 $\boldsymbol{\mu}=0$，即为非极性分子。表 1-13 列出一些物质的偶极矩。

表 1-13 一些物质的偶极矩

单位：$\times10^{-30}$C·m

化学式	μ	化学式	μ	化学式	μ	化学式	μ
H_2	0	CS_2	0	HI	1.27	NH_3	4.34
N_2	0	CH_4	0	HBr	2.60	SO_2	5.34
BCl_2	0	CCl_4	0	$CHCl_3$	3.37	H_2O	6.24
BF_2	0	CO	0.33	HCl	3.62	HF	6.40
CO_2	0	NO	0.53	H_2S	3.67	HCN	9.83

由于极性分子的正、负电荷中心不重合，因此分子中始终存在着正极端和负极端。极性分子固有的偶极叫做永久偶极。而非极性分子在外电场的影响下可以变成具有一定偶极的极性分子，极性分子也一样在外电场的影响下其偶极增大。这种在外电场影响下所产生的偶极叫诱导偶极。诱导偶极的大小同外界电场的强度成正比。变形性大的分子，产生的诱导偶极也大。此外，非极性分子在没有外电场的作用下，正负电荷中心也可能发生变化。这是因为分子内部的原子和电子都在不停地运动着，不断地改变它们的相对位置。在某一瞬间，分子的正负电荷中心发生不重合的现象，这时所产生的偶极叫做瞬间偶极。瞬间偶极的大小同分子的变形性有关，分子越大，越容易变形，瞬间偶极也越大。

1.3.1.2 分子的极化率

分子中的原子核和电子处于运动状态，但保持着大小不变的相对位置。由于分子的运动，分子是可变形的。分子的变形与分子的大小有关。分子越大，包含的电子越多，其变形性越大，在外加电场作用下，由于同极相斥、异极相吸，非极性分子原来重合的两极被分开；极性分子原来不重合的两极被进一步拉大。这种正、负两极被分开的过程叫极化，如图 1-32 所示。

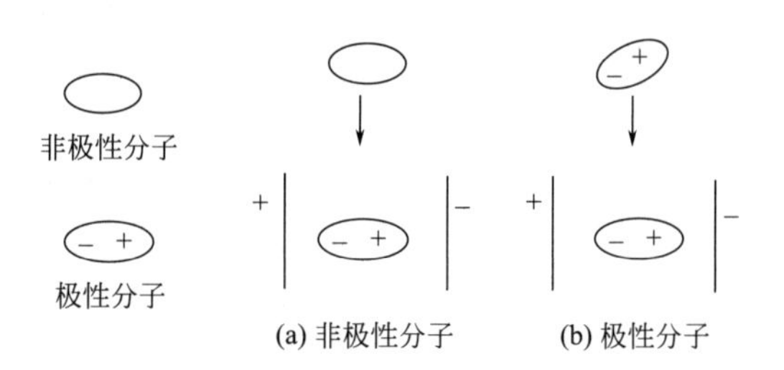

图 1-32 分子在电场中的极化

分子极化率是描述电介质极化特性的微观参数，简称极化率。无论哪一种电介质，其组成的分子在外电场作用下会出现感应偶极矩。一般来说，分子的感应偶极矩的产生与作用于它的有效电场强度成正比，比例常数称为分子极化率，单位是 F·m。对应于电子位移极化、原子（离子）位移极化和转向极化的极化率分别为电子极化率、原子（离子）极化率和转向极化率。电子极化率的大小与原子或离子的半径有关，而与温度无关。离子极化率与离子间的距离有关，随着温度升高而增大，但增加很小。转向极化率与温度的关系密切，当场强不高而温度又不太低时，即分子热运动的无序化作用占优势的情况下，转向极化率随着温度上升而减小。电介质总的极化率等于各种极化率之和。表1-14列出一些分子的极化率。

表 1-14 一些分子的极化率 单位：$\times 10^{-40}$ F·m

化学式	α	化学式	α	化学式	α	化学式	α
He	0.203	H_2	0.81	HCl	2.56	CO	1.93
Ne	0.392	O_2	1.55	HBr	3.49	CO_2	2.59
Ar	1.63	N_2	1.72	HI	5.20	NH_3	2.34
Kr	2.46	Cl_2	4.50	H_2O	1.59	CH_4	2.60
Xe	4.01	Br_2	6.43	H_2S	3.64	C_2H_6	4.50

1.3.2 分子间力

十九世纪末范德华发现造成实际气体偏离理想气体方程的那种作用力，是分子间的作用力，后人将它称之为范德华引力。它包括取向力、诱导力、色散力三个部分。

1.3.2.1 取向力

取向力是指极性分子与极性分子之间的作用力。极性分子是一种偶极子，它们具有正、负两极。当两极接近，同极相斥，异极相吸，一个分子带负电的一端和另一个分子带正电的一端接近，使分子按一定的方向排列。已取向的极性分子，由静电引力而相互吸引，称为取向力，如图 1-33（a）所示。

1.3.2.2 诱导力

诱导力是指发生在极性分子和非极性分子之间以及极性分子与极性分子之间的作用力。非极性分子与极性分子相遇时，非极性分子受到极性分子偶极电场的影响，电子云变形，产生了诱导偶极。诱导偶极同极性分子的永久偶极间的作用力叫做诱导力，如图 1-33（b）所示。

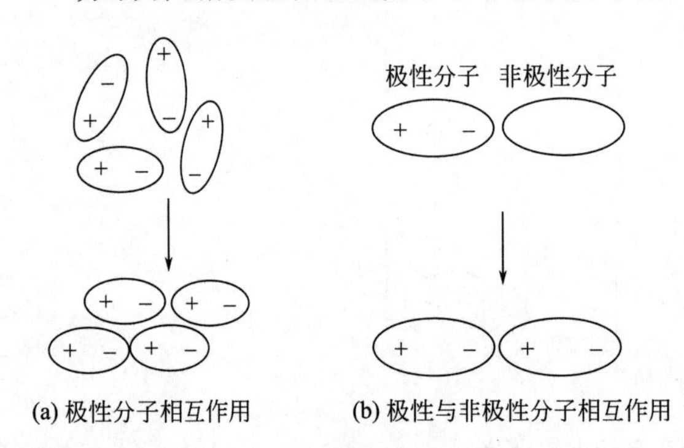

(a) 极性分子相互作用 (b) 极性与非极性分子相互作用

图 1-33 取向力和诱导力的产生

同样，极性分子与极性分子之间除了取向力外，由于极性分子的电场互相影响，每个分子也会发生变形，产生诱导偶极，从而也产生诱导力。

1.3.2.3 色散力

任何一个分子，由于电子的不断运动和原子核的不断振动，都有可能在某一瞬间产生电子与核的相对位移，造成正负电荷中心分离，从而产生瞬时偶极，这种瞬时偶极可能使它相邻的另一个非极性分子产生瞬时诱导偶极，于是两个偶极处在异极相邻的状态，从而产生分子间的相互吸引力，这种由于分子不断产生瞬时偶极而形成的作用力称为色散力。色散力必须根据近代量子力学原理才能正确解释它的来源和本质，从量子力学导出的这种力的理论公式与光色散公式相似，因此把这种力称为色散力。

量子力学的计算表明，色散力与分子的变形性有关。变形性愈大，色散力愈大。分子间力没有方向性和饱和性，只有当分子间距小于 500pm 时才起作用。在 3 种作用力中，除了极性很强的分子（如 H_2O）间作用力是以取向力为主以外，一般分子之间主要是色散力，见表 1-15 所示。

由表 1-15 可以看出，分子间总是存在色散力的。在一般分子中，色散力往往是主要的，只有极性很大的分子，取向力才显得重要。

表 1-15 不同分子的分子间作用力

分子	取向力	诱导力	色散力	总和	分子	取向力	诱导力	色散力	总和
Ar	0.000	0.000	8.49	8.49	HBr	0.686	0.502	21.92	23.11
CO	0.0029	0.0084	8.74	8.75	HCl	3.305	1.004	16.82	21.13
HI	0.025	0.113	25.86	26.00	H_2O	36.38	1.929	8.996	47.31

分子间的范德华力的概念可以推广于离子体系，因为离子之间除了起主要作用的静电引力之外，还可能有其他的作用力存在，如诱导力和色散力。此外，在不对称结构的复杂离子中也还会有取向力存在。

在离子间除了静电引力外，诱导力也起着相当重要的作用，因为阳离子具有多余的正电荷，一般半径较小，而且在外壳上缺少电子，它对相邻的阴离子会起诱导作用，这种作用称为离子的极化作用；而阴离子半径一般较大，在外壳上有较多的电子，容易变形，在被诱导过程中能产生暂时的诱导偶极，这种性质通常称为离子的变形性。阴离子产生的诱导偶极又会反过来诱导阳离子，阳离子也会变形（如 18 电子层、18+2 电子层或不饱和电子层半径较大的离子），阳离子也会产生偶极，这样使阳离子和阴离子之间发生额外的吸引力，亦称附加极化。当两个离子接近时，若有上述作用，甚至有可能使两个离子的电子云互相重叠起来，即有可能使两个离子的结合成为共价键。所以，可以认为离子键和共价键之间没有严格的界线，极性键是离子键向共价键过渡的一种形式，如图 1-34 所示。

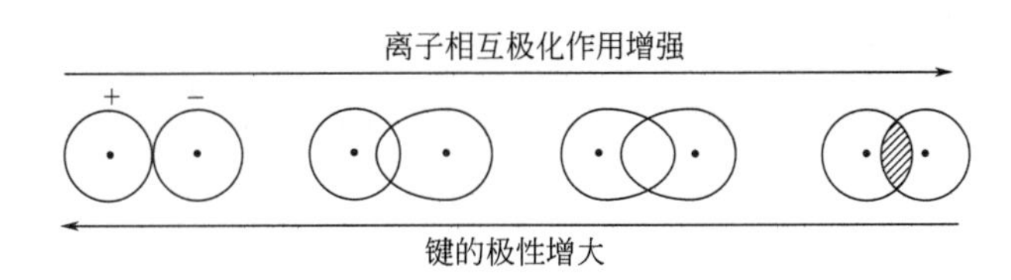

图 1-34 离子键向共价键过渡示意

一般来说，阳离子的极化作用高于阴离子；而阴离子的变形性又高于阳离子，其规律如下。

(1) 离子的极化作用

① 阳离子的电荷愈高，极化作用愈强。

② 阳离子的电子层结构不同，极化作用大小也不同。一般规律是：18 或 18+2 电子构型的离子>9～17 电子构型的离子>8 电子构型的离子。这是因为 18 电子构型的离子，其最外层中的 d 电子对原子核屏蔽作用较小。

③ 电子层相似、电荷相等时，半径小的离子有较强的极化作用，如 $Mg^{2+}>Ba^{2+}$；$Al^{3+}>La^{3+}$；$F^->Cl^-$ 等。

④ 阴离子的极化作用较小，但电荷高的复杂阴离子也有一定的极化作用，如 SO_4^{2-} 和 PO_4^{3-}。

(2) 离子的变形性

① 对电子层构型相同的阴离子，电子层数越多，半径越大，变形性越大，如 $F^-<Cl^-<Br^-<I^-$。

② 对结构相同的阴离子，负电荷数越高，变形性越大，如 $O^{2-}>F^-$。

③ 复杂的阴离子的变形性不大，而且复杂阴离子中心原子氧化数越高，变形性越小，如 $ClO_4^-<F^-<NO_3^-<OH^-<CN^-<Cl^-<Br^-<I^-$。

④ 18 电子构型和不规则电子构型的阳离子，其变形性比相近半径的惰性气体型的离子大得多，如 $Ag^+>K^+>Hg^{2+}>Ca^{2+}$ 等。

总之，最容易变形的离子是体积大的阴离子和 18 电子构型或不规则电子构型的少电荷阳离子。最不容易变形的离子是半径小，电荷高的 8 电子构型的阳离子，如 Be^{2+}、Al^{3+}、Si^{4+} 等。

(3) 附加极化作用及其对化合物性质的影响

当阳离子的极化作用使阴离子变形后，阴离子对易变形的阳离子也有一定的极化作用，这时往往会产生两种离子的附加极化效应，这就加大了离子间的引力，因而影响到许多化合物的性质。

① 18 电子构型的阳离子，容易引起相互的附加极化作用。

② 在周期表的同族中，自上而下，18 电子构型离子的附加极化作用递增，这就加强了这类离子的总极化作用。如 Zn、Cd、Hg 的碘化物总极化作用为 $Zn^{2+}<Cd^{2+}<Hg^{2+}$，这就可以解释这些化合物为何有如表 1-16 所示的现象。

③ 在含有同一种 18 电子结构的阳离子化合物中，阴离子的变形性越大，相互极化作用越强。化合物的颜色加深。如 $CuCl_2$ 浅绿色，$CuBr_2$ 深棕色，CuI_2 棕红色（强烈极化使其易歧化）。又如 AgCl、AgBr、AgI 颜色依次加深，在水中的溶解度依次减小等。

表 1-16 化合物颜色与在水中的溶解度

性质	ZnI_2	CdI_2	HgI_2
颜色	无色	黄色	红色（x 型）
在水中的溶解度/(g/1000g H_2O)	432	86.2	难溶

1.3.3 氢键

氢键是一种存在于分子之间及分子内部的作用力，它比化学键弱，但比范德华力强。

1.3.3.1 氢键的形成

在 HF 分子中，H 和 F 原子以共价键结合，但因 F 原子的电负性大，电子云强烈偏向 F 原子一方，结果使 H 原子一端显正电性。由于 H 原子半径很小，又只有一个电子，当电子强烈地偏向 F 原子后，H 原子几乎成为一个“裸露”的质子，因此正电荷密度很高，可以和相邻的 HF 分子中的 F 原子产生静电吸引作用，形成氢键。氟化氢的氢键表示为 F—H---F（图 1-35）。

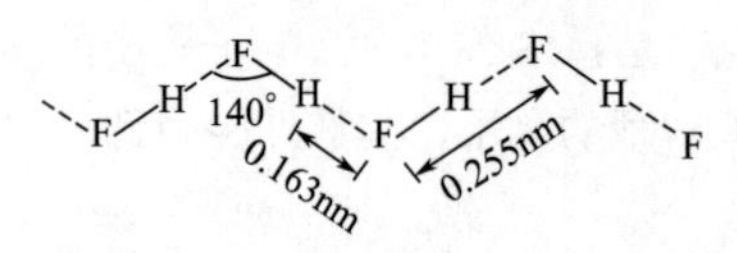

图 1-35 HF 中的氢键示意

不仅同种分子间可形成氢键，不同种分子间也可以形成氢键，NH_3 和 H_2O 间的氢键如下：

```
H      H            H      H
|      |            |      |
N—H---O—H           O—H---N—H
|                          |
H                          H
```

氢键通常用 X—H---Y 表示，X 和 Y 代表 F、O、N 等电负性大、半径较小的原子。

除了分子间的氢键外，某些物质的分子也可以形成分子内氢键，如邻硝基苯酚、$NaHCO_3$ 晶体等（图 1-36）。

```
     Na+                      Na+
     O          O    O        O           O    O
     |     H ..  \  /    H    |      H ..  \  /    H
     C            C     ..    C            C        ..
 .. / \   /       |      \   / \   /       |
   O   O          O        O    O          O
                  Na+                      Na+
```

图 1-36 $NaHCO_3$ 晶体的氢键

总之，分子欲形成氢键必须具备两个基本条件；其一是分子中必须有一个与电负性很大的元素形成强极性键的氢原子；其二是分子中必须有带孤电子对、电负性大而且原子半径小的元素。

1.3.3.2 氢键的特点

（1）氢键具有方向性

它是指 Y 原子与 X—H 形成氢键时，尽可能使 X、H、Y 三个原子在同一条直线上，这样可使 X 与 Y 的距离最远，两原子电子云间的斥力最小，因此形成的氢键愈强，体系愈稳定。

（2）氢键具有饱和性

它是指每一个 X—H 只能与一个 Y 原子形成氢键。这是因为氢原子的体积缩小，它与体积较大的 X、Y 靠近后，另一个体积较大的 Y 就会受到 X—H---Y 中的 X、Y 的排斥，这种排斥力要比它受 H 的吸引力强，所以，X—H---Y 中的 H 只能与一个 Y 形成氢键，这就是氢键的饱和性。

1.3.3.3 氢键的键长和键能

氢键不同于化学键，其键能小，键长较长。氢键的键能主要与 X、Y 的电负性有关，还与存在于不同化合物有关。一般来讲，电负性越大，氢键越强；氢键的键能还与 Y 的原子半径有关，半径越小，键能越大。如 F—H---F 为最强的氢键，O—H---O，O—H---N，N—H---N 的强度依次减弱，Cl 的电负性与 N 相同，但半径比 N 大，只能形成很弱的氢键。

1.3.3.4 氢键对物质性质的影响

氢键广泛存在，如水、醇、酚、酸、羧酸、氨、胺、氨基酸、蛋白质、碳水化合物等许多化合物都存在氢键。氢键对物质的影响也是多方面的。

（1）对物质熔点、沸点的影响

分子间氢键的形成，使物质的熔点、沸点升高。这是由于要使液体气化或使固体液化都需要能量去破坏分子间氢键。

凡是与熔点、沸点有关的性质如熔化热、汽化热、蒸气压等的变化情况都与上面讨论的情况相似。

分子内形成氢键，常使其熔点、沸点低于同类化合物的熔点、沸点。

（2）对水和冰密度的影响

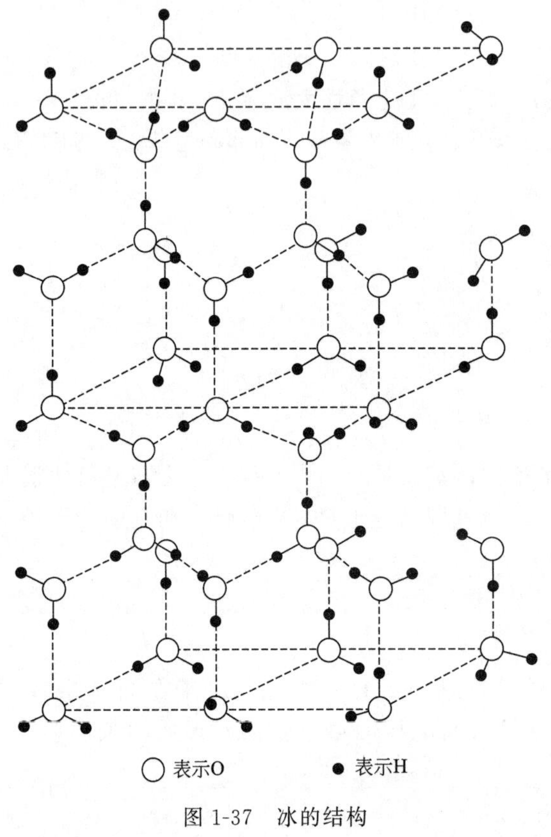

图 1-37 冰的结构

水除了熔点和沸点显著高于与氧同族的其他元素形成的氢化物的熔点和沸点外，还有另一个反常现象，就是水在 4℃时密度最大。这是因为在 4℃以上时，分子的热运动是主要的，使水的体积膨胀，密度减小；在 4℃以下时，分子间的热运动降低，形成氢键的倾向增加。形成分子间氢键越多，分子间的空隙越大。当水结成冰时，全部水分子都以氢键连接，形成空旷的结构，如图 1-37 所示。

在冰中每个 H 原子都参与形成氢键，结果使水分子按四面体分布，每个氧原子周围都有四个氢。这样的结构空旷了，密度也降低了。

（3）对物质溶解度的影响

在极性溶剂中，如果溶质分子与溶剂分子之间形成氢键，则溶质的溶解度增大。如 HF、NH_3 极易溶于水。如果溶质分子形成分子内氢键，在极性溶剂中溶解度减小，而在非极性溶剂中溶解度增大。

（4）对蛋白质构型的影响

在多肽链中由于 >C═O 和 >N—H 可形成大量的氢键（N—H┄O），使蛋白质分子按螺旋方式卷曲成立体构型，称为蛋白质的二级结构（见图 1-38）。可见氢键对蛋白质维持一

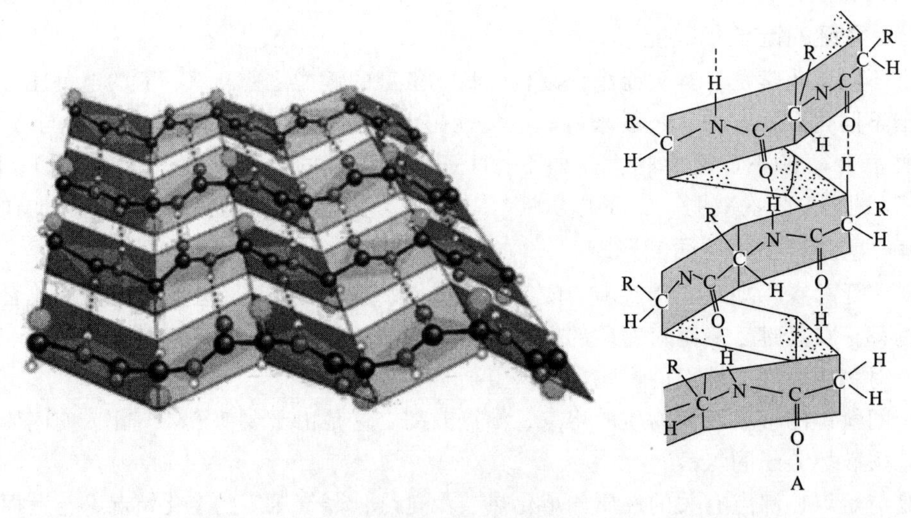

图 1-38 蛋白质的二级结构

定空间构型起着重要作用。

(5) 对物质酸性的影响

分子内形成氢键，往往使酸性增强。如苯甲酸 $K_a^{\ominus}=6.2\times10^{-5}$，邻羟基苯甲酸的$K_a^{\ominus}=1.05\times10^{-3}$，2,6-二羟基苯甲酸的 $K_a^{\ominus}=5.1\times10^{-2}$。这是由于羟基（—OH）上的氢与羧基（—COOH）上的氧形成了分子内氢键，从而促进了氢的解离。

1.4 晶体结构和缺陷

晶体是由原子、离子或分子在空间按一定规律周期性重复地排列构成的固体物质。晶体在生长过程中，自发地形成晶面，晶面相交形成晶棱，晶棱会聚成顶点，从而具有多面体的外形。因此晶体最为突出的特征是具有规则的几何外形。同一种晶体由于生成条件不同，所得晶体在外形上有差别，但晶体的晶面与晶面之间的夹角总是恒定的，这一普遍规律称为晶面角守恒定律。

有固定的熔点是晶体的又一特征。晶体受热到熔点温度，晶体完全转化为液态。而非晶体则无一定熔点。在晶体中各个方向排列的质点间的距离和取向不同，因此晶体具有各向导性的重要特征，也就是说同一个晶体在不同方向上有不同的性质。如石墨与层平行方向上的电导率比与层垂直方向上的电导率高出 1 万倍。非晶体则各向同性。

晶体内部粒子周期性的排列及其理想的外形都具有特定的对称性，如对称中心、对称面、对称轴等。晶体就是按其对称性的不同而分类的。

1.4.1 晶体结构

1.4.1.1 晶体结构特征与晶格理论

1912 年劳厄（Laue）开始用 X 射线研究晶体结构。大量的事实证明，晶体内部的质点具有周期性重复规律。为了便于研究晶体中微粒（原子、离子或分子）在空间排列的规律和特点，将晶体中按周期性重复的那一部分微粒抽象成几何质点，联结其中任何两点所组成的向量进行无限平移，这一套点的无限组合就叫做点阵。一维的点阵是直线点阵，二维的点阵是平面点阵，三维的点阵是空间点阵（图 1-39）。

平面点阵的点的联结形成平面格子，每个格子一般为平行四边形。空间点阵的点的连接形成空间格子，每一个格子一般是平行六面体。这种空间格子就称为晶格。

把晶体中的微粒（原子、离子或分子）抽象地看成一个结点，把它们联结起来，构成不同形状的空间格子，这些空间格子都是六面体。假如将晶体切割出一个能代表晶格一切特征的最小部分，例如一个平行六面体，此最小部分即为基本单元，它代表晶体的基本重复单元。我们称这些基本单元为晶胞。晶体是由晶胞无间隙地堆砌而成。若知道晶胞的特征（大小和形状），也就知道整个晶体的结构了。

晶胞的大小和形状由 6 个参数决定。它是六面体的 3 个边长，a、b、c 和 cb、ca、ab 所成的 3 个夹角 α、β、γ。这六个参数总称晶胞参数（也称点阵参数）。

尽管世界上晶体千万种，但它们晶胞的形状根据晶胞参数不同，只能归结为七大类，即七个晶系，它们是：立方晶系（也叫等轴晶系）、四方晶系、正交晶系、三方晶系、六方晶系、单斜晶系和三斜晶系，如图 1-40 所示。

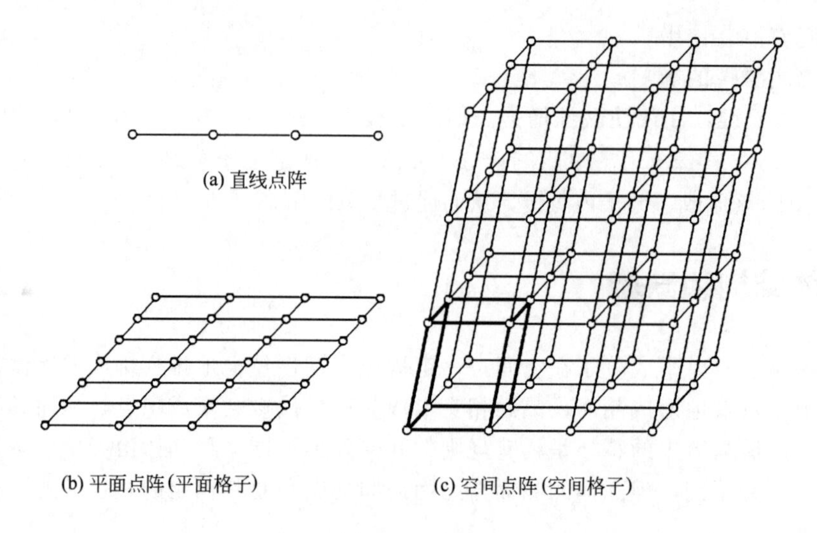

图 1-39 点阵

在以上七类晶体中，它们都是六面体，只是由于晶胞参数不同而有不同的形状，见表1-17所列。

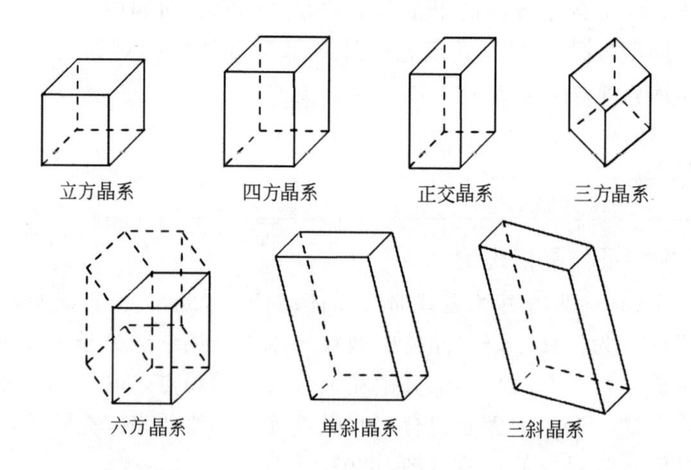

图 1-40 七类晶系

表 1-17 晶胞参数

晶系	边长	夹角	晶体实例
立方	$a=b=c$	$\alpha=\beta=\gamma=90°$	Cu, NaCl, ZnS, CaF_2
四方	$a=b\neq c$	$\alpha=\beta=\gamma=90°$	Sn, SnO_2, $NiSO_4$, MgF_2
正交	$a\neq b\neq c$	$\alpha=\beta=\gamma=90°$	I_2, $HgCl_2$, K_2SO_4, $BaCO_3$
三方	$a=b=c$	$\alpha=\beta=\gamma\neq 90°$	Bi, As, Al_2O_3, $CaCO_3$
六方	$a=b\neq c$	$\alpha=\beta=90°\ \gamma=120°$	Mg, AgI, SiO_2, CuS
单斜	$a\neq b\neq c$	$\alpha=\gamma=90°\ \beta\neq 120°$	$K_3[Fe(CN)_6]$, $KClO_3$
三斜	$a\neq b\neq c$	$\alpha\neq\beta\neq\gamma\neq 90°$	$CuSO_4\cdot 5H_2O$, $K_2Cr_2O_7$

根据结点在单位平行六面体上的分布情况，也就是点阵的分布形式，可归纳为如下四种

情况。

① 简单格子 仅在单位平行六面体的 8 个顶角上有结点。

② 底心格子 除 8 个顶角上有结点外，平行六面体上、下两个平行面的中心各有一个结点。

③ 体心格子 除 8 个顶角上有结点外，平行六面体的体心还有一个结点。

④ 面心格子 除 8 个顶角有结点外，平行六面体的 6 个面的面心上都有一个结点。

把这 4 种情况用于 7 个晶系中，就得到 14 种空间点阵的形式(图 1-41)。这 14 种空间格子是由法国布拉维（Bravais）首先从点阵对称性推论得到的，故有时又称为“14 布拉维点阵”。

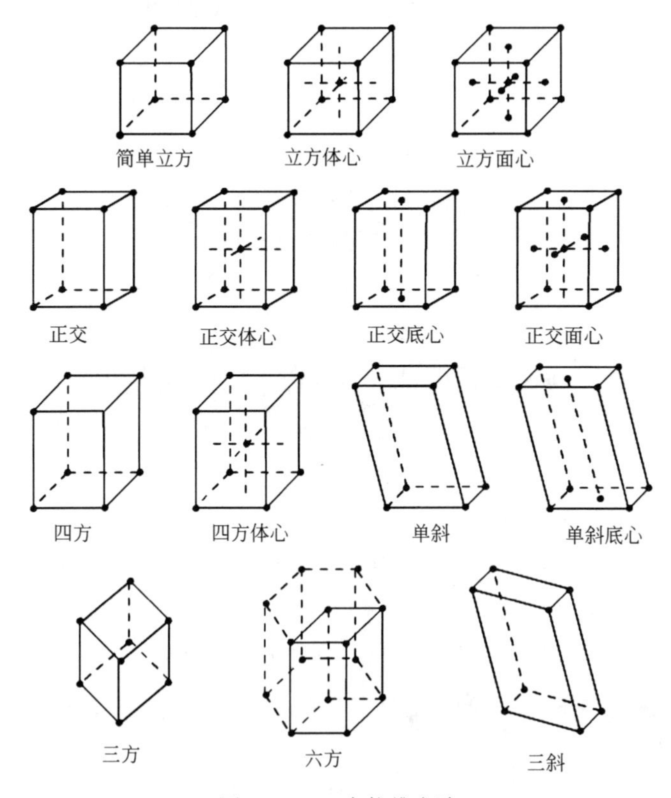

图 1-41 14 布拉维点阵

1.4.1.2 晶体的类型

(1) 离子晶体的几种结构类型

AB 型离子化合物三种结构类型——CsCl 型、NaCl 型和立方 ZnS 型。

① CsCl 型结构 点阵型式是 Cs^+ 形成简单立方点阵，Cl^- 形成另一个立方点阵，两个简单立方点阵平行交错，交错的方式是一个简单立方格子的结点位于另一个简单立方格子的体心，如图 1-42 所示。属立方晶系，配位数为 8∶8，即每个正离子被 8 个负离子包围，同时每个负离子也被 8 个正离子所包围。

② NaCl 型结构 点阵型式是 Na^+ 的面心立方点阵与 Cl^- 的面心立方点阵平面交错，交错的方式是一个面心立方格子的结点位于另一个面心立方格子的中央。如图 1-43 所示。属立方晶系，配位数为 6∶6，即每个离子被 6 个相反电荷的离子所包围。NaCl 型的晶胞是立方面心，但质点分布与 CsCl 型不同。

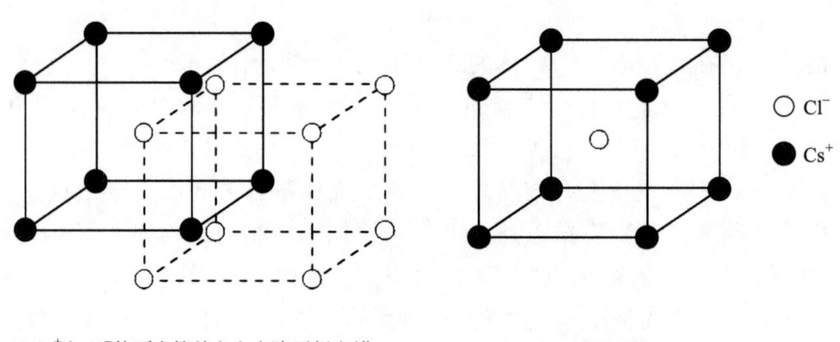

图 1-42 CsCl 型结构

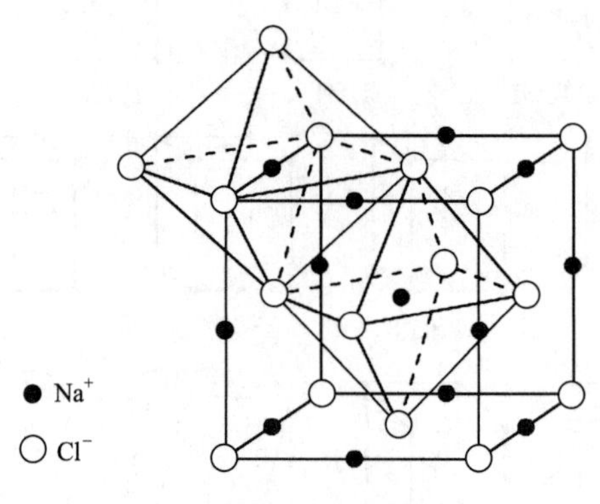

图 1-43 NaCl 型结构

③ 立方 ZnS 型结构 点阵型式是 Zn^{2+} 形成面心立方点阵，S^{2-} 也形成面心立方点阵。平行交错的方式比较复杂，是一个面心立方格子的结点位于另一个面心立方格子的体对角线的 1/4 处，如图 1-44 所示。属立方晶系，配位数为 4∶4，即每个 S^{2-} 周围与 4 个相反电荷的 Zn^{2+} 联成四面体，同样每个 Zn^{2+} 也与周围的 4 个 S^{2-} 联成四面体。

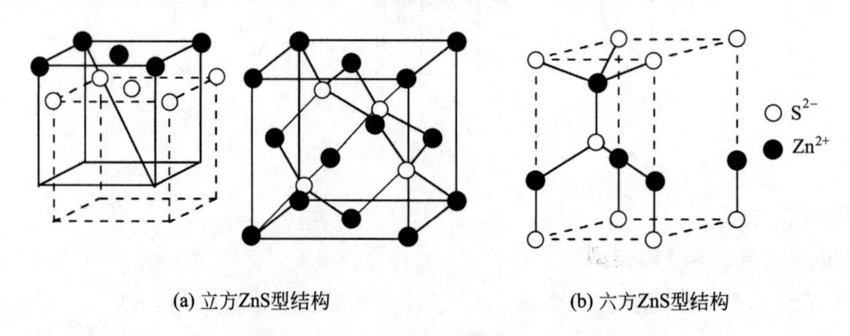

图 1-44 ZnS 型结构

离子晶体的种类很多，AB 型除上述 3 种外，还有六方 ZnS 型［图 1-44(b)］；AB_2 型晶体有 CaF_2 型、金红石 TiO_2 型等。常见的离子化合物的晶体类型列于表 1-18。

表 1-18 常见的离子化合物的晶体类型

构 型	实 例
CsCl 型	CsCl，CsBr，CsI，TlBr，NH_4Cl 等
NaCl 型	Li^+、Na^+、K^+、Rb^+ 的卤代物，AgF，Mg^{2+}、Ca^{2+}、Sr^{2+}、Ba^{2+} 的氧化物、硫化物等
ZnS 型	BeO，BeS，HgF_2，ThO_2，UO_2，CeO_2，$SrCl_2$，$BaCl_2$ 等
CaF_2 型	CaF_2，PbF_2，HgF_2，ThO_2，UO_2，CeO_2，$SrCl_2$，$BaCl_2$ 等

（2）原子晶体

在原子晶体中，组成晶胞的质点是原子，原子与原子间以共价键相结合，组成一个由“无限”数目的原子构成的大分子，整个晶体就是一个巨大的分子。由于共用电子对所组成的共价结合力极强，所以这类晶体的特点是熔点较高，硬度也较大，例如金刚石熔点高达3750℃，硬度也是天然物质中最大的。在金刚石晶体中，每一个C原子通过4个sp^3杂化轨道与其他4个碳原子以形成共价键的形式相连接。每个碳原子处于与它直接相连的4个碳原子所组成的正四面体中心，连接成一个大分子。图1-45（a）为金刚石面心立方晶胞。金刚砂（SiC）的结构与金刚石相似，只是C骨架结构中有一半位置为Si所取代，形成C－Si交替的空间骨架。石英（SiO_2）结构中Si和O以共价键相结合，每一个Si原子周围有4个O原子排列成以Si为中心的正四面体，许许多多的Si－O四面体通过O原子相互连接而形成巨大分子。图1-45（b）为石英面心立方晶胞。

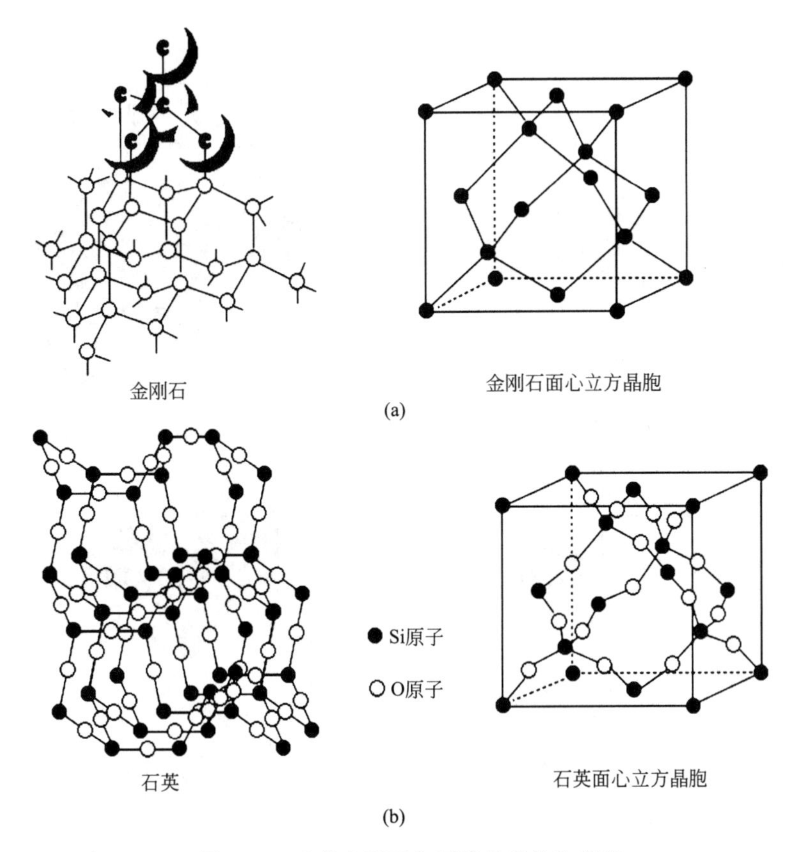

图1-45 比较金刚石和石英的晶体和晶胞

原子晶体的主要特点是：原子间不再以紧密的堆积为特征，它们之间是通过具有方向性和饱和性的共价键相连接，特别是通过成键能力很强的杂化轨道重叠成键，使它的键能接近400kJ/mol。所以原子晶体的构型和性质都与共价键性质密切相关，原子晶体中配位数比离子晶体少，硬度和熔点都比离子晶体高，一般不导电，在常见溶剂中不溶解，延展性差。

（3）分子晶体

在分子晶体中，组成晶胞的质点是分子（包括极性分子和非极性分子），分子间的作用力是范德华力和氢键。例如Cl_2、Br_2、I_2、CO_2、NH_3、HCl等，它们在常温下是气体、液体或易升华的固体，但是在降温凝聚后的固体都是分子晶体。图 1-46 为 CO_2 分子的晶胞。

在分子晶体的化合物中，存在着单个分子。由于分子间的作用力较弱，分子晶体的熔点、沸点都较低，在固体或熔化状态通常不导电。若干极性强的分子晶体（如 HCl）溶解在极性溶剂（如水）中，因发生解离而导电。

由于分子间作用力没有方向性和饱和性，所以对于那些球形和近似球形的分子，通常也采用配位数高达 12 的最紧密堆积方式组成分子晶体，这样可以使能量降低。最典型的球形分子是 1985 年才发现的 C_{60} 分子，它的外形像足球，亦称足球烯（图 1-47）。60 个 C 原子组成一个笼状的多面体圆球，球面有 20 个六元环，12 个五元环，每个顶角上的 C 原子与周围 3 个 C 原子相连，形成 3 个 σ 键。各个 C 原子上剩余的轨道和电子共同组成离域大 π 键。C_{60} 分子内碳碳间是共价键结合，而分子间以范德华引力结合成分子晶体。经 X 射线衍射法确定，C_{60} 也是面心立方密堆积结构，每个立方面心晶胞中含有 4 个 C_{60} 分子。由于微小 C_{60} 球体间作用力弱，它可作为极好的润滑剂，其衍生物或添加剂有可能在超导、半导体、催化剂、功能材料等许多领域得到广泛应用。

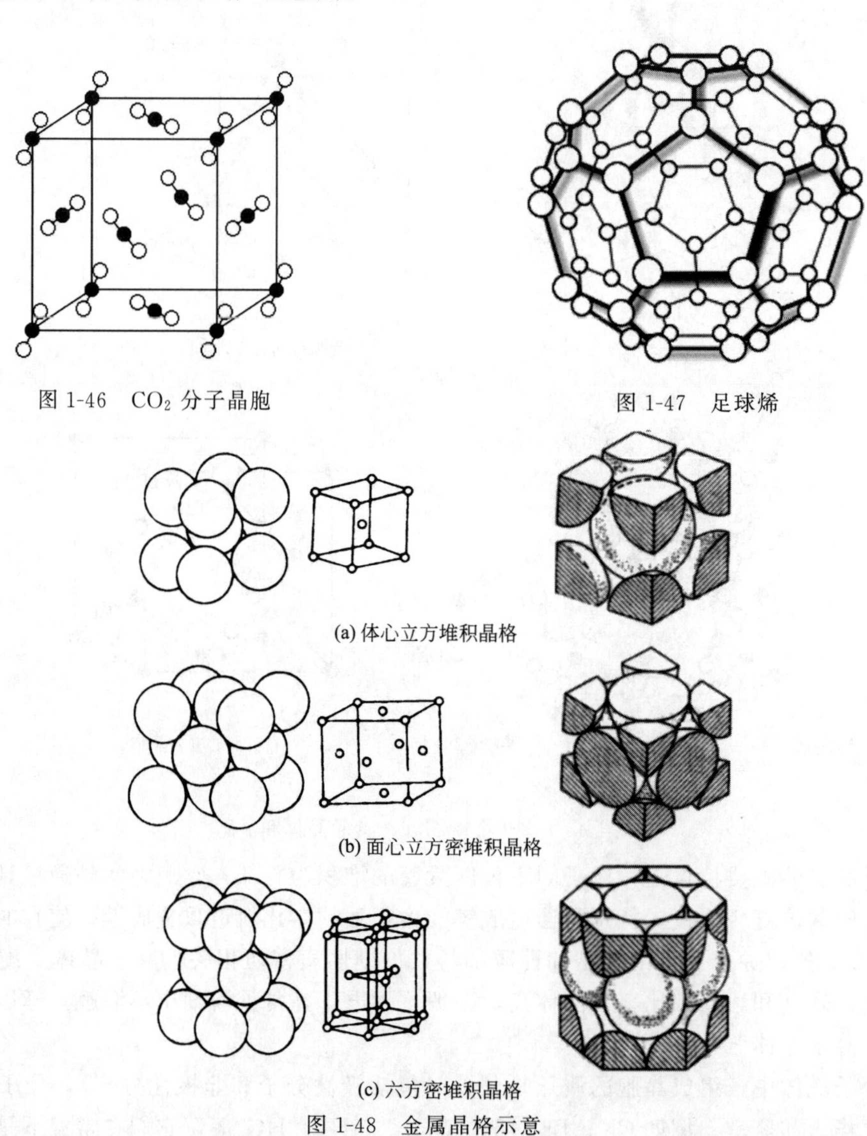

图 1-46 CO_2 分子晶胞

图 1-47 足球烯

(a) 体心立方堆积晶格

(b) 面心立方密堆积晶格

(c) 六方密堆积晶格

图 1-48 金属晶格示意

(4) 金属晶格

由于金属键无方向性，无饱和性，所以金属原子总是尽可能地利用空间在其周围排列更多的原子，形成高配位数的晶体结构。

如果把金属原子看成是等径圆球，则晶体中原子的排列可视为等径圆球的堆积，经 X 射线衍射分析证明，在晶体中金属原子一般有三种堆积方式(图 1-48) 即体心立方堆积、面心立方密堆积和六方密堆积。

如果将等径圆球在一平面上排列，有两种排布方式：按图 1-49 (a) 方式排列，圆球周围剩余空隙最小，称为密置层；按图 1-49 (b) 方式排列，剩余的空隙较大，称为非密置层。由密置层按一定方式堆积起来的结构称为密堆积结构。

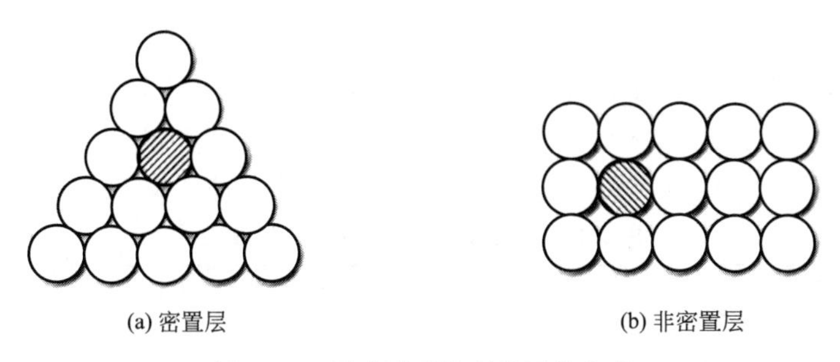
(a) 密置层　　(b) 非密置层

图 1-49　圆球平面排列的两种方式

在第一密置层，当一圆球周围排列 6 个球时，周围留下了 6 个空隙，若第二密置层的球心 (B) 相间对准第一密置层的一半空隙，第三密置层球心 (C) 又相间对准另一半空隙，第四密置层的球心 (A) 又对准第一密置层的球心 A。然后依次重复，则形成 ABC、ABC、ABC…的堆积方式，简称 ABC 堆积 [图 1-50 (a)]。在这种堆积中，每个球周围等距离地排列了 12 个球，故配位数为 12，从堆积中划出立方晶体，是面心立方晶胞 [图 1-50 (b)]，故称面心立方密堆积。

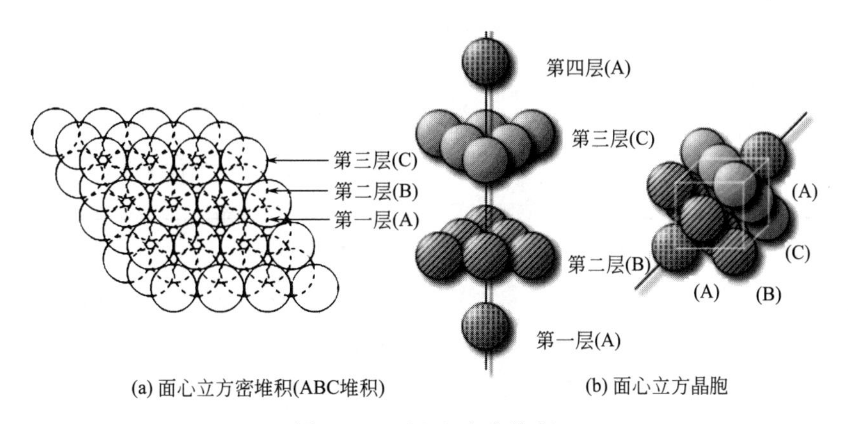

(a) 面心立方密堆积(ABC堆积)　　(b) 面心立方晶胞

图 1-50　面心立方密堆积

若第二密置层的球心 (B) 相间对准第一密置层六个空隙的一半，第三密置层的球心又对准第一密置层的球心 (A)，重复下去，则形成 AB、AB、AB…的堆积方式，称 AB 堆积 [图 1-51 (a)]。这种堆积的配位数和空间利用率同于面心立方密堆积，从这种堆积中可以划分出六方晶胞［图 1-51（b）］，故称六方密堆积。

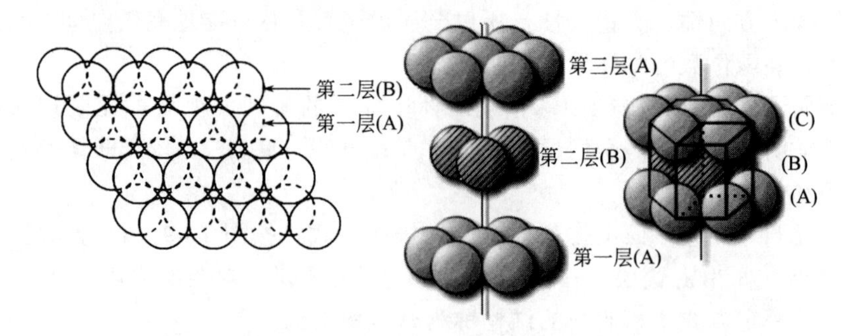

(a) 六方密堆积(AB堆积)　(b) 六方晶胞(粗线示出的平行六面体)

图 1-51 六方密堆积

另一种堆积方式是体心立方堆积，它是由非密置层相互错开重复堆积起来的，从这种堆积中可划分出立方晶胞，圆球呈体心立方晶格分布，故称体心立方堆积，这种堆积的配位数为8，空间利用率低于以上两种堆积方式，不是密堆积结构。几种堆积方式比较见表 1-19 所列。

表 1-19 比较几种金属原子堆积方式

金属原子堆积方式	晶格类型	配位数	原子空间利用率/%
简单立方堆积	简单立方	6	52
(Ⅰ)体心立方堆积	体心立方	8	68
(Ⅱ)面心立方密堆积	面心立方	12	74
(Ⅲ)六方密堆积	六 方	12	74

以上讨论了四种类型的晶体，由于结构基元不同，晶体中质点的作用力不同，因此不同类型的晶体具有自己的特性，现归纳于表 1-20。

表 1-20 各类晶体的结构和特性

晶格类型	组成晶胞的质点	结合力	晶体特性	实 例
原子晶体	原子	共价键	硬度大，熔点、沸点很高，在大多数溶剂中不溶，导电性差	金刚石，SiC，SiO_2
离子晶体	正离子、负离子	离子键	熔点、沸点高，硬而脆，大多溶于极性溶剂中，熔融状态和水溶液能导电	NaCl，CaO，ZnS
分子晶体	极性分子、非极性分子	分子间力	熔点、沸点低，能溶于极性溶剂中，溶于水时能导电	冰，N_2，O_2，He
金属晶体	原子、离子	金属键	有金属光泽，电和热的良导体，有延展性，熔点、沸点较高	Na，W，Ag，Au

除了上述 4 种典型的晶体外，还有一种混合键型晶体，又称过渡型晶体。如石墨晶体（图 1-52），在石墨晶体中，同层的碳原子以 sp^2 杂化形成共价键。每个 C 原子以 3 个共价键与别处 3 个 C 原子相连，形成无限的正六角形的蜂巢状的片层结构，在同一平面的 C 原子还剩下一个 p 轨道和一个 p 电子，这些 p 轨道相互平行，且垂直于 C 原子 sp^2 杂化构成的平面，形成了离域 π 键。这些电子比较自由，可以在整个 C 原子平面移动，相当于金属中的自由电子。所以石墨能

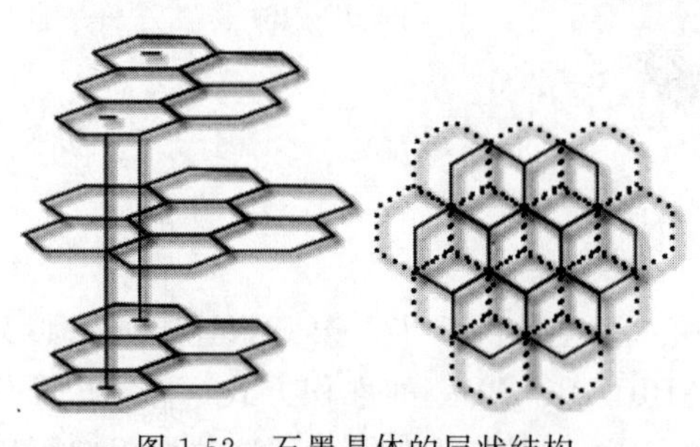

图 1-52 石墨晶体的层状结构

导热、导电。石墨中层与层之间相隔较远，以分子间相互作用力相结合，所以石墨片层之间容易滑动。在同一平面层中的碳原子结合力很强，所以石墨的熔点高，化学性质稳定。由此可见石墨晶体是兼有原子晶体、金属晶体和分子晶体的特征，是一种混合型晶体。

1.4.2 晶体缺陷

在20世纪初叶，人们为了探讨物质的变化和性质产生的原因，纷纷从微观角度来研究晶体内部结构，特别是X射线衍射的出现，揭示出晶体内部质点排列的规律性，认为内部质点在三维空间呈有序的无限周期性重复排列，即所谓空间点阵结构学说。

前面讲到的都是理想的晶体结构，实际上这种理想的晶体结构在真实的晶体中是不存在的。事实上，无论是自然界中存在的天然晶体，还是在实验室（或工厂中）培养的人工晶体或是陶瓷和其他硅酸盐制品中的晶相，都总是或多或少存在某些缺陷，因为晶体在生长过程中，总是不可避免地受到外界环境中各种复杂因素不同程度的影响，不可能按理想规律发育，即质点排列不严格服从空间格子规律，可能存在空位、间隙离子、位错、镶嵌结构等缺陷，外形可能不规则。另外，晶体形成后，还会受到外界各种因素作用如温度、溶解、挤压、扭曲等。

晶体缺陷：各种偏离晶体结构中质点周期性重复排列的因素，严格说，是造成晶体点阵结构周期性势场畸变的一切因素。如晶体中进入了一些杂质，这些杂质也会占据一定的位置，这样就破坏了原质点排列的周期性。晶体中缺陷的存在，严重影响晶体性质，有些是关键性的性质，如半导体导电性质，几乎完全是由外来杂质原子和缺陷存在决定的；如许多离子晶体的颜色、发光等都与晶体缺陷有关。另外，固体的强度，陶瓷、耐火材料的烧结和固相反应等均与缺陷有关。根据缺陷的作用范围把真实晶体缺陷分为4类。

“点”缺陷：在三维尺寸均很小，只在某些位置发生，只影响邻近几个原子。

“线”缺陷：在二维尺寸小，在另一维尺寸大，可被电镜观察到。

“面”缺陷：在一维尺寸小，在另二维尺寸大，可被光学显微镜观察到。

“体”缺陷：在三维尺寸较大，如镶嵌块、沉淀相、空洞、气泡等。

1.4.2.1 “点”缺陷

按形成的原因不同分成3类。

(1) 热缺陷（晶格位置缺陷）

只要晶体的温度高于绝对零度，原子就要吸收热能而运动，但由于固体质点是牢固结合在一起的，或者说晶体中每一个质点的运动必然受到周围质点结合力的限制而只能以质点的平衡位置为中心作微小运动。振动的幅度随温度升高而增大，温度越高，平均热能越大。而相应一定温度的热能是指原子的平均动能，当某些质点大于平均动能就要离开平衡位置，在原来的位置上留下一个空位而形成缺陷。实际上在任何温度下总有少数质点摆脱周围离子的束缚而离开原来的平衡位置，这种由于热运动而产生的点缺陷称为热缺陷。

热缺陷有两种基本形式：弗仑克尔缺陷和肖特基缺陷。

① 弗仑克尔缺陷　具有足够大能量的原子（离子）离开平衡位置后，挤入晶格间隙中，形成间隙原子（离子），在原来位置上留下空位。

特点：空位与间隙粒子成对出现，数量相等，晶体体积不发生变化。

在晶体中弗仑克尔缺陷的数目多少与晶体结构有很大关系，格点位质点要进入间隙位，间隙必须要足够大，如萤石（CaF_2）型结构的物质空隙较大，易形成，而 NaCl 型结构不易形成。总的来说，离子晶体、共价晶体形成该缺陷困难。

②肖特基缺陷 表面层原子获得较大能量，离开原来格点位跑到表面外新的格点位，原来位置形成空位，这样晶格深处的原子就依次填入，结果表面上的空位逐渐转移到内部去。

特点：体积增大，对离子晶体、正负离子空位成对出现，数量相等。结构致密，易形成肖特基缺陷。

晶体热缺陷的存在对晶体性质及一系列物理、化学过程如导电、扩散、固相反应、烧结等产生重要影响。适当提高温度，可提高缺陷浓度，有利于扩散、烧结作用，外加少量添加剂也可提高热缺陷浓度，有些过程需要最大限度地避免缺陷产生，如单晶生产，要非常快地冷却。

（2）组成缺陷

外来质点（杂质）取代正常质点位置或进入正常结点的间隙位置。主要是一种杂质缺陷，在原晶体结构中进入了杂质原子，它与固有原子性质不同，破坏了原子排列的周期性，杂质原子在晶体中占据两种位置为“填隙位”和“格点位”。

（3）电荷缺陷

从物理学中固体的能带理论来看，非金属固体具有价带、禁带和导带，当在 0K 时，导带全部完善，价带全部被电子填满，由于热能作用或其他能量传递过程，价带中电子得到一个能量 E_g，而被激发进入导带，这时在导带中存在一个电子，在价带留一孔穴，孔穴也可以导电，这样虽未破坏原子排列的周期性，但由于孔穴和电子分别带有正负电荷，在它们附近形成一个附加电场，引起周期势场畸变，造成晶体不完整性，称电荷缺陷。

例如，纯半导体禁带较宽，价带电子很难越过禁带进入导带，电导率很低，为改善导电性，可采用掺加杂质的办法，如在半导体硅中掺入 P 和 B。掺入一个 P，则与周围 Si 原子形成四对共价键，并导出一个电子，叫施主型杂质，这个多余电子处于半束缚状态，只需填加很少能量，就能跃迁到导带中，它的能量状态是在禁带上部靠近导带下部的一个附加能级上，叫施主能级，是 n 型半导体。当掺入一个 B，少一个电子，不得不向其他 Si 原子夺取一个电子补充，这就在 Si 原子中造成空穴，叫受主型杂质，这个空穴也仅增加一点能量就能把价带中电子吸过来，它的能量状态在禁带下部靠近价带顶部一个附加能级，叫受主能级，是 p 型半导体，自由电子、空穴都是晶体一种缺陷，如图 1-53 所示。

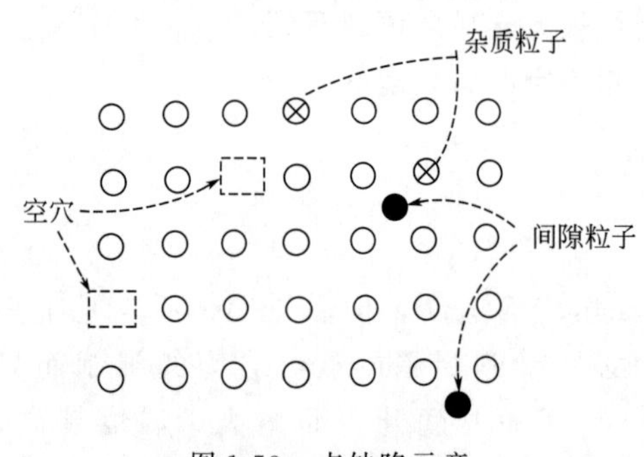

图 1-53 点缺陷示意

点缺陷在实践中有重要意义：烧成烧结，固相反应，扩散；对半导体、电绝缘用陶瓷有重要意义；使晶体着色等。

1.4.2.2 “线” 缺陷

实际晶体在结晶时，受到杂质、温度变化或振动产生的应力作用或晶体由于受到打击、切割等机械应力作用，使晶体内部质点排列变形，原子行列间相互滑移，不再符合理想晶体的有序排列，形成线状缺陷。

一块晶体受压，应力上半部受压缩而向里滑移，滑移部分与未滑移部分交界线附近晶体质点的排列与原晶体相滑移，而不再符合理想晶格的有序排列，这样形成的线状的缺陷称为位错。这个概念主要是从研究金属晶体的理论屈服强度而得到的。

位错主要有两种：刃位错和螺旋位错。

（1）刃位错的集合模型

如图 1-54 所示，往里压一个原子间距，即晶体往里滑移矢量 $\vec{b}$，滑移部分与未滑移部分的相交线 EF 称为位错线。EF 线上原子排列与原来的原子之间排列不同。从图上可以看成多个 F 插进半个原子而像刀刃一样，故称为刃位错，用符号⊥表示，垂直线指向它的半个原子面。⊥标示的位置也就是位错线的位置，其周围原子都发生畸变，位错线实际上是一个通道。位错线上面的晶格受压缩，下面的晶格受伸张，说明在位错心周围存在一个弹性的应力场。应力集中严重，能量比较高，所需要的能量称为位错能。半个原子面在上面称为正位错，以⊥表示。

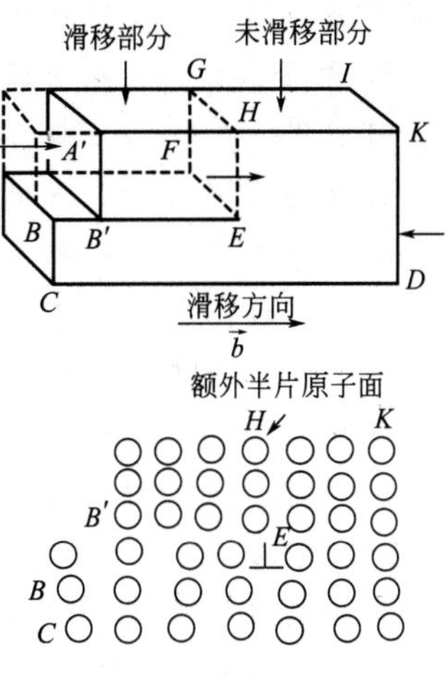

图 1-54　刃位错示意

同一滑移面正负位错能发生同向相斥异向相吸的作用相似，结果导致位错消失。

（2）螺旋位错的集合模型

图 1-55 为沿 $ABCD$ 切开，当沿 CB 方向施加一个剪切应力$AB'C'D$，而和 $ABCD$ 面在 BB'位置上错开一个原子间距，晶体已滑移部分与后面未滑移部分中间的交线 AD 为螺旋位错线，AD 周围有畸变。

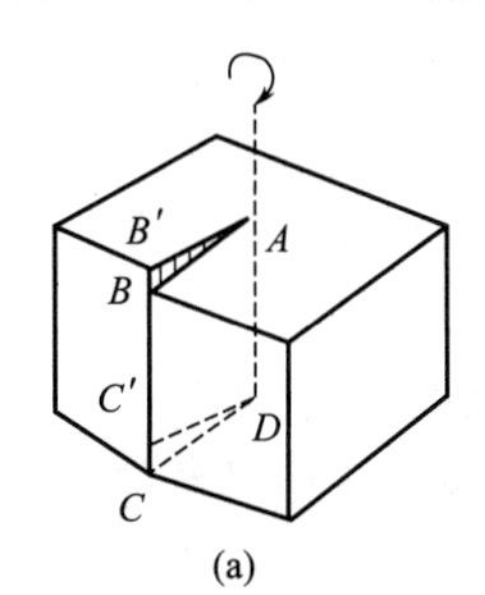

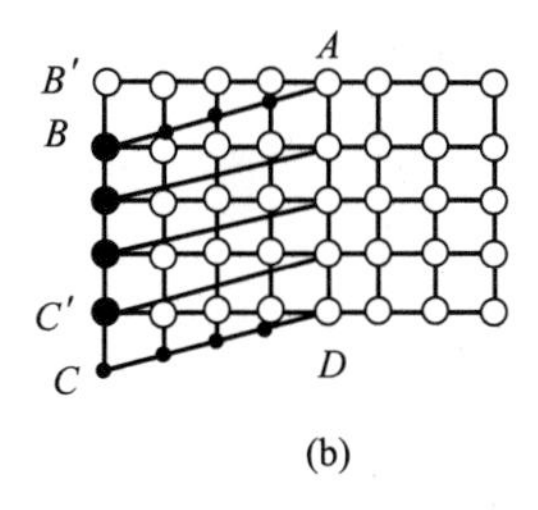

图 1-55　螺旋位错示意

半个原子面在下面称为负位错，以 T 表示。

由于和位错线 AD 垂直的平面不是水平的，而是像螺旋形的，故称为螺旋位错，用符号 P 表示。

螺旋位错的特点：BB'是向下滑移，所以滑移矢量与位错线平行。

1.4.2.3 “面” 缺陷

晶体的面缺陷是指在晶面的两侧原子的排列不同，这里指的是晶体的表面和晶体中的晶界。关于晶体的表面以后再讲，这里只讨论晶界的结构。

晶粒间界简称为晶界，是多晶体常见的缺陷，晶界是多晶体中由于晶粒的取向不同而形成的，根据相邻两个晶粒取向之间的偏差大小，可分为小角度（$<10^{\circ}$）晶界和大角度($>10^{\circ}$)晶界二类。

还有一种面缺陷是由于结晶过程开始时，形成许多晶核。当进一步长大时，形成相互交错接触的许多晶粒聚集体，各晶粒晶面交角大，D 值小，位错相互靠得很近，以致达到原子数量级，所以晶面处带有无定形性质。

当前，如何在材料物质中有意识地消除或引入缺陷，成了材料设计中的主要问题。

本章要点

1. 电子运动的特征：具有显著的波粒二象性、量子化，服从微观统计性规律。
2. 原子轨道 ψ 与四个量子数：核外电子有轨道运动和自旋运动。ψ 与 $|\psi|^2$ 的角度分

布的区别与用途，四个量子数的取值规律与物理意义。

3. 电子云概念：电子云是一个统计概念，表示在核外空间某点附近电子出现的概率密度。可以用 $|\psi|^2$ 表示概率密度。

4. 多电子原子的核外电子排布规律：遵守泡利不相容原理、能量最低原理和洪德规则。等价轨道全充满或半充满时比较稳定。核外电子分布或特征电子构型与元素在周期表中的位置（周期、族、区）密切相关。

5. 能级分组与元素电子排布的周期性：将能量相近的能级分为一组，每一组中电子排布有明显的周期性，并且使得元素性质也呈现相应的周期性。

6. 元素性质的变化规律：原子半径、电离能、电子亲和能及元素电负性在同一周期中或同一族中都按一定的规律变化。

7. 化学键的分类和特征：化学键分为离子键、金属键和共价键，后者可分为 σ 键和 π 键，各有其形成的条件和特征。

8. 价键理论和分子轨道理论：价键理论以两原子共用一对电子成键为基础，分子轨道理论将成键原子的所有原子轨道和核外电子作为整体来重新组合。

9. 电偶极矩：可用来判断分子的极性，空间构型对称的多原子分子的电偶极矩为 0，为非极性分子。

10. 杂化轨道理论和分子空间构型：杂化轨道理论以原子中能量相近的轨道可以混杂成相同数量的等价轨道为基础。杂化轨道理论可以很好地说明分子的空间构型并解释分子极性。

11. 分子间作用力的类型：分子间作用力包含范德华力（取向力、诱导力、色散力）、氢键等。分子间普遍存在范德华力，非极性分子间只存在色散力，色散力随分子量增大而增大。氢键存在于特定分子中。

12. 分子间作用力对物质凝聚态的影响：分子间作用力越大，物质的凝聚程度越大，沸点和熔点等较高。

13. 晶体的分类：晶体按照晶格点阵点上粒子间的相互作用可以分为离子晶体、原子晶体、金属晶体和分子晶体。过渡型晶体主要有层状和链状结构晶体，各有其明显特征。

14. 晶体的性质：离子晶体的物理化学性质与晶体的晶格能有很大的关联。分子晶体的熔点、沸点、硬度都很低。同类型分子晶体随分子量增大，熔点、沸点升高。

习　题

1. 选择题

(1) 下列说法正确的是（　　）。

A. 轨道角度分布图表示波函数随 θ、φ 变化的情况

B. 电子云角度分布图表示波函数随 θ、φ 变化的情况

C. 轨道角度分布图表示电子运动轨迹

D. 电子云角度分布图表示电子运动轨迹

(2) 在多电子原子中，各电子具有下列量子数，其中能量最高的电子是（　　）。

A. 2，1，-1，$\frac{1}{2}$　　B. 2，0，0，$-\frac{1}{2}$

C. 3，1，1，$-\frac{1}{2}$　　D. 3，2，-1，$\frac{1}{2}$

(3) 用来表示核外某一电子运动状态的下列量子数中合理的一组是(　　)。

A. 1，2，0，$-\frac{1}{2}$　　B. 0，0，0，$+\frac{1}{2}$

C. 3，1，2，$+\frac{1}{2}$　　D. 2，1，−1，$-\frac{1}{2}$

(4) 39号元素钇的电子排布式应是(　　)。

A. $1s^2 2s^2 2p^6 3s^2 3p^6 3d^{10} 4s^2 4p^6 4d^1 5s^2$　　B. $1s^2 2s^2 2p^6 3s^2 3p^6 3d^{10} 4s^2 4p^6 5s^2 5p^1$

C. $1s^2 2s^2 2p^6 3s^2 3p^6 3d^{10} 4s^2 4p^6 5s^2 4d^1$　　D. $1s^2 2s^2 2p^6 3s^2 3p^6 3d^{10} 4s^2 4p^6 5s^2 5d^1$

(5) 已知某元素+3价离子的电子排布式为 $1s^2 2s^2 2p^6 3s^2 3p^6 3d^5$，该元素在元素周期表中属于(　　)。

A. ⅤB族　　B. ⅢB族　　C. ⅧB族　　D. ⅤA族

(6) 下列4种电子构型的原子中第一电离能最高的是(　　)。

A. ns^2np^3　　B. ns^2np^4　　C. ns^2np^5　　D. ns^2np^6

(7) 下列分子中既有σ键又有π键的是(　　)。

A. N_2　　B. $MgCl_2$　　C. CO_2　　D. Cu

(8) 下列分子中键级等于零的是(　　)。

A. O_2　　B. Be_2　　C. Ne_2　　D. Cl_2

(9) 下列化合物中表现得最强的氢键是(　　)。

A. NH_3　　B. H_2O　　C. HCl　　D. HF

(10) 下列分子中具有顺磁性的是(　　)。

A. B_2　　B. N_2　　C. O_2　　D. F_2

(11) 根据分子轨道理论解释 He_2 分子不存在，是因为 He_2 分子的电子排布式为(　　)。

A. $(\sigma_{1s})^2\ (\sigma_{1s}^*)^2$　　B. $(\sigma_{1s})^2\ (\sigma_{2s})^2$

C. $(\sigma_{1s})^2\ (\sigma_{1s})^1\ (\sigma_{2s})^1$　　D. $(\sigma_{1s})^2\ (\sigma_{2p})^2$

(12) 下列化合物中既存在离子键和共价键，又存在配位键的是(　　)。

A. NH_4F　　B. NaOH　　C. H_2S　　D. $BaCl_2$

(13) 下列晶体中，熔化时只需克服色散力的是(　　)。

A. K　　B. SiF_4　　C. H_2O　　D. SiC

(14) 下列物质熔点由低至高的排列顺序为(　　)。

A. $CCl_4<CO_2<SiC<CsCl$　　B. $CO_2<CCl_4<SiC<CsCl$

C. $CO_2<CCl_4<CsCl<SiC$　　D. $CCl_4<CO_2<CsCl<SiC$

2. 判断题

(1) 将氢原子的一个电子从基态激发到4s或4f轨道所需要的能量相同。(　　)

(2) 波函数 ψ 的角度分布图中，负值部分表示电子在此区域内不出现。(　　)

(3) 核外电子的能量只与主量子数有关。(　　)

(4) 外层电子指参与化学反应的外层价层电子。(　　)

(5) 因为 Hg^{2+} 属于9～17电子构型，所以易形成离子型化合物。(　　)

(6) s电子与s电子间配对形成的键一定是σ键，而p电子与p电子间配对形成的键一定是π键。(　　)

(7) 凡是以 sp^3 杂化轨道成键的分子，其空间构型一定是正四面体。 ( )

(8) 极性分子之间同时存在色散力、取向力、诱导力。 ( )

(9) 非极性分子永远不会产生偶极。 ( )

(10) 正、负离子相互极化，导致键的极性增强，可使离子键转变为共价键。 ( )

(11) 因为 Al^{3+} 比 Mg^{2+} 的极化力强，因此 $AlCl_3$ 的熔点低于 $MgCl_2$。 ( )

(12) 由极性键组成的分子都是极性分子。 ( )

(13) 非金属元素间的化合物为分子晶体。 ( )

(14) 含有 H 原子的分子中都存在氢键。 ( )

3. 填空题

(1) 由于微观粒子具有________和________，所以对微观粒子的运动状态，只能用统计的规律来说明。波函数是描述________________________________。

(2) 第 31 号元素镓 (Ga) 是当年预言过的类铝，现在是重要的半导体材料之一。Ga 的核外电子构型为__________；外层电子构型为__________；它属周期表中的__________区。

(3) 根据杂化轨道理论，BF_3 分子的空间构型为__________，电偶极矩__________0，NF_3 分子的空间构型为__________。

(4) 采用等性 sp^3 杂化轨道成键的分子，其几何构型为__________；采用不等性 sp^3 杂化轨道成键的分子，其几何构型为__________和__________。

(5) $COCl_2$ (∠ClCCl=120°，∠OCCl=120°) 中心原子的杂化轨道类型是__________，该分子中 σ 键有__________个，π 键有__________个。PCl_3 (∠ClPCl=101°) 中心原子的杂化轨道是__________，该分子中 σ 键有__________个。

(6) 已知 $[Zn(NH_3)_4]^{2+}$ 配离子的空间构型为正四面体，可推知 Zn^{2+} 采取的杂化轨道为__________型，其中 s 成分占__________，p 成分占__________。

(7) 根据分子轨道理论写出 N_2 分子电子排布式为__________。

(8) 根据分子轨道理论写出 O_2 分子电子排布式为________________，其中有__________个三电子 π 键。

(9) Li_2 分子按分子轨道理论表示的电子构型为__________，说明（答“有”或“无”）__________ Li_2 分子存在。

(10) 分子间普遍存在，且起主要作用的分子间力是__________，它随分子量的增大而__________。

(11) KCl、SiC、HI、BaO 晶体中，熔点从大到小排列顺序是________________。

(12) 已知某元素的原子的电子构型为 $1s^2 2s^2 2p^6 3s^2 3p^6 3d^{10} 4s^2 4p^1$。①元素的原子序数为__________；②属第__________周期，第__________族；③元素的价层电子构型为__________，单质晶体类型是__________。

4. 填充下列两个表格

化学式	杂化轨道类型	杂化轨道数目	键角	空间构型
PCl_3			102°	
BCl_3			120°	
$[PdCl_4]^{2-}$				平面四方形
$[Cd(CN)_4]^{2-}$				四面体形

配离子	中心离子	配位体	配位原子	中心离子的配位数	配离子电荷	配合物名称
$Na_3[AlF_6]$						
$[Co(en)_3]^{3+}$						
$[Cr(H_2O)_4Cl_2]Cl$						
$[Ni(NH_3)_2(C_2O_4)]$						

5. 名词解释

(1) 电子云

(2) 洪德规则

(3) 波函数

(4) 电负性

(5) 原子轨道

(6) 氢键

6. 问答题

(1) 写出原子序数为 47 的银原子的电子排布式，并用四个量子数表示最外层电子的运动状态。

(2) 有 A，B，C，D，E，F 元素，试按下列条件推导出各元素在周期表中的位置、元素符号，并给出各元素的价层电子构型。

① A，B，C 为同一周期活泼金属元素，原子半径满足 A＞B＞C，已知 C 有 3 个电子层。

② D，E 为非金属元素，与氢结合生成 HD 和 HE。室温下 D 的单质为液体，E 的单质为固体。

③ F 为金属元素，它有 4 个电子层并有 6 个单电子。

7. 试用杂化轨道理论解释

① H_2S 分子的键角为 92°，而 PCl_3 分子的键角为 102°。

② NF_3 分子是三角锥形构型，而 BF_3 分子是平面三角形构型。

8. 指出下列化合物的中心原子可能采取的杂化类型，并预测分子的几何构型：BeH_2、BBr_3、SiH_4、PH_3、SeF_6。

9. 已知配离子的空间构型，试用价键理论指出中心离子成键的杂化类型。

(1) $[Cu(NH_3)_2]^+$(直线)；(2) $[Zn(NH_3)_4]^{2+}$(正四面体)；(3) $[Pt(NH_3)_2Cl_2]$(平面正方形)；(4) $[Fe(CN)_6]^{3-}$(正八面体)。

10. 过氧化钠中的过氧离子 O_2^{2-} 是逆磁性的，超氧化钾中的超氧离子 O_2^- 是顺磁性的，试用分子轨道表示式解释之。

11. 实验测得氧分子及其离子的 O—O 核间距离 (pm) 如下：

O_2	O_2^-	O_2^{2-}
112	130	148

(1) 试用分子轨道理论解释它们的核间距为何依次增大。

(2) 指出它们是否都有顺磁性。

(3) 算出它们的键级，比较它们的稳定性。

12. 如果发现116号元素，请给出：

(1) 钠盐的化学式。

(2) 简单氢化物的化学式。

(3) 最高价的氧化物的化学式。

(4) 该元素是金属还是非金属。

13. 试判断下列分子的空间构型和分子的极性，并说明理由。

$$CO_2, Cl_2, HF, NO, PH_3, SiH_4, H_2O, NH_3$$

14. 常温时 F_2、Cl_2 为气体，Br_2 为液体，I_2 为固体，为什么？

15. 试分析下列分子间有哪几种作用力（包括取向力、诱导力、色散力、氢键）。

(1) HCl分子间；(2) He分子间；(3) H_2O 分子和Ar分子间；(4) H_2O 分子间；(5) 苯和 CCl_4 分子间。

16. 为什么①室温下 CH_4 为气体，CCl_4 为液体，而 CI_4 为固体？② H_2O 的沸点高于 H_2S，而 CH_4 的沸点却低于 SiH_4？

17. 为何HCl、HBr、HI的熔点、沸点依次增高，而HF的熔点、沸点却高于HCl?

18. 已知稀有气体He、Ne、Ar、Kr、Xe的沸点依次升高，试解释为什么？

19. SiO_2 和 CO_2 是化学式相似的两种共价化合物，为什么 SiO_2 和干冰的物理性质差异很大？

20. 比较下列各组中两种物质的熔点高低，简单说明原因：

(1) NH_3，PH_3；　(2) PH_3，SbH_3；　(3) Br_2，ICl。

21. 按沸点由低到高的顺序依次排列下列两个系列中的各个物质，并说明理由：

(1) H_2，CO，Ne，HF；　(2) CI_4，CF_4，CBr_4，CCl_4。

22. 写出下列配合物的化学式

(1) 氯化二氯·一水·三氨合钴（Ⅲ）；(2) 四氯合铂（Ⅱ）酸四氨合铜（Ⅱ）；(3) 二羟基·四水合钴（Ⅲ）配阳离子；(4) 四氢合镍（Ⅲ）配阴离子。

2 化学反应的基本原理

在千变万化的自然界中，化学变化起着重要的作用。随着科技发展和人类进步，化学家们利用化学变化合成了许多新物质以满足社会不断增长的物质需求，至今他们仍然延续着这种创举。

在化学反应的过程中，主要涉及以下几个方面的问题：其一，在给定的条件下，研究对象能否发生化学反应，即化学反应的方向问题；其二，化学反应如果能进行，则反应能进行到什么程度，即化学反应的限度问题；其三，化学反应过程中的能量如何变化，即化学反应的热效应问题；其四，在给定的条件下，化学反应需要多长时间才能达到平衡状态，即化学反应的速率问题。

前三个方面的问题属于化学热力学的范畴，第四个方面属于化学动力学的范畴。热力学是研究各种过程能量相互转换规律的科学，它的基础是三条基本定律，这些定律应用于化学领域称为化学热力学。化学热力学是从能量转换和传递来研究化学反应能否自发进行和化学平衡等问题的学科。化学动力学研究的是化学反应进行的速率，并根据研究反应速率提供的信息探讨反应机理，即研究反应的快慢和反应进行的途径。化学热力学和化学动力学两方面综合才能深入了解化学反应变化的规律，主观能动地利用化学变化，推动人类文明进步。

本章简要介绍以上四个方面的问题。

2.1 基本概念

2.1.1 系统与环境

任何物质总是和它周围的物质相联系。为了科学研究的需要，人们常常把研究的对象和周围的物质划分开来，这种被划分出来作为研究对象的那部分物质或空间称为系统，系统以外并与之有密切联系的其余部分称为环境。例如，在 298.15K 和 101.3kPa 压力下测定烧杯中 H_2SO_4 水溶液的 pH，则烧杯中 H_2SO_4 水溶液就是系统，盛放溶液的烧杯和周围的空间即为环境。系统与环境的划分并不是绝对的，带有一定的人为性。原则上讲，对同一问题，不论选择哪一个部分作为系统都可解决，只是在处理上有简便与烦琐之分。显然，要尽量选择便于处理部分作为系统。一般情况下选什么部分作为系统是明显的，但在某些特殊场合下，选择便于问题处理的系统并非一目了然。确定系统是热力学解决问题程序中的第一步。系统与环境之间的“联系”包括能量交换和物质交换。根据系统与环境之间的关系，把系统分为三类。

① 敞开系统　系统与环境之间不仅有能量交换，而且还有物质交换。

② 封闭系统　系统与环境之间仅有能量交换，而没有物质交换。

③ 隔离系统　系统与环境之间既无能量交换，又无物质交换。当然，严格的隔离系统是没有的。因为没有一种材料能完全隔绝热量的传递，也不可能完全消除重力以及电磁场的影响。但是，如果影响非常小，甚至到可以忽略，仍可近似地当作隔离系统。

例如，在一敞口的烧杯中进行 $CuSO_4$ 晶体的溶解实验，把 $CuSO_4+H_2O$ 作为系统，$CuSO_4$ 溶解过程中系统与环境不仅有热交换，还有 H_2O 气体分子逸入环境，研究的这个系统为一敞开系统；若将该烧杯上加盖，使 H_2O 分子不再逸入环境，系统与环境仅有能量交换，此时研究的系统为封闭系统；若将 $CuSO_4$ 溶于水的实验在绝热良好的封闭的保温杯中进行，$CuSO_4$ 溶于 H_2O 的过程中系统与环境既无物质交换又无能量交换，此时的系统可视为隔离系统。热力学上主要研究的系统是封闭体系。

2.1.2 聚集状态与相

物质在一定的温度和压力条件下所处的相对稳定的状态，称为物质的聚集状态。常见的聚集状态有固态、液态和气态三种。这些聚集状态的物质就是我们通常所说的气体、液体和固体等宏观实物。例如，常压下，随温度由低到高，H_2O 的聚集状态为：

$$H_2O(s) \longrightarrow H_2O(l) \longrightarrow H_2O(g)$$

其中的 s、l、g 分别表示固体（solid）、液体（liquid）、气体（gas）。

系统内性质完全相同的均匀部分称为相，相与相之间由界面隔开，原则上可以用机械的方法使其相互分开。实验研究表明，在 273.16K（即 0.01℃）和 611.73Pa 的条件下，冰、水、水蒸气三相长期平衡共存，故把这个温度和压力条件称为 H_2O 的“三相点”。

对于一切低压及中压下的混合气体，由于各种气体的分子可以任意扩散而最后达到均匀的平衡状态，因而是一相。例如，多种成分的空气。

几种液态物质所组成的体系可以是一相，也可以是几相共存。例如在水中加入少量的酚，或在液态酚中加入少量的水，则前者是酚在水中的溶液，后者是水在酚中的溶液，均分别为一相。在室温下如果将数量大致相等的水与酚放在一起进行振摇，静置后仍能分成两个液层。这两个液层的物理性质，例如相对密度、折射率、黏度等均不相同，并且在两个液层间有一个明显的界面，用机械方法可以将两个液层彼此分离。由于每个液层中具有相同的物理性质与化学性质，所以每个液层就是一相，整个体系便是二相平衡体系。

固态物质的情况比较复杂。同一种固态物质，如果结构或晶形不同，则分属不同的相，如石墨、金刚石和球烯（C_{60}）或 α-Fe（体心立方结构）和 γ-Fe（面心立方结构）。结构或晶形相同的同一种固态物质，不管分散程度如何，仍为一相，如 Fe_2O_3 粉末。不同固态物质混合，一般为多相系统（除非形成合金），如 α-Fe 与 Fe_2O_3 混合。

2.1.3 系统的状态与状态函数

系统的状态，指系统一切物理性质和化学性质的总和。系统的各项性质之间是相互关联的。热力学中采用系统的宏观性质来描述系统的状态，如描述一容器内某气体的状态，就要测定该气体的体积（V）、热力学温度（T）、压力（p）及气体物质的量（n）等宏观物理量。这些宏观物理量称为系统的宏观性质。当系统的宏观性质都具有确定的数值时，则该系统就处于一定的状态。系统的宏观性质中只要有一种发生变化，则系统的状态就会改变。反之，系统的状态确定之后，系统的各种宏观性质也都有各自的确定数值；系统的状态发生了变化，则其宏观性质也会随之改变。因此，热力学把能够表征系统状态的各种宏观性质称为系统的状态函数。例如，能够描述系统状态的物理量 T、V、p 等都是系统的状态函数。对于状态和状态函数应当注意以下两点。

① 系统的状态在热力学上指的是系统处于平衡态，包括热平衡、力平衡、化学平衡。这里所谓的平衡态是系统的状态不再随时间而改变。不难想象，系统与环境的温度不同时，二者会发生热交换，有压力差存在时导致系统膨胀或压缩，于是系统的状态发生了变化。另外，当系统内部发生化学变化或物质状态发生变化时，也会使系统状态发生变化。因此，可以认为，如果系统处于平衡态，则系统的温度、压力一定与环境的相同，系统内部各种性质均匀，若有化学变化或物质状态的变化也已达到平衡。只有这样，系统的状态才能不随时间而变化。

② 系统的宏观性质是系统内大量质点集体行为的总结果，是可以试验测定的。例如，某容器内气体的温度是大量气体分子平均平动能的量度，可以用温度计测量；该气体的压力则是大量气体分子碰撞单位器壁所产生的力的结果，可以用气压表来测量。

系统的宏观性质分为两类。一类称为强度性质，如温度（T）、压力（p）、密度（ρ）等。这类性质没有加和性，与系统内物质的量无关。另一类称为容量性质，如体积（V）、物质的量（n）等。这类性质与系统内物质的量有关，在一定条件下具有加和性。例如，将1L、298K、101.3kPa 的空气与另一体积、温度和压力与之相同的空气混合，混合后的空气的温度、压力仍分别为 298K 和 101.3kPa，而体积成为 2L，具有加和性。

系统的状态函数是互相联系的，所以描述系统的状态时只需要实验测定系统的若干个宏观物理量，另一些即可通过它们之间的联系来确定。例如，某一理想气体的物质的量、压力、温度由实验确定之后，则该系统的体积、密度即可利用理想气体状态方程求得。

当系统状态发生变化时，系统状态函数的改变量只与系统的始态与终态有关，而与变化途径无关。例如，将 1mol H_2O 由始态（298K，101.3kPa）变化到终态（373K，101.3kPa），不管是将此样品由始态的 298K，在 101.3kPa 下直接加热到终态的 373K，还是先把样品在 101.3kPa 下由 298K 冷却到 273K，然后再加热到终态的 373K，状态函数 T 的改变量 ΔT 仅与系统的始、终态有关，即 $\Delta T=373\text{K}-298\text{K}=75\text{K}$ 。若系统经过一系列过程又恢复到始态，则系统状态函数的改变量为零。

2.1.4 过程与途径

在外界条件改变时，系统的状态发生的变化就称为过程。过程前的状态称为始态，过程后的状态称为终态。而把实现一个过程的具体步骤称为途径。实现同一始终态的过程可以有不同的途径，并且一个途径可由一个或几个步骤所组成。设想如果要把 20℃的水烧开，要完成“水烧开”这个过程，可以有多种具体的“途径”：如可以在水壶中常压烧；也可以在高压锅中加压烧开再降至常压。

又如，由 80℃、饱和蒸气压为 47.360kPa 的一定量的液态水（始态）变成 100℃、饱和蒸气压为 101.325kPa 的水蒸气（终态）的升温蒸发过程，可以有如下的不同途径，每条途径各有三个步骤，如图 2-1 所示。

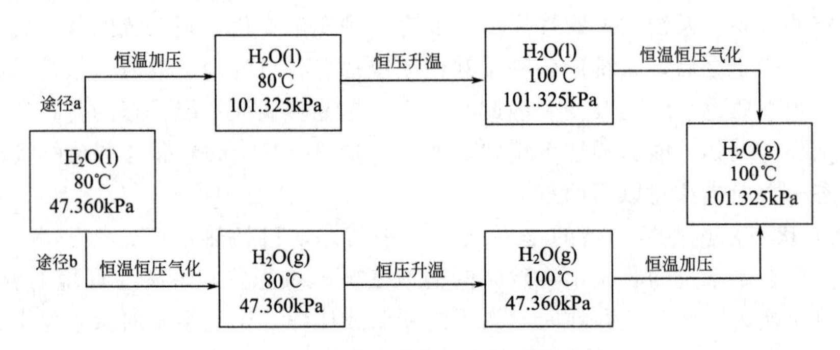

图 2-1 水升温蒸发过程的不同途径

途径 a：先将始态 80℃、47.360kPa 的液态水恒温加压到终态压力 101.325kPa，然后在 101.325kPa 下从 80℃加热到 100℃，再在终态温度、压力下将水蒸发成水蒸气。

途径 b：先在始态温度、压力下将水蒸发成为水蒸气，然后在恒压 47.360kPa 下将水蒸气加热到 100℃，再在终态温度下逐渐加压将水蒸气压缩至 101.325kPa。

有时过程与途径并不严格区分，不仅把途径称为过程，甚至将步骤也称为过程。

根据过程进行的特定条件，将其分为恒温过程（$T_1=T_2=T_{环境}=$定值）、恒压过程（$p_1=p_2=p_{环境}=$定值）、恒容过程（$V_1=V_2=$定值）、绝热过程（系统和环境间无热交换的过程）、循环过程（系统由某一状态经过一系列变化又回到原来状态的过程）等不同类型。

2.1.5 热和功

热和功是系统状态发生变化时与环境之间的两种能量交换形式，SI 单位制中单位均为焦耳（J）或千焦耳（kJ）。

系统与环境之间因存在温度差异而发生的能量交换的形式称为热（或热量）。在热力学中常用 Q 表示，定义系统从环境吸热时，Q 为正值；系统放热给环境时，Q 为负值。

热是系统状态变化过程中与环境交换的能量，因而热总是与系统状态变化的途径（系统状态变化的具体步骤）密切相关。系统变化的途径不同，系统与环境交换热的数值也不同。所以，热不是系统的状态函数。

系统与环境之间除热以外的其他各种能量交换形式统称为功。在热力学中常用符号 W 来表示，并规定：系统得到环境所做的功，W 为正值；环境得到系统所做的功，W 为负值。

功有多种形式，通常把功分为两大类：体积功和非体积功。体积功（又称膨胀功）是在一定环境压力下，系统的体积发生变化时与环境交换的能量。除体积功之外的一切其他形式的功，如电功、表面功、机械功等统称为非体积功。体积功对化学过程有特殊意义，一般的化学变化中往往只涉及体积功。

设系统发生变化时，外压为 $p_{外}$，体积变化为 ΔV（V_1，V_2 分别为系统始态、终态的体积，$V_2>V_1$），则体积功为：

$$W=-p_{外}\Delta V=-p_{外}(V_2-V_1) \tag{2-1}$$

功和热一样，是系统状态发生变化的过程中与环境交换能量的形式，其值随系统状态变化的途径而异，即功也不是系统的状态函数。

2.1.6 热力学能

热力学能以前称内能，它是系统内部各种形式能量的总和。其量符号为 U，在 SI 单位制中单位是 J 或 kJ。

系统的热力学能包括系统内部质点（分子、原子、离子等）运动的动能，组成系统的诸质点间相互作用的位能及系统内的分子内部具有的能量（如原子间的键能、核内基本粒子间相互作用的能量等）。但不包括系统整体运动的动能和系统整体处于外力场中具有的势能。由于系统内部质点的运动和相互作用十分复杂，系统热力学能的绝对值目前尚无法确定。然而，热力学能是系统内部储存的能量，在一定状态下的系统，其热力学能为定值。热力学能是系统的状态函数，具有容量性质。系统状态发生变化时，热力学能变 ΔU 仅与始态、终态有关而与过程的具体途径无关。$\Delta U>0$，表明系统在状态变化过程中热力学能增加；$\Delta U<0$，表明系统在状态变化过程中热力学能减少。在热力学过程中，人们关心的是系统在状态变化过程中热力学能变 ΔU，而不是系统热力学能的绝对值 U。

热力学能是能量的一种形式，在一定的条件下，热力学能可以与其他形式的能量相互转化，在转化中总能量是守恒的，但热力学能未必守恒。

2.1.7 热力学第一定律

“在任何变化过程中，能量是不会自生自灭的，只能从一种形式转化为另一种形式，在转化过程中能量的总和不变”。这个规律是人类长期实践经验的总结，称为能量守恒定律，即热力学第一定律。热力学第一定律的本质是能量守恒与转化定律。它表示系统的热力学状态发生变化时系统的热力学能与过程的热和功之间的关系。

假设有一封闭系统，从始态（热力学能为 U_1）变化到终态（热力学能为 U_2），系统在状态变化过程中，系统从环境吸热为 Q，环境对系统做的功为 W，图示如下：

系统 U_1	$\xrightarrow[+W]{+Q}$	系统 U_2
始态		终态

根据热力学第一定律，可得：

$$U_2=U_1+(Q+W)$$

系统热力学能的改变量为：

$$\Delta U=U_2-U_1=Q+W \tag{2-2}$$

式(2-2) 即为热力学第一定律的数学表达式。该式表明，系统从始态变化到终态时，系统的热力学能的改变量等于系统从环境吸收的热与环境对系统所做的功之和。该式适用于封闭系统的任何过程。

例2-1 某过程中系统从环境吸收热量 100J，对环境做体积功 20J，求过程中系统热力学能的改变量和环境热力学能的改变量。

解 由热力学第一定律：$\Delta U=Q+W$

由题：$Q=100\text{J}$，$W=-20\text{J}$

$$\Delta U=100\text{J}-20\text{J}=80\text{J}$$

即系统热力学能改变量（增加）为 80J。

对于环境而言，释放出了 100J 的热量，$Q=-100\text{J}$

从系统得到了 20J 功，$W=20\text{J}$

则环境热力学能的改变量为：

$$\Delta U_{环境}=-100\text{J}+20\text{J}=-80\text{J}$$

完成这一过程后，系统净增了 80J 的热力学能，而环境减少了 80J 的热力学能，系统与环境热力学能的改变量的总和为 0，即

$$\Delta U_{系统}+\Delta U_{环境}=0$$

在用式(2-2) 时应当注意到：热力学能是系统的状态函数，系统由规定的始态变化到终态时，ΔU 的值仅与系统的始、终态有关，与变化的途径无关；而 Q 和 W 都不是系统的状态函数，它们的数值因系统变化的途径不同而不同。

2.2 热化学

热化学就是把热力学理论与方法应用于化学反应，研究化学反应的热效应及其变化规律的科学。

2.2.1 化学反应的热效应

化学反应的热效应是指系统发生化学反应时，系统不做非体积功，反应终态温度恢复到始态温度时，系统吸收或放出的热量，又称反应热。热化学规定：系统吸热为正；系统放热为负。根据反应条件不同，反应热又可分为恒容反应热（Q_V）和恒压反应热（Q_p）。

2.2.1.1 恒容反应热

在等温条件下，若系统发生化学反应是在容积恒定的容器中进行，且为不做非体积功的过程，则该过程中与环境之间交换的热量就是恒容反应热。

因为体积恒定，且不做非体积功，$W=0$，根据热力学第一定律，则：

$$\Delta U=Q_V \tag{2-3}$$

该式表明：在恒容条件下，化学反应的恒容反应热在数值上等于该反应系统热力学能的改变量。因此，虽然热力学能 U 的绝对值无法知道，但可以通过测定系统状态变化的恒容反应热 Q_V 得到热力学能变 ΔU。

在恒容反应过程中，系统放出热量，Q_V 为负值，ΔU 亦为负值，系统热力学能减少；系统吸收热量，Q_V 为正值，ΔU 亦为正值，系统热力学能增加。

测量反应热是热化学的重要研究内容之一。恒容反应热可在弹式量热计中精确地测量，如图 2-2 所示。在弹式量热计中，有一个形状像小炸弹的高强度的钢制容器，所以叫“钢

弹”。钢弹放在装有一定质量水的绝热容器中，测量反应热时，将称重后的反应物装入钢弹内，并向钢弹内通入一定量反应所需的高压氧气，所以，钢弹也叫“氧弹”。精确测量系统的起始温度后，用电火花引发反应。如果所测的是一个放热反应，则反应放出的热量使系统（包括钢弹及内部物质、水和钢制容器等）的温度升高，可用温度计测出反应的终态温度。

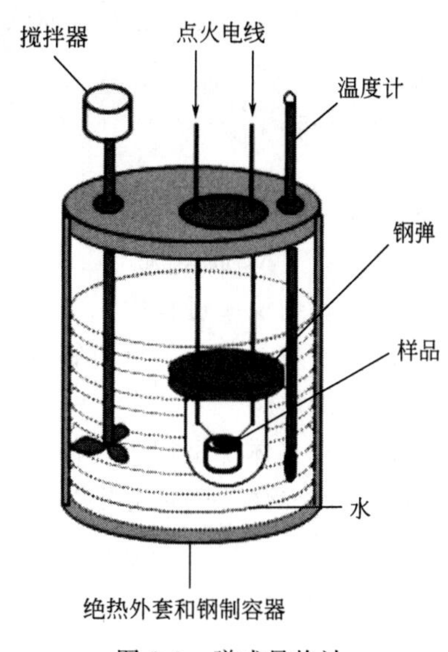

图 2-2　弹式量热计

反应所放出的热量等于弹式量热计所吸收的热量。弹式量热计所吸收的热量可分为两部分。

一部分是钢制容器内水所吸收的热量，以 $Q_水$ 表示，则：

$$Q_水=c_水 m_水 \Delta T$$

式中，$c_水$ 为水的质量热容，等于 4.18J/(g·K)；$m_水$ 为水的质量；ΔT 为测量过程中温度计的最终读数与起始读数之差。

另一部分是钢弹及内部物质和钢制容器等所吸收的热量，以 $Q_弹$ 表示，则：

$$Q_弹=c\Delta T$$

式中，c 为钢弹及其组件温度每升高 1K（或 1℃）所需要的热量（热容）。

显然，反应所放出的热量等于水所吸收的热量和钢弹所吸收的热量的总和，即：

$$Q_V=-(Q_水+Q_弹)=-(c_水 m_水 \Delta T+c\Delta T)$$

2.2.1.2　恒压反应热

在等温条件下，若系统发生化学反应是在恒定压力下进行，且为不做非体积功的过程，则该过程中与环境之间交换的热量就是恒压反应热。

大多数化学反应是在恒压条件下（如在敞口容器内）进行的，因为恒压，$p_1=p_2=p_外=p$，在反应过程中系统对环境所做的体积功为：

$$W=-p_外 \Delta V=-p(V_2-V_1)$$

根据热力学第一定律得：

$$\Delta U=Q+W=Q_p-p(V_2-V_1) \quad (2\text{-}4)$$

$$Q_p=(U_2+p_2V_2)-(U_1+p_1V_1)$$

这表明，恒压反应热 Q_p 的大小只取决于终态 $U_2+p_2V_2$ 和始态 $U_1+p_1V_1$ 间的差值，而与变化的途径无关。在热力学上将（$U+pV$）定义为焓，组合成一个新函数。

令 $H\equiv U+pV$，则得：

$$Q_p=H_2-H_1=\Delta H \quad (2\text{-}5)$$

U、p、V 皆为系统的状态函数，故它们组合成的这个新函数 H 也是系统的状态函数。ΔH 是焓的变化，简称为焓变。由式(2-5) 可知，恒压反应热在数值上等于系统的焓变。

在恒压过程中，系统放出热量，Q_p 为负值，ΔH 亦为负值，表示系统的焓值减少；在恒压过程，系统吸收热量，Q_p 为正值，ΔH 亦为正值，表示系统的焓值增加。

由于现在还不能测定系统的热力学能 U 的绝对值，所以也不能确定焓 H 的绝对值。但可以通过测定系统状态变化的恒压反应热 Q_p 得到系统的焓变 ΔH。

由式(2-3)和式(2-5)还可以看出，虽然热不是状态函数，但在恒容或恒压条件下，反应热就只取决于始态与终态，与系统状态变化的途径无关。这样，我们就能够比较简单地求算反应热了。

把式(2-3) 代入式(2-4) 得：

$$Q_p = Q_V + p\Delta V \tag{2-6}$$

即恒压反应热 Q_p 和恒容反应热 Q_V 的差值为 $p\Delta V$。

在计算 $p\Delta V$ 时，对于 ΔV 的求算一般来说比较麻烦。如果反应物和生成物都是固体(或液体)，在反应过程中系统体积变化很小，$p\Delta V$ 可以忽略不计。这时恒压反应热基本上等于恒容反应热。如果反应物和生成物中有气体，系统的体积变化就可能很大，这时 $p\Delta V$ 一般就不能忽略。

设所有气体都是理想气体，并设反应物气体的体积和物质的量分别为 V_1 和 n_1，生成物气体的体积和物质的量分别为 V_2 和 n_2，根据理想气体状态方程有：

$$pV_1 = n_1RT \qquad pV_2 = n_2RT$$

两式相减得：

$$p(V_2 - V_1) = (n_2 - n_1)RT$$

$$p\Delta V = \Delta nRT \tag{2-7}$$

将式(2-7) 代入式(2-6) 得：

$$Q_p = Q_V + \Delta nRT \tag{2-8}$$

$$\Delta n = \sum n_{生成物} - \sum n_{反应物}$$

只要能写出反应的化学方程式，就很容易地求得 Δn，从而能简单地计算出 $p\Delta V$。要注意的是，不要将反应物和生成物中的固体和液体的 n 计算在内。

例2-2 在 298K 和 101.3kPa 条件下，2mol H_2 和 1mol O_2 反应，生成 2mol H_2O(液态)时，放出的热量为 571.6kJ，计算生成 1mol 液态 H_2O 时的恒压反应热和恒容反应热。

解 按题意，反应方程式为：

$$2H_2(g) + O_2(g) \longrightarrow 2H_2O(l) \qquad Q_p = -571.6\text{kJ}$$

则生成 1mol H_2O (l) 时的恒压反应热为：

$$Q_p = -\frac{571.6\text{kJ}}{2} = -285.8\text{kJ}$$

对于生成 1mol H_2O (l) 有：

$$\Delta n = \frac{0-(2\text{mol}+1\text{mol})}{2} = -1.5\text{mol}$$

则 $\Delta nRT = -1.5\text{mol} \times 8.314\text{J/(mol}\cdot\text{K)} \times 298\text{K} = -3716\text{J} = -3.7\text{kJ}$

根据式(2-8)，有：

$$Q_V = Q_p - \Delta nRT = -285.8\text{kJ} - (-3.7\text{kJ}) = -282.1\text{kJ}$$

由上例可见，虽然在反应中体积变化很大，但 $p\Delta V$ 与 Q_V 或 Q_p 相比还是比较小的。对大多数反应而言，Q_V 和 Q_p 或 ΔU 和 ΔH 还是相近的。

因为化学反应通常是在恒温恒压条件下进行的，恒压反应热或反应焓变更具有实际意义。

2.2.2 化学反应进度

2.2.2.1 化学计量数

在化学反应方程式中，一般用规定的化学符号和相应的化学式将反应物与生成物联系起来。满足质量守恒定律的化学反应方程式又称为化学反应计量式。

对任一化学反应，其化学反应计量式可用下列通式表示：

$$0=\sum_{B}\nu_{B}B \tag{2-9}$$

式中，B为该化学反应中任一反应物或生成物的化学式；ν_B 为物质B的化学计量数，是化学反应计量式中物质B的系数（整数或简分数），其量纲为1。按规定，反应物的化学计量数为负值，而生成物的化学计量数为正值。例如反应

$$\frac{1}{2}N_2+\frac{3}{2}H_2 \longrightarrow NH_3$$

其化学反应计量式可写成：

$$0=NH_3-\frac{1}{2}N_2-\frac{3}{2}H_2$$

化学计量数 ν_B 分别为：

$$\nu(NH_3)=1, \nu(N_2)=-\frac{1}{2}, \nu(H_2)=-\frac{3}{2}$$

2.2.2.2 化学反应进度

为了表示化学反应进行的程度，国家标准GB 3102.8—93规定了一个物理量——化学反应进度，其符号为 ξ，单位为mol，虽然 ξ 的单位与物质的量 n 的单位相同，但其含义却不同。ξ 是不同于物质的量 n 的一种新的物理量。

化学反应进度 ξ 的定义为：对于 $0=\sum_{B}\nu_{B}B$ 的某一化学反应，某一反应物或生成物的物质的量从开始的 $n_B(0)$ 变为 $n_B(\xi)$ 时的变化量除以其化学计量数 ν_B，即

$$\xi=\frac{n_B(\xi)-n_B(0)}{\nu_B}=\frac{\Delta n_B}{\nu_B} \tag{2-10}$$

其微分表达式为：

$$d\xi=\frac{dn_B}{\nu_B} \tag{2-11}$$

根据反应进度的定义，同一化学反应中任一物质的 $\frac{\Delta n_B}{\nu_B}$ 数值都相同，所以反应进度的数值与选用何种物质的物质的量的变化来进行计算无关。例如上述合成氨反应中，若消耗了0.1mol N_2 和0.3mol H_2，生成了0.2mol NH_3，即 $\Delta n(N_2)=-0.1mol$，$\Delta n(H_2)=-0.3mol$，$\Delta n(NH_3)=0.2mol$，则反应进度 ξ 分别用这三种反应物或生成物的物质的量变化来计算，结果为：

$$\xi=\frac{\Delta n(N_2)}{\nu(N_2)}=\frac{-0.1mol}{-\frac{1}{2}}=0.2\,mol$$

$$\xi=\frac{\Delta n(H_2)}{\nu(H_2)}=\frac{-0.3mol}{-\frac{3}{2}}=0.2mol$$

$$\xi=\frac{\Delta n(NH_3)}{\nu(NH_3)}=\frac{0.2mol}{1}=0.2\,mol$$

可见，无论用哪种物质的物质的量的变化来计算反应进度 ξ，数值上都是相同的。$\xi=0.2\text{mol}$，表明反应进度为 0.2mol。

对于任一化学反应

$$aA+bB \longrightarrow pC+qD$$

若发生了反应进度 ξ 为 1mol 的反应，则

$$\xi=\frac{\Delta n_A}{\nu_A}=\frac{\Delta n_B}{\nu_B}=\frac{\Delta n_C}{\nu_C}=\frac{\Delta n_D}{\nu_D}=1\text{mol}$$

根据 $\Delta n_B=\nu_B\xi$，则指 $a$mol 物质 A 与 $b$mol 物质 B 反应，生成 $p$mol 物质 C 和 $q$mol 物质 D。我们说发生了反应进度为 1mol 的反应，即通常所说的单位反应进度。在后面的各热力学函数变化的计算中，都是以单位反应进度为计量基础的。

反应进度 ξ 的数值与反应式的写法有关，如果合成氨的反应式写为：

$$N_2+3H_2 \longrightarrow 2NH_3$$

则按上例物质的量的变化来计算反应进度为：

$$\xi=\frac{-0.1\text{mol}}{-1}=\frac{-0.3\text{mol}}{-3}=\frac{0.2\text{mol}}{2}=0.1\text{mol}$$

因此，反应进度的数值必须对应于某一具体的反应式才有明确意义。

2.2.3 热化学方程式

表示化学反应和反应热关系的方程式称为热化学方程式。由于化学反应热的数值与始、终态物质的温度、压力和聚集状态有关。为此，国际纯粹与应用化学联合会（IUPAC）规定了物质的热力学标准状态，简称标准态。

物质处于标准条件下的状态，称为物质的热力学标准状态。热力学标准态中规定 100kPa 为标准压力，用 $p^{\ominus}$ 表示。热力学标准状态对温度不做规定，国际纯粹与应用化学联合会（IUPAC）建议优先选用 298.15K 作为参考温度。气态物质的标准态是标准压力 $p^{\ominus}=100\text{kPa}$ 时具有理想气体性质的纯气体物质的状态；液态、固体物质的标准态是指处于标准压力下最稳定的纯液体或纯固体的状态；溶液中溶质的标准态是指标准压力下质量摩尔浓度为 1mol/kg（常近似为 1mol/L）时的状态。对于某一化学反应，标准状态下，反应进度 $\xi=1\text{mol}$ 的反应热称为化学反应的标准摩尔反应热或标准摩尔焓变。

如反应方程式

$$H_2(g)+\frac{1}{2}O_2(g) \longrightarrow H_2O(l) \qquad \Delta_r H_m^{\ominus}(298.15\text{K})=-285.83\text{kJ/mol}$$

$$\frac{1}{2}N_2(g)+\frac{3}{2}H_2(g) \longrightarrow NH_3(g) \qquad \Delta_r H_m^{\ominus}(298.15\text{K})=-46.11\text{kJ/mol}$$

式中，$\Delta_r H_m^{\ominus}(298.15\text{K})$ 称为反应的标准摩尔焓变；H 的左下标 r 表示化学反应；右下标 m 表示摩尔，指的是反应进度为 1mol；298.15K 是指反应温度；右上标的 $^{\ominus}$ 表示热力学标准状态（简称标准态）。

书写热化学方程式时要注意以下几点。

① 化学反应的反应热与化学计量式之间需隔开。

② 在热化学方程式中必须标出有关物质的聚集状态（包括晶型）。通常用 g、l 和 s 分别表示气、液和固态，cr 表示晶态，am 表示无定形固体，aq 表示水溶液。例如：

$$C(石墨)+O_2(g) \longrightarrow CO_2(g) \qquad \Delta_r H_m^{\ominus}(298.15\text{K})=-393.51\text{kJ/mol}$$

③ 在热化学反应方程式中物质的计量数不同，虽为同一反应，其反应热的数值也不同。

例如：

$$2H_2(g)+O_2(g) \longrightarrow 2H_2O(l) \qquad \Delta_r H_m^{\ominus}(298.15K)=-571.66kJ/mol$$

$$H_2(g)+\frac{1}{2}O_2(g) \longrightarrow H_2O(l) \qquad \Delta_r H_m^{\ominus}(298.15K)=-285.83kJ/mol$$

④ 正、逆反应的反应热的绝对值相同，符号相反。例如：

$$HgO(s) \longrightarrow Hg(s)+\frac{1}{2}O_2(g) \qquad \Delta_r H_m^{\ominus}(298.15K)=90.83kJ/mol$$

$$Hg(s)+\frac{1}{2}O_2(g) \longrightarrow HgO(s) \qquad \Delta_r H_m^{\ominus}(298.15K)=-90.83kJ/mol$$

⑤ 书写热化学方程式时，应注明反应温度和压力条件，如果反应发生在 298.15K 和 100kPa 下，习惯上可省略。

2.2.4 盖斯定律

1840 年俄籍瑞士化学家盖斯（G. H. Hess）总结实验规律得出一条重要定律：对于一个化学反应，不论是一步完成还是分几步完成，反应过程的热效应是相同的。也就是说，若一个化学反应可分为几步进行，则各分步反应的反应热的代数和与一步完成时的反应热相同，这个规律叫做盖斯定律。从热力学观点来看，盖斯定律是说恒容或恒压下反应热具有状态函数的性质，它只决定于反应系统的始态与终态，与状态变化的途径无关。

有些化学反应的反应热可以通过实验直接测定，而有些化学反应的反应热却难以用实验的方法直接测定，可以根据盖斯定律，通过间接的方法推算。

例2-3 已知

$$C(s)+O_2(g) \longrightarrow CO_2(g) \qquad \Delta_r H_{m,1}^{\ominus}(298.15K)=-393.51kJ/mol$$

$$CO(g)+\frac{1}{2}O_2(g) \longrightarrow CO_2(g) \qquad \Delta_r H_{m,2}^{\ominus}(298.15K)=-282.98kJ/mol$$

求反应 $C(s)+\frac{1}{2}O_2(g) \longrightarrow CO(g)$ 的反应热 $\Delta_r H_{m,3}^{\ominus}$。

解 现将三者关系图示如右。

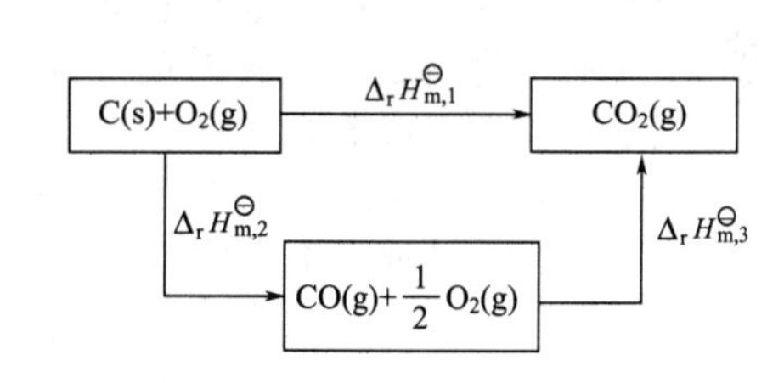

依据盖斯定律，得：

$$\Delta_r H_{m,1}^{\ominus}=\Delta_r H_{m,2}^{\ominus}+\Delta_r H_{m,3}^{\ominus}$$

$$\begin{aligned}\Delta_r H_{m,3}^{\ominus}&=\Delta_r H_{m,1}^{\ominus}-\Delta_r H_{m,2}^{\ominus}\\&=(-393.51kJ/mol)-(-282.98kJ/mol)\\&=-110.53kJ/mol\end{aligned}$$

炭燃烧变成二氧化碳以及一氧化碳燃烧变成二氧化碳的反应热都是容易测定的，但炭燃烧生成一氧化碳的反应热则很难测定，因为反应中总是不可避免地生成一些二氧化碳，但应用盖斯定律就很容易求得了。

2.2.5 化学反应热的计算

化学反应的反应热在化工生产和理论研究中是非常重要的。化学反应的反应热除了实验测定之外，恒温恒压反应热也可以利用热力学基本数据计算得到。

2.2.5.1 利用物质的标准摩尔生成焓计算反应热

（1）物质的标准摩尔生成焓

在温度 T 及标准状态下，由参考状态的单质生成 1mol 物质 B 的反应热即为物质 B 在 T 温度时的标准摩尔生成焓或标准摩尔生成热，用 $\Delta_f H_m^{\ominus}(T)$ 表示，单位为 kJ/mol。符号中的下标 f 表示生成反应，下标 m 表示反应进度为 1mol。298.15K 时的标准摩尔生成焓可简写为 $\Delta_f H_m^{\ominus}$。例如：

$$\frac{1}{2}N_2(g)+\frac{3}{2}H_2(g)\longrightarrow NH_3(g) \qquad \Delta_f H_m^{\ominus}=-46.11kJ/mol$$

$$2Ag(s)+\frac{1}{2}O_2(g)\longrightarrow Ag_2O(s) \qquad \Delta_f H_m^{\ominus}=-30.05kJ/mol$$

即 $NH_3(g)$ 和 $Ag_2O(s)$ 在 298.15K 时的标准摩尔生成焓分别为 -46.11kJ/mol 和 -30.05kJ/mol。

由物质的标准摩尔生成焓的定义可知，参考状态的单质的标准摩尔生成焓等于零。所谓参考状态的单质通常指在温度 T 和标准压力 $p^{\ominus}$ 下最稳定的单质（磷除外）。如 C：石墨（s）；Hg：Hg（l）；硫：正交硫；锡：白锡；H_2、N_2、Cl_2、O_2：气态；溴：液态；碘：固态等。但 298.15K 时，红磷（s）更稳定，却以白磷（s）为参考标准，即 P（s，白）。实际上，各种化合物的标准摩尔生成焓就是以此为标准而得的相对值。各种化合物在 298.15K 时的 $\Delta_f H_m^{\ominus}$ 数据可以在有关的化学手册中查到。本书附录 2 列出了一些物质的 $\Delta_f H_m^{\ominus}$ 的数据。

（2）水合离子的标准摩尔生成焓

水溶液中，水合离子标准摩尔生成焓定义为：物质 B 在温度 T 及标准状态下生成 1mol 水合离子 B（aq）的标准摩尔焓变，用 $\Delta_f H_m^{\ominus}(B,aq)$ 表示，单位为 kJ/mol。由于离子不同，离子的水合过程也不同，所以水合反应的反应热会有较大差别。在水溶液中正、负离子同时存在，溶液总是电中性的，因此，不能得到单独一种离子的水合焓。如果选定一种离子，对它的水合离子给予一定的数值，从而获得其他各种离子的相对水合焓。因此，化学热力学规定，298.15K 时水合 H^+ 的标准摩尔生成焓为零，即：

$$\Delta_f H_m^{\ominus}(H^+,aq)=0$$

据此可以获得其他水合离子在 298.15K 时的标准摩尔生成焓。

（3）利用物质的标准摩尔生成焓计算反应热

化学反应的共同特点是始态物质与终态物质均可由同样物质的量的相同种类的单质来生成。由于有关物质 298.15K 时的标准摩尔生成焓可以从热力学手册中查得，因此可以利用状态函数的特性（或盖斯定律）来计算化学反应 298.15K 时的标准摩尔反应热。

对于一般的化学反应 $aA+bB\longrightarrow pC+qD$

可以将其途径设计成如下图所示：

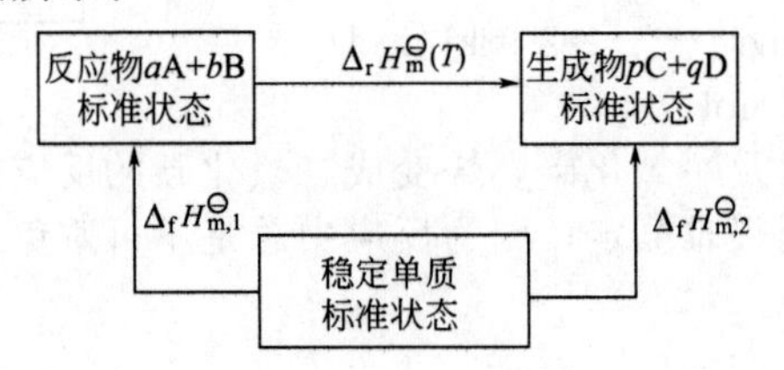

根据盖斯定律，得：

$$\Delta_f H_{m,2}^{\ominus}=\Delta_f H_{m,1}^{\ominus}+\Delta_r H_m^{\ominus}(T)$$

$$\begin{aligned}\Delta_r H_m^{\ominus}(T)&=\Delta_f H_{m,2}^{\ominus}-\Delta_f H_{m,1}^{\ominus}\\&=[p\Delta_f H_m^{\ominus}(C)+q\Delta_f H_m^{\ominus}(D)]-[a\Delta_f H_m^{\ominus}(A)+b\Delta_f H_m^{\ominus}(B)]\end{aligned}$$

即

$$\Delta_r H_m^{\ominus}(T)=\sum\Delta_f H_m^{\ominus}(生成物)-\sum\Delta_f H_m^{\ominus}(反应物) \tag{2-12}$$

或

$$\Delta_r H_m^{\ominus}(T) = \sum \nu_B \Delta_f H_m^{\ominus}(B) \tag{2-13}$$

式中，ν_B 为化学反应式中物质 B 的化学计量数。由此可以看出，在一定温度下任一化学反应的标准摩尔反应热等于同温度下反应前后各物质的标准摩尔生成焓与其化学计量数的乘积之和。有了式(2-12) 或式 (2-13) 后，若计算反应的标准摩尔反应热，可将有关物质的热力学数据直接代入式(2-12) 或式 (2-13) 中进行计算，而不必再设计热化学循环过程。

例2-4 计算在 298.15K 时，联氨燃烧反应：$N_2H_4(l) + O_2(g) \longrightarrow N_2(g) + 2H_2O(l)$的 $\Delta_r H_m^{\ominus}$。

解 由附录 2 查得 $N_2H_4(l) + O_2(g) \longrightarrow N_2(g) + 2H_2O(l)$

$\Delta_f H_m^{\ominus}/(kJ/mol)$ 50.63 0 0 −285.83

依据式(2-12) 得：

$$\begin{aligned}\Delta_r H_m^{\ominus}(T) &= [\Delta_f H_m^{\ominus}(N_2,g) + 2\Delta_f H_m^{\ominus}(H_2O,l)] - [\Delta_f H_m^{\ominus}(N_2H_4,l) + \Delta_f H_m^{\ominus}(O_2,g)] \\ &= 2 \times (-285.83 kJ/mol) - 50.63 kJ/mol \\ &= -622.29 kJ/mol\end{aligned}$$

应用物质的标准摩尔生成焓计算标准摩尔反应焓时应注意以下几点。

① 查表时，应注意物质的聚集状态。

② 公式中的化学计量数应与反应方程式相符。

③ 化学反应的标准摩尔反应焓的值与化学计量数有关。

④ $\Delta_r H_m^{\ominus}(T)$一般随温度变化，但变化不大。例：

$$CaCO_3(s) \longrightarrow CaO(s) + CO_2(g)$$
$$\Delta_r H_m^{\ominus}(298.15K) = 178.3 kJ/mol$$
$$\Delta_r H_m^{\ominus}(1000K) = 175.2 kJ/mol$$

在温度变化不大、计算精度不太高、反应中没有相的变化时，可以不考虑温度对焓变的影响，作近似计算 $\Delta_r H_m^{\ominus}(T) \approx \Delta_r H_m^{\ominus}(298.15K)$。

2.2.5.2 利用物质的标准摩尔燃烧焓计算反应热

(1) 物质的标准摩尔燃烧焓

在温度 T 及标准状态下，1mol 物质 B 与氧进行完全氧化反应时的反应热，称为物质 B 的标准摩尔燃烧热，或称为物质 B 的标准摩尔燃烧焓。用符号 $\Delta_c H_m^{\ominus}(T)$来表示，$H$ 的左下标 c 表示燃烧反应 (combustion)。298.15K 时的物质的标准摩尔燃烧焓简写为 $\Delta_c H_m^{\ominus}$。物质的标准摩尔燃烧焓的数据可以从化学手册中查到。表 2-1 列出了一些有机化合物的标准摩尔燃烧焓 $\Delta_c H_m^{\ominus}$ 数据。

物质的标准摩尔燃烧焓定义中“完全氧化”的含义是：化合物中的 C 氧化为 CO_2 (g)，H 氧化为 H_2O (l)，S 变成 SO_2 (g)，N 变成 N_2 (g)，Cl 变成 HCl (aq)。完全氧化反应中所有产物的标准摩尔燃烧焓为零。

有机化合物的标准摩尔燃烧焓具有重要意义，如石油、天然气等的热值（燃烧热）是判断其质量好坏的一个重要指标；又如脂肪、蛋白质、糖类等的热值是评判其营养价值的重要指标。

表 2-1 某些有机化合物的标准摩尔燃烧焓 单位：kJ/mol

物质	$\Delta_c H_m^{\ominus}$	物质	$\Delta_c H_m^{\ominus}$	物质	$\Delta_c H_m^{\ominus}$
$CH_4(g)$	−890.31	$CH_3OH(l)$	−726.51	甲酸	−254.6
$C_2H_6(g)$	−1559.8	$C_2H_5OH(l)$	−1366.8	乙酸	−874.5
$C_3H_8(g)$	−2219.9	正丙醇(l)	−2019.8	苯酚	−3053.5
$C_2H_4(g)$	−1411.0	乙醚	−2751.1	甲酸甲酯	−979.5
$C_2H_2(g)$	−1299.6	HCHO(g)	−570.78	蔗糖	−5640.9
$C_3H_6(g)$	−2085.5	乙醛	−1166.4	甲胺	−1060.6
$C_6H_6(l)$	−3267.5	丙酮	−1799.4	尿素	−631.66

(2) 利用物质的标准摩尔燃烧焓计算反应热

在通常的化学反应尤其是有机化学反应中，反应物和生成物均分别能进行完全氧化反应而形成相同的氧化产物。利用物质的标准摩尔燃烧焓计算反应热可设计如下的反应过程：

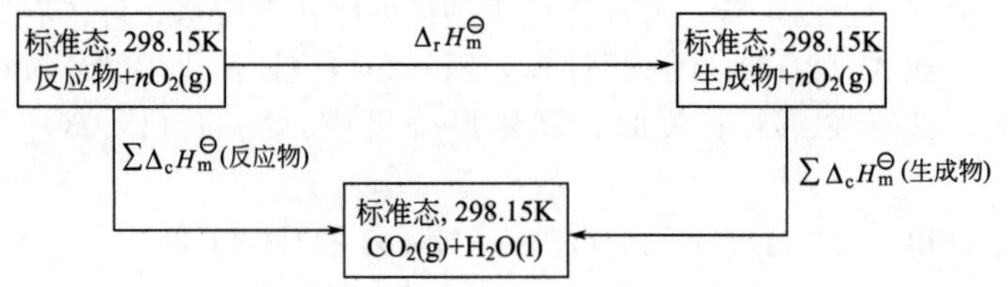

与推导式(2-12)和式(2-13)的方法类似，对于给定的化学反应，可得到用物质的标准摩尔燃烧焓计算反应热的通式为：

$$\Delta_r H_m^\ominus(T)=\sum\Delta_c H_m^\ominus(\text{反应物})-\sum\Delta_c H_m^\ominus(\text{生成物}) \tag{2-14}$$

或

$$\Delta_r H_m^\ominus(T)=-\sum\nu_B\Delta_c H_m^\ominus(B) \tag{2-15}$$

即在一定温度下化学反应的标准摩尔反应热等于同样温度下反应前后各物质的标准摩尔燃烧焓与其化学计量数的乘积之和的负值。

例2-5 利用物质的标准摩尔燃烧焓，计算反应 $C_2H_2(g)+H_2(g)\longrightarrow C_2H_4(g)$ 在 298.15K 时反应的标准摩尔反应热（标准摩尔焓变）。

解 依式(2-14)可得：

$$\begin{aligned}\Delta_r H_m^\ominus(T)&=[\Delta_c H_m^\ominus(C_2H_2,g)+\Delta_c H_m^\ominus(H_2,g)]-\Delta_c H_m^\ominus(C_2H_4,g)\\&=(-1299.6\text{kJ/mol}-285.83\text{kJ/mol})-(-1411.0\text{kJ/mol})\\&=-174.43\text{kJ/mol}\end{aligned}$$

例2-6 汽油的主要成分为辛烷 $C_8H_{18}(l)$，完全燃烧时放出热量 5512kJ/mol，试计算辛烷 $C_8H_{18}(l)$ 的标准摩尔生成焓。

解 辛烷的燃烧反应为：

$$C_8H_{18}(l)+\frac{25}{2}O_2(g)\longrightarrow 8CO_2(g)+9H_2O(l)$$

其燃烧焓 $\Delta_c H_m^\ominus=-5512\text{kJ/mol}$，此即上列反应的反应热 $\Delta_r H_m^\ominus$。

因 $$\Delta_r H_m^\ominus(T)=\sum\Delta_f H_m^\ominus(\text{生成物})-\sum\Delta_f H_m^\ominus(\text{反应物})$$

所以

$$\Delta_r H_m^\ominus(T)=[8\Delta_f H_m^\ominus(CO_2,g)+9\Delta_f H_m^\ominus(H_2O,l)]-\Delta_f H_m^\ominus(C_8H_{18},l)-\frac{25}{2}\Delta_f H_m^\ominus(O_2,g)$$

$$\Delta_f H_m^\ominus(C_8H_{18},l)=8\Delta_f H_m^\ominus(CO_2,g)+9\Delta_f H_m^\ominus(H_2O,l)-\frac{25}{2}\Delta_f H_m^\ominus(O_2,g)-\Delta_r H_m^\ominus(T)$$

查附表 2，得：

$$\Delta_f H_m^\ominus(CO_2,g)=-393.51\text{kJ/mol}$$
$$\Delta_f H_m^\ominus(H_2O,l)=-285.831\text{kJ/mol}$$
$$\Delta_f H_m^\ominus(O_2,g)=0$$

代入上式，得辛烷的标准摩尔生成焓：

$$\begin{aligned}\Delta_f H_m^\ominus(C_8H_{18},l)&=8\Delta_f H_m^\ominus(CO_2,g)+9\Delta_f H_m^\ominus(H_2O,l)-\frac{25}{2}\Delta_f H_m^\ominus(O_2,g)-\Delta_r H_m^\ominus(T)\\&=8\times(-393.15\text{kJ/mol})+9\times(-285.83\text{kJ/mol})-\frac{25}{2}\times0-(-5512\text{kJ/mol})\end{aligned}$$

$=-205.67\text{kJ/mol}$

许多无机化合物的生成焓可以通过实验测出，但有机化合物的生成焓则难以直接由单质合成，所以有机化合物的生成焓无法直接测定。但可依据其标准摩尔燃烧焓间接计算出来。

2.3 化学反应的方向

2.3.1 化学反应的自发过程

实践证明，自然界中无论是物理变化还是化学变化都有一定的方向性。例如，热量总是从高温物体（T_1）向低温物体（T_2）传递，而绝不会自动地从低温物体传到高温物体；气体总是从高压区向低压区扩散，而绝不会自动地从低压区向高压区扩散；水总是自动地从高处向低处流，而绝不会自动地反方向流；铁在潮湿的空气中易生锈，而铁锈绝不会自发地还原为金属铁。这种在一定条件下不需要任何外力推动就能自动进行的过程叫做自发过程（若为化学过程则为自发反应）。这些过程之所以自发进行，是由于系统中存在着温度差 ΔT、压力差 Δp、水位差 Δh 等，过程总是朝着减少这种差值的方向进行。这些差值就是推动过程自动进行的根本原因和推动力，当这些差值为 0 时，自发过程就达到一个相对静止的平衡状态，这就是自发过程在一定条件下进行的限度。对于不同的自发过程，总可以找到一个物理量，用它可以判断过程的方向和限度。这些物理量统称为过程的判据。要使自发过程的逆过程得以进行，外界必须对系统做功。例如欲使水从低处输送到高处，可借助水泵做机械功来实现。又如要使水在常温下分解为氢气和氧气，可利用电解强行使水分解。即自发过程的逆过程不可能自动进行，若要使它们逆向进行，必须借助外力对系统做功。

人们通过长期的实践，概括出能反映一切自发过程的本质特征。

① 自发过程具有不可逆性，自发过程的逆过程不可能自动进行。

② 自发过程进行有一定的限度，最终将达到平衡。

③ 有一定的物理量判断变化的方向和限度。

对于化学反应，有无判据来判断它们进行的方向和限度呢？在给定条件下，化学反应自发进行的方向和限度是科学研究和生产实践中的一个十分重要的理论问题。例如，对于下列反应：

$$CO(g)+NO(g)\longrightarrow CO_2(g)+\frac{1}{2}N_2(g)$$

如果能确定此反应在给定条件下可以自发进行，而且反应限度又比较大，这就为我们提供了一种消除汽车尾气的理想方案，那么就可以集中精力去寻找能引发这个反应的催化剂或用其他方法去促使该反应的实现。如果从理论上证明此反应在任何温度和压力下均为非自发过程，则没有必要为该方案浪费虚功。

2.3.2 影响化学反应方向的因素

2.3.2.1 化学反应的焓变

早在 19 世纪中叶，曾提出一个经验规则：没有任何外界能量的参与，化学反应总是朝着放热更多的方向进行。显然，这是将焓变作为化学反应方向和限度的判据。这个规则对大多数化学反应是适用的。例如：

$$CH_4(g)+2O_2(g) \longrightarrow CO_2(g)+2H_2O(g) \quad \Delta_r H_m^{\ominus}=-890.31kJ/mol$$

$$2H_2(g)+O_2(g) \longrightarrow 2H_2O(g) \quad \Delta_r H_m^{\ominus}=-483.6kJ/mol$$

这两个反应的 $\Delta_r H_m^{\ominus}<0$，实验表明在 298.15K、标准态下均能自发进行。但这一判据却是片面的，因为还有一些在标准状态下的吸热过程（$\Delta H>0$）也可以自发进行。例如：

$$NH_4HCO_3(s) \longrightarrow NH_3(g)+H_2O(g)+CO_2(g) \quad \Delta_r H_m^{\ominus}=62.1kJ/mol$$

$$NaCl(s) \longrightarrow Na^+(aq)+Cl^-(aq) \quad \Delta_r H_m^{\ominus}=4.0kJ/mol$$

上述实例说明，利用化学反应（或相变过程）的焓变作为反应自发进行方向的判据是有局限性的。这是由于在给定条件下，一个反应自发进行的推动力，除了反应的焓变外，还受系统混乱度的变化和反应温度的影响。

2.3.2.2 化学反应的熵变

实践和研究表明，许多自发进行的反应还会导致系统的混乱度增加。下面以 NaCl 的溶解和 Ag_2O 的分解为例来说明。

NaCl 晶体中的 Na^+ 和 Cl^-，在晶体中的排列是整齐、有序的。NaCl 晶体投入水中后，形成水合离子（以 aq 表示）并在水中扩散。在 NaCl 溶液中，无论是 $Na^+(aq)$、$Cl^-(aq)$还是水分子，它们的分布情况比 NaCl 溶解前要混乱得多。

Ag_2O 的分解过程，从其分解反应式表明，反应前后对比，不但物质的种类和“物质的量”增多，更重要的是产生了热运动自由度很大的气体，整个物质体系的混乱程度增大了。

由此可见，自然界中的物理和化学的自发过程一般都朝着混乱程度（简称混乱度）增大的方向进行。

在化学热力学中，用熵来衡量系统内部物质微观粒子的混乱程度，其表示符号为 S。熵值小，对应于混乱度小或较有秩序的状态；熵值大，则对应于混乱度大或较无秩序的状态。熵与热力学概率之间的关系由玻尔兹曼（Boltzmann）于 1896 年首先提出。若以 Ω 表示热力学概率，即在系统约束的条件下拥有的微观粒子状态数的总和，则有：

$$S=k\ln\Omega \tag{2-16}$$

此式称为玻尔兹曼关系式。式中，k 为玻尔兹曼常数，$k=1.38\times10^{-23}J/K$。

熵是状态函数，其变化值只与始态、终态有关。在一定的条件下，系统的熵值是一定的。系统内部粒子的混乱程度越大，系统的熵值也就越大。通常，同种物质的熵值随温度的升高而增大。对同一物种来说，气态物质的熵值大于液态物质的熵值，液态物质的熵值又大于固态物质的熵值。对气体来说，压力增大时熵值减小，对固体和液体来说，压力改变对它们的熵值影响不大。聚集状态相同时，物质的组成和结构越复杂，其熵值越大。

一纯净物质的完整晶体（质点完全排列有序，无任何缺陷和杂质），在热力学温度为 0K 时，热运动几乎停止，系统的混乱度最低，热力学规定其熵值为零。因此，热力学规定：“在 0K 时，任何纯物质的完整晶体的熵值等于零。”此即为热力学第三定律。

在标准状态下，温度 T 时的熵值，可以利用一些数据计算得到，叫做该纯物质在温度 T 时的绝对熵值。1mol 某纯物质在标准态下的绝对熵叫做该物质的标准摩尔熵。用符号表示为 $S_m^{\ominus}(T)$，单位为 J/(mol・K)。通常使用的是 298.15K 时标准摩尔熵，简写为 $S_m^{\ominus}$。298.15K 时物质的标准摩尔熵可以在化学手册中查到，本书附录 2 列出一些常见物质的标准摩尔熵。应当强调指出的是，任何单质的 $S_m^{\ominus}$(298.15K)不等于零，这与指定单质的标准生成焓为零是不同的。

计算化学反应的熵变 $\Delta_r S_m^{\ominus}(T)$ 和计算反应的焓变 $\Delta_r H_m^{\ominus}(T)$ 类似。对于一般的化学反应，298.15K 时，有：

$$aA + bB \longrightarrow pC + qD$$

$$\Delta_r S_m^{\ominus} = [pS_m^{\ominus}(C) + qS_m^{\ominus}(D)] - [aS_m^{\ominus}(A) + bS_m^{\ominus}(B)]$$

即

$$\Delta_r S_m^{\ominus} = \sum S_m^{\ominus}(\text{生成物}) - \sum S_m^{\ominus}(\text{反应物}) \tag{2-17}$$

或

$$\Delta_r S_m^{\ominus} = \sum \nu_B S_m^{\ominus}(B) \tag{2-18}$$

即在某温度下化学反应的标准摩尔熵变，等于同样温度下反应前后各物质的标准摩尔熵与其化学计量数的乘积之和。

例2-7 计算在标准状态和 298.15K 时，反应 $CO(g) + 2H_2(g) \longrightarrow CH_3OH(l)$ 的标准摩尔熵变。

解 $CO(g) + 2H_2(g) \longrightarrow CH_3OH(l)$

$S_m^{\ominus}(298.15K)/[J/(mol \cdot K)]$ 197.7 130.7 126.92

$$\begin{aligned}\Delta_r S_m^{\ominus}(298.15K) &= S_m^{\ominus}(CH_3OH, l) - [S_m^{\ominus}(CO, g) + 2S_m^{\ominus}(H_2, g)] \\ &= 126.8J/(mol \cdot K) - [197.7J/(mol \cdot K) + 2 \times 130.7J/(mol \cdot K)] \\ &= -332.3J/(mol \cdot K)\end{aligned}$$

由于 $\Delta_r S_m^{\ominus} < 0$，可见，在 298.15K 时、标准态下该反应为熵值减小的反应。在反应中气体分子数目减小时，系统的熵值减小，气体分子数目增加时，系统的熵值增大。因此，由反应中气体分子数目的变化可以体现系统熵值的增减。

例2-8 计算在标准状态和 298.15K 时，反应 $CaCO_3(s) \longrightarrow CaO(s) + CO_2(g)$ 标准摩尔焓变 $\Delta_r H_m^{\ominus}(298.15K)$ 和标准摩尔熵变 $\Delta_r S_m^{\ominus}(298.15K)$。

解 $CaCO_3(s) \longrightarrow CaO(s) + CO_2(g)$

$\Delta_f H_m^{\ominus}(298.15K)/(kJ/mol)$ −1206.92 −635.09 −393.51

$S_m^{\ominus}(298.15K)/[J/(mol \cdot K)]$ 92.9 39.75 213.74

$$\begin{aligned}\Delta_r H_m^{\ominus}(298.15K) &= [\Delta_f H_m^{\ominus}(CaO, s) + \Delta_f H_m^{\ominus}(CO_2, g)] - \Delta_f H_m^{\ominus}(CaCO_3, s) \\ &= (-635.09kJ/mol) + (-393.51kJ/mol) - (-1206.92kJ/mol) \\ &= 178.32kJ/mol\end{aligned}$$

$$\begin{aligned}\Delta_r S_m^{\ominus}(298.15K) &= S_m^{\ominus}(CaO, s) + S_m^{\ominus}(CO_2, g) - S_m^{\ominus}(CaCO_3, s) \\ &= 39.75J/(mol \cdot K) + 213.74J/(mol \cdot K) - 92.9J/(mol \cdot K) \\ &= 160.6J/(mol \cdot K)\end{aligned}$$

计算结果表明：$\Delta_r H_m^{\ominus}(298.15K) > 0$，该反应是吸热反应；$\Delta_r S_m^{\ominus}(298.15K) > 0$，该反应是熵增加反应。从能量角度看，吸热不利于反应自发进行，但从熵因素分析，熵增加有利于反应自发进行。实验证明，$CaCO_3$ 分解反应在标准状态和常温下不能自发进行，但在标准状态和高温下能自发进行。这说明化学反应的自发性不仅与系统的焓变和熵变有关，而且与反应的温度有关，要正确判断反应的自发性（即方向），必须综合考虑系统的焓变、熵变和温度的影响。

2.3.2.3 化学反应的吉布斯自由能变——化学反应方向的判据

如前所述，在恒温恒压条件下，判断化学反应自发进行的方向必须综合考虑系统的焓变、熵变和温度的影响。1876 年，美国科学家吉布斯（J. W. Gibbs）提出了吉布斯函数的概念，其定义为：

$$G \equiv H - TS$$

G 称为吉布斯函数，也称吉布斯自由能，曾称为自由焓，它是由 H，T，S 组合的一状态函数，它具有状态函数的各种特点。

Gibbs 证明：在恒温恒压条件下，化学反应的摩尔自由能变（$\Delta_r G_m$）与摩尔反应焓变（$\Delta_r H_m$）、摩尔反应熵变（$\Delta_r S_m$）、温度（T）之间有如下关系式：

$$\Delta_r G_m = \Delta_r H_m - T\Delta_r S_m \tag{2-19}$$

式(2-19) 称吉布斯公式。它将化学反应自发性的两个因素：能量 $\Delta_r H_m$及混乱度 $\Delta_r S_m$完美地统一起来。

在恒温恒压的封闭系统内，不做非体积功时，可根据 $\Delta_r G_m$判断任何一个反应自发进行的方向（称吉氏判据），即：

$$\Delta_r G_m \begin{cases} <0 & \text{反应自发进行} \\ >0 & \text{不能自发进行,逆反应自发进行} \\ =0 & \text{正、逆反应达到平衡} \end{cases}$$

这一规律表明：恒温恒压下，一个化学反应系统必然自发地从吉布斯自由能大的状态向吉布斯自由能小的状态进行，达到平衡时吉布斯自由能降低到最小值。此即为著名的最小自由能原理。系统不会自发地从吉布斯自由能小的状态向吉布斯自由能大的状态进行。

由吉布斯公式知，在恒温恒压下，反应的 $\Delta_r G_m$值的大小取决于反应的 $\Delta_r H_m$、$\Delta_r S_m$和温度 T。表 2-2 给出了恒压下反应的 $\Delta_r H_m$、$\Delta_r S_m$及 T 对 $\Delta_r G_m$值的影响。

表 2-2 恒压下反应的 $\Delta_r H_m$、$\Delta_r S_m$及 T 对 $\Delta_r G_m$值的影响

反应类型	$\Delta_r H_m$符号	$\Delta_r S_m$符号	$\Delta_r G_m$符号	反应情况
1	−	+	−	任何温度下都能自发进行
2	+	−	+	任何温度下都不能自发进行
3	−	−	高温为+ 低温为−	高温下不能自发进行 低温下能自发进行
4	+	+	低温为+ 高温为−	低温下不能自发进行 高温下能自发进行

2.3.3 化学反应的标准摩尔吉布斯自由能变的计算和反应方向的判断

2.3.3.1 化学反应的标准摩尔吉布斯自由能变 $\Delta_r G_m^{\ominus}$的计算

标准状态时化学反应的吉布斯自由能变可写为：

$$\Delta_r G_m^{\ominus} = \Delta_r H_m^{\ominus} - T\Delta_r S_m^{\ominus} \tag{2-20}$$

$\Delta_r G_m^{\ominus}$的计算有两种方法：①若已知反应的 $\Delta_r H_m^{\ominus}$和 $\Delta_r S_m^{\ominus}$可根据式(2-20) 来计算；②可利用反应中有关物质的标准摩尔生成吉布斯自由能来计算。物质的标准摩尔生成吉布斯自由能是指在标准状态（标准压力 $p^{\ominus}$和温度 T 条件）下，由参考状态的单质生成 1mol 化合物时的吉布斯自由能变，符号为 $\Delta_f G_m^{\ominus}(T)$，单位为 kJ/mol。同样，参考状态的单质是指在温度 T 和标准压力 $p^{\ominus}$下最稳定的单质（磷除外）。

附录 2 列出了一些常见物质在 298.15K 时的 $\Delta_f G_m^{\ominus}$值。从 $\Delta_f G_m^{\ominus}$的数据可以看出，绝大多数物质的标准摩尔生成吉布斯自由能都是负值，只有少数物质是正的，这和物质的标准摩尔生成焓 $\Delta_f H_m^{\ominus}$的情况是相似的。根据上述定义，参考状态单质的 $\Delta_f G_m^{\ominus}$(B,物态,T)＝0，查表时应注意所查的单质是否是参考状态单质以及物质的聚集态。

利用各物质的 $\Delta_f G_m^\ominus$ 值计算化学反应的 $\Delta_r G_m^\ominus$ 的公式与计算 $\Delta_r H_m^\ominus$ 的公式相似。

$$\Delta_r G_m^\ominus = \sum \Delta_f G_m^\ominus(\text{生成物}) - \sum \Delta_f G_m^\ominus(\text{反应物}) \qquad (2\text{-}21)$$

或

$$\Delta_r G_m^\ominus = \sum \nu_B \Delta_f G_m^\ominus(B) \qquad (2\text{-}22)$$

2.3.3.2 反应方向的判断

对于 298.15K、标准状态下进行的化学反应，只要 $\Delta_r G_m^\ominus < 0$，反应即可自发进行。

例2-9 在 298.15K 和标准状态下，$CaCO_3(s) \longrightarrow CaO(s) + CO_2(g)$ 反应能否自发进行。

解

	$CaCO_3(s) \longrightarrow$	$CaO(s)$ +	$CO_2(g)$
$\Delta_f G_m^\ominus/(kJ/mol)$	−1128.79	−604.03	−394.359
$\Delta_f H_m^\ominus/(kJ/mol)$	−1206.92	−635.09	−393.51
$S_m^\ominus/[J/(mol \cdot K)]$	92.9	39.75	213.74

方法一：

$$\begin{aligned}\Delta_r H_m^\ominus &= [\Delta_f H_m^\ominus(CaO,s) + \Delta_f H_m^\ominus(CO_2,g)] - \Delta_f H_m^\ominus(CaCO_3,s)\\ &= (-635.09kJ/mol) + (-393.51kJ/mol) - (-1206.92kJ/mol)\\ &= 178.32kJ/mol\end{aligned}$$

$$\begin{aligned}\Delta_r S_m^\ominus &= S_m^\ominus(CaO,s) + S_m^\ominus(CO_2,g) - S_m^\ominus(CaCO_3,s)\\ &= 39.75J/(mol \cdot K) + 213.74J/(mol \cdot K) - 92.9J/(mol \cdot K)\\ &= 160.6J/(mol \cdot K)\end{aligned}$$

$$\begin{aligned}\Delta_r G_m^\ominus &= \Delta_r H_m^\ominus - T\Delta_r S_m^\ominus\\ &= 178.32kJ/mol - 298.15K \times 160.6 \times 10^{-3} kJ/(mol \cdot K)\\ &= 130.44kJ/mol\end{aligned}$$

方法二：

$$\begin{aligned}\Delta_r G_m^\ominus &= [\Delta_f G_m^\ominus(CaO,s) + \Delta_f G_m^\ominus(CO_2,g)] - \Delta_f G_m^\ominus(CaCO_3,s)\\ &= (-604.03kJ/mol) + (-394.359kJ/mol) - (-1128.79kJ/mol)\\ &= 130.40kJ/mol\end{aligned}$$

由于 $\Delta_r G_m^\ominus > 0$，所以在 298.15K 和标准状态下，$CaCO_3(s)$ 分解反应不能自发进行。

2.3.3.3 任意温度下的标准摩尔吉布斯自由能变 $\Delta_r G_m^\ominus(T)$

当温度不是 298.15K 时，由于温度对 $\Delta_r G_m^\ominus(T)$ 影响较大，计算 $\Delta_r G_m^\ominus(T)$ 须用下式：

$$\Delta_r G_m^\ominus(T) = \Delta_r H_m^\ominus(T) - T\Delta_r S_m^\ominus(T)$$

由于 $\Delta_r H_m^\ominus(T) \approx \Delta_r H_m^\ominus(298.15K)$，$\Delta_r S_m^\ominus(T) \approx \Delta_r S_m^\ominus(298.15K)$，故上式可以写成：

$$\Delta_r G_m^\ominus(T) \approx \Delta_r H_m^\ominus(298.15K) - T\Delta_r S_m^\ominus(298.15K) \qquad (2\text{-}23)$$

$\Delta_r G_m^\ominus(298.15K)$ 和 $\Delta_r G_m^\ominus(T)$ 是反应物和生成物均单独处于标准状态下进行的恒温、恒压反应的标准摩尔吉布斯自由能变。当反应物和生成物都处于标准状态时，可用 $\Delta_r G_m^\ominus(298.15K)$ 或 $\Delta_r G_m^\ominus(T)$ 来判断反应的方向。

例2-10 在 1123K 和标准状态下，下列反应能否自发进行。

$$CaCO_3(s) \longrightarrow CaO(s) + CO_2(g)$$

解 由例 2-9 得：

$$\Delta_r H_m^{\ominus} = 178.32\text{kJ/mol}$$
$$\Delta_r S_m^{\ominus} = 160.6\text{J/(mol·K)}$$

所以

$$\begin{aligned}\Delta_r G_m^{\ominus}(T) &\approx \Delta_r H_m^{\ominus} - T\Delta_r S_m^{\ominus}\\ &= 178.32\text{kJ/mol} - 1123\text{K} \times 160.6 \times 10^{-3}\text{kJ/(mol·K)}\\ &= -2.03\text{kJ/mol}\end{aligned}$$

由于，$\Delta_r G_m^{\ominus}(1123\text{K}) < 0$，所以在 1123K 和标准状态下，$CaCO_3$（s）分解反应可以自发进行。

2.3.4 利用反应的 $\Delta_r H_m^{\ominus}$ 和 $\Delta_r S_m^{\ominus}$ 估算反应自发进行的温度

对于表 2-2 中的反应类型 3，在低温下反应能自发进行，温度上升到一定值后反应就不能够自发进行了，这类反应有一个自发进行的最高温度。对于反应类型 4，则有一个自发进行的最低温度。这些温度可利用式(2-23) 进行估算。

在标准状态下，若反应能自发进行，则必须是：

$$\Delta_r G_m^{\ominus}(T) = \Delta_r H_m^{\ominus} - T\Delta_r S_m^{\ominus} < 0$$
$$\Delta_r H_m^{\ominus} - T\Delta_r S_m^{\ominus} < 0$$

对 $\Delta_r S_m^{\ominus} > 0$，$\Delta_r H_m^{\ominus} > 0$ 的反应，其可自发进行的条件为：

$$T > \frac{\Delta_r H_m^{\ominus}}{\Delta_r S_m^{\ominus}}$$

对 $\Delta_r S_m^{\ominus} < 0$，$\Delta_r H_m^{\ominus} < 0$ 的反应，其可自发进行的条件为：

$$T < \frac{\Delta_r H_m^{\ominus}}{\Delta_r S_m^{\ominus}}$$

定义 $\Delta_r G_m^{\ominus}(T) = 0$ 时的温度，即 $\Delta_r G_m^{\ominus}(T)$改变正、负号的温度为转向温度 $T_{转}$，即：

$$T_{转} \approx \frac{\Delta_r H_m^{\ominus}}{\Delta_r S_m^{\ominus}} \tag{2-24}$$

例2-11 试估算反应 $2Fe_2O_3(s) + 3C(s) \longrightarrow 4Fe(s) + 3CO_2(g)$反应自发进行的最低温度。

解 已知 298.15K 和标准状态下，上列反应的

$$\Delta_r H_m^{\ominus} = 467.9\text{kJ/mol}$$
$$\Delta_r S_m^{\ominus} = 558.3\text{J/(mol·K)}$$

$\Delta_r S_m^{\ominus}$为正值，所以该反应能自发进行的最低温度为：

$$T \approx \frac{\Delta_r H_m^{\ominus}}{\Delta_r S_m^{\ominus}} = \frac{467.9\text{kJ/mol}}{558.3 \times 10^{-3}\text{kJ/(mol·K)}} = 838\text{K}$$

计算表明，只要反应温度高于 838K，上列反应就能自发进行。

2.4 化学反应的限度——化学平衡

化学平衡涉及绝大多数的化学反应以及相变化，如无机及分析化学中的酸碱平衡、沉淀溶解平衡、氧化还原平衡和配位解离平衡等。本节通过对化学平衡共同特点和规律的探讨，并通过热力学基本原理的应用，讨论化学平衡建立的条件、化学平衡移动的方向以及化学反应的限度等重要问题。

2.4.1 可逆反应与化学平衡

2.4.1.1 可逆反应

在一定的反应条件下，一个化学反应既能从反应物变为生成物，在相同条件下也能由生成物变为反应物，即在同一条件下能同时向正逆两个方向进行的化学反应称为可逆反应。习惯上，把从左向右进行的反应称为正反应，把从右向左进行的反应称为逆反应。

原则上所有的化学反应都具有可逆性，只是不同的反应其可逆程度不同而已。反应的可逆性和不彻底性是一般化学反应的普遍特征。由于正、逆反应同处于一个系统中，所以在密闭容器中可逆反应不能进行到底，即反应物不能全部转化为生成物。

在反应中用双向箭头强调反应的可逆性。如 $H_2(g)$与 $I_2(g)$的可逆反应可写成：

$$H_2(g) + I_2(g) \rightleftharpoons 2HI(g)$$

2.4.1.2 化学平衡

在恒温恒压且非体积功为零时，可用化学反应的吉布斯自由能变 $\Delta_r G_m$来判断化学反应进行的方向。随着反应的进行，系统吉布斯自由能在不断变化，直至最终系统的吉布斯自由能 G 值不再改变，此时反应的 $\Delta_r G_m = 0$，化学反应达到最大限度，系统内物质的组成不再改变。我们称该系统达到了热力学平衡态，简称化学平衡。只要系统的温度和压力保持不变，同时没有物质加入系统中或从系统中移走，这种平衡就能持续下去。

例如反应 $H_2(g) + I_2(g) \rightleftharpoons 2HI(g)$，不管起始反应正向从反应物开始，还是逆向从生成物开始，最后达到平衡时，$\Delta_r G_m = 0$，反应物和生成物的分压都不再变化。

化学平衡具有以下特征。

① 化学平衡是一个动态平衡，表面上反应似乎已经停止，实际上正、逆反应仍在进行，只是单位时间内消耗的分子数恰好等于生成的分子数。

② 化学平衡是相对的、有条件的。一旦维持平衡的条件发生了变化（例如温度、压力的变化），系统的宏观性质和物质的组成都将发生变化。原有的平衡将被破坏，代之以新的平衡。

③ 在一定的温度下，每一化学平衡都有特定的平衡常数。平衡常数是表明化学反应限度的一种特征值。化学反应进行的限度首先决定于反应的化学性质，其次也受浓度、温度、压力等因素的影响。

2.4.2 平衡常数

2.4.2.1 实验平衡常数

实验事实表明，在一定的反应条件下，任何一个可逆反应经过一定时间后，都会达到化学平衡。此时反应系统中，以化学反应方程式的化学计量数（ν_B）为幂指数的各物质的浓度（或分压）的乘积为一常数，叫平衡常数。这个平衡常数叫实验平衡常数或经验平衡常数，用 K_c 或 K_p 表示。

对于任一可逆反应，有：

$$0=\sum_B \nu_B B$$

在一定温度下，达到平衡时，各组分浓度之间的关系为：

$$K_c=\prod_B (c_B)^{\nu_B} \tag{2-25}$$

式中，K_c 为浓度平衡常数；c_B为物质 B 的平衡浓度。

对于气相反应，在恒温下，气体的分压与浓度成正比（$p=cRT$），因此，在平衡常数表达式中，可以用平衡时气体的分压来代替浓度，用 K_p 表示压力平衡常数，其表达式为：

$$K_p=\prod_B (p_B)^{\nu_B} \tag{2-26}$$

式中，p_B 为物质 B 的平衡分压。

对于气相反应，平衡常数可用 K_c 表示，也可用 K_p 表示，通常情况下两者并不相等。由于平衡常数表达式中各组分的浓度（或分压）均是有单位的，所以 K_c 或 K_p 既可能有单位，也可能无单位。

例如反应

$$2NO_2(g) \rightleftharpoons N_2O_4(g) \quad K_p=\prod_B (p_B)^{\nu_B}=\frac{p(N_2O_4)}{[p(NO_2)]^2}$$

单位为 Pa^{-1} 或 kPa^{-1}。

2.4.2.2 标准平衡常数

国家标准 GB 3102—93 中给出了标准平衡常数的定义，在标准平衡常数表达式中，有关组分的浓度（或分压）都必须用相对浓度（或相对分压）来表示，即反应方程式中各物种的浓度（或分压）均须分别除以其标准态的量，即除以 $c^\ominus$（$c^\ominus=1mol/L$）或 $p^\ominus$（$p^\ominus=100kPa$）。由于相对浓度（或相对分压）的量纲为 1，所以标准平衡常数的量纲也为 1。

例如对气相反应 $0=\sum_B \nu_B B(g)$，有：

$$K^\ominus=\prod_B \left(\frac{p_B}{p^\ominus}\right)^{\nu_B} \tag{2-27}$$

若为溶液中溶质的反应 $0=\sum_B \nu_B B(aq)$，则有：

$$K^\ominus=\prod_B \left(\frac{c_B}{c^\ominus}\right)^{\nu_B} \tag{2-28}$$

式中，$\prod_B \left(\frac{p_B}{p^\ominus}\right)^{\nu_B}$、$\prod_B \left(\frac{c_B}{c^\ominus}\right)^{\nu_B}$ 为平衡时化学反应计量式中各反应组分$\left(\frac{p_B}{p^\ominus}\right)^{\nu_B}$、$\left(\frac{c_B}{c^\ominus}\right)^{\nu_B}$的

连乘积（注意反应物的计量系数 ν_B 为负）。

对于多相反应的标准平衡常数表达式，反应组分中的气体用相对分压$\left(\frac{p_B}{p^{\ominus}}\right)$表示；溶液中的溶质用相对浓度$\left(\frac{c_B}{c^{\ominus}}\right)$表示；固体和纯液体为“1”可省略。

例如实验室中制取 Cl_2 的反应：

$$MnO_2(s)+2Cl^-(aq)+4H^+(aq) \rightleftharpoons Mn^{2+}(aq)+Cl_2(g)+2H_2O(l)$$

其标准平衡常数为：

$$K^{\ominus}=\frac{\frac{c(Mn^{2+})}{c^{\ominus}}\times\frac{p(Cl_2)}{p^{\ominus}}}{\left[\frac{c(Cl^-)}{c^{\ominus}}\right]^2\left[\frac{c(H^+)}{c^{\ominus}}\right]^4}$$

标准平衡常数是从热力学推导得来的，又称热力学平衡常数。对于给定的反应，标准平衡常数只是温度的函数，而与参与反应的物质的量无关。通常如无特殊说明，平衡常数一般均指标准平衡常数。在书写和应用平衡常数表达式时应注意以下两点。

① 平衡常数 $K^{\ominus}$的表达式中各组分的相对分压和相对浓度必须是平衡态时的相对分压和相对浓度。

② 平衡常数 $K^{\ominus}$与化学反应计量式有关；对于反应物与生成物都相同的化学反应，化学反应计量式中化学反应计量数不同，其 $K^{\ominus}$值也不同。

例如：合成氨反应

$$N_2(g)+3H_2(g) \rightleftharpoons 2NH_3(g)$$

$$K_1^{\ominus}=\frac{\left[\frac{p(NH_3)}{p^{\ominus}}\right]^2}{\frac{p(N_2)}{p^{\ominus}}\left[\frac{p(H_2)}{p^{\ominus}}\right]^3}$$

$$\frac{1}{2}N_2(g)+\frac{3}{2}H_2(g) \rightleftharpoons NH_3(g)$$

$$K_2^{\ominus}=\frac{\frac{p(NH_3)}{p^{\ominus}}}{\left[\frac{p(N_2)}{p^{\ominus}}\right]^{\frac{1}{2}}\left[\frac{p(H_2)}{p^{\ominus}}\right]^{\frac{3}{2}}}$$

显然 $K_1^{\ominus} \neq K_2^{\ominus}$，$K_1^{\ominus}=(K_2^{\ominus})^2$。因此使用和查阅平衡常数 $K^{\ominus}$时，必须注意它们所对应的化学反应计量式。

2.4.2.3 多重平衡规则

一个给定化学反应计量式的平衡常数，与该反应所经历的途径无关。无论反应是一步完成还是分若干步完成，其平衡常数表达式完全相同，这就是多重平衡规则。也就是说当某总反应为若干个分步反应之和（或之差）时，则总反应的平衡常数为这若干个分步反应平衡常数的乘积（或商）。例如：

$$NO_2(g) \rightleftharpoons NO(g) + \frac{1}{2}O_2(g)$$

$$K_1^{\ominus} = \frac{\dfrac{p(NO)}{p^{\ominus}}\left[\dfrac{p(O_2)}{p^{\ominus}}\right]^{\frac{1}{2}}}{\dfrac{p(NO_2)}{p^{\ominus}}}$$

$$\frac{1}{2}O_2(g) + SO_2(g) \rightleftharpoons SO_3(g)$$

$$K_2^{\ominus} = \frac{\dfrac{p(SO_3)}{p^{\ominus}}}{\left[\dfrac{p(O_2)}{p^{\ominus}}\right]^{\frac{1}{2}}\dfrac{p(SO_2)}{p^{\ominus}}}$$

上述两反应相加得到反应：

$$NO_2(g) + SO_2(g) \rightleftharpoons NO(g) + SO_3(g)$$

该反应的平衡常数为：

$$K^{\ominus} = \frac{\dfrac{p(NO)}{p^{\ominus}} \times \dfrac{p(SO_3)}{p^{\ominus}}}{\dfrac{p(NO_2)}{p^{\ominus}} \times \dfrac{p(SO_2)}{p^{\ominus}}} = K_1^{\ominus}K_2^{\ominus}$$

多重平衡规则在化学上比较重要，许多反应的平衡常数较难测定或不能从参考书中查得时，可利用已知的有关反应的平衡常数计算出来。

2.4.2.4 化学反应的限度

化学反应达到平衡时，系统中物质B的浓度不再随时间而改变，此时反应物已最大限度地转变为生成物。平衡常数具体反映出平衡时各物质相对浓度、相对分压之间的关系，通过平衡常数可以计算化学反应进行的最大限度，即化学平衡组成。在化工生产中常用转化率（α）来衡量化学反应进行的限度。某反应物的转化率是指该反应物已转化为生成物的百分数，即

$$\alpha = \frac{\text{某反应物已转化的量}}{\text{某反应物的总量}} \times 100\% \tag{2-29}$$

化学反应达到平衡时的转化率称平衡转化率。显然，平衡转化率是理论上该反应的最大转化率，实际的转化率要低于平衡转化率。工业生产中所说的转化率一般指实际转化率，而一般教材中所说的转化率是指平衡转化率。

例2-12 已知下列反应（1）、（2）在700K时的标准平衡常数，计算反应（3）在同一温度下的$K^{\ominus}$。

（1）$PCl_5(g) \rightleftharpoons PCl_3(g) + Cl_2(g)$ $\qquad K_1^{\ominus} = 11.5$

（2）$P(s) + \frac{3}{2}Cl_2(g) \rightleftharpoons PCl_3(g)$ $\qquad K_2^{\ominus} = 1.00 \times 10^{20}$

(3) $P(s)+\frac{5}{2}Cl_2(g) \rightleftharpoons PCl_5(g)$

解 反应(3)=(2)−(1),根据多重平衡规则：

$$K_3^{\ominus}=\frac{K_2^{\ominus}}{K_1^{\ominus}}=\frac{1.00\times10^{20}}{11.5}=8.70\times10^{18}$$

例2-13 N_2O_4（g）的分解反应为 $N_2O_4(g) \rightleftharpoons 2NO_2(g)$，该反应在 298K 时的标准平衡常数 $K^{\ominus}=0.116$。试求该温度下当系统的平衡总压为 200kPa 时，$N_2O_4(g)$的平衡转化率。

解 设起始反应 $N_2O_4(g)$的物质的量为 1mol，平衡转化率为 α。

	$N_2O_4(g)$	$\rightleftharpoons$	$2NO_2(g)$
起始时物质的量/mol	1		0
平衡时物质的量/mol	$1-\alpha$		2α
平衡时总物质的量/mol	$n_{总}=$	$1-\alpha+2\alpha$	$=1+\alpha$
平衡分压/kPa	$\frac{1-\alpha}{1+\alpha}p_{总}$		$\frac{2\alpha}{1+\alpha}p_{总}$

$$K^{\ominus}=\frac{\left[\frac{p(NO_2)}{p^{\ominus}}\right]^2}{\frac{p(N_2O_4)}{p^{\ominus}}}=\frac{\left(\frac{2\alpha}{1+\alpha}\times\frac{p_{总}}{p^{\ominus}}\right)^2}{\frac{1-\alpha}{1+\alpha}\times\frac{p_{总}}{p^{\ominus}}}=0.116$$

解得 $\alpha=0.12=12\%$

2.4.3 标准平衡常数与标准摩尔吉布斯自由能变

2.4.3.1 标准平衡常数与标准摩尔吉布斯自由能变

从 2.3.2 可知，在恒温恒压不做非体积功条件下的化学反应方向的判据为：

$$\Delta_r G_m\begin{cases}<0 & \text{反应自发进行}\\ >0 & \text{不能自发进行,逆反应自发进行}\\ =0 & \text{正、逆反应达到平衡}\end{cases}$$

热力学研究证明，在恒温恒压、任意状态下化学反应的 $\Delta_r G_m$ 与其标准态 $\Delta_r G_m^{\ominus}$ 有如下关系：

$$\Delta_r G_m=\Delta_r G_m^{\ominus}+RT\ln J \tag{2-30}$$

式中，J 为化学反应的反应商，简称反应商。

反应商 J 的表达式与标准平衡常数 $K^{\ominus}$ 的表达式完全一致，不同之处在于 J 表达式中的浓度或分压为任意态的（包括平衡态），而 $K^{\ominus}$ 表达式中的浓度或分压为平衡态的。

根据化学反应方向判据，当反应达到化学平衡时，反应的 $\Delta_r G_m=0$，此时反应方程式中物质 B 的浓度或分压均为平衡态的浓度或分压。所以，此时反应商 J 即为 $K^{\ominus}$，$J=K^{\ominus}$，所以有：

$$0=\Delta_r G_m^{\ominus}+RT\ln K^{\ominus}$$

得
$$\Delta_r G_m^{\ominus}=-RT\ln K^{\ominus}=-2.303RT\lg K^{\ominus}$$

或
$$\lg K^{\ominus}=-\frac{\Delta_r G_m^{\ominus}}{2.303RT} \tag{2-31}$$

式(2-31) 即为化学反应的标准平衡常数与化学反应的标准摩尔吉布斯自由能变之间的关系。因此，只要知道温度 T 时的 $\Delta_r G_m^{\ominus}$，就可求得该反应在温度 T 时的平衡常数。$\Delta_r G_m^{\ominus}$ 值可查热力学函数表或根据 $\Delta_r G_m^{\ominus}(T)\approx\Delta_r H_m^{\ominus}(298\text{K})-T\Delta_r S_m^{\ominus}(298\text{K})$ 计算。所以，任一恒温恒压下的化学反应的标准平衡常数均可通过式(2-31) 计算。

从式(2-31) 可以看出，在一定温度下，化学反应的 $\Delta_r G_m^{\ominus}$ 值愈小，则 $K^{\ominus}$ 值愈大，反应就进行得愈完全；反之，若 $\Delta_r G_m^{\ominus}$ 值愈大，则 $K^{\ominus}$ 值愈小，反应进行的程度亦愈小。因此，$\Delta_r G_m^{\ominus}$ 反映了标准状态时化学反应进行的完全程度。

2.4.3.2 化学反应等温式

将式(2-31) 代入式 (2-30) 可得：

$$\Delta_r G_m=-RT\ln K^{\ominus}+RT\ln J=-2.303RT\lg K^{\ominus}+2.303RT\lg J \tag{2-32}$$

式(2-32) 称为化学反应等温式，简称反应等温式。它表明恒温、恒压下，化学反应的摩尔反应吉布斯自由能变 $\Delta_r G_m$ 与反应的平衡常数 $K^{\ominus}$ 及化学反应的反应商 J 之间的关系。根据式(2-32) 可得：

$$\Delta_r G_m=-RT\ln\frac{K^{\ominus}}{J}$$

将 $K^{\ominus}$ 与 J 进行比较，可以得出非标准状态条件时化学反应进行方向的判据：

$$\begin{cases} J<K^{\ominus} & \Delta_r G_m<0 \quad \text{反应自发进行} \\ J>K^{\ominus} & \Delta_r G_m>0 \quad \text{不能自发进行,逆反应自发进行} \\ J=K^{\ominus} & \Delta_r G_m=0 \quad \text{正、逆反应达到平衡} \end{cases}$$

上述判据称为化学反应进行方向的反应商判据。

例2-14 计算下列反应在 298.15K 时的 $\Delta_r G_m^{\ominus}$ 和 $K^{\ominus}$。

$$CO(g)+NO(g)\rightleftharpoons CO_2(g)+\frac{1}{2}N_2(g)$$

解 查附录 2 得 298.15K 时的热力学数据如下：

	$CO(g)$	$+NO(g)\rightleftharpoons$	$CO_2(g)$	$+\frac{1}{2}N_2(g)$
$\Delta_f H_m^{\ominus}$/(kJ/mol)	−110.5	90.25	−393.5	0
$S_m^{\ominus}$/[J/(mol·K)]	197.7	210.8	213.7	191.6

$$\begin{aligned}\Delta_r H_m^{\ominus}&=[\Delta_f H_m^{\ominus}(CO_2,g)+\frac{1}{2}\Delta_f H_m^{\ominus}(N_2,g)]-[\Delta_f H_m^{\ominus}(CO,g)+\Delta_f H_m^{\ominus}(NO,g)]\\&=(-393.5\text{kJ/mol})+0-[(-110.5\text{kJ/mol})+90.25\text{kJ/mol}]\\&=-373.25\text{kJ/mol}\end{aligned}$$

$$\Delta_r S_m^{\ominus}=[S_m^{\ominus}(CO_2,g)+\frac{1}{2}S_m^{\ominus}(N_2,g)]-[S_m^{\ominus}(CO,g)+S_m^{\ominus}(NO,g)]$$

$=213.7J/(mol \cdot K)+\frac{1}{2}\times 191.6J/(mol \cdot K)-[197.7J/(mol \cdot K)+210.8J/(mol \cdot K)]$

$=-99J/(mol \cdot K)$

$\Delta_r G_m^{\ominus}=\Delta_r H_m^{\ominus}-T\Delta_r S_m^{\ominus}$

$=-373.25kJ/mol-298.15K\times[-99\times 10^{-3}kJ/(mol \cdot K)]$

$=-343.73kJ/mol$

依式(2-31) 得：

$\lg K^{\ominus}=-\Delta_r G_m^{\ominus}/(2.303RT)$

$=-(-343.73\times 10^3 J/mol)/[2.303\times 8.31J/(mol \cdot K)\times 298.15K]$

$=60.24$

$$K^{\ominus}=1.74\times 10^{60}$$

计算结果表明，298.15K 时反应的平衡常数 $K^{\ominus}$ 的值很大，该反应在给定条件下进行很完全。依据表 2-2，这是一个"－、－"型的反应，低温更有利于反应自发进行，且能使反应进行得更完全。

例2-15 计算反应 $HI(g) \rightleftharpoons \frac{1}{2}H_2(g)+\frac{1}{2}I_2(g)$ 在 320K 时的平衡常数 $K^{\ominus}$。若此时系统中 $p(HI, g)=40.5kPa$，$p(I_2, g)=p(H_2, g)=1.01kPa$，判断此时的反应方向。

解 查附录 2 得 298.15K 时的热力学数据如下：

	$HI(g)$ $\rightleftharpoons$	$\frac{1}{2}H_2(g)$ +	$\frac{1}{2}I_2(g)$
$\Delta_f H_m^{\ominus}/(kJ/mol)$	26.48	0	62.438
$S_m^{\ominus}/[J/(mol \cdot K)]$	206.594	130.684	260.69

$$\Delta_r H_m^{\ominus}=\left[\frac{1}{2}\Delta_f H_m^{\ominus}(H_2,g)+\frac{1}{2}\Delta_f H_m^{\ominus}(I_2,g)\right]-\Delta_f H_m^{\ominus}(HI,g)$$

$=0+\frac{1}{2}\times 62.438kJ/mol-26.48kJ/mol$

$=4.739kJ/mol$

$\Delta_r S_m^{\ominus}=\frac{1}{2}S_m^{\ominus}(H_2,g)+\frac{1}{2}S_m^{\ominus}(I_2,g)-S_m^{\ominus}(HI,g)$

$=\frac{1}{2}\times 130.684J/(mol \cdot K)+\frac{1}{2}\times 260.69J/(mol \cdot K)-206.594J/(mol \cdot K)$

$=-10.907J/(mol \cdot K)$

$\Delta_r G_m^{\ominus}=\Delta_r H_m^{\ominus}-T\Delta_r S_m^{\ominus}$

$=4.739kJ/mol-320K\times[-10.907\times 10^{-3}kJ/(mol \cdot K)]$

$=8.23kJ/mol$

$\lg K^{\ominus}=-\Delta_r G_m^{\ominus}/2.303RT$

$=(-8.23\times 10^3 J/mol)/[2.303\times 8.314J/(mol \cdot K)\times 320K]$

$=-1.34$

$$K^{\ominus}=4.6\times 10^{-2}$$

$$J=\frac{\left[\frac{p(I_2)}{p^{\ominus}}\right]^{\frac{1}{2}}\left[\frac{p(H_2)}{p^{\ominus}}\right]^{\frac{1}{2}}}{\frac{p(HI)}{p^{\ominus}}}=\frac{\frac{1.01\text{kPa}}{100\text{kPa}}}{\frac{40.5\text{kPa}}{100\text{kPa}}}=2.49\times10^{-2}$$

因为 $J<K^{\ominus}$ 所以反应正向进行。

或

$$\begin{aligned}\Delta_r G_m&=-RT\ln K^{\ominus}+RT\ln J=-2.303RT\lg K^{\ominus}+2.303RT\lg J\\&=-2.303\times8.314\text{J/(mol}\cdot\text{K)}\times320\text{K}\times\lg(4.6\times10^{-2})+\\&\quad 2.303\times8.314\text{J/(mol}\cdot\text{K)}\times320\text{K}\times\lg(2.49\times10^{-2})=-1633\text{J/mol}<0\end{aligned}$$

反应正向进行。

2.4.4 化学平衡的移动

化学平衡是相对的，只有在一定的条件下才能保持平衡。当条件变化时，化学平衡会被破坏，反应将向某一方向进行，直至达到新的平衡。外界条件改变时，化学反应从一种平衡状态向另一种平衡状态的转化过程叫化学平衡的移动。所有的平衡移动都服从勒夏特列(A. L. Le Chatelier）原理，即如果对平衡系统施加外力，平衡将沿着减小此外力的方向移动。勒夏特列原理是适用于一切平衡的普遍规律。除化学平衡外，还适用于物理的、生物的领域以及其他平衡系统。应用这一规律，可以通过改变外界条件，使反应向所需要的方向转化或使所需的反应进行得更完全。对化学平衡系统而言，外界条件主要是指浓度、压力和温度。浓度、压力能导致平衡移动但不能改变平衡常数；温度不仅导致平衡的移动而且改变平衡常数。

2.4.4.1 浓度(或气体分压）对化学平衡的影响

对于一个在一定温度下已达化学平衡的反应系统（$J=K^{\ominus}$），增加反应物浓度（或其分压）或降低生成物浓度（或其分压）（使 J 值变小），则 $J<K^{\ominus}$，平衡向正反应方向移动，直到 J 重新等于 $K^{\ominus}$，系统又重新建立起新的平衡。在新的平衡系统中各组分的平衡浓度已发生了变化。

反之，若在已达化学平衡的反应系统中，降低反应物浓度（或其分压）或增加生成物浓度（或其分压），则 $J>K^{\ominus}$，平衡将向逆反应方向移动，使反应物浓度增加，生成物浓度降低，直到建立新的平衡。

在考虑浓度（或气体分压）对化学平衡的影响问题时，应该注意以下内容。

① 在实际反应时，人们为了尽可能地充分利用某一种原料，往往使用过量的另一种原料（廉价、易得）与其反应，以使平衡尽可能向正反应方向移动，提高反应物的转化率。

② 如果从平衡系统中不断降低生成物的浓度（或分压），则平衡将不断向生成物方向移动，直至某反应物基本上被消耗完全，使可逆反应进行得比较完全。

③ 如果系统中存在多个平衡，则服从多重平衡规则。

2.4.4.2 压力对化学平衡的影响

改变压力的实质是改变浓度，压力变化对平衡的影响实质是通过浓度的变化起作用。由于固、液相浓度几乎不随压力而变化，因而，系统无气体参与时，平衡受压力的影响甚微。

改变系统的总压（压缩体积或体积膨胀），对有气体参与反应的化学平衡的影响分两种情况。

① 当反应方程式两边气体分子总数相等时，改变总压同等程度地改变了反应物和生成

物的分压，J 值不会改变，仍然有 $J=K^{\ominus}$，平衡不发生移动。

② 当反应方程式两边气体分子总数不相等时，改变总压将改变 J 值，使 $J\neq K^{\ominus}$，平衡将发生移动。增加总压力，平衡将向气体分子总数减少的方向移动；减小总压力，平衡将向气体分子总数增加的方向移动。

如果在恒温恒容条件下，引入不参与反应的惰性气体，虽然系统总压增加，但由于系统中各物质的分压不改变，所以平衡不移动。

如果在恒温恒压条件下，引入不参与反应的惰性气体，由于恒压 $p_{总}$ 不变，而 $p_{惰}>0$，相当于系统的总压减小，平衡向气体分子数增加的方向移动。

2.4.4.3 温度对化学平衡的影响

浓度和压力改变，虽然能使化学平衡移动，但平衡常数依然不变。而温度变化对化学平衡的影响，在于平衡常数发生了变化。

由于 $$\Delta_r G_m^{\ominus}=-RT\ln K^{\ominus}=-2.303RT\lg K^{\ominus}=\Delta_r H_m^{\ominus}-T\Delta_r S_m^{\ominus}$$

得到：

$$\ln K^{\ominus}=-\frac{\Delta_r H_m^{\ominus}}{RT}+\frac{\Delta_r S_m^{\ominus}}{R} \tag{2-33}$$

在温度变化不大时，$\Delta_r H_m^{\ominus}$ 和 $\Delta_r S_m^{\ominus}$ 可看作不随温度变化的常数。若反应在 T_1 和 T_2 时的平衡常数分别为 $K_1^{\ominus}$ 和 $K_2^{\ominus}$，则近似地有：

$$\ln K_1^{\ominus}=-\frac{\Delta_r H_m^{\ominus}}{RT_1}+\frac{\Delta_r S_m^{\ominus}}{R}$$

$$\ln K_2^{\ominus}=-\frac{\Delta_r H_m^{\ominus}}{RT_2}+\frac{\Delta_r S_m^{\ominus}}{R}$$

两式相减，得：

$$\ln\frac{K_2^{\ominus}}{K_1^{\ominus}}=\frac{\Delta_r H_m^{\ominus}}{R}\left(\frac{T_2-T_1}{T_1T_2}\right) \tag{2-34}$$

或

$$\lg\frac{K_2^{\ominus}}{K_1^{\ominus}}=\frac{\Delta_r H_m^{\ominus}}{2.303R}\left(\frac{T_2-T_1}{T_1T_2}\right) \tag{2-35}$$

对于吸热反应，$\Delta_r H_m^{\ominus}>0$，如果升高温度，即 $T_2>T_1$，则：

$$\lg\frac{K_2^{\ominus}}{K_1^{\ominus}}>0, K_2^{\ominus}>K_1^{\ominus}$$

即平衡常数将增大，意味着生成物的数量增加，反应向正反应方向进行。因此，温度升高，化学平衡向吸热反应方向进行。

对于放热反应，$\Delta_r H_m^{\ominus}<0$，如果升高温度，即 $T_2>T_1$，则：

$$\lg\frac{K_2^{\ominus}}{K_1^{\ominus}}<0, K_2^{\ominus}<K_1^{\ominus}$$

即平衡常数将减小。只有降低温度，即 $T_2<T_1$ 时，才能使

$$\lg\frac{K_2^{\ominus}}{K_1^{\ominus}}>0, K_2^{\ominus}>K_1^{\ominus}$$

即平衡常数将变大，意味生成物的数量增加，反应向正反应方向进行。因此，降低温度，化

学平衡向放热反应方向进行。

2.5 化学反应速率

在化学反应的研究中，人们除了要考虑化学反应进行的方向、限度等热力学问题以外，还得考虑化学反应进行的快慢以及反应从始态到终态所经历的途径等动力学问题。本节首先介绍化学反应速率的概念，再讨论影响反应速率的因素，并给予简要的理论解释。

2.5.1 化学反应速率及其表示方法

2.5.1.1 传统定义的化学反应速率

化学反应速率可以衡量化学反应进行的快慢。传统定义的化学反应速率为：在一定条件下，在单位时间内某化学反应的反应物转化为生成物的速率。对于均匀体系的恒容反应，习惯上用单位时间内某反应物浓度的减少或生成物浓度的增加来表示，而且习惯上取正值。则有：

$$\bar{v}(\text{反应物})=-\frac{\Delta c(\text{反应物})}{\Delta t},\quad \bar{v}(\text{生成物})=\frac{\Delta c(\text{生成物})}{\Delta t}$$

化学反应速率用反应物浓度随时间的变化表示的是反应的消耗速率，而用生成物浓度随时间的变化表示的是反应的生成速率。通常，物质的浓度以 mol/L 表示，时间单位可根据反应进行的快慢，分别选用秒（s）、分（min）或小时（h）等表示。这样，化学反应速率的单位可为 mol/(L·s)、mol/(L·min)、mol/(L·h)。例如，在给定条件下合成 NH_3 的反应

	$N_2(g)$ +	$3H_2(g) \longrightarrow$	$2NH_3(g)$
起始浓度/(mol/L)	1.0	3.0	0
2s 末浓度/(mol/L)	0.8	2.4	0.4

该反应的平均速率若用不同物质浓度随时间的变化可分别表示为：

$$\bar{v}(N_2)=-\frac{\Delta c(N_2)}{\Delta t}=-\frac{0.8\text{mol/L}-1.0\text{mol/L}}{2\text{s}-0}=0.1\text{mol/(L·s)}$$

$$\bar{v}(H_2)=-\frac{\Delta c(H_2)}{\Delta t}=-\frac{2.4\text{mol/L}-3.0\text{mol/L}}{2\text{s}-0}=0.3\text{mol/(L·s)}$$

$$\bar{v}(NH_3)=\frac{\Delta c(NH_3)}{\Delta t}=\frac{0.4\text{mol/L}-0}{2\text{s}-0}=0.2\text{mol/(L·s)}$$

由上例可以看出以下几点。

① 反应速率随选定的物质不同而有不同的值。为避免混乱，化学反应的平均速率统一用下式表达：

$$v=\frac{1}{\nu_B}\times\frac{\Delta c_s}{\Delta t} \tag{2-36}$$

式中，υ_B 是物质 B 在配平的化学反应方程式中的化学计量数。

② 用不同物质浓度变化表示同一化学反应速率时，速率比等于化学方程式中相应物质的系数比，如 $\bar{v}(N_2):\bar{v}(H_2):\bar{v}(NH_3)=1:3:2$。

③ 对于大多数反应来说，反应速率是一个随着反应的进行而不断变化的数量，因而反应速率有平均速率和瞬时速率之分。通常计算的是平均速率，而每一浓度下的速率是瞬时速率。

以上介绍的是 Δt 时间间隔内的平均速率，某反应的瞬时速率，可表示为：

$$v=\frac{1}{\nu_B}\lim_{\Delta t\to 0}\left(\frac{\Delta c}{\Delta t}\right)=\frac{1}{\nu_B}\times\frac{dc}{dt} \tag{2-37}$$

式中，Δc 为物质浓度的变化；Δt 为反应时间；ν_B 为物质 B 在配平的化学反应方程式中的化学计量数。

2.5.1.2 用反应进度定义的化学反应速率

(1) 反应进度

反应进度是表达反应进行程度的物理量，用符号 ξ 表示。对于任一化学反应的通式：

$$aA + bB = pC + qD \tag{2-38}$$

式中大写字母 A、B、C、D 表示参与反应的物质，各物质的化学计量数分别为 ν_A、ν_B、ν_C、ν_D，反应物取负号，$\nu_A=-a$，$\nu_B=-b$，生成物取正号，$\nu_c=p$，$\nu_D=q$，则反应进度定义为：

$$\xi = \frac{n_B - n_B^0}{\nu_B} \tag{2-39}$$

式中，n_B^0为反应起始时物质 B 的物质的量，B 代表 A、B、C、D，反应进度必定是一个正值，(对于反应物，随着反应的进行，物质的量减少，分子分母均为负值，负负得正)。

(2) 用反应进度定义的化学反应速率

按国际纯粹与应用化学联合会（IUPAC）推荐，反应速率定义为：单位体积中反应进度随时间的变化率，即：

$$v = \frac{1}{V} \times \frac{d\xi}{dt} \tag{2-40}$$

式中，V 为反应体系的体积。将式(2-39) 代入式(2-40) 得：

$$v = \frac{1}{V} \times \frac{d\xi}{dt} = \frac{1}{V} \times \frac{dn_B}{\nu_B} \times \frac{1}{dt} = \frac{1}{\nu_B} \times \frac{dn_B}{V dt}$$

对于恒容反应，V 为定值，可用 c 代替$\frac{n_B}{V}$，$\frac{dn_B}{V}=dc_B$，上式可写作：

$$v = \frac{1}{\nu_B} \times \frac{dc_B}{dt} \tag{2-41}$$

式(2-41) 表明：在恒容条件下，化学反应速率可用单位时间内某一化学反应中任一物质浓度的变化量与该物质的化学计量数的比值表示。不难看出，这样定义的反应速率与物质 B 的选择无关。由于 ν_B是物质的化学计量数，其值与化学反应方程式的书写有关。

例2-16 已知反应

	$N_2(g) + 3H_2(g) \longrightarrow 2NH_3(g)$		
起始浓度/(mol/L)	1.0	3.0	0
2s 末浓度/(mol/L)	0.8	2.4	0.4

试计算该反应的反应速率 v。

解 由题给条件知

$$v(N_2) = \frac{\Delta c(N_2)}{\nu \Delta t} = \frac{(0.8-1.0)\text{mol/L}}{-1 \times (2-0)\text{s}} = 0.1\text{mol/(L·s)}$$

$$v(H_2) = \frac{\Delta c(H_2)}{\nu \Delta t} = \frac{(2.4-3.0)\text{mol/L}}{-3 \times (2-0)\text{s}} = 0.1\text{mol/(L·s)}$$

$$v(NH_3) = \frac{\Delta c(NH_3)}{\nu \Delta t} = \frac{(0.4-0)\text{mol/L}}{2 \times (2-0)\text{s}} = 0.1\text{mol/(L·s)}$$

2.5.2 化学反应速率理论简介

2.5.2.1 碰撞理论

化学反应的发生总是伴随着电子的转移（氧化还原反应）或电子的重新分配（酸碱反

应），这种转移或重新分配似乎只有通过相关原子的接触才可实现。1918 年，路易斯以气体分子运动论为基础提出了反应速率的碰撞理论，该理论有两条重要假定：

① 原子、分子或离子只有相互碰撞才能发生化学反应。或者说，碰撞是发生化学反应的先决条件。

② 只有少部分碰撞能导致化学反应，大多数反应物粒子在碰撞后发生反弹而与化学反应无缘。

如果没有后一条假定，任何气相反应理论上都会瞬间完成。这与普遍存在的事实不相符合。能导致化学反应的碰撞叫有效碰撞。单位时间内有效碰撞的频率越高，反应速率越大。有效碰撞至少应满足以下两个条件：碰撞粒子的动能足够大；对有些物质而言，还应当采取有利的取向。

对相反电荷的简单离子而言，相互碰撞不存在取向问题，反应通常进行得比较快。对分子（特别是体积较大的有机化合物分子）之间的反应而言，就需要考虑取向问题了。图 2-3 以 HCl 与 NH_3（或胺）分子在气相的反应为例，说明碰撞粒子取向的重要性。与(b)和(c)两种取向方式相比，(a)的取向方式导致反应的机会显然大得多。(a)取向情况下，HCl 中的 H 与 NH_3 中 N 原子上的孤电子对相遇。如果与 N 原子上带有大取代基的胺（例如三丙胺）反应，HCl 的 H 端只能通过狭窄的“窗口”接近孤电子对，发生有效碰撞的机会自然小多了，如图 2-3(d)所示。

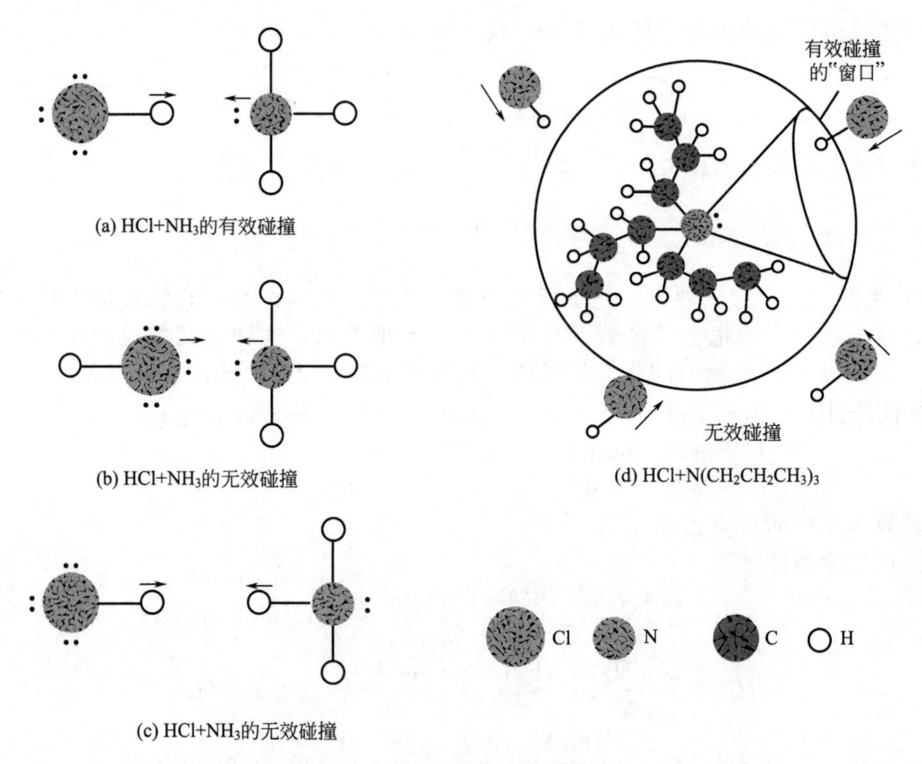

图 2-3 有效碰撞与分子取向示意

2.5.2.2 过渡状态理论

过渡态是指运动着的两种反应物逐渐接近并落入对方的影响范围之内而形成的，处于反应物与产物之间的一种结合状态。例如，下述反应中位于中间部位的状态：

$$A+B—C \longrightarrow [A\cdots B\cdots C]^{\neq} \longrightarrow A—B+C \qquad (2\text{-}42)$$

式中，A 代表某种原子；B—C 和 A—B 各代表一种双原子分子；A 与 B—C 反应形成产物的过程中先形成过渡态 [A…B…C]$^{\neq}$。过渡态又叫活化配合物，因而该理论又叫活化配合物理论。在活化配合物中，原有化学键 [反应（2-38）中的 B—C 键] 被削弱但未完全断裂，新的化学键 [反应（2-38）中的 A—B 键] 开始形成但尚未完全形成。

过渡态是一种不稳定状态。既可分解为原来的反应物，又可分解为产物。向产物方向分解得越快，反应速率就越快。活化配合物不但难以离析，许多情况下甚至难以用仪器检测出来。化学家通常是从反应物分子的几何构型出发推测活化配合物的结构，并进而推测过渡态分解为产物的过程中可能采取的途径。

碰撞理论与过渡态理论是相互补充的两种理论。虽然后一种理论的发展远未达到成熟阶段，而且不如前一理论那样直观，但却为研究反应机理的化学家广泛采用。这是因为在处理复杂分子间的反应时，过渡态理论更有前途。

2.5.2.3 活化能

反应的活化能用 E_a 表示。下面以污染物 NO 破坏大气臭氧层的一个反应为例说明活化能的概念。

$$O_3(g)+NO(g)\longrightarrow NO_2(g)+O_2(g) \qquad \Delta_r H_m^{\ominus}=-199.6kJ/mol \tag{2-43}$$

图 2-4 给出了反应过程中的能量关系。图中的 A 点和 D 点分别表示反应物（O_3 与 NO 的混合物）和产物（NO_2 与 O_2 的混合物）的能量，两点间的能量差（B 与 X 之间的垂直距离）表示反应过程中能量的总变化（即标准摩尔反应焓 $\Delta_r H_m^{\ominus}$）。C 点表示“被活化了的”分子的能量，反应物分子转化为产物之前必须以足够能量相互碰撞形成这种“活化分子”。凡是不能将分子能量提高至 C 点能量的碰撞都不能导致化学反应。图 2-4 表明，即使是放热反应（$\Delta_r H_m^{\ominus}$ 为负值），外界仍必须提供最低限度的能量，这个能量就是反应的活化能。B 点与 C 点之间的垂直距离所表示的能量为正反应的活化能[E_a(正)=10.3kJ/mol]。反应（2-43）的逆反应为吸热反应（$\Delta_r H_m=+199.6$kJ/mol），X 点与 C 点之间的垂直距离所代表的能量为逆反应的活化能[E_a(逆)=209.9kJ/mol]。过渡态理论也使用活化能概念，正、逆反应形成同一种活化配合物，图中 C 点的能量即活化配合物的能量。

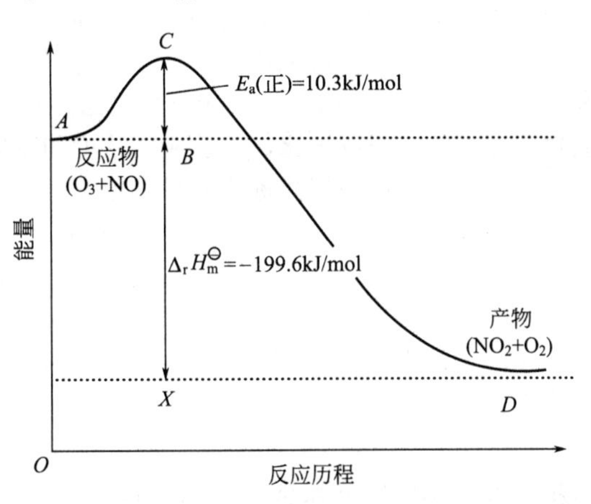

图 2-4　O_3 与 NO 反应过程中的能量变化

每一反应都有其特征的活化能，其数值可以通过实验测定。活化能越小，反应速率越快。实验测定结果表明，大多数化学反应的活化能约为 60～250kJ/mol。活化能小于 40kJ/mol 的反应，反应速率很快，可瞬间完成。活化能大于 420kJ/mol 的反应，其反应速率则很小。

可逆反应的反应热 $\Delta_r H_m$ 与其正、逆反应的活化能的关系为：

$$\Delta_r H_m=E_a(正)-E_a(逆) \tag{2-44}$$

若 E_a(正)$<E_a$(逆)，则 $\Delta_r H_m<0$，正反应为放热反应，逆反应为吸热反应。

2.5.3 影响化学反应速率的因素

化学反应速率首先取决于反应物的本性；此外，还与反应条件，如浓度、温度和催化剂等因素有关。

2.5.3.1 浓度对化学反应速率的影响

(1) 基元反应与非基元反应

化学反应进行时，反应物一步直接变成生成物的反应称为基元反应。例如：

$$2NO+O_2 \longrightarrow 2NO_2$$

是由 NO 分子与 O_2 分子在碰撞时一步转化为 NO_2。该反应为基元反应。

但是，绝大多数的化学反应都不是基元反应。一般反应都是经历了若干基元反应步骤才能完成。反应物要经过若干步骤（即经历若干个基元反应）才能转化为产物。这类由多个基元反应组成的复杂反应为非基元反应。例如：

$$2NO+2H_2 \longrightarrow N_2+2H_2O$$

实验研究表明，该反应是由两个基元反应组成的非基元反应。

第一步：　$2NO+H_2 \longrightarrow N_2+H_2O_2$

第二步：　$H_2O_2+H_2 \longrightarrow 2H_2O$

(2) 质量作用定律

在温度恒定情况下，增加反应物的浓度可以增大反应速率。增加反应物浓度导致单位体积内的活化分子数增多，从而增加了反应物分子有效碰撞的频率，最终导致反应速率加快。为了描述化学反应中反应物浓度与化学反应速率的关系，1864 年挪威科学家古德贝格（Guldberg）和瓦格（Waage）根据大量实验总结出如下规律：在一定温度下，基元反应的反应速率与各反应物浓度幂的乘积成正比，某反应物浓度的幂次在数值上等于化学反应方程式中该反应物的化学式前的系数，这一规律称为质量作用定律。例如，在一定温度下有以下反应

基元反应：　$2NO+O_2 \longrightarrow 2NO_2$

反应速率：　$v \propto c^2(NO)c(O_2)$

$$v=kc^2(NO)c(O_2)$$

在一定的温度下，对于任一基元反应 $aA+bB \longrightarrow pC+qD$，其质量作用定律的数学表达式为：

$$v=kc^a(A)c^b(B) \tag{2-45}$$

该式称为基元反应的速率方程式。式中的比例常数 k 称为反应速率常数。当 $c(A)=c(B)=1mol/L$ 时，则有 $v=k$，即反应速率常数 k 表示在一定温度下，各有关反应物浓度均为单位浓度时的反应速率。因此，反应速率常数可作为反应速率大小的量度。在相同的温度下，比较几个反应的 k 的值，一般可以认为 k 值越大，化学反应进行得越快。在给定温度下，k 的值与化学反应的本性有关。对于给定的化学反应，k 的值与反应温度、催化剂等因素有关，而与反应物的浓度（或压力）无关。反应速率常数 k 的数值由实验测定，其单位随 a、b 的值不同而不同。

反应速率方程式中各反应物浓度项的指数之和 $a+b$ 称为总反应级数，简称反应级数；a 和 b 分别称为反应物 A 和反应物 B 的分级数。必须强调，只有基元反应的级数才等于反应方程式中各反应物的系数之和。

质量作用定律只适用于基元反应。对于非基元反应，质量作用定律只适用于组成它的每一个基元反应，而不适用于总的反应。非基元反应的速率方程式只有通过实验测定速率与浓度的关系才能确定。例如反应

$$2NO+2H_2 \longrightarrow N_2+2H_2O$$

实验测定该反应分两步进行。

第一步：　$2NO+H_2 \longrightarrow N_2+H_2O_2$　（慢反应）

第二步：　$H_2O_2+H_2 \longrightarrow 2H_2O$　（快反应）

第一步为慢反应，所以总的反应速率就取决于这一步的速率。

$$v=kc^2(NO)c(H_2)$$

使用速率方程时还应注意以下两点。

① 在多相反应中，固体反应物的浓度和不互溶的纯液体反应物的浓度不写入速率方程。由于这类反应仅在相表面进行，而单位面积上的质点数可看做常数，质点数对反应速率的影响实际上已经并入了速率常数。

② 由于气体反应物的分压与其浓度呈正比，对气相反应和有气体物质参与的反应而言，速率方程中的浓度项可用分压代替。这样，同一反应可有两种反应速率方程式。显然，两种反应速率方程式中的反应速率常数是不相同的。

例2-17 298K 时水溶液中进行的如下反应：$S_2O_8^{2-}+2I^- \longrightarrow 2SO_4^{2-}+I_2$，实验测定的有关数据如下表：

① 写出该反应的反应速率方程式；

② 指出该反应的反应级数；

③ 计算 298K 时反应的速率常数。

实验序号	$c_0(S_2O_8^{2-})$ /(mol/L)	$c_0(I^{-1})$ /(mol/L)	反应速率 v_0 /[mol/(L·s)]
1	0.038	0.060	1.4×10^{-5}
2	0.076	0.060	2.8×10^{-5}
3	0.076	0.030	1.4×10^{-5}

解 ① 根据质量作用定律，有：

$$v_0=kc_0^a(S_2O_8^{2-})c_0^b(I^-)$$

由实验 1 和 2 可知：

$$\frac{v_{0,2}}{v_{0,1}}=\frac{2.8\times10^{-5}}{1.4\times10^{-5}}=\frac{c_{0,2}^a(S_2O_8^{2-})}{c_{0,1}^a(S_2O_8^{2-})}=\frac{0.076^a}{0.038^a}=2.00^a$$

得：$a=1$

由实验 2 和 3 可知：

$$\frac{v_{0,2}}{v_{0,3}}=\frac{2.8\times10^{-5}}{1.4\times10^{-5}}=\frac{c_{0,2}^b(I^-)}{c_{0,3}^b(I^-)}=\frac{0.060^b}{0.030^b}=2.00^b$$

得：$b=1$

所以该反应的反应速率方程式为：

$$v_0=kc_0(S_2O_8^{2-})c_0(I^-)$$

② 该反应为二级反应。

③ 将实验 3 的数据代入反应速率方程式，可得该反应的反应速率常数 k：

$$k=\frac{v_{0,3}}{c_{0,3}(S_2O_8^{2-})c_{0,3}(I^-)}=\frac{1.4\times10^{-5}\text{mol/(L}\cdot\text{s)}}{0.076\text{mol/L}\times0.030\text{mol/L}}=6.1\times10^{-3}\text{L/(mol}\cdot\text{s)}$$

(3) 反应级数

反应级数表达了反应物浓度是以何种模式影响反应速率。反应级数越大，则反应速率受浓度的影响越大。反应级数可以为正整数、分数，也可以是零或负数，负数表示该物质对反应有阻滞作用。对任何一个尚未进行动力学研究的反应而言，速率方程只能由实验确定。实验确定速率方程的实质是确定反应级数。不同级数的化学反应，浓度与时间的关系方程式不同。这里分别介绍两种简单级数反应的特征。

① 零级反应 反应速率与反应物浓度无关（即与反应物浓度的零次方成正比）的反应为零级反应，反应过程中反应速率 v 为常数。例如对于零级反应：

$$\text{B(反应物)} \longrightarrow \text{P(生成物)}$$

其速率方程为：

$$v=-\frac{dc_B}{dt}=kc_B^0=k \tag{2-46}$$

反应速率常数 k 的单位与反应速率 v 单位相同。式(2-46) 的积分形式为：

$$c_B=-kt+c_0 \tag{2-47}$$

以 c_B对 t 作图，得到一条直线。直线斜率和直线在纵坐标上的截距分别为$-k$ 和 c_0。以 $c_B=c_0/2$代入式(2-47) 得零级反应的半衰期：

$$t_{\frac{1}{2}}=\frac{c_0}{2k} \tag{2-48}$$

零级反应的半衰期与反应物起始浓度有关，c_0越大，半衰期 $t_{\frac{1}{2}}$越长。

零级反应并不多见，零级反应常见于固体表面发生的多相催化反应和一些酶催化反应。如氨在金属钨催化下的分解反应为零级反应。

$$NH_3 \xrightarrow{W} \frac{1}{2}N_2(g)+\frac{3}{2}H_2(g)$$

② 一级反应 反应速率与反应物浓度的一次方成正比的反应为一级反应。

设一级反应为：

$$\text{B(反应物)} \longrightarrow \text{P(生成物)}$$

其速率方程为：

$$v=-\frac{dc_B}{dt}=kc_B \tag{2-49}$$

反应速率常数 k 的单位：[时间]$^{-1}$。式(2-49) 的积分形式为：

$$\ln c_B=-kt+\ln c_0 \tag{2-50}$$

以 $\ln c_B$对 t 作图，得到一条直线。直线斜率和直线在纵坐标上的截距分别为$-k$ 和 $\ln c_0$。以 $c_B=c_0/2$ 代入式(2-50) 得一级反应的半衰期：

$$t_{\frac{1}{2}}=\frac{\ln 2}{k}=\frac{0.693}{k} \tag{2-51}$$

一级反应的半衰期与反应物起始浓度无关。放射性同位素的衰变均为一级反应。例如：

$$^{226}_{88}Ra \longrightarrow ^{222}_{86}R_n+^{4}_{2}He$$

例2-18 反应 $2H_2O_2 \longrightarrow 2H_2O+O_2$ 为一级反应，反应速率常数 $k=0.041min^{-1}$。

① 若 H_2O_2 的起始浓度为 0.5mol/L，10min 后其浓度为多少？

② 计算 H_2O_2 分解的半衰期 $t_{\frac{1}{2}}$为多少？

解 ① 设 10min 后 H_2O_2 的浓度为 c，将 $c_0=0.5mol/L$ 代入式(2-50) 得：

$$\begin{aligned}\ln c &=-kt+\ln c_0\\ &=-0.041min^{-1}\times 10min+\ln 0.5\\ &=-0.41-0.693\\ &=-1.103\end{aligned}$$

$$c=0.33mol/L$$

② H_2O_2 分解一半，$c_B=\frac{c_0}{2}$，由式（2-51）得：

$$t_{\frac{1}{2}}=\frac{\ln 2}{k}=\frac{0.693}{k}$$
$$=\frac{0.693}{0.041\text{min}^{-1}}$$
$$=16.9\text{min}$$

该反应的半衰期 $t_{\frac{1}{2}}$ 为 16.9min。

2.5.3.2 温度对化学反应速率的影响

大多数化学反应，不管是吸热反应还是放热反应，升高温度，反应速率都会显著增大。当温度升高时，一方面分子的运动速度加快，单位时间内的碰撞频率增加，使反应速率加快；另一方面温度升高时，系统的平均能量增加，从而较多的分子获得能量成为活化分子，活化分子百分数明显增大。结果，单位时间内有效碰撞次数增加，因而反应速率大大加快。

研究温度对反应速率的影响，就是研究温度对反应速率常数 k 的影响。温度升高，反应速率常数 k 增大，反应速率相应加快。根据实践，荷兰物理化学家范特霍夫（J. H. van't Hoff）于 1884 年归纳出一条近似规则：对于一般反应，在反应物浓度不变的情况下，温度每升高 10K，反应速率（或反应速率常数）约增加 2～4 倍。该规律用于数据缺乏时进行粗略估算，即

$$\frac{k_{T+10}}{k_T}=2\sim4 \tag{2-52}$$

尽管范特霍夫规则不太精确，但可在数据缺乏时用其进行粗略的估计。研究发现，并不是所有的反应都符合范特霍夫规则。实际上，各种化学反应的速率和温度的关系很复杂。

1889 年，瑞典科学家阿仑尼乌斯（S. A. Arrhenius）根据实验结果，提出了在一定温度范围内，反应速率常数 k 与温度 T 的一个较为准确的经验公式，称为阿仑尼乌斯公式：

$$k=Ae^{-E_a/RT} \tag{2-53}$$

若以对数的形式表示为：

$$\ln k=-\frac{E_a}{RT}+\ln A \tag{2-54}$$

或

$$\lg k=-\frac{E_a}{2.303RT}+\lg A \tag{2-55}$$

式中，k 为速率常数；T 为热力学温度；A 为指前因子或表观频率因子（正值，由实验确定），是与反应有关的特性常数；E_a 为反应的活化能；R 为摩尔气体常数，其值为 8.314J/(mol·K)。

由阿仑尼乌斯经验公式可以看出以下两点。

（1）T 对 v 的影响

活化能 E_a 一定时，若升高温度 T，$e^{-\frac{E_a}{RT}}$ 越大，反应速率常数 k 越大，则反应速率 v 越大。k 与 T 呈指数关系，T 稍有变化，k 有较大变化。同时，$\lg k$ 与 $1/T$ 呈直线关系，直线的斜率$=-\frac{E_a}{2.303R}$，可求反应的活化能 E_a；直线的截距$=\lg A$，可计算指前因子 A。

（2）E_a 对 v 的影响

反应温度 T 一定时，E_a 越小，$e^{-\frac{E_a}{RT}}$ 越大，则反应速率常数 k 越大，反应速率 v 越大。

E_a 在表达式的指数项中，E_a 对 k 的影响也较大。E_a 有较小改变，k 就会有显著变化。若某反应的活化能降低 10kJ/mol，则其反应速率可增加 50 倍。

若某一给定反应，温度为 T_1 时的反应速率常数为 k_1，温度为 T_2 时的反应速率常数为 k_2，则有：

$$\ln k_1 = -\frac{E_a}{RT_1} + \ln A \quad \ln k_2 = -\frac{E_a}{RT_2} + \ln A$$

两式相减得：

$$\ln\frac{k_2}{k_1} = -\frac{E_a}{R}\left(\frac{1}{T_2} - \frac{1}{T_1}\right) = \frac{E_a}{R}\left(\frac{T_2 - T_1}{T_1 T_2}\right) \tag{2-56}$$

或

$$\lg\frac{k_2}{k_1} = -\frac{E_a}{2.303R}\left(\frac{1}{T_2} - \frac{1}{T_1}\right) = \frac{E_a}{2.303R}\left(\frac{T_2 - T_1}{T_1 T_2}\right) \tag{2-57}$$

对某一给定的反应，应用式(2-56) 或式(2-57)，可以由两个不同温度下的反应速率常数 k 求得反应的活化能；或由已知反应的活化能及某一温度下的反应速率常数 k 值，求该反应在其他温度时的反应速率常数 k 值。

由式(2-56)或式(2-57)还可以看出，对于不同反应，若指前因子 A 相同，温度 T_1、T_2 一定时，活化能 E_a 较大的反应，$\lg\frac{k_2}{k_1}$ 也大，即温度变化对活化能较大的反应的反应速率常数 k 值影响较大。

2.5.3.3 催化剂对化学反应速率的影响

催化剂是能够改变化学反应速率而其本身在反应前后的化学组成、数量和化学性质保持不变的一类物质。催化剂的这种改变反应速率的作用叫做催化作用。凡能加快反应速率的催化剂称为正催化剂；凡能减慢反应速率的催化剂称为负催化剂。在实际应用中，后者有特定的名称，如减缓金属腐蚀的缓蚀剂，防止高分子老化的抗老剂，阻缓燃烧过程的阻燃剂等。一般所说的催化剂，都指可加速反应的正催化剂。

催化剂对反应速率影响极大，例如，常温下氢气和氧气合成水的反应非常慢，但在有钯粉做催化剂时，常温常压下氢气和氧气可迅速合成水，工业上利用这个方法除去氢气中微量氧，以获得纯净氢气。催化剂对反应速率的影响比浓度、温度对反应速率的影响显著得多。

催化剂的主要特征如下。

① 用量少，活性高。催化剂具有程度不同的活性，可使反应物分子活化。它参与反应，又在反应后再生。因此少量催化剂常能使相当大量的反应物发生反应。

② 不影响化学平衡，只能改变达到平衡的时间而不能改变平衡的状态。

③ 具有特殊的选择性。不同类型的化学反应需要不同的催化剂，对于同样的化学反应，如选用不同的催化剂，可能得到不同的产物。

④ 少量的杂质可强烈影响催化剂的活性。这些杂质可起助催化剂或毒物两方面作用。助催化剂本身不具活性或活性很小，但能改变催化剂的部分性质，如化学组成、离子价态、酸碱性、表面结构、晶粒大小等，从而使催化剂的活性、选择性、抗毒性或稳定性得以改善。如：合成氨的铁催化剂 α-Fe-Al_2O_3-K_2O 中 α-Fe 是主催化剂，Al_2O_3-K_2O 等是助催化剂。催化剂毒物使催化剂丧失催化作用，这种现象叫催化剂中毒。中毒现象发生时，可以用还原或加热的方法，使催化剂重新活化，这种中毒是暂时性中毒或称可逆中毒。中毒现象发生时，催化剂就很难重新活化，这种中毒是永久性中毒，或称不可逆中毒。

催化剂分为均相催化剂和多相催化剂两大类。均相催化剂与反应物同处一相，通常作为溶质存在于液体反应混合物中。多相催化剂一般自成一相，通常是用固体物质催化气相或溶液中的反应。如 I^- 催化 H_2O_2 分解的反应是均相催化的一个实例。工业上由 N_2 和 H_2 合成氨 NH_3 的过程中采用的是多相催化剂。

催化剂之所以能加快反应速率，是因为降低了反应的活化能。对于均相催化，一般用形成“中间活化配合物”来说明。如叔丁醇的脱水反应是单相催化，反应活化能约为274 kJ/mol，在 450℃以下，反应速率极慢。若加入少量氢溴酸(HBr)为催化剂，则可使反应活化能降低为127kJ/mol，这是因为 $(CH_3)_3C—OH$ 和 HBr 生成了中间产物 $(CH_3)_3C—Br$，改变了反应历程。

$$(CH_3)_3C—OH \longrightarrow (CH_3)_2C=CH_2+H_2O \qquad E_a=274kJ/mol$$

$$(CH_3)_3C—OH \xrightarrow{HBr} (CH_3)_2C=CH_2+H_2O \qquad E_a=127kJ/mol$$

后者的反应历程为：

$$(CH_3)_3C—OH+HBr \longrightarrow (CH_3)_3C—Br+H_2O$$

$$(CH_3)_3C—Br \longrightarrow (CH_3)_2C=CH_2+HBr$$

这两步反应都比较容易发生，两步反应的总和即为前一反应，HBr 作为催化剂参与了反应，但并没有消耗。

对于多相催化，催化剂之所以能降低反应的活化能，一般用“吸附作用”来说明。如 N_2O 气体分子分解为 N_2 和 $\frac{1}{2}O_2$，反应的活化能是 250kJ/mol，当它被催化剂 Au 粉吸附后，由于 N_2O 分子中的氧原子与金表面的金原子成键，形成中间产物 $N\equiv N\cdots O\cdots Au$，其结果是削弱了 N—O 键，使 N_2O 更易于拆开。N_2O 在金粉表面催化分解时，活化能降为120kJ/mol，分解反应就快得多。

本章要点

1. 系统：热力学中被划分出来作为研究对象的那部分物质或空间。

2. 系统分三类：敞开系统、封闭系统、隔离系统。

3. 环境：热力学中系统以外并与之有密切联系的其余部分。

4. 聚集状态：物质在一定的温度和压力条件下所处的相对稳定的状态。

5. 相：系统内性质完全相同的均匀部分。

6. 系统的状态：系统一切物理性质和化学性质的总和。

7. 状态函数：表征系统状态的各种宏观性质。

8. 系统状态函数的改变量只与系统的始态和终态有关，而与变化途径无关。

9. 过程：在外界条件改变时，系统的状态发生的变化。

10. 途径：实现一个过程的具体步骤。

11. 热和功：系统状态发生变化时，系统与环境因温度不同而发生能量交换的形式称为热；系统与环境除热以外的其他各种能量交换形式称为功。

12. 热力学能：系统内部各种形式能量的总和。

13. 热力学第一定律：封闭系统热力学能的改变量 $\Delta U=Q+W$

14. 化学反应的热效应：系统发生化学反应时，系统不做非体积功，反应终态温度恢复到始态温度时，系统吸收或放出的热量。

15. 恒容反应热：$Q_V=\Delta U$

16. 恒压反应热：$Q_p=\Delta H$

17. 恒容反应热与恒压反应热关系：$Q_p=Q_V+\Delta nRT$

$\Delta n=\sum n_{生成物}-\sum n_{反应物}$，表示生成物气体分子数之和与反应物气体分子数之和的差值。

18. 化学反应计量式和化学计量数（ν_B）：$0=\sum_B \nu_B B$

19. 化学反应进度（ξ）：表示化学反应进行程度的物理量，单位为 mol。

$$\xi=\frac{\Delta n_B}{\nu_B}，d\xi=\frac{dn_B}{\nu_B}$$

20. 标准状态：$p^{\ominus}=100kPa$ 下

气体：纯气体物质。

液态、固体：最稳定的纯液体或纯固体物质。

溶液中溶质：质量摩尔浓度为 1mol/kg。

21. 盖斯定律：不管化学反应是一步完成或分几步完成，这个反应过程的热效应是相同的。

22. 标准摩尔生成焓 $\Delta_f H_m^{\ominus}(T)$：标准状态下，温度 T 时，由稳定单质生成 1mol 物质 B 时的反应热。

23. 标准摩尔燃烧焓 $\Delta_c H_m^{\ominus}(T)$：标准态下，温度 T 时，1mol 物质 B 与氧进行完全氧化反应时的反应热。

24. 标准摩尔反应热：$\Delta_r H_m^{\ominus}(T)=\sum\nu_B\Delta_f H_m^{\ominus}(B)$，$\Delta_r H_m^{\ominus}(T)=-\sum\nu_B\Delta_c H_m^{\ominus}(B)$

25. 熵变计算式：$\Delta_r S_m^{\ominus}=\sum\nu_B S_m^{\ominus}(B)$

26. 吉布斯公式：$\Delta_r G_m=\Delta_r H_m-T\Delta_r S_m$

27. 任意温度 T 下的标准摩尔吉布斯自由能变 $\Delta_r G_m^{\ominus}(T)$：

$$\Delta_r G_m^{\ominus}(T)\approx\Delta_r H_m^{\ominus}(298.15K)-T\Delta_r S_m^{\ominus}(298.15K)$$

28. 化学反应自发进行的判据

吉氏判据：

$$\Delta_r G_m\begin{cases}<0 & 反应自发进行\\>0 & 不能自发进行,逆反应自发进行\\=0 & 正、逆反应达到平衡\end{cases}$$

反应商判据：

$$\begin{cases}J<K^{\ominus} & \Delta_r G_m<0 & 反应自发进行\\J>K^{\ominus} & \Delta_r G_m>0 & 不能自发进行,逆反应自发进行\\J=K^{\ominus} & \Delta_r G_m=0 & 正、逆反应达到平衡\end{cases}$$

29. 吉布斯自由能变计算式：

$$\Delta_r G_m^{\ominus}=\Delta_r H_m^{\ominus}-T\Delta_r S_m^{\ominus}\quad \Delta_r G_m^{\ominus}(T)=\sum\nu_B\Delta_f G_m^{\ominus}(B)$$

30. 估算转变温度 $T_{转}$：$T_{转}\approx\dfrac{\Delta_r H_m^{\ominus}}{\Delta_r S_m^{\ominus}}$

31. 实验平衡常数表达式：

$$反应\quad 0=\sum_B \nu_B B$$

$$K_c=\prod_B (c_B)^{\nu_B}, \quad K_p=\prod_B (p_B)^{\nu_B}$$

32. 标准平衡常数关系式：

$$\lg K^{\ominus}=-\frac{\Delta_r G_m^{\ominus}}{2.303RT}, \quad \lg\frac{K_2^{\ominus}}{K_1^{\ominus}}=\frac{\Delta_r H_m^{\ominus}}{2.303R}\left(\frac{T_2-T_1}{T_1T_2}\right)$$

33. 平衡移动原理（勒夏特列原理）：如果对平衡系统施加外力，平衡将沿着减小此外力的方向移动。

34. 传统定义的化学反应速率：对于均匀体系的恒容反应，用单位时间内某反应物浓度的减少或生成物浓度的增加来表示，习惯上取正值。

35. 反应进度定义的化学反应速率：单位体积中反应进度随时间的变化率，即

$$v=\frac{1}{V}\times\frac{d\xi}{dt}$$

36. 化学反应速率理论

碰撞理论两条假定：①原子、分子或离子只有相互碰撞才能发生化学反应。即碰撞是发生化学反应的先决条件；②只有少部分碰撞能导致化学反应，大多数反应物粒子在碰撞后发生反弹而与化学反应无缘。

过渡状态理论：过渡态是指运动着的两种反应物逐渐接近并落入对方的影响范围之内而形成的，处于反应物与产物之间的一种结合状态。过渡态又叫活化配合物，因而该理论又叫活化配合物理论。

37. 活化能：反应物分子转化为产物之前，外界必须提供的最低限度的能量。可逆反应的反应热 $\Delta_r H_m$ 与其正、逆反应的活化能的关系为：$\Delta_r H_m=E_a$(正)$-E_a$(逆)。

38. 基元反应：化学反应进行时，反应物一步直接变成生成物的反应。

39. 浓度对化学反应速率的影响：质量作用定律

对于基元反应 $$aA+bB \longrightarrow pC+qD$$

$$v=kc^a(A)c^b(B)$$

40. 反应级数：反应速率方程式中各反应物浓度项的指数之和 $a+b$ 称为总反应级数，简称反应级数。

41. 零级反应：反应速率与反应物浓度无关的反应。

42. 一级反应：反应速率与反应物浓度的一次方成正比的反应。

43. 温度对化学反应速率的影响：阿仑尼乌斯公式

$$k=Ae^{-E_a/RT}, \quad \lg k=-\frac{E_a}{2.303RT}+\lg A$$

44. 催化剂：能够改变化学反应速率而其本身在反应前后的化学组成、数量和化学性质保持不变的一类物质。

45. 催化剂中毒：催化剂毒物使催化剂丧失催化作用。

习　题

1. 什么是状态函数？它具有哪些性质？下列哪些物理量是系统的状态函数：功（W）、焓（H）、热（Q）、体积（V）、热力学能（U）、密度（ρ）、熵（S）、温度（T）。

2. 说明下列符号的意义：

Q_V，Q_p，H，$\Delta_r H$，$\Delta_r H^{\ominus}$，$\Delta_r H_m^{\ominus}$，S，$S_m^{\ominus}(O_2, g)$，$\Delta_r S_m^{\ominus}$，G，ΔG，$\Delta_r G_m^{\ominus}$，$\Delta_f G_m^{\ominus}$

3. 在化学热力学中热和功的符号是怎样规定的？

4. 热化学方程式与一般方程式有何异同？书写热化学方程式要注意什么？

5. 化学热力学中的“标准状态”是指什么？

6. 什么是盖斯定律？其实质是什么？

7. 何谓物质的标准摩尔生成焓和标准摩尔燃烧焓？如何应用它们去求算化学反应热效应？

8. 什么是混乱度？混乱度与熵有什么关系？影响熵值大小的规律有哪些？

9. 如何计算一个化学反应的标准摩尔熵变 $\Delta_r S_m^{\ominus}$？

10. 何谓自发过程？自发过程有哪些特点？

11. 判断化学反应能否自发进行的依据是什么？能否用反应的 $\Delta_r H$ 或 $\Delta_r S$ 作为判据？为什么？

12. 怎样把反应的标准摩尔吉布斯自由能变与标准平衡常数联系起来？如何利用反应的 $\Delta_r H_m^{\ominus}$、$\Delta_r S_m^{\ominus}$ 或 $\Delta_r G_m^{\ominus}$ 计算反应的标准平衡常数？写出有关的计算公式。

13. 何谓基元反应？如何书写基元反应的速率方程式？

14. 何谓反应级数？如何确定反应级数？

15. 影响反应数率的主要因素有哪些？举例说明。

16. 某反应在相同温度下，不同起始浓度的反应速率是否相同？速率常数是否相同？

17. 何谓反应的活化能？过渡状态理论基本要点是什么？

18. 催化剂的两个基本性质是什么？催化剂的使用能否改变反应的 $\Delta_r H_m$、$\Delta_r S_m$ 和 $\Delta_r G_m$？

19. 多相反应与均相反应的区别何在？影响多相反应速率的因素有哪些？

20. 下列说法是否正确？并说明理由。

(1) 放热反应都是自发进行的；

(2) $\Delta_r S_m$ 为正值的反应都是自发进行的；

(3) 如果 $\Delta_r S_m$ 和 $\Delta_r H_m$ 都是正值，当温度升高时，$\Delta_r G_m$ 将减小。

21. 对于可逆反应

$$C(s) + H_2O(g) \rightleftharpoons CO(g) + H_2(g), \quad \Delta_r H_m^{\ominus} = -121.3\text{kJ/mol}$$

你认为下列说法正确与否？

(1) 达到平衡时各反应物和生成物的浓度相等；

(2) 达到平衡时各反应物和生成物的浓度不再随时间的变化而变化；

(3) 加入催化剂可以缩短反应达到平衡的时间；

(4) 增加压力对平衡无影响；

(5) 升高温度，平衡向右移动。

22. 判断下列说法是否正确：

(1) 非基元反应是由多个基元反应组成的；

(2) 非基元反应中，反应速率是由最慢的反应步骤控制；

(3) 升高温度，只能加快正反应速率；

(4) 升高温度，化学平衡向吸热方向移动。

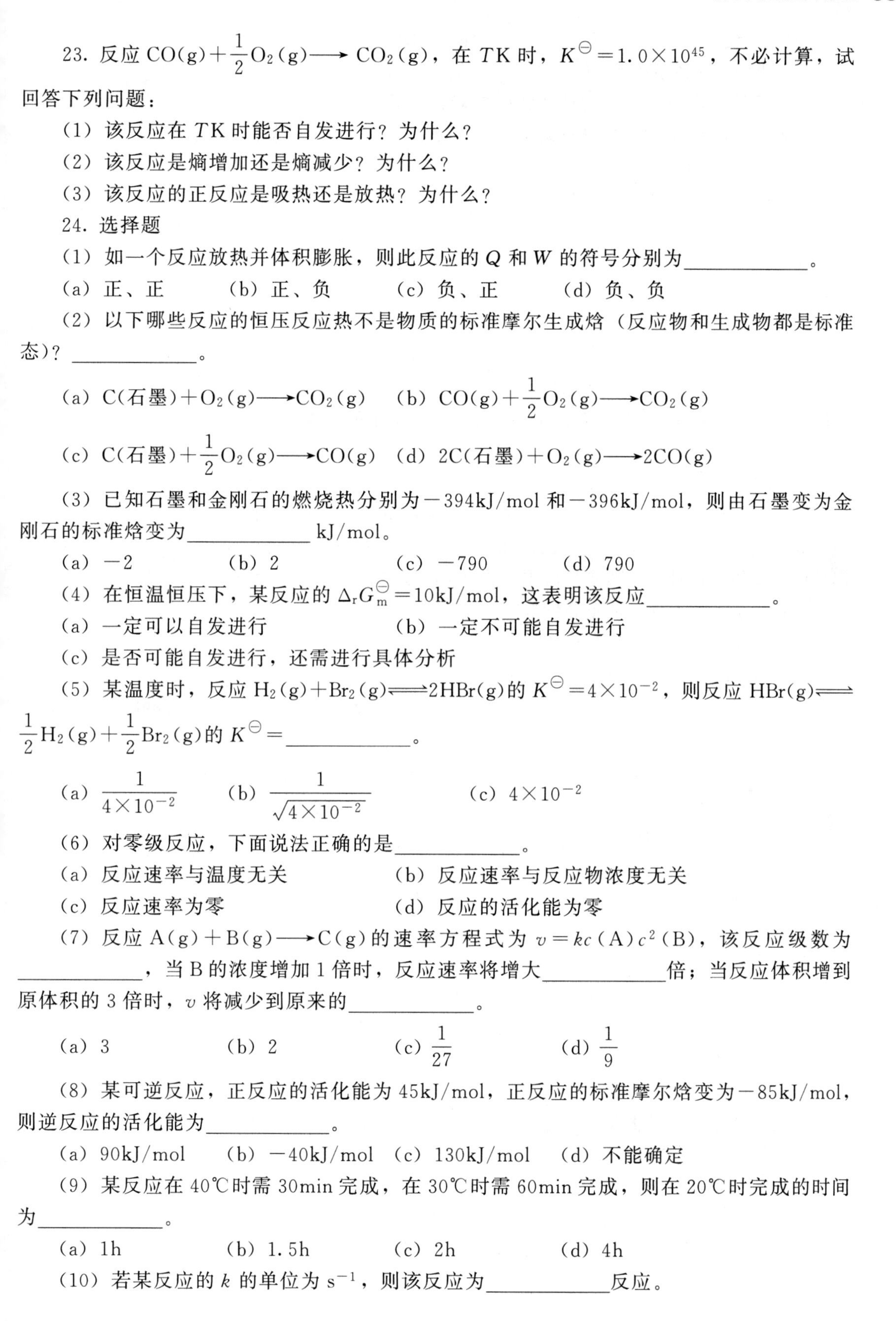

23. 反应 $CO(g)+\frac{1}{2}O_2(g) \longrightarrow CO_2(g)$，在 TK 时，$K^{\ominus}=1.0\times10^{45}$，不必计算，试回答下列问题：

（1）该反应在 TK 时能否自发进行？为什么？

（2）该反应是熵增加还是熵减少？为什么？

（3）该反应的正反应是吸热还是放热？为什么？

24. 选择题

（1）如一个反应放热并体积膨胀，则此反应的 Q 和 W 的符号分别为__________。

（a）正、正　（b）正、负　（c）负、正　（d）负、负

（2）以下哪些反应的恒压反应热不是物质的标准摩尔生成焓（反应物和生成物都是标准态）？__________。

（a）$C(石墨)+O_2(g) \longrightarrow CO_2(g)$　（b）$CO(g)+\frac{1}{2}O_2(g) \longrightarrow CO_2(g)$

（c）$C(石墨)+\frac{1}{2}O_2(g) \longrightarrow CO(g)$　（d）$2C(石墨)+O_2(g) \longrightarrow 2CO(g)$

（3）已知石墨和金刚石的燃烧热分别为－394kJ/mol 和－396kJ/mol，则由石墨变为金刚石的标准焓变为__________ kJ/mol。

（a）－2　（b）2　（c）－790　（d）790

（4）在恒温恒压下，某反应的 $\Delta_r G_m^{\ominus}=10$kJ/mol，这表明该反应__________。

（a）一定可以自发进行　（b）一定不可能自发进行

（c）是否可能自发进行，还需进行具体分析

（5）某温度时，反应 $H_2(g)+Br_2(g) \rightleftharpoons 2HBr(g)$ 的 $K^{\ominus}=4\times10^{-2}$，则反应 $HBr(g) \rightleftharpoons \frac{1}{2}H_2(g)+\frac{1}{2}Br_2(g)$ 的 $K^{\ominus}=$__________。

（a）$\frac{1}{4\times10^{-2}}$　（b）$\frac{1}{\sqrt{4\times10^{-2}}}$　（c）4×10^{-2}

（6）对零级反应，下面说法正确的是__________。

（a）反应速率与温度无关　（b）反应速率与反应物浓度无关

（c）反应速率为零　（d）反应的活化能为零

（7）反应 $A(g)+B(g) \longrightarrow C(g)$ 的速率方程式为 $v=kc(A)c^2(B)$，该反应级数为__________，当 B 的浓度增加 1 倍时，反应速率将增大__________倍；当反应体积增到原体积的 3 倍时，v 将减少到原来的__________。

（a）3　（b）2　（c）$\frac{1}{27}$　（d）$\frac{1}{9}$

（8）某可逆反应，正反应的活化能为 45kJ/mol，正反应的标准摩尔焓变为－85kJ/mol，则逆反应的活化能为__________。

（a）90kJ/mol　（b）－40kJ/mol　（c）130kJ/mol　（d）不能确定

（9）某反应在 40℃时需 30min 完成，在 30℃时需 60min 完成，则在 20℃时完成的时间为__________。

（a）1h　（b）1.5h　（c）2h　（d）4h

（10）若某反应的 k 的单位为 s^{-1}，则该反应为__________反应。

(a) 一 级　　(b) 零级　　(c) 二级　　(d) 不能确定

25. 计算下列各系统的 ΔU：

(1) 系统吸热 60kJ，并对环境做功 70kJ；

(2) 系统吸热 50kJ，环境对系统做功 40kJ；

(3) $Q=-75kJ$，$W=-180kJ$；

(4) $Q=100kJ$，$W=100kJ$。

[(1) −10kJ；(2) 90kJ；(3) −255kJ；(4) 200kJ]

26. 1mol 乙烯在 290K 完全燃烧，测得恒容反应热为 −1390.2kJ，求该反应的恒压反应热？

(1395.0kJ)

27. 在 100kPa 和 298K 时，反应

$$2KClO_3(s) \longrightarrow 2KCl(s)+3O_2(g)$$

等压热 $Q_p=-89kJ$，求反应系统的 $\Delta_r H_m$、ΔU 及体积功 W。

(−89kJ，−96.4kJ，−7.4kJ)

28. CH_4 的燃烧反应

$$CH_4(g)+2O_2(g) \longrightarrow CO_2(g)+2H_2O(l)$$

在弹式量热计（恒容）中进行，已测出 0.25mol CH_4（g）燃烧放热 221kJ。假定各种气体都是理想气体，试计算（假定反应温度为 298K）：

(1) 1mol CH_4（g）的恒容燃烧热；

(2) 1mol CH_4（g）的恒压燃烧热；

(3) 1mol CH_4（g）燃烧时，系统的 $\Delta_r H_m^{\ominus}$、ΔU 各是多少？

[(1) −884kJ；(2) −889kJ；(3) −889kJ，−884kJ]

29. 已知

$$4CO_2(g)+2H_2O(l) \longrightarrow 2C_2H_2(g)+5O_2(g) \quad \Delta_r H_{m,1}^{\ominus}=2\,599.2kJ/mol$$

$$C(石墨)+O_2(g) \longrightarrow CO_2(g) \quad \Delta_r H_{m,2}^{\ominus}=-393.14kJ/mol$$

$$H_2(g)+\frac{1}{2}O_2(g) \longrightarrow H_2O(l) \quad \Delta_r H_{m,3}^{\ominus}=-285.83kJ/mol$$

计算反应 $2C(石墨)+H_2(g) \longrightarrow C_2H_2(g)$ 的 $\Delta_r H_m$。

(227.49kJ/mol)

30. 已知

$$Sn(s)+Cl_2(g) \longrightarrow SnCl_2(s) \quad \Delta_r H_{m,1}^{\ominus}=-349.8kJ/mol$$

$$SnCl_2(s)+Cl_2(g) \longrightarrow SnCl_4(l) \quad \Delta_r H_{m,2}^{\ominus}=-195.4kJ/mol$$

计算反应 $Sn(s)+2Cl_2(g) \longrightarrow SnCl_4(l)$ 的 $\Delta_r H_m$。

(−545.2kJ/mol)

31. 根据物质的标准摩尔生成焓数据（查附录 2），计算下列反应的 $\Delta_r H_m^{\ominus}$。

(1) $8Al(s)+3Fe_3O_4(s) \longrightarrow 4Al_2O_3(s)+9Fe(s)$

(2) 完全燃烧 1mol C_2H_2（乙炔）

(3) $4NH_3(g)+3O_2(g) \longrightarrow 2N_2(g)+6H_2O(l)$

(4) $Fe_2O_3(s)+6HCl(g) \longrightarrow 2FeCl_3(s)+3H_2O(l)$

[(1) −3348.8kJ/mol；(2) −1299.53kJ/mol；

(3) −1530.54kJ/mol；(4) −278.36kJ/mol]

32. 已知 $Ag_2O(s)+2HCl(g) \longrightarrow 2AgCl(s)+H_2O(l)$，$\Delta_r H_m^\ominus=-324.35kJ/mol$，$\Delta_f H_m^\ominus(Ag_2O,s)=-31.0kJ/mol$，试计算 AgCl 的标准摩尔生成焓。

(−127.10kJ/mol)

33. 依据物质的标准摩尔燃烧焓计算下列反应的 $\Delta_r H_m^\ominus$。

(1) $3C(石墨)+4H_2(g) \longrightarrow C_3H_8(g)$

(2) $C_2H_2(g)+H_2(g) \longrightarrow C_2H_4(g)$

(3) $C_2H_5OH(l)+CH_3COOH(l) \longrightarrow CH_3COOC_2H_5(l)+H_2O(l)$

[(1) −103.92kJ/mol；(2) −174.46kJ/mol；(3) 12.72kJ/mol]

34. 应用附录 2 的数据，计算下列反应的 $\Delta_r S_m^\ominus$。

(1) $\frac{1}{2}H_2(g)+\frac{1}{2}Cl_2(g) \longrightarrow HCl(g)$

(2) $2NH_3(g) \longrightarrow N_2(g)+3H_2(g)$

(3) $CaO(s)+H_2O(l) \longrightarrow Ca^{2+}(aq)+2OH^-(aq)$

[(1)10J/(mol·K)；(2)198.8J/(mol·K)；(3)−184.46J/(mol·K)]

35. 不用查表，试比较下列物质的 $S_m^\ominus$ 大小：

(1) Ag (s)，AgCl (s)，Ag_2SO_4 (s)；

(2) O (g)，O_2 (g)，O_3 (g)。

36. 由附录 2 查出石墨 $S_m^\ominus$ 及金刚石的 $\Delta_f H_m^\ominus$ 和 $\Delta_f G_m^\ominus$。计算金刚石的 $S_m^\ominus$，并依据计算结果比较这两种同素异形体的有序程度。

[2.374J/(mol·K)]

37. 计算反应 $2NO(g)+O_2(g) \longrightarrow 2NO_2(g)$ 在 298.15K 时的标准摩尔反应吉布斯函数变 $\Delta_r G_m^\ominus$，并判断此时反应的方向。

(−70.5kJ/mol，正反应方向)

38. 已知反应

	$2Hg(g)$	$+O_2(g)$	$\longrightarrow 2HgO(s)$
$\Delta_f H_m^\ominus$/(kJ/mol)	61.3	0	−90.8
$S_m^\ominus$/ [J/(mol·K)]	175	205.1	70.3

(1) 通过计算说明在 298.15K、标准条件下反应能否自发进行?

(2) 试估算反应自发进行的温度范围；

(3) 试计算温度为 900K 时反应的 $\Delta_r G_m^\ominus$（忽略反应的 $\Delta_r H_m^\ominus$ 和 $\Delta_r S_m^\ominus$ 随温度的变化），并判断 900K 时反应能否自发进行。

[(1) $\Delta_r G_m^\ominus=-180.7kJ/mol$，自发；(2) 小于 734.1K；(3) 68.8kJ/mol，非自发]

39. 已知：$\Delta_f G_m^\ominus(Ag_2O,s,298.15\ K)=-11.2kJ/mol$，空气中 O_2 的体积分数 $\varphi(O_2)$ 为 0.21，试计算在 298.15K 时，Ag_2O 固体在空气中能否自动分解为 Ag 和 O_2?

($J=0.46$，$\Delta_r G_m=9.3kJ/mol$，Ag_2O 固体在空气中不能自动分解为 Ag 和 O_2)

40. 写出下列反应标准平衡常数的表达式。

(1) $NO(g)+\frac{1}{2}O_2(g) \rightleftharpoons NO_2(g)$

(2) $2SO_2(g)+O_2(g)\rightleftharpoons 2SO_3(g)$

(3) $CaCO_3(s)\rightleftharpoons CaO(s)+CO_2(g)$

(4) $Fe_3O_4(s)+4H_2(g)\rightleftharpoons 3Fe(s)+4H_2O(g)$

41. 298K 时反应 $ICl(g)\rightleftharpoons \frac{1}{2}I_2(g)+\frac{1}{2}Cl_2(g)$ 的标准平衡常数 $K^{\ominus}=2.2\times10^{-3}$，计算下列反应的 $K^{\ominus}$。

(1) $2ICl(g)\rightleftharpoons I_2(g)+Cl_2(g)$

(2) $I_2(g)+Cl_2(g)\rightleftharpoons 2ICl(g)$

[(1) 4.84×10^{-6}；(2) 2.07×10^{5}]

42. 已知

(1) $H_2(g)+S(s)\rightleftharpoons H_2S(g)$　　$K^{\ominus}=1.0\times10^{-3}$

(2) $S(s)+O_2(g)\rightleftharpoons SO_2(g)$　　$K^{\ominus}=5.0\times10^{6}$

求反应 $H_2(g)+SO_2(g)\rightleftharpoons H_2S(g)+O_2(g)$ 的 $K^{\ominus}$。

(2.0×10^{-10})

43. 已知反应 $CO(g)+H_2O(g)\longrightarrow CO_2(g)+H_2(g)$ 在 500K 时，平衡常数 $K^{\ominus}=126$，判断反应在 800K 时的平衡常数有什么变化？并说明温度升高对此反应的平衡的影响。

($K^{\ominus}=3.12$，温度升高，K 变小，表明温度升高平衡逆反应方向移动。)

44. 在 298.15K，标准状态下，对反应

$$2SO_2(g)+O_2(g)\rightleftharpoons 2SO_3(g)$$

通过计算回答下列问题：

(1) 正反应是吸热还是放热？

(2) 正反应是熵增加还是熵减少？

(3) 正反应能否自发进行？

(4) 计算 298.15K 时该反应的 $K^{\ominus}$。

[(1) $\Delta_r H_m^{\ominus}=-198.7kJ/mol$；(2) $\Delta_r S_m^{\ominus}=-188.03J/(mol\cdot K)$；
(3) $\Delta_r G_m^{\ominus}=-141.8kJ/mol$；(4) $K^{\ominus}=7.08\times10^{24}$]

45. 已知反应 $MgCO_3(s)\longrightarrow MgO(s)+CO_2(g)$

(1) 计算在 298.15K，标准状态下反应的 $\Delta_r H_m^{\ominus}$、$\Delta_r S_m^{\ominus}$ 和 $\Delta_r G_m^{\ominus}$。

(2) 计算在 1148K 时反应的 $\Delta_r G_m^{\ominus}$ 和 $K^{\ominus}$。

(3) 估算 100kPa 压力下 $MgCO_3$ 分解的最低温度。

[(1) 100.6kJ/mol，174.25J/(mol·K)，48.31kJ/mol；
(2) −100.3kJ/mol，3.6×10^{4}；(3) 577K]

46. 计算反应 $SO_2(g)+CaO(s)\longrightarrow CaCO_3(s)$ 的转向温度。

(2126K)

47. 反应 $2NO(g)+Cl_2\longrightarrow 2NOCl$ 为基元反应。

(1) 写出该反应的速率方程式；

(2) 计算反应级数；

(3) 其他条件不变，若将容器体积增加到原来的 2 倍，反应速率如何变化？

(4) 如果容积不变，将 NO 的浓度增加到原来的 3 倍，反应速率如何变化？

{(1) $v=k[c(NO)]^2c(Cl_2)$；(2) 3；(3) $\frac{1}{8}$；(4) 9}

48. 已知$^{14}_{6}C$的衰变过程（$^{14}_{6}C \longrightarrow ^{14}_{7}N + ^{0}_{-1}e$）是一级反应，其半衰期$t_{\frac{1}{2}}=5730a$，从考古发现的某古书卷中取出的小块纸片，测得其中$^{14}C/^{12}C$的比值为现在活的植物体内$^{14}C/^{12}C$的比值的0.795倍。试估算该古书卷的年代。

($t=1900a$)

49. 某一级反应 $A \longrightarrow 2B$ 的初速率$v_0=1.0\times10^{-3}mol/(L\cdot min)$，反应进行60min后的速率为$2.5\times10^{-4}mol/(L\cdot min)$。试计算该反应的速率常数$k$，半衰期$t_{\frac{1}{2}}$及反应物A的初浓度。

($0.023min^{-1}$；$30.13min^{-1}$；$4.3\times10^{-2}mol/L$)

50. 在高温时焦炭与CO_2的反应为：

$$C(s)+CO_2(g) \longrightarrow 2CO(g)$$

实验测知该反应的活化能为167360J/mol，计算温度由900K升高1000K时，反应速率之比。

$\left(\frac{k_2}{k_1}=9.39\right)$

51. 某一反应，当温度由300K升高到310K时，反应速率增大了1倍，试求该反应的活化能。

(53.6kJ/mol)

52. 反应$N_2(g)+3H_2(g) \longrightarrow 2NH_3(g)$，在温度为773K、不使用催化剂时反应的活化能为326.4 kJ/mol，相同温度下使用Fe作催化剂，反应的活化能降为176kJ/mol。试计算此温度下两种反应速率之比。

$\left(\frac{k_2}{k_1}=1.45\times10^{10}\right)$

53. 在301K（28℃）时，新鲜牛奶约4h变酸，但在278K（5℃）的冰箱内，鲜牛奶可保持48h才变酸。设在该条件下牛奶变酸的反应速率与变酸时间成反比，试估算在该条件下牛奶变酸反应的活化能。若室温从288K（15℃）升到298K（25℃），则牛奶变酸反应速率将发生怎样的变化？

$\left(E_a\approx7.5\times10^4J/mol，\frac{v_2}{v_1}\approx2.9\right)$

54. 已知反应$CO(g)+Cl_2(g) \rightleftharpoons COCl_2(g)$在定温恒容条件下进行，373K时$K^{\ominus}=1.5\times10^8$，反应开始时$c_0(CO)=0.0350mol/L$，$c_0(Cl_2)=0.0270mol/L$，$c_0(COCl_2)=0mol/L$。计算373K反应达到平衡时各种物质的分压和CO的平衡转化率。

[$\alpha(CO)=77.1\%$]

3 溶液

在自然界和人类生命活动中，溶液极其重要。人们的生活和溶液有着广泛的联系与接触，现代生产过程及生物体内的运动过程时刻进行着各种溶液反应。许多化学反应是在溶液中进行，许多物质的性质也是在溶液中呈现。溶液的某些性质决定于溶质，而另一些性质则与溶质的本性无关。因此，对多种类型的溶液进行讨论，了解其各自的特性，具有重要的意义。

本章研究与溶液密切相关的平衡反应，主要包括单相离子反应系统和多相离子反应系统。单相离子反应系统是只含有一个相的均相系统，多相离子反应系统是含有两个或两个以上相的非均相系统。这些溶液中常涉及很多平衡。讨论这类平衡问题，可以了解溶液中化学反应的规律，利用溶液反应来指导生产，服务社会。

3.1 稀溶液的通性

溶液按溶质类型分为电解质溶液和非电解质溶液；按溶质相对含量又分为稀溶液和浓溶液。不同的溶液往往有各自不同的性质，例如颜色、黏度、密度等。但是各类非电解质稀溶液具有一些共同的性质，如溶液的蒸气压下降、沸点升高、凝固点下降和产生渗透压。浓度较小的稀溶液的这些性质与溶液中溶质的粒子数有关，而与溶质的本性无关，这些性质称为稀溶液的依数性。

3.1.1 溶液浓度的表示方法

通常将一定量溶剂或溶液中所含溶质的量称为溶液的浓度。经常使用到的浓度表示方法有如下几种。

溶质 B 的质量浓度（ρ_B）又称质量密度，溶质 B 的质量除以溶液体积 V，即

$$\rho_B = \frac{m_B}{V}$$

式中，V 为溶液的总体积；m_B 表示溶质 B 的质量。ρ_B 的 SI 单位为 kg/m^3，常用单位 g/L。

溶质B的物质的量浓度（c_B）又简称浓度，B的物质的量除以溶液的体积V，即

$$c_B=\frac{n_B}{V}$$

式中，n_B为溶质B的物质的量；V为溶液的总体积。c_B的SI单位为mol/m^3，常用单位mol/L。

溶质B的质量摩尔浓度（b_B），定义为溶液中溶质B的物质的量除以溶剂A的质量（m_A），即

$$b_B=\frac{n_B}{m_A}$$

式中，m_A为溶剂的质量，其单位为kg。b_B的单位为mol/kg。

溶质B的摩尔分数（x_B），溶液中任一组分B的物质的量与各组分物质的量之和的比值，即

$$x_B=\frac{n_B}{\sum n_i}$$

式中，$\sum n_i$为各组分物质的量之和；x_B是量纲为1的量。

此外，还用质量分数和体积分数来表示浓度。

上述各种浓度表示法可以相互换算。

3.1.2 稀溶液的蒸气压下降及拉乌尔定律

在一定温度下，将一定量的液体（如水）置于密闭的容器中，则液面上那些能量较高的分子会克服液体分子间的引力，从液体表面逸出成为蒸气，即从液相进入气相，这个过程称为液体的蒸发或汽化。同时，气相中的蒸气分子在液面上不停地运动，某些蒸气分子有可能碰撞到液面上，被液体分子吸引而重新进入液相，这个过程叫凝结：

$$H_2O\ (l) \underset{凝结}{\overset{蒸发}{\rightleftharpoons}} H_2O(g)$$

在给定温度下，水的汽化速率是恒定的。在汽化刚开始时，气相中水分子不多，凝结速率远小于汽化速率。随着汽化的进行，气相中水分子的量逐渐增加，凝结速率也会随之增大，到某一时刻凝结速率等于汽化速率时，液体与它的蒸气处于平衡状态，这种处于两相之间的平衡称为相平衡。相平衡状态为饱和状态，此状态下的蒸气称为饱和蒸气，饱和蒸气所具有的压力称为该液体的饱和蒸气压，简称蒸气压。

某纯液体的蒸气压与液体的量、容器的形状、气相中是否存在其他惰性气体无关，在一定温度下为一定值。由于蒸发是吸热过程，所以液体的蒸气压随温度升高而增大。不同温度下水的蒸气压见表3-1所列。

表3-1 水的蒸气压和温度的关系

温度 t/℃	蒸气压 p^*/kPa	温度 t/℃	蒸气压 p^*/kPa	温度 t/℃	蒸气压 p^*/kPa
0	0.61	40	7.38	80	47.33
10	1.23	50	12.33	90	70.08
20	2.34	60	19.92	100	101.325
30	4.24	70	31.15		

在相同的温度下，不同液体的蒸气压是不同的，液体的蒸气压越大，意味着该液体越易

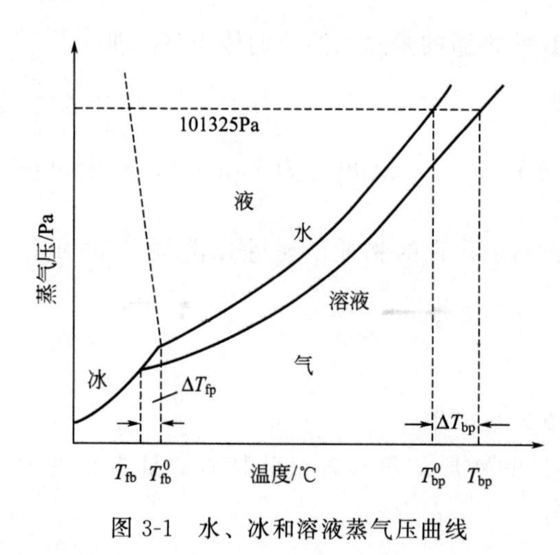

图 3-1 水、冰和溶液蒸气压曲线

挥发。

以蒸气压为纵坐标、温度为横坐标，可画出水、冰和溶液的蒸气压曲线。如图 3-1 所示。

当水中溶入少量难挥发非电解质（如蔗糖）后，溶液的表面被一部分难挥发非电解质的分子占据着，在单位时间内从单位面积的溶液液面上逸出的溶剂分子比纯溶剂少。在一定温度下达到平衡时，溶液液面上方溶剂分子的数目比纯溶剂液面上方少，该溶液的蒸气压（实际上就是溶液中溶剂的蒸气压）低于纯溶剂的蒸气压。在同一温度下，溶液蒸气压比纯溶剂蒸气压低，称为溶液的蒸气压下降。

1887 年，法国化学家拉乌尔（F. M. Raoult）对稀溶液的蒸气压下降作了精确定量的研究，通过大量实验数据总结出：在一定温度下，难挥发的非电解质稀溶液的蒸气压（$p_{液}$）与溶剂的摩尔分数（x_A）成正比，比例系数为纯溶剂的蒸气压（p_A^*），即

$$p_{液}=x_A p_A^* \tag{3-1}$$

式(3-1) 称为拉乌尔定律。

若溶液仅有一种溶质，溶剂 A 和溶质 B 的物质的量分数分别为 x_A 和 x_B，则有 $x_A=1-x_B$，上式改写为：

$$p_{液}=(1-x_B)p_A^*$$

$$\Delta p=p_A^*-p_{液}=x_B p_A^* \tag{3-2}$$

即在一定温度下，稀溶液的蒸气压下降 Δp 等于同温度下纯溶剂的饱和蒸气压 p_A^* 与溶液中溶质的摩尔分数 x_B 的乘积，而与溶质的本性无关。这是拉乌尔定律的另一种形式。

拉乌尔定律的适用范围是溶质为难挥发非电解质的稀溶液。溶液的蒸气压下降必然引起沸点升高、凝固点下降和产生渗透压。

3.1.3 稀溶液的沸点上升和凝固点下降

当某一液体的蒸气压等于外界压力（比如常压 101.325kPa）时，液体就会沸腾，此时的温度称为液体的沸点。例如：外压为 93.3kPa 时，水的沸点为 97.7℃；外压为 101.3kPa 时，水的沸点为 100℃；外压为 106.6kPa 时，水的沸点为 101.4℃。显然，液体的沸点随外压的升高而增大。外压为 101.3kPa（即 1atm）时，水的沸点称为正常沸点。通常所说的液体的沸点是指正常沸点。

一种液体的正常凝固点是指在 101.3kPa 外压下，该物质的液相与固相平衡时的温度。例如，水的正常凝固点是 0℃，此时水与冰共存，建立了液、固两相平衡，此时，水的蒸气压等于冰的蒸气压。凝固点是液相和固相蒸气压相等时的温度。在外压为 101.325kPa 下的凝固点即通常所说的正常凝固点。

一切纯液体都有一定的沸点和凝固点。在水中加入一种难挥发的溶质时，溶液的蒸气压在

任何温度下都小于水的蒸气压。由图 3-1 看出，水的蒸气压等于外压（101.325kPa）时，水的沸点 T_{bp}^0 等于 100℃，而此时溶液的蒸气压小于 101.325kPa，显然水溶液在 100℃时不会沸腾。要使水溶液沸腾，必须加热到 100℃以上的某一温度，使溶液的蒸气压等于 101.325kPa，此时溶液沸腾，对应的温度就是水溶液的沸点 T_{bp}，显然高于水的沸点 T_{bp}^0。由此可见，含难挥发溶质的稀溶液的沸点高于纯溶剂的沸点，称为溶液的沸点上升，温差用 ΔT_{bp} 表示。

冰的蒸气压等于水的蒸气压时，对应的温度（0℃）即为水的凝固点，用 T_{fb}^0 表示。从图 3-1 可以看出，此温度下水溶液的蒸气压低于冰的蒸气压，所以 0℃时溶液不结冰。虽然水、冰和溶液的蒸气压都随着温度的下降而减小，但冰的蒸气压减小的幅度大，因而在 0℃以下某一时刻，冰和溶液的蒸气压曲线可以相交于一点，该温度就是溶液的凝固点，用 T_{fb} 表示，显然低于纯溶剂的凝固点。当溶液凝固只析出溶剂时，溶液的凝固点比纯溶剂的凝固点低，叫做溶液的凝固点下降，差值用 ΔT_{fp} 表示。

溶液的沸点上升和凝固点下降是其蒸气压下降的必然结果，而溶液蒸气压下降的程度又与溶液的浓度成正比，因此，溶液的沸点上升和凝固点下降必然也与溶液的浓度成正比。拉乌尔根据实验又归纳出如下规律：溶液的沸点上升和凝固点下降与溶液的质量摩尔浓度成正比，而与溶质的本性无关，这也是拉乌尔定律。它的数学表达式为：

$$\Delta T_{bp} = K_b b_B \tag{3-3}$$

$$\Delta T_{fp} = K_f b_B \tag{3-4}$$

式中，ΔT_{bp} 和 ΔT_{fp} 分别表示溶液的沸点上升值和凝固点下降值；b_B 是溶液的质量摩尔浓度；K_b 和 K_f 分别称为溶剂的摩尔沸点升高常数和摩尔凝固点下降常数，其大小只取决于溶剂的性质，而与溶质无关。表 3-2 列出了几种溶剂的 K_b 和 K_f。

表 3-2　一些溶剂的摩尔沸点升高常数和摩尔凝固点下降常数

溶剂	沸点/℃	K_b/(℃·kg/mol)	凝固点/℃	K_f/(℃·kg/mol)
水	100.00	0.52	0.0	1.86
苯	80.15	2.53	5.50	5.12
萘	217.96	5.80	80.20	6.94
氯仿	61.15	3.62	—	—
乙酸	118.0	2.93	16.66	3.90
四氯化碳	76.75	4.48	−22.95	29.8

根据拉乌尔定律，可以通过测定溶液的沸点上升和凝固点下降值来计算溶质的摩尔质量。由于同一溶剂的 K_f 大于 K_b 值，相同浓度溶液的凝固点下降值较沸点升高值大。因此选用凝固点下降法测摩尔质量，实验误差较小，且凝固时有结晶析出，易于观察。

例3-1 将 2.76g 甘油溶于 200g 水中，测得凝固点为 272.72K，求甘油的摩尔质量。

解

$$\Delta T_{fp} = K_f b_B$$

$$273\text{K} - 272.72\text{K} = 1.86\text{K}\cdot\text{kg/mol} \times b_B$$

$$b_B = \frac{0.28\text{K}}{1.86\text{K}\cdot\text{kg/mol}} = 0.15\text{mol/kg}$$

则 200g 水中含甘油 0.2kg×0.15mol/kg=0.03mol

即 2.76g 甘油的物质的量为 0.03mol。故甘油的摩尔质量为：

$$M = \frac{2.76\text{g}}{0.03\text{mol}} = 92\text{g/mol}$$

凝固点下降效应是抗冻剂的作用原理。最常用的抗冻剂是乙二醇（沸点197℃，凝固点−17.4℃）。等体积的乙二醇和水组成的溶液，凝固点为−36℃。加抗冻剂乙二醇后，溶液的凝固点下降，且溶液凝固时形成淤泥状而不是块状。如果不加抗冻剂，水结冰时体积膨胀11%，产生的力足以使散热泵甚至金属发动机破裂。

在金属表面处理过程中，有时利用溶液沸点上升的原理，可使工件加热到较高的温度。如使用 NaOH 和 $NaNO_2$ 的水溶液，能使工件加热到140℃以上。

在有机化合物合成中，常用测定沸点或熔点来检验化合物的纯度。这是因为含杂质的化合物可看作是一种溶液，化合物本身是溶剂，杂质是溶质，所以含杂质的物质的熔点比纯化合物低，沸点比纯化合物高（溶质不挥发）。

3.1.4 溶液的渗透压

像膀胱膜、细胞膜、萝卜皮之类的动植物细胞膜以及胶棉、乙酸纤维素膜等，看起来不透水、不透气，实际上它们能有选择性地允许水或某些分子透过，而不允许其他大分子透过，这叫做半透膜的选择性。由于半透膜的存在，使两种不同浓度溶液间产生水的扩散现象，叫做渗透现象。如图3-2所示，用半透膜将两种不同浓度的水溶液隔开，稀溶液中的水总是向浓溶液中渗透。这是由于稀溶液水分子通过半透膜的速度大于水分子从浓溶液通过半透膜进入稀溶液的速度，结果使浓溶液体积增大，液面上升。渗透作用达到平衡时，半透膜两边的静压力差称为渗透压，用 Π 表示。或若要使两侧液面相等，则必须在浓溶液一侧的液面上施加一额外压力来阻止渗透作用发生。这种恰好能阻止渗透进行而施加于溶液液面上的最小外压就是渗透压。

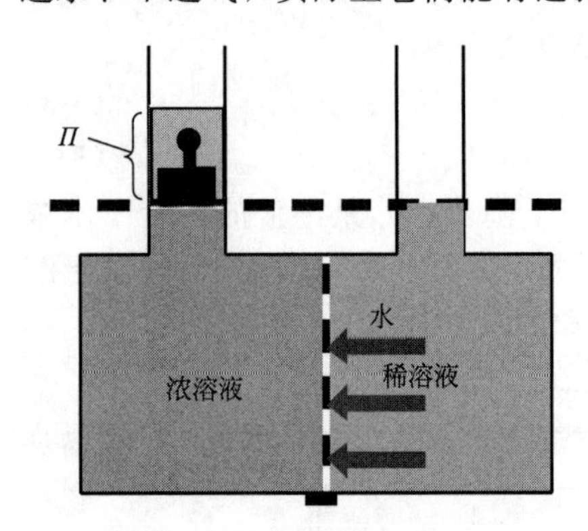

图3-2 溶液渗透压示意

若外加在溶液上的压力大于渗透压，反而会使浓溶液中的溶剂向稀溶液中扩散，该过程叫反渗透，广泛用于海水淡化、工业废水的处理及溶液的浓缩等，关键在于耐高压半透膜的制备。

1886年，荷兰物理学家范特霍夫（vant Hoff）发现非电解质稀溶液的渗透压可用与气体状态方程完全相似的方程来计算，此方程式称为范特霍夫方程，即：

$$\Pi=\frac{n}{V}RT=cRT \tag{3-5}$$

式中，Π 为溶液的渗透压；n 为溶质的物质的量；V 为溶液的体积；c 为溶质B的物质的量浓度；R 为摩尔气体常数；T 为热力学温度。

由该式可知，溶液的渗透压与浓度和温度的乘积成正比。

渗透现象在自然界中广泛存在，并在动植物生命中起着重要作用。动植物细胞膜大多具有半透膜性质，渗透压是引起水在生物体中运动的重要推动力。

综上所述，难挥发非电解质稀溶液的性质（蒸气压下降，沸点上升和凝固点下降以及溶液渗透压）与一定量溶剂中溶质分子的数目成正比，而与溶质本性无关。这一特性称为稀溶液的依数性，也称稀溶液定律。

难挥发电解质的稀溶液也有蒸气压下降、沸点升高、凝固点下降和渗透压等依数性，只是在计算时应考虑电解质的解离。例如，0.2mol/kg 的非电解质的稀溶液，溶质产生的粒子的质量摩尔浓度就是 0.2mol/kg；0.2mol/kg 的 K_2SO_4 溶液中，溶质是强电解质，完全解离，溶质粒子产生的质量摩尔浓度是 0.6 mol/kg，理论上其凝固点下降值应该是前者的 3 倍，但实际测出值都比计算值小。0.1mol/kg HAc 水溶液中，由于 HAc 是弱电解质，不完全解离，其粒子的质量摩尔浓度应大于 0.1mol/kg 而小于 0.2mol/kg。此外，对于浓度较大的溶液，还应当考虑到离子（或质点）间的相互作用。

3.2 溶液中单相离子平衡

阿仑尼乌斯根据电解质溶液不服从稀溶液定律的现象，提出了解离理论。解离理论认为电解质分子在水溶液中解离成离子，使得溶液中的微粒数增大，故它们的蒸气压、沸点、熔点的改变和渗透压数值都比非电解质大。根据解离度的大小，将电解质分为强电解质和弱电解质两类。强电解质在水中全部解离，而弱电解质在水溶液中只有部分解离，大部分仍以分子形式存在，故弱电解质在水溶液中存在解离平衡。因为平衡的双方都处于均匀的液相中，所以称为单相离子平衡。水溶液中的单相离子平衡一般分为酸碱的解离平衡及配离子的解离平衡两类。

3.2.1 弱电解质的解离平衡

3.2.1.1 一元弱酸、弱碱的解离平衡

除少数强酸、强碱外，大多数酸和碱在水溶液中只能部分解离，属于弱电解质。如一元弱酸乙酸和一元弱碱氨水，它们在水溶液中绝大部分以未解离的分子存在。当某弱电解质解离和重新结合的速率相等时，就达到了动态平衡，这种平衡称为酸碱解离平衡，它的标准平衡常数称为酸或碱的标准解离常数，用 $K^{\ominus}$ 表示。如果用通式 AB 来表示一元弱酸或弱碱，则 AB 在溶液中存在下列解离平衡：

$$\mathrm{AB} \rightleftharpoons \mathrm{A}^{+} + \mathrm{B}^{-}$$

$$K_{\mathrm{AB}}^{\ominus} = \frac{[c(\mathrm{A}^{+})/c^{\ominus}][c(\mathrm{B}^{-})/c^{\ominus}]}{c(\mathrm{AB})/c^{\ominus}}$$

可将上式简化为：

$$K_{\mathrm{AB}}^{\ominus} = \frac{c'(\mathrm{A}^{+})c'(\mathrm{B}^{-})}{c'(\mathrm{AB})} \tag{3-6}$$

式中，$c'(\mathrm{A}^{+})$、$c'(\mathrm{B}^{-})$、$c'(\mathrm{AB})$分别表示 A^{+}、B^{-} 和 AB 的相对平衡浓度，是平衡浓度与标准浓度 $c^{\ominus}$ 的比值，量纲为 1；$K_{\mathrm{AB}}^{\ominus}$ 为 AB 的标准解离常数，简称解离常数。一般弱酸的解离常数用 $K_{\mathrm{a}}^{\ominus}$ 表示；弱碱的解离常数用 $K_{\mathrm{b}}^{\ominus}$ 表示。

解离常数和标准平衡常数一样，其数值越大，表明平衡时离子浓度也越大，即电解质解离程度也越大。一般把 $K_{\mathrm{AB}}^{\ominus} \leqslant 10^{-4}$ 的电解质称为弱电解质；$K_{\mathrm{AB}}^{\ominus} = 10^{-3} \sim 10^{-2}$ 者称为中强电解质。对于给定的电解质而言，解离常数与温度有关而与浓度无关，但一般情况下温度的影响也不大，而且研究多为常温下的解离常数。一些常见弱电解质的解离常数见附录 3。

弱电解质在水中解离达到平衡后，已解离的弱电解质分子百分数，称为解离度，以 α

表示：

$$解离度(\alpha)=\frac{解离部分弱电解质浓度}{未解离前弱电解质总浓度}\times 100\%$$

解离度也可以表示弱电解质解离程度大小，在温度、浓度相同条件下，α 越小，电解质越弱。

解离常数和解离度都可以表示弱电解质解离程度的大小，两者之间有一定关系。设弱电解质 AB 的物质的量浓度为 c，解离度为 α，则

$$AB \rightleftharpoons A^+ + B^-$$

平衡时浓度（mol/L） $c-c\alpha$ $c\alpha$ $c\alpha$

$$K^{\ominus}_{AB}=\frac{c'(A^+)c'(B^-)}{c'(AB)}=\frac{(c'\alpha)^2}{c'-c'\alpha}=\frac{c'\alpha^2}{1-\alpha}$$

当 α 很小时，$1-\alpha\approx 1$，则

$$K^{\ominus}_{AB}=c'\alpha^2$$

$$\alpha=\sqrt{\frac{K^{\ominus}_{AB}}{c'}} \tag{3-7}$$

式(3-7) 表明，溶液的解离度与其浓度的平方根成反比，这就是稀释定律。

对于一元弱酸，平衡时 $c'(H^+)=c'\alpha$，则

$$c'(H^+)=\sqrt{K^{\ominus}_{a}c'} \tag{3-8}$$

如 0.10 mol/L HAc，$K^{\ominus}_{a}=1.8\times 10^{-5}$，则

$$c'(H^+)=\sqrt{1.8\times 10^{-5}\times 0.10}=1.3\times 10^{-3}，c(H^+)=1.3\times 10^{-3}\,mol/L$$

对于一元弱碱，同样可得：

$$c'(OH^-)=\sqrt{K^{\ominus}_{b}c'} \tag{3-9}$$

利用式(3-8)、式(3-9) 可以计算一元弱酸碱溶液的 pH 值。

水是最常用的重要溶剂，也是一种很弱的电解质，存在下列自偶解离平衡：

$$H_2O + H_2O \rightleftharpoons H_3O^+ + OH^-$$

简写为

$$H_2O \rightleftharpoons H^+ + OH^-$$

精确实验测得，在纯水中 $c(H^+)=c(OH^-)=1.0\times 10^{-7}$ mol/L。将平衡常数表达式应用于水的解离平衡，可以得到：

$$K^{\ominus}=\frac{c'(H^+)c'(OH^-)}{c'(H_2O)}$$

对于纯水或稀溶液，水的浓度可以看成常数，上式表示为：

$$c'(H^+)c'(OH^-)=K^{\ominus}c'(H_2O)=K^{\ominus}_{W}$$

$K^{\ominus}_{W}$称为水的离子积常数，简称水的离子积，它表示水中 H^+ 和 OH^- 浓度的乘积。水的解离是吸热反应，温度升高 $K^{\ominus}_{W}$会有所增大，但随温度变化不大。298K 时 $K^{\ominus}_{W}$等于 1.0×10^{-14}。

在稀的水溶液中，$K^{\ominus}_{W}$也不随离子浓度变化而变化，在一定温度下是一个常数。

3.2.1.2 多元弱电解质的解离平衡

分子中含有两个或两个以上可解离氢原子的酸称为多元酸，如氢硫酸、碳酸、磷酸等。多元弱酸在溶液中的解离是分步（级）进行的，氢离子依次解离出来，其分步解离常数分别

用 $K_{a1}^{\ominus}$，$K_{a2}^{\ominus}$，…表示。现以氢硫酸为例，讨论多元弱酸的解离平衡。

一级解离 $$H_2S \rightleftharpoons H^+ + HS^-$$

$$K_{a1}^{\ominus}=\frac{c'(H^+)c'(HS^-)}{c'(H_2S)}=9.10\times10^{-8}$$

二级解离 $$HS^- \rightleftharpoons H^+ + S^{2-}$$

$$K_{a2}^{\ominus}=\frac{c'(H^+)c'(S^{2-})}{c'(HS^-)}=1.10\times10^{-12}$$

一般二元弱酸的 $K_{a1}^{\ominus} \gg K_{a2}^{\ominus}$，表明第二步解离比第一步解离困难很多。这主要是因为第一步解离出来的 H^+ 对第二步的解离有抑制作用；同时，带两个负电荷的 S^{2-}，对 H^+ 的吸引力比带一个负电荷的 HS^- 对 H^+ 的吸引力强，结果使二级解离的解离度远小于一级解离的解离度。因此，多元弱酸的 H^+ 主要来自一级解离，在计算溶液中 H^+ 浓度时，可忽略二级解离，近似地用一级解离的 H^+ 浓度代替。

例3-2 计算 298K 时饱和 H_2S 溶液（0.10 mol/L）中 H^+、HS^- 和 S^{2-} 的浓度。

解 设由 H_2S 一级解离的 $c'(H^+)=x$，解离平衡时 $c'(S^{2-})=y$。

由于一级解离和二级解离同时存在于溶液中，$c(H^+)$、$c(S^{2-})$仅能各有一个数值同时满足两个平衡，即

$$H_2S \rightleftharpoons H^+ + HS^-$$

相对平衡浓度 $\quad 0.10-x \quad x+y \quad x-y$

$$K_{a1}^{\ominus}=\frac{c'(H^+)c'(HS^-)}{c'(H_2S)}=\frac{(x+y)(x-y)}{0.10-x}=9.10\times10^{-8}$$

$$HS^- \rightleftharpoons H^+ + S^{2-}$$

相对平衡浓度 $\quad x-y \quad x+y \quad y$

$$K_{a2}^{\ominus}=\frac{c'(H^+)c'(S^{2-})}{c'(HS^-)}=\frac{(x+y)y}{x-y}=1.10\times10^{-12}$$

由于 $K_{a1}^{\ominus} \gg K_{a2}^{\ominus}$，忽略第二级解离，作近似计算时，$x+y\approx x$，$x-y\approx x$，又因 $K_{a1}^{\ominus}$很小，x 很小，$0.10-x\approx0.10$，代入 $K_{a1}^{\ominus}$的表达式，得 $x^2=9.10\times10^{-9}$。

$x=c'(H^+)=c'(HS^-)=9.54\times10^{-5}$，即 $c(H^+)=c(HS^-)=9.54\times10^{-5}$mol/L

严格来讲，$c(H^+)$略大于 9.54×10^{-5}mol/L，$c(HS^-)$略小于 9.54×10^{-5}mol/L。

溶液中 S^{2-} 是 H_2S 的二级解离产物，根据其二级解离常数表达式可得：

$$y=c'(S^{2-})=1.10\times10^{-12}，即\ c(S^{2-})=1.10\times10^{-12}\text{mol/L}$$

一般来说，单一的二元弱酸中二级解离的酸根浓度约等于其二级解离常数。

例3-3 在氢硫酸的饱和溶液中，加入足够的 HCl，使该溶液的 $c(H^+)$为 1.00mol/L，计算 $c(S^{2-})$，并与上例结果比较。

解 解离常数 $K_{a1}^{\ominus}$和 $K_{a2}^{\ominus}$相乘，得到：

$$K_{a1}^{\ominus}K_{a2}^{\ominus}=\frac{[c'(H^+)]^2c'(S^{2-})}{c'(H_2S)}=1.00\times10^{-19}$$

$$[c'(H^+)]^2c'(S^{2-})=c'(H_2S)\times1.00\times10^{-19}=1.00\times10^{-20}$$

$$c'(S^{2-})=\frac{1.00\times10^{-20}}{1.00^2}=1.00\times10^{-20}，\ c(S^{2-})=1.00\times10^{-20}\text{mol/L}$$

例 3-2 中 $c(S^{2-})=1.10\times10^{-12}$mol/L

由于溶液中的酸度变大，H_2S 解离受到抑制，致使 $c(S^{2-})$降低。

3.2.2 同离子效应和缓冲溶液

3.2.2.1 同离子效应

弱酸、弱碱的解离平衡与其他的化学平衡一样，是一种暂时的、相对的动态平衡。改变平衡的某一条件时，平衡就可能会发生移动。就浓度的改变来说，除用稀释的方法外，还可以在弱电解质溶液中加入具有相同阳离子或阴离子的强电解质，从而改变某种离子的浓度，以引起弱电解质解离平衡的移动。

例3-4 在 0.20mol/L 氨水溶液中，加入 NH_4Cl 晶体，使 NH_4Cl 浓度为 0.20mol/L（溶液体积的变化忽略），比较加入 NH_4Cl 前后氨水溶液的 pH 和 $NH_3\cdot H_2O$ 的解离度。

解 （1）加入 NH_4Cl 溶液之前

根据式(3-9) $c'(OH^-)=\sqrt{K_b^{\ominus}c'}=\sqrt{1.8\times10^{-5}\times0.20}=1.9\times10^{-3}$

$$pH=11.3$$

$$\alpha=\sqrt{\frac{K_{AB}^{\ominus}}{c'}}=\sqrt{\frac{1.8\times10^{-5}}{0.20}}=0.0095$$

（2）加入 NH_4Cl 后

设平衡时 $c'(OH^-)=y$，则

$$NH_3\cdot H_2O \rightleftharpoons NH_4^+ + OH^-$$

相对平衡浓度 $\qquad 0.20-y \qquad 0.20+y \qquad y$

$$K_b^{\ominus}=\frac{c'(NH_4^+)c'(OH^-)}{c'(NH_3\cdot H_2O)}=\frac{(0.20+y)y}{0.20-y}=1.8\times10^{-5}$$

由于 $K_b^{\ominus}$很小，$0.20\pm y\approx0.20$，所以 $c'(OH^-)=y=1.8\times10^{-5}$ $\quad pH=9.25$

氨的解离度 $\alpha=\frac{y}{c'}\times100\%=\frac{1.8\times10^{-5}}{0.20}\times100\%=0.009\%$

上述计算结果表明，由于 NH_4Cl 的加入，氨水的解离度减小。在弱电解质溶液中，加入与弱电解质含有相同离子的易溶强电解质时，可使弱电解质的解离度降低，这种现象叫做同离子效应。例如在乙酸溶液中加入乙酸盐，乙酸的解离度同样也会降低。同离子效应可以控制弱酸、弱碱中 H^+、OH^-浓度，所以可以利用同离子效应调节溶液酸碱性。

3.2.2.2 缓冲溶液

在许多化学反应过程中，常需把溶液 pH 控制在一定的范围内。特别是在生物化学中，pH 的改变，直接影响到反应是否会发生。如生物体内起着重要作用的酶，就需要在特定的 pH 条件下才能发挥有效的作用，如果 pH 稍有偏离，酶的活性就大为降低，甚至丧失活力。人体血液的 pH 约为 7.35，稍有改变就会影响身体健康，pH 若降为 7.0 或者增至 7.8，人将死亡。工业上，电解过程也要求保持一定的 pH。一般溶液 pH 受外界的影响会发生较大变化，例如，1000mL NaCl 溶液中，只要滴入 1mL 1mol/L HCl，pH 立即由 7 降到 3。但有一些溶液却能自动调节其 pH，pH 不因少量酸或碱的加入而发生明显的变化，这种具有保持 pH 相对稳定作用的溶液称为缓冲溶液。缓冲溶液一般包含两种物质，称为缓冲对，如弱酸及其盐（如 HAc 与 NaAc）、弱碱及其盐（如 $NH_3 \cdot H_2O$ 与 NH_4Cl）、多元弱酸的两种不同的盐（如 Na_2CO_3 与 $NaHCO_3$）均可形成缓冲对，组成缓冲溶液。

现以 HAc-NaAc 缓冲溶液为例，运用化学平衡原理来说明缓冲溶液的作用原理。在 HAc 和 NaAc 混合溶液中，若以 $c_{酸}$ 和 $c_{盐}$ 分别表示 HAc 和 NaAc 的浓度，x 表示 HAc 解离平衡时 H^+ 的浓度，溶液中 NaAc 完全解离，由 NaAc 解离提供的 Ac^- 的浓度为 $c_{盐}$(mol/L)。

$$HAc \rightleftharpoons H^+ + Ac^-$$

平衡浓度 $c_{酸}-x$　　x　　$c_{盐}+x$

由于同离子效应，HAc 解离受到抑制，x 很小，使 HAc 浓度接近未解离时的浓度 $c_{酸}$，$c_{盐}+x$ 接近于 $c_{盐}$。

根据平衡常数表达式：

$$K_a^\ominus = \frac{c'(H^+)c'(Ac^-)}{c'(HAc)} = \frac{\frac{x}{c^\ominus} \times \frac{c_{盐}+x}{c^\ominus}}{\frac{c_{酸}-x}{c^\ominus}} = \frac{xc_{盐}}{c_{酸}c^\ominus}$$

$$c'(H^+) = \frac{x}{c^\ominus} = K_a^\ominus \frac{c_{酸}}{c_{盐}}$$

两边取对数取负值，得：

$$pH = pK_a^\ominus - \lg \frac{c_{酸}}{c_{盐}} \tag{3-10}$$

当在溶液中加入少量强酸时，溶液中原有的 Ac^- 和 H^+ 结合生成 HAc，使 HAc 的解离平衡向左移动，因而溶液中 H^+ 浓度不会显著增大，pH 亦不会有明显变化；当往溶液中加入少量强碱时，HAc 便和 OH^- 结合成 H_2O 和 Ac^-，消耗了加入的 OH^-，结果 OH^- 浓度保持稳定，pH 变化不大。

对于由弱碱及其盐组成的缓冲溶液，同理可以推导出：

$$pOH = pK_b^\ominus - \lg \frac{c_{碱}}{c_{盐}} \tag{3-11}$$

因 $pOH = pK_W^\ominus - pH$，代入式(3-11)，可得：

$$pH = pK_W^\ominus - pK_b^\ominus + \lg \frac{c_{碱}}{c_{盐}} \tag{3-12}$$

式(3-10) 和式(3-12) 即是缓冲溶液 pH 的计算公式。

如例题 3-4，氨水中加入 NH_4Cl 后，即形成了缓冲溶液，$c_{碱}=0.20$mol/L，$c_{盐}=0.20$mol/L，由式(3-12) 可得：

$$pH = pK_W^\ominus - pK_b^\ominus + \lg \frac{c_{碱}}{c_{盐}} = 14 - 4.75 = 9.25$$

缓冲溶液的 pH，由 $pK_a^\ominus$（或 $pK_b^\ominus$）和 $c_{酸}/c_{盐}$（或 $c_{碱}/c_{盐}$）两项决定。当缓冲溶液的缓冲对确定后，$pK_a^\ominus$（或 $pK_b^\ominus$）值也就确定了，故缓冲溶液的 pH 变化完全由 $c_{酸}/c_{盐}$（或 $c_{碱}/c_{盐}$）决定。当加入少量的酸、碱时，由于平衡的移动，导致 $c_{酸}$、$c_{盐}$（或 $c_{碱}$、$c_{盐}$）浓度的变化，但当缓冲对的含量较大时，$c_{酸}/c_{盐}$（或 $c_{碱}/c_{盐}$）不会大幅度变化，故 pH 能保持稳定。但当缓冲对浓度不够大，或者外加的酸、碱量过多，缓冲溶液也会丧失其缓冲作用。只有当$c_{酸}/c_{盐}$（或$c_{碱}/c_{盐}$）（缓冲比）在0.1～10范围内，缓冲溶液才能发挥缓冲作用。通常把缓冲溶液的缓冲比为0.1～10的pH范围称为缓冲区间，即$pH=pK_a\pm1$。

例3-5 在100mL 0.10mol/L HAc和0.10mol/L NaAc组成的缓冲溶液中，加入1.0mL 1.0mol/L的盐酸，求pH的变化。

解 （1）加入盐酸溶液之前，缓冲溶液pH的计算可根据式(3-10)得出：

$$pH=pK_a^{\ominus}-\lg\frac{c_{酸}}{c_{盐}}$$

$$=-\lg(1.8\times10^{-5})-\lg\frac{0.10mol/L}{0.10mol/L}$$

$$=4.75$$

（2）加入盐酸后，HCl与NaAc反应

	NaAc	+ HCl	⟶ NaCl	+ HAc
反应前/mmol	100×0.10	1.0×1.0		100×0.10
反应后/mmol	10.0−1.0	0		10.0+1.0

平衡浓度 $c(Ac^-)=\frac{9.0}{101.0}mol/L$ $c(HAc)=\frac{11.0}{101.0}mol/L$

$$pH=pK_a^{\ominus}-\lg\frac{c_{酸}}{c_{盐}}=-\lg(1.8\times10^{-5})-\lg\frac{11.0/101.0mol/L}{9.0/101.0mol/L}$$

$$=4.66$$

加入盐酸之前pH为4.75，加入盐酸之后pH变为4.66，两者只差0.09，说明pH变化不大。若加入的是1.0mL 1.0 mol/L的NaOH溶液，可以计算出pH变为4.84。这说明例题中的缓冲溶液确实能起到缓冲作用。

在选择缓冲溶液时要注意：①所选择的缓冲溶液，除了参与和H^+或OH^-有关的反应以外，不能与反应体系中的其他物质发生副反应；②$pK_a^{\ominus}$（或$pK_W^{\ominus}-pK_b^{\ominus}$）尽量与所要求的pH接近。例如，欲配制pH=5左右的缓冲溶液，选择用HAc-NaAc混合溶液比较合适，因为HAc的$pK_a^{\ominus}$等于4.75，与所需pH接近。如果$pK_a^{\ominus}$（或$pK_W^{\ominus}-pK_b^{\ominus}$）与所要求的pH不相等，依所需pH调整$c_{酸}/c_{盐}$（或$c_{碱}/c_{盐}$）；③只有当$c_{酸}/c_{盐}$（或$c_{碱}/c_{盐}$）在0.1～10范围内，即$pH=pK_a\pm1$的范围内，缓冲溶液才能有效地发挥缓冲作用。

缓冲溶液在工业和农业生产中广泛使用。例如，土壤是由H_2CO_3-$NaHCO_3$、NaH_2PO_4-Na_2HPO_4以及其他有机酸及其盐组成的复杂缓冲体系，使土壤维持一定的pH，从而保持植物的正常生长。在定量分析中，往往要用到缓冲溶液维持滴定液的pH，以保证滴定能够准确进行。

常用缓冲溶液及其缓冲范围可参见相关手册。

3.2.3 配位平衡

配位化合物简称配合物，也称络合物，周期表中几乎所有元素都能形成配合物，其数目远远超过一般的无机化合物的总数，在化学、工农业生产以及日常生活中有着广泛的应用。

3.2.3.1 配合物的基本概念

由一定数量配位体（负离子或分子）通过配位键结合于中心离子（或中心原子）周围而形成复杂的分子或离子称为配位个体。带正电荷的配位个体叫配正离子，如$[Cu(NH_3)_4]^{2+}$、$[Ag(NH_3)_2]^{+}$；带负电荷的配位个体叫配负离子，如$[Fe(CN)_6]^{4-}$、$[HgI_4]^{2-}$。把含有配位个体的化合物称为配位化合物。

配合物的组成可划分为内界和外界两部分。内界中占据中心位置的正离子或原子叫做中心离子（或中心原子），也称为配合物的形成体，形成体通常是具有空的价轨道的金属离子（或原子），其中以过渡金属离子居多。与中心离子（或中心原子）相结合的分子或负离子称为配位体（或配体），含有配位体的物质叫做配合剂。中心离子与配位体构成了内界。

内界以外的其他离子称为外界或外配位层。有些配合物不存在外界，如$[Pt(NH_3)_2Cl_4]$、$[Co(NH_3)_2Cl_3]$等，金属离子和负离子配位体形成了电中性内界。另外，有些配合物是由中心原子与配体（一般是中性分子）构成，如$[Ni(CO)_4]$、$[Fe(CO)_5]$等。配体是CO的配合物又称羰合物。大多数羰合物是易挥发的液体或固体，温度较高时又易分解为CO和金属，因此这类化合物是有毒的，但可利用这个性质来获取某些纯的金属。

在配体中，与中心离子或原子直接结合的原子叫配位原子，配位原子能提供孤对电子。配位原子总数称为中心离子或原子的配位数。配位数常与中心离子的电荷有关，一般来说，中心离子电荷数多，它的配位数也多。如$[Cu(NH_3)_4]^{2+}$中，NH_3是配位体，而N原子提供一对孤对电子，与中心离子直接结合，是配位原子，$[Cu(NH_3)_4]^{2+}$中配位数是4。而在$[AlF_6]^{-}$中，配位原子是F，配位数是6。常见的配位原子为电负性较大的非金属原子N、O、S、C和卤素等原子。若一个配位体只能提供一个配位原子，称为单齿配位体，如$\ddot{N}H_3$、$\ddot{F}^-$、$\ddot{C}N^-$、$H_2\ddot{O}$；若能提供两个以上配位原子的叫多齿配位体，如$\ddot{N}H_2—CH_2—CH_2—\ddot{N}H_2$。多齿配位体中，配位体的数目不等于中心离子或原子的配位数。

配合物的命名与一般无机化合物的命名原则类似，阴离子在前，阳离子在后。若为配正离子化合物，则叫某化某或某酸某；若为配负离子化合物，则配负离子与外界阳离子之间用“酸”字连接。各配体命名的顺序按以下规则进行。

① 配离子中配体的名称放在中心离子名称之前，在配体中先列出阴离子，后列出中性分子的名称，无机配体列在前面，有机配体列在后面，简单配体在前，复杂配体在后，不同配体名称间以圆点“ · ”分开，在最后一个配体名称之后加“合”字，中心离子的氧化值用带括号的罗马字母表示。

② 同类配体的名称按配位原子元素符号的英文字母顺序排列。

③ 配体个数用倍数词头二、三、四等数字表示。例如：

$[Cu(NH_3)_4]SO_4$　　硫酸四氨合铜(Ⅱ)

$[Co(NH_3)_6]Cl_3$　　三氯化六氨合钴(Ⅲ)

$K_4[Fe(CN)_6]$　　六氰合铁(Ⅱ)酸钾

$K_2[HgI_4]$　　四碘合汞(Ⅱ)酸钾

$H[AuCl_4]$　　四氯合金(Ⅲ)酸

$[Co(NH_3)_5H_2O]Cl_3$　　三氯化五氨·一水合钴(Ⅲ)

$K[PtCl_3(NH_3)]$　　三氯·一氨合铂(Ⅱ)酸钾

$[CrCl_2(NH_3)_4]Cl\cdot 2H_2O$　　二水合一氯化二氯·四氨合铬(Ⅲ)

$H_2[Zn(OH)_2Cl_2]$	二氯·二羟基合锌(Ⅱ)酸
$[Ni(CO)_4]$	四羰基合镍

3.2.3.2 配离子的解离平衡

配合物在水溶液中，内界与外界间的解离与强电解质相同，完全解离，如：

$$[Cu(NH_3)_4]SO_4 \longrightarrow [Cu(NH_3)_4]^{2+} + SO_4^{2-}$$

解离出来的配离子在水溶液中有一小部分会解离成中心离子和配位体。配离子的解离也是分级进行的，为了简化起见，常写成一个解离式：

$$[Cu(NH_3)_4]^{2+} \rightleftharpoons Cu^{2+} + 4NH_3$$

虽然解离度很小，加入少量的 NaOH 后，也不会沉淀出 $Cu(OH)_2$，但是，加入 Na_2S 会在此溶液中沉淀出 CuS 来，表明上述解离是存在的。如同弱电解质在水溶液中的情形一样，配离子的解离也存在着平衡，即配位平衡，也有相应的平衡常数。上述 $[Cu(NH_3)_4]^{2+}$ 的解离平衡的标准平衡常数表达式为：

$$K_d^\ominus = \frac{c'(Cu^{2+})[c'(NH_3)]^4}{c'([Cu(NH_3)_4]^{2+})}$$

$K_d^\ominus$ 可以表示配离子的不稳定性。对于相同配位数的配离子来说，$K_d^\ominus$ 越大，表示配离子越易解离，即配离子越不稳定。

如同多元弱酸的分级解离一样，配离子的分级解离常数也可以表示如下：

$$[Cu(NH_3)_4]^{2+} \rightleftharpoons [Cu(NH_3)_3]^{2+} + NH_3$$

$$K_{d1}^\ominus = \frac{c'([Cu(NH_3)_3]^{2+})c'(NH_3)}{c'([Cu(NH_3)_4]^{2+})} = 5.0\times10^{-3}$$

$$[Cu(NH_3)_3]^{2+} \rightleftharpoons [Cu(NH_3)_2]^{2+} + NH_3$$

$$K_{d2}^\ominus = \frac{c'([Cu(NH_3)_2]^{2+})c'(NH_3)}{c'([Cu(NH_3)_3]^{2+})} = 9.0\times10^{-4}$$

$$[Cu(NH_3)_2]^{2+} \rightleftharpoons [Cu(NH_3)]^{2+} + NH_3$$

$$K_{d3}^\ominus = \frac{c'([Cu(NH_3)]^{2+})c'(NH_3)}{c'([Cu(NH_3)_2]^{2+})} = 2.1\times10^{-4}$$

$$[Cu(NH_3)]^{2+} \rightleftharpoons Cu^{2+} + NH_3$$

$$K_{d4}^\ominus = \frac{c'(Cu^{2+})c'(NH_3)}{c'([Cu(NH_3)]^{2+})} = 4.9\times10^{-5}$$

很容易推导出：逐级解离常数的乘积等于该配离子的总的解离常数：

$$K_{d1}^\ominus K_{d2}^\ominus K_{d3}^\ominus K_{d4}^\ominus = \frac{c'(Cu^{2+})[c'(NH_3)]^4}{c'([Cu(NH_3)_4]^{2+})} = K_d^\ominus = 4.8\times10^{-14}$$

配离子的稳定性也可以用配离子的标准稳定常数来表示。实际上，在溶液中配离子的生成也是分步进行的。相应于每一步的平衡常数，称为逐级稳定常数，用 $K_{fi}^\ominus$ 表示。如：

$$Cu^{2+} + NH_3 \rightleftharpoons [Cu(NH_3)]^{2+}$$

$$K_{f1}^{\ominus} = \frac{1}{K_{d4}^{\ominus}} = \frac{c'([Cu(NH_3)]^{2+})}{c'(Cu^{2+})c'(NH_3)} = 2.0 \times 10^4$$

$$[Cu(NH_3)]^{2+} + NH_3 \rightleftharpoons [Cu(NH_3)_2]^{2+}$$

$$K_{f2}^{\ominus} = \frac{1}{K_{d3}^{\ominus}} = \frac{c'([Cu(NH_3)_2]^{2+})}{c'([Cu(NH_3)]^{2+})c'(NH_3)} = 4.7 \times 10^3$$

$$[Cu(NH_3)_2]^{2+} + NH_3 \rightleftharpoons [Cu(NH_3)_3]^{2+}$$

$$K_{f3}^{\ominus} = \frac{1}{K_{d2}^{\ominus}} = \frac{c'([Cu(NH_3)_3]^{2+})}{c'([Cu(NH_3)_2]^{2+})c'(NH_3)} = 1.1 \times 10^3$$

$$[Cu(NH_3)_3]^{2+} + NH_3 \rightleftharpoons [Cu(NH_3)_4]^{2+}$$

$$K_{f4}^{\ominus} = \frac{1}{K_{d1}^{\ominus}} = \frac{c'([Cu(NH_3)_4]^{2+})}{c'([Cu(NH_3)_3]^{2+})c'(NH_3)} = 2.0 \times 10^2$$

显然，$K_d^{\ominus}$与$K_f^{\ominus}$互为倒数。逐级稳定常数的乘积等于该配离子的总稳定常数$K_f^{\ominus}$：

$$K_{f1}^{\ominus}K_{f2}^{\ominus}K_{f3}^{\ominus}K_{f4}^{\ominus} = \frac{c'([Cu(NH_3)_4]^{2+})}{c'(Cu^{2+})[c'(NH_3)]^4}$$

$$= K_f^{\ominus} = 2.1 \times 10^{13}$$

$K_f^{\ominus}$值越大，表示该离子在水溶液中越稳定。

3.2.3.3 配位平衡的移动

和所有平衡系统一样，改变配离子平衡时的条件，平衡将发生移动。

(1) 与酸碱平衡的关系——配合物的酸效应

有时改变溶液的酸度，会引起配离子的平衡移动。例如，在银氨溶液中加入酸，酸中的 H^+ 和配离子中的 NH_3 分子结合成更稳定的 NH_4^+，降低了 NH_3 浓度，平衡就向$[Ag(NH_3)_2]^+$解离方向移动：

$$\begin{array}{rcl} [Ag(NH_3)_2]^+ \rightleftharpoons Ag^{2+} + & 2NH_3 \\ & + \\ & 2H^+ \\ & \Updownarrow \\ & 2NH_4^+ \end{array}$$

移动的结果就是配离子被破坏。此反应可以应用到银镜反应后剩余溶液中银氨配离子的消除。因为镀银后的溶液不宜久存，能析出爆炸性很强的沉淀——雷银（AgN_3）。

配位体的碱性越强，溶液的 pH 越小时，配离子越易被破坏。

(2) 与多相离子平衡的关系

向含有 $[Ag(NH_3)_2]^+$ 配离子的溶液中加入 NaBr 溶液，有淡黄色的溴化银沉淀生成。向含有溴化银沉淀的溶液中加硫代硫酸钠溶液，沉淀溶解，转而生成$[Ag(S_2O_3)_2]^{3-}$配离子。

$$
\begin{array}{ccccc}
[Ag(NH_3)_2]^+ \rightleftharpoons & Ag^+ + 2NH_3 & & AgBr(s) \rightleftharpoons & Ag^+ + Br^- \\
& + & & & + \\
NaBr \longrightarrow & Br^- + Na^+ & & Na_2S_2O_3 \longrightarrow & S_2O_3^{2-} + 2Na^+ \\
& \Updownarrow & & & \Updownarrow \\
& AgBr\downarrow & & & [Ag(S_2O_3)_2]^{3-}
\end{array}
$$

向含有$[Ag(S_2O_3)_2]^{3-}$配离子的溶液中加入碘化钠溶液，又会发现有黄色 AgI 沉淀生成。

硫代硫酸钠能溶解溴化银而不能溶解碘化银，这是因为沉淀剂和配位剂在共同争夺金属离子。沉淀剂与金属离子生成的沉淀溶解度越小，争夺金属离子的能力越强，越能使配离子破坏而生成沉淀；配位剂与金属离子生成的配离子越稳定，其配位能力就越强，越易使沉淀溶解。当配离子争夺金属离子的能力大于沉淀剂争夺金属离子的能力，沉淀平衡转化为配位平衡；反之则配位平衡转化为沉淀平衡。

从废定影液中回收银就是应用上述原理。废定影液是冲洗胶卷的废液，在胶片的冲洗加工过程中，除一部分感光的银盐成为银留在胶片上以外，其余未感光的银盐与定影液中的$Na_2S_2O_3$作用生成$[Ag(S_2O_3)_2]^{3-}$而溶解，再用 Na_2S 处理废液使之生成 Ag_2S 沉淀，沉淀再经过处理可以得到纯净的 $AgNO_3$。反应如下：

$$2[Ag(S_2O_3)_2]^{3-} + S^{2-} \longrightarrow Ag_2S\downarrow + 4S_2O_3^{2-}$$

(3) 配合物之间的转化

一般来说，一种配离子可以转化为另一种更稳定的配离子，即平衡向生成更难解离的配离子的方向移动。如$[Ag(NH_3)_2]^+$配离子的 $K_f^\ominus = 1.12\times10^7$，而$[Ag(CN)_2]^-$的 $K_f^\ominus = 1.26\times10^{21}$，显然，下列反应的方向应该是向右进行：

$$[Ag(NH_3)_2]^+ + 2CN^- \longrightarrow [Ag(CN)_2]^- + 2NH_3$$

也可以利用上述反应的平衡常数来判断反应进行的方向。

在化学鉴定中往往可以利用配合物之间的转化来除去干扰离子的影响。如在 Co^{2+} 溶液中，若含有少量的 Fe^{3+}，当加入 NH_4SCN 鉴定时，血红色的$[Fe(SCN)]^{2+}$就会对蓝紫色$[Co(SCN)_4]^{2-}$的鉴定产生干扰。为消除这种干扰，可加入 NH_4F 使 Fe^{3+} 与 F^- 生成更稳定的无色配离子$[FeF_6]^{3-}$，相当于把 Fe^{3+} 掩蔽起来了。这种起掩蔽作用的试剂（如 NH_4F）称为掩蔽剂。

(4) 与氧化还原平衡的关系

金属离子形成配离子后，溶液中金属离子浓度减小，因而改变其氧化还原性。例如，Pb^{4+} 很不稳定，表现在：

$$PbO_2 + 4HCl(浓) \longrightarrow PbCl_2 + Cl_2 + 2H_2O$$

但若与 Cl^- 形成 $[PbCl_6]^{2-}$ 后，就能保持氧化数为+4。

配位反应还能改变氧化还原反应的方向。Fe^{3+} 能氧化 I^-：

$$2Fe^{3+} + 2I^- \rightleftharpoons 2Fe^{2+} + I_2$$

若在溶液中加入 F^-，Fe^{3+} 与 F^- 生成无色 $[FeF_6]^{3-}$ 配离子，使 Fe^{3+} 浓度降低，导致电对

Fe^{3+}/Fe^{2+}的电极电势降低。电极电势越低，氧化态物质的氧化性越弱，则上述平衡左移，结果是氧化还原反应的方向改变了：

$$2Fe^{2+}+I_2+12F^- \rightleftharpoons 2[FeF_6]^{3-}+2I^-$$

反过来，在配位平衡体系中，若加入一种能与中心原子发生氧化还原反应的氧化剂或还原剂，将使配位平衡发生移动，促使配离子解离。如在$[Fe(SCN)_6]^{3-}$溶液中，加入Sn^{2+}，得：

$$\begin{array}{l} 2Fe^{3+}+12SCN^- \rightleftharpoons 2[Fe(SCN)_6]^{3-} \\ \quad + \\ \quad Sn^{2+} \\ \quad \updownarrow \\ 2Fe^{2+}+Sn^{4+} \end{array}$$

则血红色退去，达到下述平衡：

$$2[Fe(SCN)_6]^{3-}+Sn^{2+} \rightleftharpoons 2[Fe(SCN)_6]^{4-}+Sn^{4+}$$

配合物在科学实验和生产实践中应用广泛。在分析化学中，利用配位剂乙二胺四乙酸（简称 EDTA）与大多数金属离子能形成稳定的配合物来进行滴定分析，产生了配位滴定法（又称络合滴定法），能测定多种金属离子的含量。

在电镀工艺中，需要控制金属离子浓度，往往用配合物溶液作电镀液。如镀铜时，焦磷酸钾（$K_4P_2O_7$）与Cu^{2+}生成配离子$[Cu(P_2O_7)_2]^{6-}$形成电镀液，由于$[Cu(P_2O_7)_2]^{6-}$存在下列平衡：

$$[Cu(P_2O_7)_2]^{6-} \rightleftharpoons Cu^{2+}+2P_2O_7^{4-}$$

随着电镀反应的进行，消耗了Cu^{2+}，配离子又解离出Cu^{2+}加以补充，使溶液保持Cu^{2+}在较低的浓度，这样可以得到光滑、均匀、附着力较好的镀层。

在环境保护方面，可以利用生成配合物处理工业废水，使废水中的剧毒物转变为毒性小的配合物。如处理含少量氰化物的废液，可用$FeSO_4$来处理，使之生成毒性小的配合物$Fe_2[Fe(CN)_6]$。

3.3 酸碱理论

人们对酸碱的认识经历了一个漫长的、由浅入深的、由表及里的过程，先后发展了多种酸碱理论，其中比较重要的有瑞典化学家阿仑尼乌斯（Arrhenius）于 1887 年建立的解离理论；1923 年丹麦化学家布朗斯特（Bronsted）和英国化学家劳莱（Lowry）分别提出的酸碱质子理论；1923 年美国物理化学家路易斯（Lewis）提出的酸碱电子理论（又称广义酸碱理论）。

3.3.1 酸碱质子理论

酸碱质子理论认为：凡能给出质子的分子或离子都是酸，即质子给予体，称为质子酸或布朗斯特酸；凡能接受质子的分子或离子都是碱，即质子接受体，称为质子碱或布朗斯特碱。如 HCl、NH_4^+、HCO_3^-、$[Fe(H_2O)_6]^{3+}$ 等都能给出质子，都是酸。

$$HCl \rightleftharpoons H^+ + Cl^-$$

$$NH_4^+ \rightleftharpoons H^+ + NH_3$$

$$HCO_3^- \rightleftharpoons H^+ + CO_3^{2-}$$

$$[Fe(H_2O)_6]^{3+} \rightleftharpoons H^+ + [Fe(OH)(H_2O)_5]^{2+}$$

酸给出质子的过程是可逆的，所以，上述酸给出质子后余下的部分可以接受质子，就是碱，即 Cl^-、NH_3、CO_3^{2-}、$[Fe(OH)(H_2O)_5]^{2+}$ 等都是碱。反之，碱接受质子后即成酸。因此，酸和碱不是孤立的，它们相互依存、相互转化，这种关系称为酸碱的共轭关系。互为共轭关系的一对酸和碱称为共轭酸碱对，即：

$$\text{酸} \rightleftharpoons \text{碱} + \text{质子}$$

$$HAc(\text{酸}) \rightleftharpoons Ac^-(\text{共轭碱}) + H^+$$

$$NH_3(\text{碱}) + H^+ \rightleftharpoons NH_4^+(\text{共轭酸})$$

从上述共轭关系可知，若酸越强，即给出质子能力越强，则其共轭碱接受质子的能力越弱，即共轭碱就越弱；若碱越强，即接受质子能力越强，则其共轭酸就越弱。表 3-3 列出了常见的共轭酸碱对及其强弱顺序。

有些物质既能得到质子又能失去质子，称为两性物质，如 H_2O、$H_2PO_4^-$、HCO_3^- 等。

还需注意，酸碱的强弱除了与物质的本性有关外，还与溶剂的性质有关，若不加以说明，一般认为溶剂是水。

表 3-3 常见的共轭酸碱对及其强弱顺序

酸			碱		
酸性增强（↑）	高氯酸	$HClO_4$	ClO_4^-	高氯酸根离子	碱性增强（↓）
	硫酸	H_2SO_4	HSO_4^-	硫酸氢根离子	
	氢碘酸	HI	I^-	碘离子	
	氢溴酸	HBr	Br^-	溴离子	
	盐酸	HCl	Cl^-	氯离子	
	硝酸	HNO_3	NO_3^-	硝酸根离子	
	水合氢离子	H_3O^+	H_2O	水	
	三氯乙酸	Cl_3CCOOH	Cl_3CCOO^-	三氯乙酸根离子	
	氢硫酸根离子	HSO_4^-	SO_4^{2-}	硫酸根离子	
	磷酸	H_3PO_4	$H_2PO_4^-$	磷酸二氢根离子	
	亚硝酸	HNO_2	NO_2^-	亚硝酸根离子	
	氢氟酸	HF	F^-	氟离子	
	乙酸	CH_3COOH	CH_3COO^-	乙酸根离子	
	碳酸	H_2CO_3	HCO_3^-	碳酸氢根离子	
	氢硫酸	H_2S	HS^-	硫氢根离子	
	铵根离子	NH_4^+	NH_3	氨	
	氢氰酸	HCN	CN^-	氰根离子	
	硫氢根离子	HS^-	S^{2-}	硫离子	
	水	H_2O	OH^-	氢氧根离子	
	氨	NH_3	NH_2^-	氨基负离子	

3.3.2 酸碱反应

酸碱质子理论认为，酸碱反应的实质是两个共轭酸碱对之间质子的传递反应，通式表示为：

$$\text{酸(1)} + \text{碱(2)} \overset{H^+}{\rightleftharpoons} \text{碱(1)} + \text{酸(2)}$$

$$HCl + NH_3 \rightleftharpoons Cl^- + NH_4^+$$

碱（1）是酸（1）的共轭碱，酸（2）是碱（2）的共轭酸。酸碱反应的方向取决于溶液中两种酸释放质子能力的强弱及两种碱得到质子能力的强弱。一般反应是由强酸与强碱向生成弱酸与弱碱的方向进行。上例中，作为酸，HCl 释放质子的能力比 NH_4^+ 强；而作为碱，NH_3 接受质子的能力又比 Cl^- 强，所以，反应右向进行。

根据酸碱质子理论，酸碱解离理论中的酸、碱、盐在水溶液中的离子平衡都是质子传递反应。

溶剂分子之间的质子转移反应，也叫质子自递反应：

$$H_2O + H_2O \overset{H^+}{\rightleftharpoons} H_3O^+ + OH^-$$

常简写为：$H_2O \rightleftharpoons H^+ + OH^-$

酸碱溶质与溶剂分子间的反应，也称酸碱的解离：

$$HF + H_2O \overset{H^+}{\rightleftharpoons} F^- + H_3O^+$$

$$NH_3 + H_2O \rightleftharpoons NH_4^+ + OH^-$$

酸碱中和反应，一般是酸碱解离的逆反应：

$$H^+ + OH^- \overset{H^+}{\rightleftharpoons} H_2O$$

$$NH_3 + HAc \rightleftharpoons NH_4^+ + Ac^-$$

水解反应：

$$H_2O + Ac^- \overset{H^+}{\rightleftharpoons} HAc + OH^-$$

$$NH_4^+ + H_2O \rightleftharpoons NH_3 + H_3O^+$$

在酸碱质子理论中，不存在盐的概念，因为组成盐的离子都可以认为是酸或碱，盐是作为酸的正离子和碱的负离子的矛盾统一体，其酸碱性主要由阴阳离子作为酸碱的强弱来决定。如 NH_4Cl 的水溶液显酸性，是因为 NH_4^+ 的酸性强于 Cl^- 的碱性。

酸碱质子理论不仅适用于水溶液也适用于非水溶液，如液氨与液氨间的反应为非水溶剂体系中的反应：

$$NH_3 + NH_3 \overset{H^+}{\rightleftharpoons} NH_2^- + NH_4^+$$

而且对无溶剂、不解离溶剂中的酸碱反应也能说明。然而酸碱质子理论的基础是质子的转移，它对于那些不含质子的酸碱物质，如酸性 SO_3 和碱性 CaO 等物质参加的酸碱反应就无能为力了。这种局限性促使了酸碱电子对理论的发展，随后又出现了软硬酸碱新概念。

3.4 溶液中多相离子平衡

根据电解质在水中溶解度的不同，可将电解质分为易溶电解质、微溶电解质和难溶电解质。一般将溶解度小于0.01g/100g 水的电解质称为难溶电解质。可见，“难溶”并不意味着绝对不溶，即使最难溶的电解质，在溶液中还是有少量离子存在，因此形成了沉淀-溶解平衡。沉淀-溶解平衡是一种存在于固体和它的溶液中相应离子间的平衡，叫做多相离子平衡。

3.4.1 难溶电解质的溶度积

在一定量的溶剂中加入某难溶电解质，固体表面的溶质分子受水分子溶剂化作用，进入溶液形成水合离子，这是难溶电解质的溶解过程；同时，进入溶液中的离子因热运动又相互碰撞重新结合回到固体表面，这个过程叫做结晶或沉淀。在一定温度下，当溶解速率大于结晶速率时，难溶电解质溶解；反之，当结晶速率大于溶解速率时，表现为沉淀。当溶解速率和沉淀速率相等时，便建立了固体和溶液中离子之间的动态平衡，称为沉淀-溶解平衡，此时溶液呈饱和状态。如将适量的 $BaSO_4$ 溶于水，使之成为饱和溶液，则固体和其离子间就建立了如下平衡：

$$BaSO_4(s) \underset{沉淀}{\overset{溶解}{\rightleftharpoons}} Ba^{2+} + SO_4^{2-}$$

服从化学平衡定律，其平衡常数表达式为：

$$K_{sp}^{\ominus} = \frac{c(Ba^{2+})}{c^{\ominus}} \times \frac{c(SO_4^{2-})}{c^{\ominus}}$$

$K_{sp}^{\ominus}$表示在一定温度下，难溶电解质的饱和溶液中，有关离子相对浓度的乘积为一常数，称为难溶电解质的溶度积常数。简称溶度积，它是表征难溶电解质溶解能力的特征常数。其大小与物质的本性有关，也是温度的函数，但一般温度对于 $K_{sp}^{\ominus}$的影响不是很大。每一种难溶电解质在一定温度下都有自己的溶度积，可见附录 4。

对于能解离出两个或多个相同离子的难溶电解质，如 Ag_2CrO_4，其 $K_{sp}^{\ominus}$表达式中，银离子浓度就应以离子计量系数为幂：

$$Ag_2CrO_4(s) \rightleftharpoons 2Ag^+(aq) + CrO_4{}^{2-}(aq)$$

$$K_{sp,Ag_2CrO_4}^{\ominus} = \left[\frac{c(Ag^+)}{c^{\ominus}}\right]^2 \left[\frac{c(CrO_4^{2-})}{c^{\ominus}}\right]$$

用一般公式来表示：

$$A_nB_m(s) \rightleftharpoons nA^{m+} + mB^{n-}$$

溶度积常数表达式为：

$$K_{sp,A_nB_m}^{\ominus} = \left[\frac{c(A^{m+})}{c^{\ominus}}\right]^n \left[\frac{c(B^{n-})}{c^{\ominus}}\right]^m$$

上式可简写为：

$$K_{sp,A_nB_m}^{\ominus} = [c'(A^{m+})]^n [c'(B^{n-})]^m \tag{3-13}$$

式中，$c'(A^{m+})$、$c'(B^{n-})$分别为 A^{m+} 和 B^{n-} 的相对平衡浓度，是平衡浓度与标准浓度 $c^{\ominus}$

的比值，量纲为 1。

3.4.2 溶度积和溶解度

物质溶解度（s）的定义，是指在一定温度下，物质的饱和溶液的物质的量浓度，单位为 mol/L。溶度积和溶解度都能代表难溶电解质的溶解能力，它们之间可以互相换算。

例3-6 298.15K 时，AgCl 的溶解度为 1.33×10^{-5} mol/L，求 AgCl 的溶度积。

解 由于 AgCl 是难溶强电解质，溶解的部分完全解离，在 AgCl 的饱和溶液中则有：

$$c'(Ag^+)=c'(Cl^-)=1.33\times10^{-5}$$

所以 $K^{\ominus}_{sp,AgCl}=c'(Ag^+)c'(Cl^-)=(1.33\times10^{-5})^2=1.77\times10^{-10}$

例3-7 298.15K 时，Ag_2CrO_4 的 $K^{\ominus}_{sp}=1.1\times10^{-12}$，求 Ag_2CrO_4 在水中的溶解度。

解 设 Ag_2CrO_4 的溶解度为 s，则在 Ag_2CrO_4 饱和溶液中，$c(Ag^+)=2s$，$c(CrO_4^{2-})=s$，则：

$$K^{\ominus}_{sp,Ag_2CrO_4}=[c'(Ag^+)]^2c'(CrO_4^{2-})=\left(\frac{2s}{c^{\ominus}}\right)^2\left(\frac{s}{c^{\ominus}}\right)=1.1\times10^{-12}$$

所以 $s=6.54\times10^{-5}$ mol/L

由上述例子可以看出，AgCl 的溶度积比 Ag_2CrO_4 的溶度积大，但 AgCl 的溶解度却比 Ag_2CrO_4 的溶解度小。因此，对不同类型（如 AgCl 为 AB 型，Ag_2CrO_4 为 A_2B 型）的难溶电解质，不能直接由溶度积来比较溶解度的大小。但对同类型的难溶电解质，溶度积大的溶解度也大，如 AgCl 的溶度积比 AgBr 的大，AgCl 的溶解度也比 AgBr 的大。

3.4.3 溶度积规则及其应用

某难溶电解质在水溶液中，任意情况下，其阴阳离子浓度的乘积（以离子计量系数为幂）称为浓度积，用 J_c 表示。如 Ag_2CrO_4 在水中，一定温度下达到动态平衡时，$K^{\ominus}_{sp,Ag_2CrO_4}=[c'(Ag^+)]^2c'(CrO_4^{2-})$，任意情况下，$J_c=[c'(Ag^+)]^2c'(CrO_4^{2-})$，这里 J_c 具有与 $K^{\ominus}_{sp}$ 相同的表达式，但概念上有区别：一定温度下，$K^{\ominus}_{sp}$ 为一常数而 J_c 的数值不定，可以说 $K^{\ominus}_{sp}$ 是 J_c 中的一个特例。

在任何给定的溶液中，J_c 与 $K^{\ominus}_{sp}$ 间的大小关系有以下三种情况：

① $J_c=K^{\ominus}_{sp}$ 溶液饱和，沉淀和溶解达到动态平衡。

② $J_c<K^{\ominus}_{sp}$ 溶液未饱和，若系统中尚有难溶盐固体存在，固体将溶解直至达到饱和溶液为止。

③ $J_c>K^{\ominus}_{sp}$ 是过饱和溶液，会有新的沉淀析出直至溶液的 $J_c=K^{\ominus}_{sp}$，达到饱和为止。

以上规则称为溶度积规则。溶度积规则有着广泛的应用，它是难溶电解质沉淀-溶解平衡移动规律的总结。在一定温度下，调节难溶电解质溶液中离子的浓度，使溶液中浓度积 J_c 大于或小于溶度积 $K^{\ominus}_{sp}$，就可使难溶电解质产生沉淀或者沉淀溶解。

例3-8 将 25.0mL 0.010mol/L $BaCl_2$ 溶液和 35.0mL 0.010mol/L Na_2SO_4 溶液混合，计算说明有无 $BaSO_4$ 沉淀生成。

解 查附录4 $K^{\ominus}_{sp,BaSO_4}=1.1\times10^{-10}$。

两种溶液混合后，Ba^{2+} 和 SO_4^{2-} 的浓度分别为：

$$c(Ba^{2+})=\frac{0.010mol/L\times25.0\times10^{-3}L}{(25.0+35.0)\times10^{-3}L}=4.2\times10^{-3}mol/L，c'(Ba^{2+})=4.2\times10^{-3}$$

$$c(SO_4^{2-})=\frac{0.010mol/L\times35.0\times10^{-3}L}{(25.0+35.0)\times10^{-3}L}=5.8\times10^{-3}mol/L，c'(SO_4^{2-})=5.8\times10^{-3}$$

$$J_c=c'(Ba^{2+})c'(SO_4^{2-})=4.2\times10^{-3}\times5.8\times10^{-3}=2.4\times10^{-5}>K^{\ominus}_{sp,BaSO_4}$$

根据溶度积规则，上述溶液中有 $BaSO_4$ 沉淀生成。

3.4.4 多相离子平衡移动

3.4.4.1 沉淀平衡中的同离子效应

与酸碱平衡类似，在难溶电解质的饱和溶液中加入含有相同离子的另一种易溶电解质，则难溶电解质的多相离子平衡将发生移动，使难溶电解质的溶解度降低，也称为同离子效应。

例3-9 已知 298K 时 $BaSO_4$ 的 $K^{\ominus}_{sp,BaSO_4}=1.1\times10^{-10}$。计算 $BaSO_4$ 在 0.1mol/L Ba^{2+} 溶液中的溶解度，并将计算出的结果与 $BaSO_4$ 在纯水中的溶解度对比（忽略离子强度的影响）。

解 设 $BaSO_4$ 在纯水中的溶解度为 s^*；在 0.1mol/L Ba^{2+} 溶液中的溶解度为 s，则

$$BaSO_4(s) \underset{沉淀}{\overset{溶解}{\rightleftharpoons}} Ba^{2+} + SO_4^{2-}$$

	Ba^{2+}	SO_4^{2-}
水溶液中平衡浓度	s^*	s^*
0.1mol/LBa^{2+} 溶液中平衡浓度	$s+0.1mol/L$	s

$$K^{\ominus}_{sp,BaSO_4}=c'(Ba^{2+})c'(SO_4^{2-})=\left(\frac{s^*}{c^{\ominus}}\right)^2$$

所以 $s^*=\sqrt{K^{\ominus}_{sp,BaSO_4}}\,c^{\ominus}=1.05\times10^{-5}mol/L$

在 0.1mol/L Ba^{2+} 溶液中，$K^{\ominus}_{sp,BaSO_4}=c'(Ba^{2+})c'(SO_4^{2-})=\frac{(s+0.1mol/L)}{c^{\ominus}}\times\frac{s}{c^{\ominus}}$

因 $s\ll0.1mol/L$，$s+0.1mol/L\approx0.1mol/L$

则
$$K^{\ominus}_{sp,BaSO_4}=\frac{(s+0.1mol/L)\times s}{(c^{\ominus})^2}\approx\frac{0.1mol/L\times s}{(c^{\ominus})^2}$$

$$s=1.1\times10^{-9}mol/L$$

结果表明，Ba^{2+} 浓度增加后，$BaSO_4$ 溶解度大大降低。因为溶液中 Ba^{2+} 浓度增大，使 $c'(Ba^{2+})$ 与 $c'(SO_4^{2-})$ 的乘积大于其溶度积，一部分 Ba^{2+} 与 SO_4^{2-} 结合成 $BaSO_4$ 沉淀，直到 $c'(Ba^{2+})$ 与 $c'(SO_4^{2-})$ 的乘积再次等于 $K^{\ominus}_{sp,BaSO_4}$ 时为止，结果溶液中 $c'(SO_4^{2-})$ 的降低就等于 $BaSO_4$ 的溶解度降低了。

利用同离子效应可以使某种离子的沉淀更趋于完全，沉淀反应达平衡时残留在溶液中的某种离子的浓度会更小。如分析化学中用重量法测定 SO_4^{2-} 含量时，加沉淀剂 Ba^{2+} 使 SO_4^{2-}

沉淀下来，为了降低 $BaSO_4$ 的溶解损失，沉淀剂 Ba^{2+} 往往要过量。一般来说，只要溶液中的某一离子浓度不超过 10^{-5} mol/L，就认为沉淀完全了。

3.4.4.2 盐效应

在难溶电解质的饱和溶液中，加入与沉淀平衡无关的强电解质，使难溶电解质的溶解度比同温度时在纯水中的溶解度增大的现象称为盐效应。如 298K 时，AgCl 沉淀在纯水中的溶解度为 1.33×10^{-5} mol/L，而在 0.010mol/L KNO_3 溶液中，其溶解度增大为 1.43×10^{-5} mol/L。

产生盐效应的实质是难溶电解质中加入强电解质后，溶液中离子浓度增大使离子强度增大，离子间相互作用力增强，难溶电解质所生成的离子间相互接触机会减少，沉淀过程变得困难。

应当注意：当在难溶电解质的饱和溶液中，加入具有相同离子的强电解质时，常会同时出现同离子效应和盐效应。如在室温下，在难溶的 $PbSO_4$ 饱和溶液中，加入不同浓度的 Na_2SO_4 时，$PbSO_4$ 的溶解度变化就可体现出这两种效应的影响，见表 3-4 所列。

表 3-4 $PbSO_4$ 在 Na_2SO_4 溶液中的溶解度

Na_2SO_4 的浓度/(mol/L)	0	0.001	0.01	0.02	0.04	0.100	0.200
$PbSO_4$ 溶解度/($\times10^{-3}$mol/L)	0.15	0.024	0.016	0.014	0.013	0.016	0.019

由表 3-4 可见，当 Na_2SO_4 溶液的浓度较低时，随 Na_2SO_4 浓度增大，$PbSO_4$ 的溶解度下降，此时以同离子效应为主。当 Na_2SO_4 的浓度为 0.04mol/L 时，$PbSO_4$ 沉淀的溶解度最小，此时同离子效应影响最大。此后，再增加 Na_2SO_4 溶液的浓度，盐效应影响程度大于同离子效应，$PbSO_4$ 沉淀的溶解度又重新增大。

3.4.4.3 分步沉淀

若在多种离子共存的混合溶液中，加入某沉淀剂，则可能产生多种沉淀。但因溶液中离子浓度不同，与沉淀剂反应所形成的难溶电解质的溶度积不同，使沉淀的形成出现了先后顺序，这一现象称为分步沉淀。根据溶度积规则，离子积先达到溶度积的先沉淀，或者说产生沉淀所需的沉淀剂量最少的离子最先析出沉淀。

例3-10 在含有等浓度（均为 0.01mol/L）的 I^- 和 Cl^- 的混合溶液中，逐滴加入 $AgNO_3$ 溶液，哪种沉淀先析出？能否将两种离子分开？

解 计算时可以忽略加入 $AgNO_3$ 溶液引起的体积变化。

要沉淀 Cl^- 需要 Ag^+ 的最低浓度为：

$$c'(Ag^+)_{AgCl}=\frac{K^{\ominus}_{sp,AgCl}}{c'(Cl^-)}=\frac{1.77\times10^{-10}}{0.01}=1.77\times10^{-8}，c(Ag^+)_{AgCl}=1.77\times10^{-8}\text{mol/L}$$

要沉淀 I^- 需要 Ag^+ 的最低浓度为：

$$c'(Ag^+)_{AgI}=\frac{K^{\ominus}_{sp,AgI}}{c'(I^-)}=\frac{8.52\times10^{-17}}{0.01}=8.52\times10^{-15}，c(Ag^+)_{AgI}=8.52\times10^{-15}\text{mol/L}$$

因 AgI 开始沉淀时所需要的 Ag^+ 浓度低，故 AgI 先沉淀出来。

当 AgCl 沉淀刚要析出时，溶液中 $c(Ag^+)_{AgCl}=1.77\times10^{-8}$ mol/L，此时溶液中残留的 I^- 浓度为：

$$c'(I^-)=\frac{K^{\ominus}_{sp,AgI}}{c'(Ag^+)}=\frac{8.52\times10^{-17}}{1.77\times10^{-8}}=4.81\times10^{-9}，即\ c(I^-)=4.81\times10^{-9}\text{mol/L}$$

表明溶液中的 I^- 已沉淀得相当完全了。可见，通过逐滴加入 $AgNO_3$ 溶液可以分离 I^- 和 Cl^-。

3.4.4.4 沉淀的溶解

在实际工作中经常需要将难溶物转化成溶液，例如矿样的分析、胶片上 AgBr 的溶解除去等。从理论上说，根据溶度积规则，只要降低难溶电解质饱和溶液中有关离子的浓度，使 $J_c < K_{sp}^{\ominus}$，就能使沉淀-溶解平衡向着沉淀溶解的方向移动。通常采用下列几种方法。

（1）生成弱电解质而溶解

在难溶电解质中加强酸或强碱，使之与难溶物的离子反应，形成可溶性弱电解质，使沉淀溶解平衡向溶解方向移动，导致沉淀溶解。该法适用于溶解难溶的氢氧化物、碳酸盐和硫化物，如 $CaCO_3$、$Fe(OH)_3$、FeS、ZnS 等。

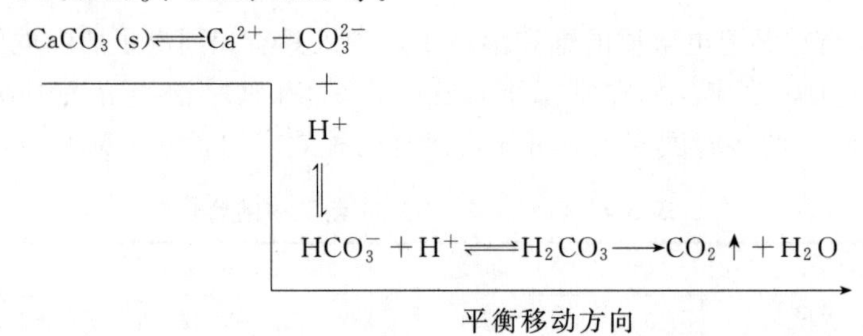

如在含有碳酸钙固体的饱和溶液中加盐酸，H^+ 与 CO_3^{2-} 形成 HCO_3^-，HCO_3^- 与 H^+ 进一步结合成 H_2CO_3。由于 H_2CO_3 极不稳定，分解为 CO_2 和 H_2O，从而降低了溶液中 CO_3^{2-} 浓度，使 $c'(Ca^{2+})c'(CO_3^{2-}) < K_{sp,CaCO_3}^{\ominus}$，多相离子平衡就向沉淀溶解方向移动，结果使 $CaCO_3$ 溶解。

难溶于水的金属氢氧化物均易溶于强酸，这是因为它们与强酸反应生成了弱电解质水的缘故，如：

$$Fe(OH)_3 + 3H_3O^+ \longrightarrow Fe^{3+} + 6H_2O$$

溶度积较大的氢氧化物沉淀，如 $Mn(OH)_2$、$Mg(OH)_2$，在其中加入可溶性铵盐，也可使沉淀溶解。这是因为加入铵盐后，OH^- 与 NH_4^+ 结合生成了弱碱 $NH_3 \cdot H_2O$，促使平衡向沉淀溶解的方向移动。

（2）通过氧化还原反应使沉淀溶解

某些金属硫化物（如 CuS、PbS 等）溶度积很小，即使加入高浓度的非氧化还原性强酸也不能有效地降低 S^{2-} 浓度，但如果加入具有氧化性的硝酸，由于发生氧化还原反应，将 S^{2-} 氧化成单质 S，有效地降低了 S^{2-} 的浓度，使离子积小于浓度积，沉淀溶解。

$$3CuS + 8HNO_3 \longrightarrow 3Cu(NO_3)_2 + 3S\downarrow + 2NO\uparrow + 4H_2O$$

非常难溶的 HgS（$K_{sp}^{\ominus} = 6.44 \times 10^{-53}$），单利用降低 S^{2-} 浓度的方法不足以使 HgS 溶解。要使之溶解，必须使用王水（HCl∶HNO_3 为 3∶1）。

$$3HgS + 12HCl + 2HNO_3 \longrightarrow 3H_2[HgCl_4] + 3S\downarrow + 2NO\uparrow + 4H_2O$$

在上述反应中，一方面，利用 HNO_3 使 S^{2-} 转化为游离硫而降低了 S^{2-} 浓度；另一方面，利用 Cl^- 与 Hg^{2+} 反应转化成 $[HgCl_4]^{2-}$ 配离子，降低了 Hg^{2+} 的浓度，最终使 $c'(Hg^{2+})c'(S^{2-}) < K_{sp,HgS}^{\ominus}$，导致 HgS 溶解。

（3）生成配离子使沉淀溶解

在难溶电解质的饱和溶液中加入一定量的配位剂，使之与难溶电解质中某离子形成配离子，溶液中离子浓度降低，沉淀溶解。例如，AgCl 可溶于氨水中，AgBr 可溶于 $Na_2S_2O_3$ 溶液中，配位剂 NH_3 和 $S_2O_3^{2-}$ 均可与 Ag^+ 配位，使 Ag^+ 浓度降低，平衡向沉淀溶解方向移动。配位反应对沉淀溶解度的影响与配位剂的浓度及形成配合物的稳定性有关。配位剂的浓度越大，形成配合物的稳定性越高，则沉淀溶解度增大越多。

综上所述，溶解沉淀的方法虽然不同，但有共同的规律：凡能有效降低难溶电解质中的有关离子浓度，就可使难溶电解质溶解。

3.4.4.5 沉淀的转化

在实践中，人们常根据需要，在一种多相体系中加入某沉淀剂，使一种沉淀转化为另一种沉淀，这个过程称为沉淀的转化。如锅炉内的锅垢含有 $CaSO_4$，它是一种致密而附着力很强的沉淀，既不溶于水又不易溶于酸，因而难以被消除。如用足够量的 Na_2CO_3 溶液处理，会使 $CaSO_4$($K_{sp}^{\ominus}=4.93\times10^{-5}$)全部转化为疏松的、可溶于酸的 $CaCO_3$($K_{sp}^{\ominus}=3.36\times10^{-9}$)，这样锅垢的清除就容易了。其反应式为：

$$CaSO_4(s)+CO_3^{2-}\longrightarrow CaCO_3(s)+SO_4^{2-}$$

沉淀能否转化及转化的程度，取决于两种沉淀 $K_{sp}^{\ominus}$ 的相对大小。一般 $K_{sp}^{\ominus}$ 大的沉淀容易转化为 $K_{sp}^{\ominus}$ 小的沉淀，而且两者 $K_{sp}^{\ominus}$ 相差越大，则转化越完全。其转化程度可由转化反应的平衡常数来衡量。在上例中，其平衡常数为：

$$K^{\ominus}=\frac{c'(SO_4^{2-})}{c'(CO_3^{2-})}=\frac{K_{sp,CaSO_4}^{\ominus}}{K_{sp,CaCO_3}^{\ominus}}=\frac{4.93\times10^{-5}}{3.36\times10^{-9}}=1.47\times10^{4}$$

平衡常数值很大，因此，反应可以正向进行。

3.5 胶体

自然界中常常可见一种或几种物质以不同大小的颗粒分散在另一物质中构成的分散系统，如食盐分散在水中形成食盐溶液；水滴分散在空气中形成云雾；不同的矿物分散在岩石中形成各种矿石等。被分散的物质叫分散质，起分散作用的物质叫分散介质。分散系统按分散质的颗粒大小，大致可分为三类：粒子直径小于 10^{-9} m 的分散系统称为溶液，如 NaCl 溶液，它们是单相系统；粒子直径大于 10^{-6} m 的分散系统称为粗分散系统，如黏土分散在水中的悬浮液和奶油分散在水中的乳状液；粒子直径在 $10^{-9}\sim10^{-6}$ m 之间的分散系统称为胶体分散系统，简称胶体。最常见的胶体类型是固体分散在液体中，如氢氧化铁、硅酸等胶体，常把这种胶体称为溶胶。

3.5.1 胶体的特性

胶体与溶液都是分散系，具有某些共同的性质，如凝固点下降、产生渗透压等。但由于胶体分散程度较高，而且分散质以一定界面和周围介质分开，形成一个多相系统，因此它具有一些特有的性质。

3.5.1.1 丁铎尔效应——胶体的光学性质

英国物理学家丁铎尔（John Tyndall）发现，将一束经聚集的光线通过胶体溶液，在光束的垂直方向上可观察到一条明亮的光柱，这种现象称为丁铎尔效应。在真溶液中不存在这种效应。

丁铎尔效应的产生是由于胶体粒子对光的散射。当光线射到分散相颗粒上时，可以发生散射或反射。如果分散质颗粒大于入射光波长，光就从粒子的表面上按一定角度反射，因而体系呈现浑浊。如果分散质颗粒小于入射光波长，就发生光的散射，呈现乳光。溶胶中，分散质颗粒大小在1～1000nm范围，而可见光的波长范围为400～700nm，故可见光通过溶胶时将发生散射。如果颗粒太小（小于1nm），光的散射极弱，所以光通过真溶液时基本上是发生透射，没有丁铎尔效应。

3.5.1.2 电泳现象——胶体的电学性质

在外电场影响下，分散相的颗粒在分散介质中的定向移动称为电泳。电泳现象可由实验证明：当在胶体溶液中插入两支电极通电后，可观察到有的胶粒（如硫、硫化物、硅胶溶胶、酸性染料等）向阳极移动，这说明它们带负电；有的胶粒（如氢氧化铁、氢氧化铬、碱性染料等）向阴极移动，说明它们带正电。

在工业上常利用电泳技术分离溶胶。如陶瓷工业中，为除去黏土中的氧化铁杂质，就采用了电泳技术。先将含氧化铁的黏土与水混合成悬浮液，然后插入电极通电，带正电荷的氧化铁粒子向阴极移动，带负电荷的黏土粒子向阳极移动，最后在阳极附近可积聚纯净的黏土，达到了纯化的目的。

3.5.1.3 布朗运动——胶体的动力学性质

1827年英国植物学家布朗（Brown）在观察花粉悬浮液时，首先发现了胶粒在胶体中存在着两种运动形式：一种是胶粒自身的热运动；另一种是胶粒在分散介质中受到的周围分散介质分子的不均匀撞击，而不断改变方向和速率的运动，这两种运动汇成了胶粒的无规则运动状态。这种运动状态称为布朗运动。实验表明，粒子运动的速率取决于粒子的大小、温度以及介质的黏度。在分散系统中，分散质粒子越小，温度越高，运动速率越快，布朗运动就越剧烈；而介质黏度越大，会使布朗运动减弱。胶粒的布朗运动使胶体中的胶粒可不下沉并保持均匀分散，体现出胶体的动力学稳定性。

3.5.2 胶体的结构

胶体的许多性质是与其结构有关的，其核心部分是不溶于水的粒子，称为胶核。胶核是某种物质的分子或原子的聚集体，有很大的比表面（单位体积的物质所具有的表面积），胶核上吸附了大量离子形成紧密层，形成的结构称为胶粒。由于吸附的正、负离子不相等，因此胶粒带电。胶粒周围分散着与胶粒带相反电荷的离子，形成松散的扩散层。胶粒及其扩散层构成胶体的基本结构单元——胶团。如用$AgNO_3$和KI制备AgI溶胶时，$AgNO_3$过量时形成的AgI胶团的结构式可写成：

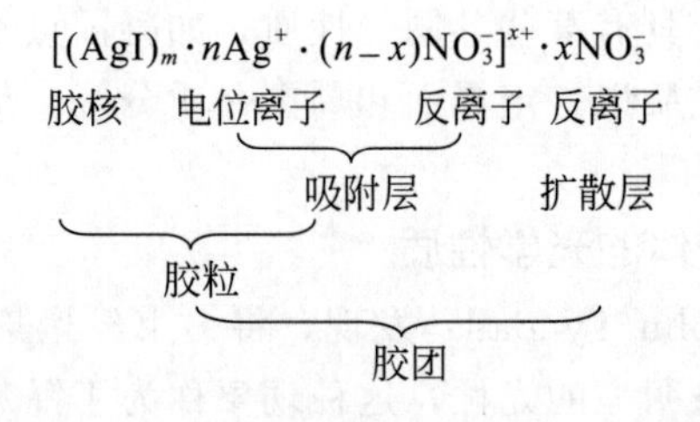

式中，m 为胶核中 AgI 的分子数；n 为胶核吸附的电位离子数，n 比 m 的数值小很多；$(n-x)$为吸附层中的反离子数。m、n、x 都是不定值。由 AgI 胶团结构可以看出，胶粒是带电荷的，但整个胶团是电中性的。在外电场作用下，胶团就在吸附层和扩散层间滑动界面上发生分裂，胶粒向某一电极移动，而扩散层的反离子则向另一电极移动。因此胶团在电场作用下的行为和溶液中电解质很相似。胶粒表面带电是胶体的重要性质，电泳现象则是胶粒表面带电的直接表现。

3.5.3 溶胶的稳定性与聚沉

溶胶是多相高度分散系统，是热力学不稳定系统，迟早会发生聚沉。但它也在一段时间内有相对的稳定性，甚至有的溶胶可以保持数月或数年不发生聚沉，这称为溶胶的动力学稳定性，主要原因是胶粒带有电荷。一般情况下，同种微粒带同号的电荷，因而互相排斥，阻止了它们互相接近，使微粒很难聚集成较大的粒子而沉降。此外，吸附层中的电位离子和反离子都能水化，从而在胶粒周围形成一个水化层，阻止了胶粒之间的聚集，同时在一定程度上也阻止了胶粒和带相反电荷离子相结合，因而溶胶溶液具有一定的稳定性。溶胶溶液中胶粒颗粒很小，布朗运动较强，能够克服重力影响不下沉，从而保持均匀分散，这也构成了溶胶的稳定性。

溶胶的稳定性是相对的，有条件的，只要减弱或消除使它稳定的因素，就能使胶粒聚集成较大的颗粒而沉降，这种沉降过程叫聚沉。

聚沉的主要方法是在溶胶内加入一定量电解质溶液。电解质加入后，增加了溶液中离子的总浓度，从而给带电荷的胶粒创造了吸引带相反电荷离子的有利条件，于是胶粒原来所带的电荷部分地或全部地被中和，从而失去了保持稳定性的主要因素。这时由于布朗运动，粒子相互碰撞结合在一起，迅速地沉降下来。例如，$Fe(OH)_3$胶粒表面吸附了 FeO^+，扩散双电层中的反离子主要是 Cl^-。当溶液中加入其他电解质（如 Na_2SO_4），其阴离子 SO_4^{2-} 也能进入吸附层。这样，吸附层中反离子增多，扩散层中反离子减少，这就减少甚至中和了胶粒所带电的电荷，使它们失去保持稳定的因素。再如，豆浆是蛋白质的负电胶体，在豆浆中加入盐水，则豆浆生成了豆腐。这是由于盐水中的 Na^+、Mg^{2+} 等正离子的加入，破坏了负电胶体的稳定性。

电解质聚沉能力的大小，主要取决于与胶体粒子带相反电荷的离子电荷数。反离子电荷数越高，聚沉能力越大，同电荷离子的聚沉能力则基本相近。聚沉能力也与加入的电解质的浓度有关，浓度越大，对胶体的破坏作用也越强。

在一种溶胶中加入另一种带相反电荷的溶胶，也能引起聚沉。例如用明矾净水，是利用明矾[$KAl(SO_4)_2 \cdot 12H_2O$]在水中水解出带正电的 $Al(OH)_3$胶体来中和带负电的胶体污物（主要是 SiO_2 溶胶）而共同沉降下来。墨水通常是有机染料的溶胶，两种墨水所用染料可能带有不同的电荷，因此，同一支钢笔用两种墨水时，也常会发生聚沉现象。

一些溶胶在加热时也能发生聚沉，这是由于加热增加了胶体的运动速度，因而增加胶粒互相碰撞的机会，同时也降低了胶核对离子的吸附作用，减少了胶粒所带的电荷，因而有利于胶粒在碰撞时聚集起来。

3.5.4 胶体的保护

在有些场合需要增加胶体的稳定性，即保护胶体。如为了保证人体新陈代谢过程的正常进行，要求健康人的血液中含有一定量的以胶体状态存在的钙盐和镁盐，一旦这些盐的溶胶被破坏，出现溶胶聚积，就会形成疾病（如结石症），故需要保护剂以防止溶胶聚积，血液中的蛋白质就可起到保护剂的作用。

在分散系中，加入表面活性剂或高分子化合物，能使分散系更加稳定。这些表面活性剂如肥皂、洗涤剂等吸附在被保护的胶体粒子表面，形成网状和凝胶状结构的吸附层，这种吸附层具有一定的弹性和力学强度，能阻碍胶体粒子的结合和聚沉，因而对胶体具有保护作用。高分子化合物溶解在溶剂中时可得到分散粒子，颗粒大小与胶粒类似，在某些性质上也类似胶体溶液，如有丁铎尔效应和布朗运动。高分子物质在溶液中不带电荷，比胶体稳定得多，分子形状是链状卷曲的线形，极易包住胶粒，使胶粒间无法聚积从而增加胶体的稳定性。

必须注意，使用保护剂时，保护剂用量必须足够，一般要大大超过溶胶粒子的数目，否则反而会引起溶胶聚沉。因为少量的保护剂（如高分子化合物）不但不能将胶粒包裹住，相反起了联结胶粒的作用，使胶粒聚积，这种现象称为保护剂的反化作用。

另外，加入保护剂虽可使胶体相对稳定，但也不可忽略其他诸多因素对胶粒稳定性的影响，故要根据具体情况选择条件。

3.6 表面活性剂

表面活性剂是指具有固定的亲水亲油基团，在溶液的表面能定向排列，并能使表面张力显著下降的物质。本节仅就表面活性剂的分类、作用原理和应用做简要介绍。

3.6.1 表面张力和表面活性剂

密切接触的两相之间的过渡区（大约几个分子层厚度）称为界面，通常有液-气、固-气、固-液、液-液、固-固等界面。一般把与气体接触的界面称为表面，如气-液界面常称为液体表面，气-固界面常称为固体表面。由共价型分子组成的液体，液体表面的分子受到液体内部分子的吸引力比受到上方气体分子吸引力大得多，该分子所受合力不等于零，其合力方向垂直指向液体内部，结果导致液体表面具有自动缩小的趋势，这种收缩力称为表面张力。雨滴、油滴呈球形就是这个原因。

表面张力是物质的特性，其大小与物质的本性有关。常温下，水的表面张力为 72.75×10^{-3}N/m，苯的表面张力为 29.8×10^{-3}N/m，乙醚的表面张力为 17×10^{-3}N/m。

根据各种物质的水溶液（浓度不大时）的表面张力和浓度的关系，可将物质分为三种类型。如图 3-3 所示，第一种类型是表面张力随浓度增加而稍有上升，且大于水的表面张力（如图 3-3 中曲线Ⅰ），属这类物质有无机盐、非挥发性的酸、碱等，如氯化钠、硝酸钾、盐酸、烧碱；第二种类型是表面张力随浓度的增加逐渐下降（如图 3-3 中曲线Ⅱ），属这类物质有低级脂肪酸、醇、醛等，如乙醇、丁醇、乙酸等；第三种类型是表面张力在稀浓度时，随浓度急剧下降，到某一浓度后，溶液浓度增加，表面张力几乎不再发生变化（如图 3-3 中曲线Ⅲ），属这类的物质是具有长链的脂肪酸盐，如硬脂酸钠、油酸钠等。一般来说，凡能降低溶液表面张力的物质称为表面活性物质，但习惯上，只把那些溶入少量就能显著降低溶液表面张力的物质称为表面活性剂。

表面活性分子一般是由易溶于非极性有机溶剂的亲油基（或称憎水基）以及易溶于水或极性溶剂的亲水基（或称疏油基）两部分组成的。它溶于油水混合物后，能吸附在相互排斥的油、水两相界面上，亲水基插入水中，亲油基插入油中，这样使不饱和力场得到某种程度的平衡，从而降低油、水界面的张力（图 3-4）。

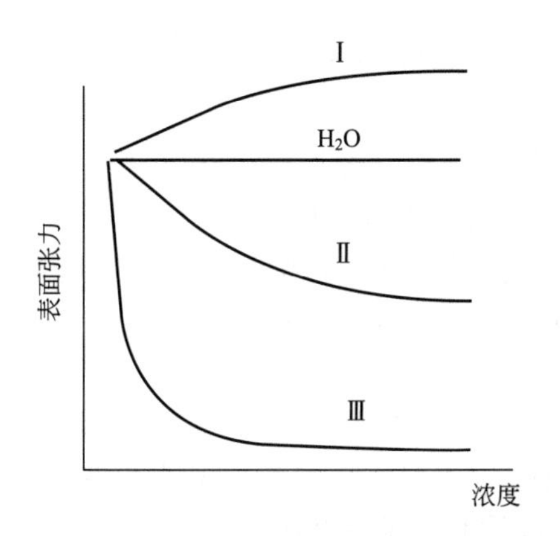

图 3-3　表面张力与浓度关系示意

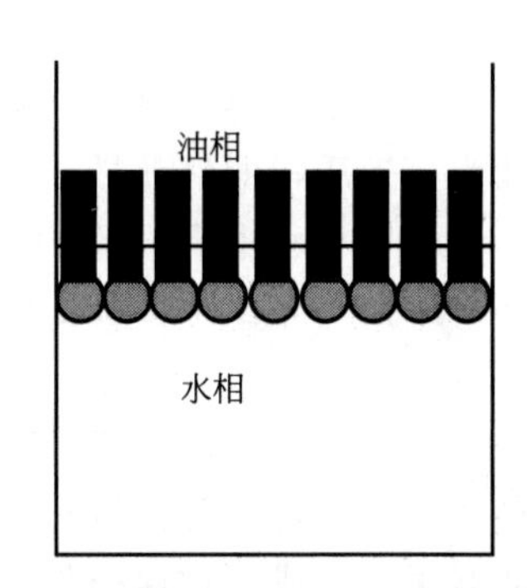

图 3-4　表面活性分子在油水界面上的分布

3.6.2　表面活性剂的种类

表面活性剂通常按亲水基团的化学结构来分类，亲水基团是离子结构的称为离子型；亲水基团是共价结构的称为非离子型。离子型表面活性剂又可分为阳离子型、阴离子型和两性型表面活性剂。

阴离子型表面活性剂在水中解离出简单的阳离子，其余部分则成为带负电的阴离子。由于真正起表面活性作用的是这种具有表面活性的阴离子，故得名，主要是羧酸盐类、烷基磺酸盐类、烷基芳基磺酸盐类、烷基硫酸酯盐类。

阳离子型表面活性剂在水中解离出简单的阴离子，其余部分成为阳离子，一般是氨基盐类和季铵盐类，其分子结构主要部分是一个五价氮原子，所以也称为季铵化合物。其特点是水溶性大，在酸性与碱性溶液中较稳定，具有良好的表面活性作用和杀菌作用。如氯化烷基三甲铵即为阳离子型表面活性剂。

两性型表面活性剂的亲水基团既具有阴离子部分又具有阳离子部分，在水溶液中，按水溶液酸度的变化，可分别呈现阳离子型表面活性剂和阴离子型表面活性剂的特性。常见的两性型表面活性剂十二烷基氨基乙酸内铵盐属甜菜碱型，十二烷基氨基丙酸钠则属氨基酸型。

3.6.3　表面活性剂的作用和应用

3.6.3.1　润湿作用

当水浸湿固体时，只要在水中加入少量表面活性剂就变得极易浸湿，我们把这种表面活性剂的有助于润湿的作用叫做润湿作用。例如，水滴落在玻璃表面会成半球形，但是在水中加入少许表面活性剂，水滴会在玻璃表面扩展开来，玻璃极易被润湿。

在选矿作业中，可以利用表面活性剂的润湿作用或增溶作用进行矿石的浮选，以富集矿石中的有用成分，提高矿石的品质。在喷洒农药消灭病虫害时，在农药中加少量表面活性剂，有助于药液对植物表面的润湿，使喷洒在农作物上的药液能均匀铺展开，提高农药的杀虫效力。在化纤纺织品的印染着色中，也存在如何使染料、颜料等均匀而牢固地与织物基材表面结合的问题，加入适当的表面活性剂可以改善基材表面的润湿性。

3.6.3.2 乳化作用

一种液体以细小液珠形式分散在与它不相混溶的另一种液体中而形成的分散体系称为乳状液，如牛奶、冰激凌、雪花膏、橡胶乳汁、原油等都是乳状液。其组成中的一种液体多半是水。另一种液体是不溶于水的有机化合物，如煤油、苯等，习惯上通称为“油”。若水为分散剂而油为分散质，即油分散在水中，称为水包油型乳状液，以符号 O/W 表示。例如，牛奶就是奶油分散在水中形成的 O/W 型乳液。若水分散在油中，则称为油包水型乳状液，以符号 W/O 表示。例如，新开采出来的含水原油就是细小水珠分散在石油中形成的 W/O 型乳状液。

乳状液系统很不稳定，稍置片刻便可分层。因此，要使乳液易于生成并变得稳定，还需加入第三种物质——乳化剂。最常用的乳化剂是表面活性剂，其主要作用就是能在油-水界面上吸附或富集，形成一种保护膜，阻止液滴互相接近时发生合并。

表面活性剂起乳化作用的范围相当广泛。在纤维工业方面，纺织油剂、柔软整理剂、疏水剂等乳液制品几乎都使用乳化分散剂；在医药方面，为了使油溶性的药品乳化，以及进一步使不溶于水的药品增溶溶解，就常利用乳化分散剂和增溶剂；在食品方面，主要利用天然乳化剂如卵磷脂。有些合成乳化剂如酯类非离子型表面活性剂也被广泛使用。

3.6.3.3 发泡作用

泡沫是气相分散在液相中的分散系统。所谓“泡”就是由液体薄膜包围着的气体。通常，纯液体不能形成稳定的泡沫，要得到稳定的泡沫必须加入起泡剂。起泡剂多数是表面活性剂类的物质，当表面活性剂吸附于气、液表面上，降低裹着气泡的液膜面上的表面张力，使整个体系能量降低，趋于稳定。

泡沫的实际应用很广，如泡沫选矿、泡沫灭火等。

3.6.3.4 洗涤作用

与人们日常生活关系最密切的莫过于表面活性剂的洗涤作用。从肥皂开始，发展到现在的各种各样的合成洗涤剂，它们都是以表面活性剂为主体成分。把织物浸泡在表面活性剂溶液中，马上就会被充分润湿和渗透，通过溶液浸湿织物就易于去污，继而由于污物被表面活性剂剥落，从而乳化分散在液体中。

本章要点

1. 溶液浓度表示方法：

$$\rho_B=\frac{m_B}{V} \quad c_B=\frac{n_B}{V} \quad b_B=\frac{n_B}{m_A} \quad x_B=\frac{n_B}{\sum n_i}$$

2. 稀溶液通性：

$$p_A^* - p_{液} = \Delta p = x_B p_A^* \quad \Delta T_{bp} = K_b b_B$$

$$\Delta T_{fp} = K_f b_B \quad \Pi = \frac{n}{V}RT = cRT$$

3. 弱电解质（AB）的解离常数：

$$K_{AB}^{\ominus} = \frac{c'(A^+)c'(B^-)}{c'(AB)}$$

4. 解离度与稀释定律：

$$解离度(\alpha) = \frac{解离部分弱电解质浓度}{未解离前弱电解质总浓度} \times 100\%$$

$$\alpha = \sqrt{\frac{K_{AB}^{\ominus}}{c'}}$$

5. 一元弱酸、弱碱溶液 H^+、OH^- 浓度的计算：

$$c'(H^+) = \sqrt{K_a^{\ominus} c'}$$

$$c'(OH^-) = \sqrt{K_b^{\ominus} c'}$$

6. 水的离子积：

$$K_W^{\ominus} = c'(H^+)c'(OH^-)$$

7. 二元弱电解质的分级解离：$K_{a1}^{\ominus} \gg K_{a2}^{\ominus}$，忽略二级解离。

8. 同离子效应：在弱电解质溶液中，加入与弱电解质含有相同离子的易溶的强电解质时，可使弱电解质的解离度降低。

9. 缓冲溶液：具有保持 pH 相对稳定作用的溶液称为缓冲溶液。

10. 缓冲溶液 pH 计算公式：$pH = pK_a^{\ominus} - \lg \frac{c_{酸}}{c_{盐}}$

11. 配合物的基本概念：配位个体、配离子、配合物、中心离子、配体、配位数、配位原子。

12. 配合物的命名规律。

13. 配合物的稳定常数和解离常数 $K_f^{\ominus}$ 和 $K_d^{\ominus}$：$K_d^{\ominus}$ 与 $K_f^{\ominus}$ 互为倒数，$K_f^{\ominus}$ 值越大，表示该配离子在水溶液中越稳定。

14. 配位平衡的移动：酸效应、沉淀效应以及配位效应都可以使配位平衡发生移动。移动的方向是生成更稳定物质的方向。

15. 酸碱质子理论：凡能给出质子的分子或离子都是酸；凡能接受质子的分子或离子都是碱。酸碱中和反应的实质是两个共轭酸碱对之间的质子转移。

16. 溶度积 $K_{sp}^{\ominus}$：在一定温度下，难溶电解质的饱和溶液中，有关离子浓度以相应计量系数为幂的乘积为一常数，称为难溶电解质的溶度积常数，简称溶度积。

$$A_nB_m(s) \rightleftharpoons nA^{m+} + mB^{n-}$$

$$K_{sp,A_nB_m}^{\ominus} = [c'(A^{m+})]^n [c'(B^{n-})]^m$$

17. 溶度积和溶解度之间的相互换算：如果是 AB 型，$s = \sqrt{K_{sp}^{\ominus}} c^{\ominus}$。

18. 溶度积规则：

(1) $J_c = K_{sp}^{\ominus}$，平衡态，溶液饱和

（2）$J_c < K_{sp}^{\ominus}$，溶液未饱和，沉淀溶解

（3）$J_c > K_{sp}^{\ominus}$，过饱和溶液，生成沉淀

19. 多相离子平衡移动：沉淀平衡中的同离子效应、盐效应、分步沉淀、沉淀的溶解和转化。

20. 胶体的特性：丁铎尔效应、电泳现象、布朗运动。

21. 胶团的结构：胶核和吸附层组成胶粒，胶粒和外围的扩散层组成胶团，胶粒带电，胶团不带电。

22. 表面活性剂：溶入少量就能显著降低溶液表面张力的物质。

23. 表面活性剂分子的结构：亲油基和亲水基组成。

习　题

1. 何谓沸点、凝固点、饱和蒸气压？其大小受到哪些因素的影响？

2. 溶液蒸气压下降的原因是什么？如何用蒸汽压下降解释解释溶液的沸点上升和凝固点下降？

3. 何谓渗透压？其产生的条件是什么？如何用渗透现象解释盐碱地难以生长农作物？

4. 举出几种沸点上升、凝固点下降的实际应用。

5. 把一块0℃的冰放在0℃的水中和把它放在0℃的盐水中，现象有什么不同？

6. 人的体温是37℃，血液的渗透压是780.2kPa，设血液内的溶质全是非电解质，估计血液的总浓度。

7. 将300g蔗糖（分子量为342）溶于1500mL水中，求此溶液的质量摩尔浓度。

8. 将下列水溶液按蒸汽压增加的顺序排列：

（1）1mol/L $NaCl$　　（2）1mol/L $C_6H_{12}O_6$　　（3）1mol/L H_2SO_4

（4）0.1mol/L CH_3COOH　　（5）0.1mol/L $NaCl$　　（6）0.1mol/L $CaCl_2$

（7）0.1mol/L $C_6H_{12}O_6$

9. 已知某水溶液的凝固点为−1℃，求出下列数据：

（1）溶液的沸点；

（2）20℃时溶液的蒸气压力；

（3）0℃时溶液的渗透压（设 $c_B \approx b_B \rho_A$）。

已知20℃时纯水的蒸气压为2.34kPa。

（100.28℃；2.32kPa；1221kPa）

10. 相同浓度的HCl和HAc溶液的pH是否相同？若用NaOH中和pH相同的HCl和HAc溶液，哪个用量大？为什么？

11. 什么是同离子效应？在HAc溶液中加入下列物质时，HAc的解离平衡将向何方移动？

（1）NaAc　　（2）HCl　　（3）NaOH

12. 根据酸碱的解离常数，当下列溶液皆为0.10mol/L时，确定它们pH由大到小的顺序。

H_2SO_4，HAc，HCN，H_2CO_3，NaOH，氨水

13. 在氢硫酸和盐酸混合溶液中，$c(H^+)$为0.30mol/L，已知$c(H_2S)$为0.10mol/L，求该溶液中的S^{2-}浓度。

(1.1×10^{-19} mol/L)

14. 配制1.00L pH=5.00的缓冲溶液，如果此溶液中HAc浓度为0.20mol/L，需1.00mol/L的HAc和1.00mol/L的NaAc溶液各多少升？

(0.20L；0.36L)

15. 25℃时，在1.0L 0.10mol/L的$NH_3 \cdot H_2O$溶液中，应加入多少克NH_4Cl固体，才能使溶液的pH等于9？

(9.73g)

16. 已知$K^{\ominus}_{a,HCOOH}=1.77\times10^{-4}$，$K^{\ominus}_{a,HAc}=1.74\times10^{-5}$，$K^{\ominus}_{b,NH_3}=1.80\times10^{-5}$

(1) 欲配制pH=3.00的缓冲溶液，选用哪一种缓冲对最好？

(2) 缓冲对的浓度比值为多少？

[(1) 选用HCOOH-HCOONa；(2) 酸与共轭碱的浓度比值为5.6∶1]

17. 根据酸碱质子理论，下列物质在水溶液中哪些是酸？哪些是碱？哪些是两性物质？

H_2S, NH_3, HS^-, CO_3^{2-}, HCO_3^-, NO_3^-, Ac^-, OH^-, H_2O

18. 若要比较难溶电解质溶解度的大小，是否可直接根据它们溶度积的大小进行比较？为什么？举例说明。

19. 什么是溶度积规则？它有什么应用？何谓分步沉淀？何谓沉淀的转化？举例说明其应用。

20. 试用溶度积规则解释下列事实：

(1) $CaCO_3$溶于稀HCl中；

(2) $Mg(OH)_2$溶于NH_4Cl溶液中；

(3) AgCl溶于氨水，加入HNO_3后沉淀又出现；

(4) 往$ZnSO_4$溶液中通入H_2S气体，ZnS往往沉淀不完全，甚至不沉淀。但若往$ZnSO_4$溶液中先加入适量的NaAc，再通入H_2S气体，ZnS几乎沉淀完全。

21. 在多相离子体系中，同离子效应的作用是什么？

22. 已知AgI的$K^{\ominus}_{sp}=8.51\times10^{-17}$，试求其在下列情况下的溶解度：

(1) 纯水中；

(2) 在0.10mol/L KI溶液中。

[(1) 9.2×10^{-9} mol/L；(2) 8.51×10^{-16} mol/L)]

23. 在草酸($H_2C_2O_4$)溶液中加入$CaCl_2$溶液后得到$CaC_2O_4 \cdot H_2O$沉淀，将沉淀过滤后，在滤液中加入氨水后又有$CaC_2O_4 \cdot H_2O$沉淀产生。试从离子平衡的观点加以说明。

24. 已知298.15K时$Mg(OH)_2$的溶度积为5.61×10^{-12}。计算：

(1) $Mg(OH)_2$在纯水中的溶解度(mol/L)、Mg^{2+}及OH^-的浓度；

(2) $Mg(OH)_2$在0.01mol/L NaOH溶液中的溶解度；

(3) $Mg(OH)_2$在0.01mol/L $MgCl_2$溶液中的溶解度。

[(1) 1.12×10^{-4} mol/L，1.12×10^{-4} mol/L，2.24×10^{-4} mol/L；(2) 5.61×10^{-8} mol/L；(3) 1.18×10^{-5} mol/L]

25. 某难溶电解质 AB_2（分子量是 80）常温下在水中的溶解度为每 100mL 溶液含2.4×10^{-4}g AB_2，求 AB_2 的溶度积。

（1.08×10^{-13}）

26. 通过计算说明，下列条件下能否生成 $Mn(OH)_2$ 沉淀？

（1）在 10mL 0.0015mol/L $MnSO_4$ 溶液中，加入 5mL 0.15mol/L 的氨水溶液；

（2）若在上述 10mL 0.0015mol/L $MnSO_4$ 溶液中，先加入 0.495g 硫酸铵固体（设加入固体后溶液体积不变），然后加入 5mL 0.15mol/L 的氨水溶液。

[（1）$J_c=9\times10^{-10}$，能；（2）$J_c=3.2\times10^{-15}$，不能]

27. 某溶液中含有 CrO_4^{2-}，其浓度为 0.010mol/L，逐滴加入 $AgNO_3$ 溶液，如果溶液的 pH 较大，则有可能生成 AgOH 沉淀。问溶液的 pH 最大为多少时不会生成 AgOH 沉淀？

（11.15）

28. 某溶液中含杂质 Fe^{3+} 为 0.01mol/L，试计算 $Fe(OH)_3$ 开始沉淀和沉淀完全时的 pH。$K^{\ominus}_{sp,Fe(OH)_3}=1\times10^{-38.55}$，离子浓度小于 10^{-5}mol/L 时则认为沉淀完全。

（1.8～2.8）

29. 某溶液中含有 Ba^{2+} 和 Ag^{+}，它们的浓度均为 0.10mol/L。若加入 Na_2CrO_4 试剂，试问哪一种离子先沉淀？两者是否可达到完全分离的目的？已知 $K^{\ominus}_{sp,BaCrO_4}=1.17\times10^{-10}$，$K^{\ominus}_{sp,Ag_2CrO_4}=1.12\times10^{-12}$。

（Ag^{+} 先沉淀；不能分离完全）

30. 计算 0.01mol/L H_2CO_3 溶液中的 H_3O^{+}、HCO_3^{-}、CO_3^{2-} 和 OH^{-} 的浓度以及溶液的 pH 值。

（$c_{OH^-}=1.5\times10^{-10}$mol/L，pH=4.19）

31. 试综合比较化学平衡常数 $K^{\ominus}$、$K^{\ominus}_{W}$、$K^{\ominus}_{a}$、$K^{\ominus}_{b}$、$K^{\ominus}_{sp}$之间的异同。

32. 布朗运动对胶体体系的稳定性有什么影响？

33. 为什么说胶体溶液是动力学稳定又是聚结不稳定的体系？

34. 胶粒为何带电？何种情况下带正电？何种情况下带负电？为什么？

35. 破坏溶胶的方法有哪些？其中哪些方法最有效？为什么？

36. 什么叫表面活性剂？按其化学结构表面活性剂可分为哪几类？

37. 表面活性剂的作用有哪些？举例说明其应用。

4 电化学原理及应用

化学反应可以分为两大类：一类是在反应过程中，反应物之间没有电子转移的反应，例如酸碱中和反应、复分解反应和沉淀反应；另一类是在反应过程中，反应物之间有电子转移的氧化还原反应。

电化学是研究化学能与电能之间相互转换的一门科学，这些转换是通过氧化还原反应实现的。根据作用机理可分为两大类。一类是在反应过程中，系统吉布斯自由能减少（$\Delta_r G_m < 0$）的自发反应，即借助原电池可将其化学能转变为电能，利用氧化还原反应产生电流；另一类是反应过程中，系统吉布斯自由能增加（$\Delta_r G_m > 0$）的非自发反应，即借助电解池由外界对系统做电功，在电流作用下发生氧化还原反应，将电能转变成化学能。电化学作为化学的一门重要分支学科，广泛应用于工农业生产、国防建设、人们的日常生活和科学研究等领域：从制造重要的化学工业品（如 NaOH 和 Cl_2），到金属冶炼（如 Al）和精炼（如 Cu，Ni）；从控制金属制件被腐蚀，到用作能源的各种电池等。本章将在介绍氧化还原的基础上介绍电化学：化学反应怎样用来产生电能，电能又怎样用来进行化学反应。

4.1 氧化还原反应

4.1.1 氧化还原与氧化数

4.1.1.1 基本概念

在历史上，氧化还原反应的概念有个演变过程。人们最早把与氧结合的过程叫氧化，例如：

$$2Mg(s) + O_2(g) \longrightarrow 2MgO(s) \tag{4-1}$$

这一直观的定义迄今仍然有用，但覆盖范围显然比较小。金属镁与氯气的反应是：

$$Mg(s) + Cl_2(g) \longrightarrow MgCl_2(s) \tag{4-2}$$

两个反应实质上没有差别，生成的 MgO 和 $MgCl_2$ 都是离子型固体，两个反应中都是 Mg 失去 2 个电子转化为 Mg^{2+}。

$$Mg \longrightarrow Mg^{2+} + 2e^-$$

如果式(4-1) 表示 Mg 的氧化，式(4-2) 当然也表示 Mg 的氧化了，尽管后一反应与氧无关。由此产生了一个新定义：失去电子的过程叫氧化。新定义不但揭示了反应过程的实质，而且扩大了覆盖范围。根据新定义，镁与氟、溴、碘的反应以及其他一些与氧无关的反应都可以是氧化还原反应。

对形成共价分子的氧化过程而言，“失电子”概念受到质疑。例如单质磷与氯之间的反应：

$$2P(s) + 3Cl_2(g) \longrightarrow 2PCl_3(l) \tag{4-3}$$

反应中 P 原子的氧化至少不存在式(4-1) 和式(4-2) 所表示的那种失电子过程。

PCl_3 分子中 P—Cl 键是极性共价键。尽管共用电子对偏向电负性较大的 Cl 原子，而 P 原子并未完全失去对自身价电子的控制。为了让定义也能覆盖这类氧化过程，人们提出氧化数的概念。所谓氧化数是指根据某些人为规定给单质和化合状态原子确定的电荷数。该电荷数是假定把每一化学键中的共用电子指定给电负性更大的原子而求得的。PCl_3 分子中 P 的氧化数为+3，这是由于参与形成共价键的共用电子对偏向于电负性较大的 Cl 原子的结果。PCl_3 分子中的 3 对共用电子划归 Cl 原子后，相当于 P 原子失去了 3 个价电子。由于这种划分是人为的，氧化数+3 并不表示实际电荷数。氧化数定义中的“电荷数”是指形式电荷数。从这种意义上讲，氧化数概念没有确切的物理意义。式(4-3) 中 P 原子的氧化数由 0 增加到+3，这里产生了第三个、也是适用范围最广的一个定义是：氧化数增加的过程叫氧化。

还原是氧化的逆过程，对应的三个定义是：从化合物中除去氧的过程、得电子的过程、氧化数降低的过程叫还原。

4.1.1.2 确定氧化数的规则

确定氧化数时所遵循的一套规则如下。

① 单质的氧化数为零，如单质 O_2 和 S_8 中 O 原子和 S 原子的氧化数均为零。

② 单原子离子的氧化数等于离子所带的电荷，例如 Al^{3+} 的氧化数为+3，表示为 Al(+3)。表示离子电荷时数字在前、正负号继后；表示氧化数时则相反。

③ 除过氧化物（如 H_2O_2）、超氧化物（如 KO_2）和含有 F—O 键的化合物（如 OF_2）外，化合物中 O 原子的氧化数均为−2，例如 H_2O 中的 O 原子。

④ 卤化物中卤素原子的氧化数为−1，如离子型化合物 NaCl 和共价化合物 PCl_3 中 Cl 原子的氧化数均为−1。

⑤ 除二元金属氢化物（如 NaH）外，化合物中 H 原子的氧化数均为+1，如 H_2SO_4 中的 H 原子。

⑥ 电中性化合物中各元素氧化数的代数和等于零；多原子离子中各元素氧化数的代数和等于该离子所带电荷数。

有了前 5 条规则，不难根据第 6 条规则确定未具体指定氧化数的那些元素在化合状态下的氧化数。

例4-1 确定下列化合物中 S 原子的氧化数：

(1) H_2SO_4；(2) $Na_2S_2O_3$；(3) $K_2S_2O_8$；(4) SO_3^{2-}；(5) $S_4O_6^{2-}$。

解 设题给化合物中 S 原子的氧化数依次为 x_1、x_2、x_3、x_4 和 x_5，根据上述有关规则可得：

(1) $2(+1)+1(x_1)+4(-2)=0$　　　　$x_1=+6$

(2) $2(+1)+2(x_2)+3(-2)=0$ $\quad x_2=+2$

(3) $2(+1)+2(x_3)+8(-2)=0$ $\quad x_3=+7$

(4) $1(x_4)+3(-2)=-2$ $\quad x_4=+4$

(5) $4(x_5)+6(-2)=-2$ $\quad x_5=+2.5$

4.1.2 氧化还原反应方程式的配平

包含多物种的氧化还原反应方程式很难目视配平，然而只要按照一定程序操作，为各物种找到合适的化学计量数并不难。应用最广的两种方法是离子-电子法和氧化数法，前者又叫半反应法。

(1) 半反应法

任何氧化还原反应都可看作由两个半反应组成，一个为氧化反应，另一个为还原反应。例如钠与氯气化合生成氯化钠的反应：

$$2Na(s)+Cl_2(g)\longrightarrow 2NaCl(s)$$

两个半反应式为

$$2Na\longrightarrow 2Na^++2e^- \quad (氧化半反应)$$

$$Cl_2+2e^-\longrightarrow 2Cl^- \quad (还原半反应)$$

像任何其他化学反应式一样，离子-电子方程式必须反映化学变化过程的实际。氧化数发生变化的物种只能以实际存在的物种出现在方程式中。例如 NO_3^- 在酸性溶液中被 H_2S 还原的基本反应方程式为：

$$NO_3^-+H_2S\longrightarrow NO+S+H_2O$$

该式的离子-电子方程式只能是：

$$NO_3^-+3e^-\longrightarrow NO$$

$$H_2S\longrightarrow S+2e^-$$

而不能是：

$$N^{5+}+3e^-\longrightarrow N^{2+}$$

$$S^{2-}\longrightarrow S+2e^-$$

像离子方程式一样，离子-电子方程式两端既要保持原子数平衡，也要保持电荷数平衡。用 H_2O 分子和它的组成离子之一配平电荷数与 H、O 原子数目。需要指出的是，平衡电荷时既要考虑离子所带的电荷，也要考虑到电子所带的电荷。上述两个半反应配平结果如下：

$$NO_3^-+4H^++3e^-\longrightarrow NO+2H_2O$$

$$H_2S\longrightarrow S+2H^++2e^-$$

从任何意义上讲，离子-电子方程式都不表示反应机理，千万不要将其与第 2 章讲过的元反应概念相混淆！

半反应法配平的原则如下：

① 反应过程中，氧化剂所得电子总数与还原剂所失电子总数相等。

② 反应前后各元素原子总数相等。

半反应法配平的具体步骤如下：

① 写出未配平的基本反应式(离子反应方程式)。

② 写出未配平两个半反应式。

③ 配平每一个半反应的原子数和电荷数。先使两个半反应中两边相同元素的原子数目相等，再用加减电子法使两边电荷数相等。

④ 如有必要，将两个半反应分别乘以适当系数以确保反应中得失的电子数相等。例如上述两个半反应分别乘以 2 和 3，使反应中得失的电子数均为 6。

$$2NO_3^- + 8H^+ + 6e^- \longrightarrow 2NO + 4H_2O$$

$$3H_2S \longrightarrow 3S + 6H^+ + 6e^-$$

⑤ 两个半反应相加得总反应方程式。例如上述两个半反应相加得：

$$2NO_3^- + 3H_2S + 2H^+ \longrightarrow 3S + 2NO + 4H_2O$$

半反应法配平的关键步骤是第 2 步和第 3 步，只要熟练掌握半反应的书写配平方法，总反应的配平将迎刃而解。

例4-2 利用半反应法配平下列反应方程式。

$$KMnO_4 + K_2SO_3 \xrightarrow{\text{酸性溶液中}} MnSO_4 + K_2SO_4$$

解 ① 写出未配平的离子反应方程式：

$$MnO_4^- + SO_3^{2-} + H^+ \longrightarrow Mn^{2+} + SO_4^{2-} + 2H_2O$$

② 写出未配平两个半反应式：

$$MnO_4^- \longrightarrow Mn^{2+}$$

$$SO_3^{2-} \longrightarrow SO_4^{2-}$$

③ 配平两个半反应的原子数和电荷数。首先使两个半反应中两边相同元素的原子数目相等。在 $MnO_4^- \longrightarrow Mn^{2+}$ 中左边多 4 个氧原子，若加 8 个 H^+，则在右边要加 4 个 H_2O 分子；在 $SO_3^{2-} \longrightarrow SO_4^{2-}$ 中右边多 1 个氧原子，若加 2 个 H^+，则在左边要加 1 个 H_2O 分子。再用加减电子法使两边电荷数相等。

$$MnO_4^- + 8H^+ + 5e^- \longrightarrow Mn^{2+} + 4H_2O$$

$$SO_3^{2-} + H_2O \longrightarrow SO_4^{2-} + 2H^+ + 2e^-$$

④ 根据氧化剂所得电子总数与还原剂所失电子总数相等，用适当系数分别乘以两个半反应方程式。上述两个半反应分别乘以 2 和 5，使反应中得失的电子数均为 10。

$$2MnO_4^- + 16H^+ + 10e^- \longrightarrow 2Mn^{2+} + 8H_2O$$

$$5SO_3^{2-} + 5H_2O \longrightarrow 5SO_4^{2-} + 10H^+ + 10e^-$$

⑤ 两个半反应相加并整理得总反应方程式。

$$2MnO_4^- + 5SO_3^{2-} + 6H^+ \longrightarrow 2Mn^{2+} + 5SO_4^{2-} + 3H_2O$$

在配平半反应时，如果反应物和生成物内所含的氧原子数目不等，可根据介质的酸碱性分别在半反应方程式中加 H^+、OH^- 和 H_2O 使反应式两边的氧原子相等，其经验规则见表 4-1 所列。

需要注意的是，若反应在酸性介质中进行，则生成物中不应有 OH^-；若反应在碱性介质中进行，则生成物中不应有 H^+。

表 4-1 不同介质条件下配平氧原子数的经验规则

介质种类	规　则
酸性介质	多 n 个 O 加 $2n$ 个 H^+，另一边 加 n 个 H_2O
碱性介质	多 n 个 O 加 n 个 H_2O，另一边 加 $2n$ 个 OH^-
中性介质	左边多 n 个 O 加 n 个 H_2O，右边加 $2n$ 个 OH^- 右边多 n 个 O 加 $2n$ 个 H^+，左边加 n 个 H_2O

(2) 氧化数法

氧化数法配平的原则如下：

① 元素氧化数升高的总数等于元素氧化数降低的总数。

② 反应前后各元素原子总数相等。

氧化数法配平的步骤如下：

① 写出未配平的基本反应式，并在涉及氧化还原过程的原子上方标出氧化数。所谓基本反应式，是指只包括与氧化数变化有关的那些物种的反应式。以氯酸与磷作用生成氯化氢和磷酸的反应为例：

$$H\overset{+5}{Cl}O_3 + \overset{0}{P_4} \longrightarrow H\overset{-1}{Cl} + H_3\overset{+5}{P}O_4$$

② 计算相关原子氧化值上升和下降的数值。Cl 原子氧化数下降值为 6[(−1)−(+5)]，4 个 P 原子氧化数上升值为 20{[(+5)−0]×4}。

$$H\overset{+5}{Cl}O_3 + \overset{0}{P_4} \longrightarrow H\overset{-1}{Cl} + H_3\overset{+5}{P}O_4$$

−6

+20

③ 用下降值和上升值分别去除它们的最小公倍数，即得氧化剂和还原剂的化学计量数。本例中最小公倍数为 60，算得氧化剂和还原剂的化学计量数为 10 和 3。

$$H\overset{+5}{Cl}O_3 + \overset{0}{P_4} \longrightarrow H\overset{-1}{Cl} + H_3\overset{+5}{P}O_4$$

−6×10

+20×3

$$10HClO_3 + 3P_4 \longrightarrow 10HCl + 12H_3PO_4$$

④ 用观察法配平还原原子和氧化原子之外的其他原子，在多数情况下是 H 原子和 O 原子。检查上步操作所得方程式两边 H 原子数目，不难发现右边比左边多出 36，这个差额由左边加上 18 个 H_2O 分子补充。

$$10HClO_3 + 3P_4 + 18H_2O = 10HCl + 12H_3PO_4$$

再检查反应方程式两边的 O 原子，以确证反应式已配平。

4.1.3 常见的氧化剂和还原剂

物质的氧化性和还原性与其组成元素的氧化数有关。一般来说，元素氧化数处于最高时，它的氧化数已不能再升高，则该元素的化合物只能作氧化剂；元素氧化数处于最低时，它的氧化数已不能再降低，则该元素的化合物只能作还原剂；元素氧化数处于中间态时，随反应条件不同，其氧化数既可以升高，又可以降低，则该元素的化合物既能作氧化剂，又能作还原剂。例如在 H_2SO_4 中，S 的氧化数已达到它的最高值+6，所以浓 H_2SO_4 只能作氧化剂；而在 H_2S 中 S 的氧化数为−2，达到它的最低值，H_2S 只可能作还原剂。而在 H_2SO_3 中，S 的氧化数+4 处于中间氧化数，因此，当它与 $KMnO_4$ 反应时可以作还原剂，而与 H_2S 反应时又可以作氧化剂。常用的氧化剂、还原剂及其主要生成物列于表 4-2 中。

表 4-2 常用的氧化剂、还原剂及其主要生成物

氧化剂	反应中的主要生成物
F_2(黄、绿色体),Cl_2(淡黄、黄绿色气体)	F^-，Cl^-（无色）
Br_2（红棕色液体）	Br^-（无色）
I_2（黑紫色晶体）	I^-（无色）
浓 HNO_3	NO_2+H_2O（红棕色气体）
稀 HNO_3	$NO+H_2O$（或 N_2O、N_2、NH_3）
H_2SO_4（浓）	SO_2
$K_2Cr_2O_7$橙红色（或 K_2CrO_4黄色）	Cr^{3+}（绿色）
MnO_4^-紫红色（酸性介质中）	$Mn^{2+}+H_2O$（无色或浅肉红色）
MnO_4^-（中性介质中）	MnO_2（棕色沉淀）
MnO_4^-（碱性介质中）	$MnO_4^{2-}+H_2O$（绿色，不稳定）
$KClO_3$	KCl
MnO_2	Mn^{2+}
H_2O_2	H_2O
Fe^{3+}（黄棕色）	Fe^{2+}（浅绿色）
还原剂	**反应中的主要生成物**
金属	金属阳离子
S	SO_2，SO_3^{2-}，SO_4^{2-}
C	CO_2
Sn^{2+}	Sn^{4+}
Fe^{2+}	Fe^{3+}
HCl，HBr，HI	卤素单质
H_2S	S 或 SO_2，SO_4^{2-}
HNO_2	HNO_3
H_2O_2	O_2
CO	CO_2
$C_2O_4^{2-}$（草酸盐）	CO_2+H_2O
SO_3^{2-}	SO_4^{2-}

4.2 电极电势

4.2.1 原电池与氧化还原反应

原电池是利用氧化还原反应将化学能转换成电能的装置。本节介绍如何利用自发进行的氧化还原反应设计成一个原电池。

锌片投入硫酸铜溶液立即发生自发的氧化还原反应：

$$Cu^{2+}+Zn \longrightarrow Zn^{2+}+Cu \qquad (4\text{-}4)$$

随着反应的进行，一方面锌片逐渐溶解，另一方面金属铜不断沉积出来并导致 Cu^{2+} 水溶液的特征蓝色逐渐消失。根据半反应概念可将总反应写成代表氧化过程的氧化半反应(4-5)和代表还原过程的还原半反应（4-6）：

$$Zn \longrightarrow Zn^{2+}+2e^- \qquad (4\text{-}5)$$

$$Cu^{2+}+2e^- \longrightarrow Cu \qquad (4\text{-}6)$$

氧化还原反应是两个半反应之和。半反应中包含了同一元素不同氧化数的两种物质：一种是处于高氧化数，可作为氧化剂的氧化型物质（如 Zn^{2+}、Cu^{2+}）；另一种是处于低氧化

数，可作为还原剂的还原型物质（如 Zn、Cu）。氧化型物质和相应的还原型物质构成氧化还原电对（简称电对），通常用氧化型/还原型来表示。例如上述两个半反应的电对分别表示为 Zn^{2+}/Zn 和 Cu^{2+}/Cu。

半反应是联系氧化还原反应与原电池的一个出发点。将 Zn 片插入 $ZnSO_4$ 的水溶液中，使构成一个叫半电池的装置［相应于半反应式(4-5)］，这种装置又叫电极。铜片插入 $CuSO_4$ 溶液构成与半反应式(4-6) 对应的另一个半电池（即另一个电极），只要两个电极的电势高低不同，用导线连接电极并以盐桥构成回路后，体系中就会有电流流过，从而构成原电池（图 4-1）。图 4-1 装置中，电子经外电路由 Zn 极半电池流向 Cu 极半电池（因为锌比铜活泼），金属与溶液的界面上分别发生了如图所示的氧化反应和还原反应。图中部的倒置 U 形管叫盐桥，管内充满用饱和 KCl 和琼脂制成的冻胶。装置左半部因 Zn^{2+} 进入溶液，使溶液产生了多余的正电荷，而装置右半部则因 Cu^{2+} 的沉积，使溶液积存起多余负电荷，它们分别由盐桥中反向移动的 Cl^- 和 K^+ 所带的负、正电荷所补偿，从而使外电路中的电流得以维持。

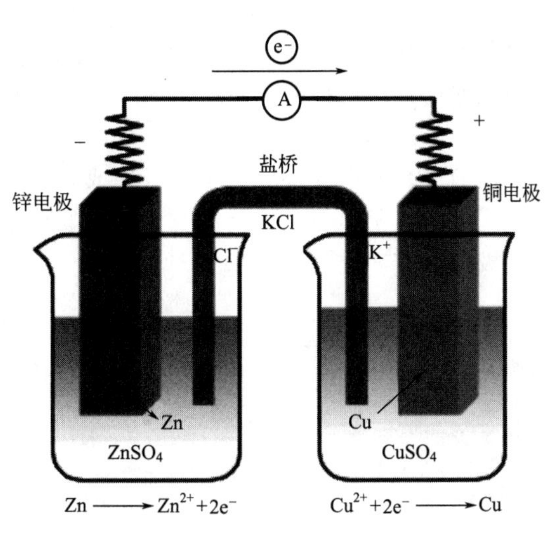

图 4-1 铜锌原电池

简言之，工作状态的原电池可以归纳为下述三个过程。

① 一个电极表面发生氧化反应，另一个电极表面发生还原反应。

② 电子流过外电路。

③ 离子流过电解质溶液。

三个过程必须同时发生，否则回路中将不会产生电流。随着放电过程的进行，金属锌不断溶解，金属铜不断析出，$CuSO_4$ 溶液的特征蓝色逐渐消失，总结果是发生了式(4-4) 的氧化还原反应。与锌片直接投入 $CuSO_4$ 溶液不同的是，这里通过原电池装置将化学能转化为电能。

原电池的装置可用简便的符号来表示，如铜锌原电池可表示为：

$$(-)\,Zn\,|\,ZnSO_4(c_1)\,\|\,CuSO_4(c_2)\,|\,Cu(+)$$

按规定负极写在左边，正极写在右边。“|”表示电极导体与电极溶液的接触界面；“‖”表示盐桥；盐桥两边分别代表两个半电池，作为电池负极的半电池写在双竖直线的左侧，作为电池正极的半电池写在双竖直线的右侧。导体（如 Zn，Cu）总是写在电池符号的两侧。原电池的正、负极是这样规定的：电子流出的一极是负极，在负极发生氧化反应；电子流入的一极是正极，在正极发生还原反应。同时，在电化学中，把发生氧化反应的电极叫阳极；发生还原反应的电极叫阴极。因此原电池的负极和正极分别是阳极和阴极。c_1，c_2 分别表示两种溶液的浓度，当浓度为 1 mol/L，可不用示出。如为气体，则以分压表示。

从理论上说，任何一个自发进行的氧化还原反应都可设计成一个原电池，使该氧化还原反应在原电池中进行。如氧化还原反应

$$Sn^{2+} + 2Fe^{3+} \longrightarrow Sn^{4+} + 2Fe^{2+}$$

负极：氧化反应　$Sn^{2+} \longrightarrow Sn^{4+} + 2e^-$

正极：还原反应　$2Fe^{3+} + 2e^- \longrightarrow 2Fe^{2+}$

此氧化还原反应可设计成如下原电池，电池符号为：

$$(-)\,Pt \mid Sn^{4+}(c_1), Sn^{2+}(c_2) \parallel Fe^{3+}(c_3), Fe^{2+}(c_4) \mid Pt(+)$$

在上述氧化还原反应中，两个半反应的电对分别表示为 Sn^{4+}/Sn^{2+} 和 Fe^{3+}/Fe^{2+}。它们构成原电池的电极时，没有固体导体，需外加惰性电极。惰性电极是一种不参加电极反应的电极。一般选用铂或石墨作为惰性电极。

任何一个原电池都由两个电极构成。不仅金属与它的盐溶液可以构成电极，同一元素两种氧化数的离子、非金属单质及其相应的离子、金属及其难溶盐均可构成电极。构成原电池的电极主要有四类（表 4-3）。

表 4-3　原电池电极类型

电极类型	电极反应	电极符号
金属-金属离子电极	$Zn^{2+} + 2e^- \longrightarrow Zn$	$Zn(s) \mid Zn^{2+}(aq)$
气体-离子电极	$2H^+ + 2e^- \longrightarrow H_2$	$Pt \mid H_2(g) \mid H^+(aq)$
金属-金属难溶盐电极	$AgCl + e^- \longrightarrow Ag + Cl^-$	$Ag \mid AgCl(s) \mid Cl^-(aq)$
金属离子电极	$Fe^{3+} + e^- \longrightarrow Fe^{2+}$	$Pt \mid Fe^{3+}(c_1), Fe^{2+}(c_2)$

4.2.2　电极电势

原电池能产生电流，说明两电极之间存在电势差，即构成原电池的两个电极的电势是不相等的，而且正极的电势较负极的电势高。那么电极电势是如何产生的呢？

以金属-金属离子电极为例。现代理论认为，金属晶体是由金属原子、金属阳离子和自由电子组成的统一体。当金属片插入其盐溶液中时，有两个过程同时发生：一方面，由于极性很大的水分子对金属正离子的吸引，使金属正离子可以离开金属表面，并以水合离子的状态进入溶液。金属正离子进入溶液后，将剩余的电子留在金属片上而使其带负电。此即金属的溶解过程；另一方面，盐溶液中的金属离子 $M^{n+}(aq)$ 可与金属表面上的自由电子结合而形成金属原子沉积在金属表面上，这时金属片表面由于自由电子的缺乏而带正电。此即金属离子的沉积过程。上述过程可用下式表示：

$$M(s) \underset{\text{沉积}}{\overset{\text{溶解}}{\rightleftharpoons}} M^{n+}(aq) + ne^- \quad (\text{电极上})$$

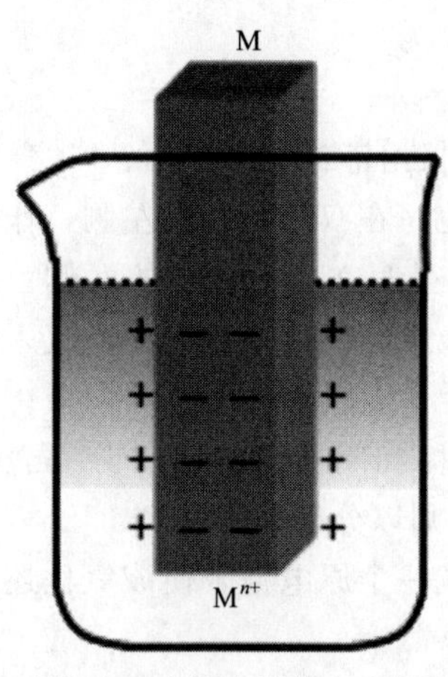

图 4-2　金属表面的双电层

在一定的温度下，溶解和沉积两个过程进行程度大小，与金属活泼性、溶液中金属离子浓度等因素有关。

金属越活泼，盐溶液的浓度越小，有利于溶解过程的进行，金属离子进入溶液的速率大于沉积速率，当溶解与沉积达到动态平衡时，金属带负电，溶液带正电。由于异电相吸，金属离子 M^{n+} 聚集在金属片表面附近与金属片表面的负电荷形成双电层，如图 4-2 所示。这时在金属片和盐溶液之间产生了一定的电势差。金属与其盐溶液界面上的电势差称为金属的电极电势。由于离子存在着运动，带有相反电荷的粒子并不完全集中在金属表面，与金属连接得较紧密的一层称为紧密层，其余扩散到溶液中去的称为扩散层。整个双电层由紧密层和扩散层构成，双电层的厚度与溶液的浓度、金属表面的电荷及温度等因素有关，其变动范围通常在 $10^{-10} \sim 10^{-6}$ m。

反之，金属越不活泼，盐溶液的浓度愈大，有利于沉积过程的进行，金属离子沉积的速率大于金属离子离开金属表面进入溶液的速率。达到平衡时，在金属与溶液的界面上也形成了双电层，但这时金属带正电而溶液带负电。

在铜锌原电池中，若 Zn^{2+}、Cu^{2+} 的浓度均为 1 mol/L，金属 Zn 片与 $ZnSO_4$ 溶液形成的双电层时，Zn 片上带负电荷；金属 Cu 片与 $CuSO_4$ 溶液形成的双电层时，Cu 片上带正电荷，一旦用导线将两电极相连，电子就自锌极移向铜极。随着电子的移动，电极反应的平衡被破坏了，它促使锌极继续氧化提供电子，铜极接受电子继续发生还原反应。在整个过程中，电池的内电路则由盐桥连通。

综上所述，金属的电极电势值主要取决于金属失电子的倾向，即还原能力的大小，并受溶液中其离子浓度的影响。整个过程伴随有能量的变化，所以温度也是影响平衡的因素之一。

4.2.3 标准电极电势

至今，电极电势的绝对值尚无法测出，通常解决的方法是选择一个已知电极电势的电极作为参比电极，然后把待测电极与参比电极构成原电池，测定该原电池的电动势，就可以求出待测电极的电极电势。

目前国际上选用标准氢电极作为标准参比电极，并将其电极电势值规定为零。其电极符号为：

$$Pt|H_2[p(H_2)=100\,kPa]|H^+[a(H^+)=1mol/L]$$

常用的标准氢电极如图 4-3 所示。它是将镀有一层疏松铂黑的铂片插入 H^+ 浓度为 1mol/L［实际上是溶液中 H^+ 的有效浓度，即 H^+ 的活度值 $a(H^+)$ 为 1mol/L］的酸溶液中，并不断通入压力为 100kPa 的高纯氢气流。这时溶液中的氢离子与被铂黑吸附的氢气建立起平衡：

$$2H^+ + 2e^- \rightleftharpoons H_2$$

H_2 和 H^+ 在界面形成双电层，此双电层的电势差就称为氢的标准电极电势。人为规定在任何温度下，标准氢电极的电极电势为零，即：

$$E^{\ominus}_{H^+/H_2} = 0.0000V$$

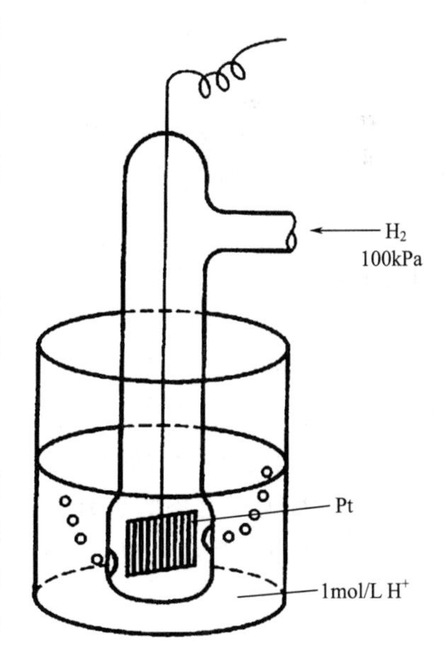

图 4-3 标准氢电极结构

在实际测定中，由于标准氢电极的制备与操作均较困难，使用极不方便，常用甘汞电极作参比电极。甘汞电极稳定性好，使用方便。它是由汞、汞和甘汞混合研磨成的糊状物（甘汞糊）及饱和 KCl 溶液所组成，并以铂丝为电极导体，如图 4-4 所示。其电极符号为：

$$Hg(l)|Hg_2Cl_2(s)|Cl^-(c)$$

电极反应为：

$$Hg_2Cl_2 + 2e^- \rightleftharpoons 2Hg(l) + 2Cl^-$$

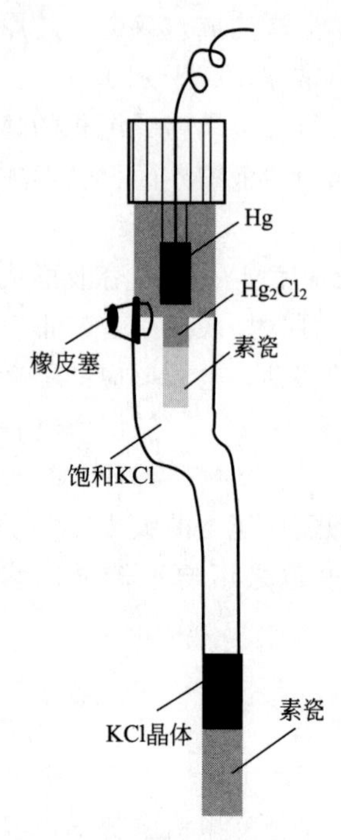

图 4-4 饱和甘汞电极

由于甘汞电极中 KCl 溶液浓度通常有饱和溶液、1mol/L 溶液和 0.1mol/L 溶液，它们在 298.15K 时的电极电势分别为 0.2412V、0.2801V 和 0.3337V。由饱和 KCl 组成的甘汞电极，称为饱和甘汞电极。

欲确定某电极（电对）的电极电势，可把该电极和标准氢电极组成一原电池，测定此原电池的电动势，即可求该电极的电极电势，以符号 E 表示。因此，某电对的电极电势是指其相对于标准氢电极的电极电势而得到的一个相对值。

当欲测电极呈标准状态，即溶液中离子浓度为 1mol/L 或气体压力为 100kPa 时，得到的电极电势为标准电极电势 $E^{\ominus}$。如欲测铜电极的标准电极电势，根据电流方向知铜电极为正极，氢电极为负极，则组成的原电池表示为：

$$(-)\text{Pt} \mid \text{H}_2[p(\text{H}_2)=100\text{kPa}] \mid \text{H}^+(1\text{mol/L}) \parallel \text{CuSO}_4(1\text{mol/L}) \mid \text{Cu}(+)$$

此时，原电池的电动势就等于铜电极的标准电极电势 $E^{\ominus}_{Cu^{2+}/Cu}=0.3419V$。若测定锌电极的标准电极电势，根据电流方向知锌电极为负极，氢电极为正极，则组成的原电池表示为：

$$(-)\text{Zn} \mid \text{ZnSO}_4(1\text{mol/L}) \parallel \text{H}^+(1\text{mol/L}) \mid \text{H}_2[p(\text{H}_2)=100\text{kPa}] \mid \text{Pt}(+)$$

此时，锌电极的标准电极电势 $E^{\ominus}_{Zn^{2+}/Zn}=E^{\ominus}_{H^+/H_2}-E^{\ominus}=-0.7618V$，其中 $E^{\ominus}$ 为原电池的标准电动势。

如此测定各种电极的标准电极电势，可得标准电极电势表。附录 5 列出了一些氧化还原电对在酸性或碱性条件下的标准电极电势数据，它们是按照电极电势由低到高的顺序排列。为了正确使用标准电极电势表，需要说明几点。

① 对应于每一电对，电极反应都以还原反应的形式统一写出：

$$\text{氧化态}+n\text{e}^- \rightleftharpoons \text{还原态}$$

② 各种电对按电极电势由负到正的顺序排列的。排在 H^+/H_2 上方的，$E^{\ominus}$ 为负值；排在 H^+/H_2 下方的，$E^{\ominus}$ 为正值。

③ 标准电极电势 $E^{\ominus}$ 值的大小，反映了电对的氧化态与还原态的氧化还原能力或倾向。即表中自上而下，氧化态物质得电子倾向增加，而还原态物质失电子倾向减弱。

④ 每个电对 $E^{\ominus}$ 值的正、负号不随电极反应进行的方向而改变。例如在不同场合下，锌电极可以进行氧化反应 $Zn \rightleftharpoons Zn^{2+}+2e^-$，也可以进行还原反应 $Zn^{2+}+2e^- \rightleftharpoons Zn$，但是在 298.15K 时它的 $E^{\ominus}$ 总是 $-0.7618V$。因为 $E^{\ominus}$ 值是在标准状态下，电对的氧化态和还原态处在动态平衡时的平衡电势。

⑤ 标准电极电势值与氧化还原电对的本性有关，而与发生电极反应的物质的量无关。因此，若将电极反应乘以某系数，其 $E^{\ominus}$ 不变。例如：

$$Cl_2+2e^- \rightleftharpoons 2Cl^-$$

或

$$\frac{1}{2}Cl_2+e^- \rightleftharpoons Cl^-$$

都是 $E^{\ominus}_{Cl_2/Cl^-}=1.3583V$。

4.2.4 能斯特方程

电极电势的大小主要取决于电对的本性，并受温度和浓度（或气体的压力）等实验条件的影响。由于电极反应一般是在室温下进行，所以浓度（或气体的压力）是影响电极电势的重要因素。

浓度或气体的压力对电极电势的影响可由能斯特（W. Nernst）方程表示。

对任一给定电极，其电极反应通式为：

$$a(\text{氧化态})+n\mathrm{e}^- \rightleftharpoons b(\text{还原态})$$

则

$$E=E^{\ominus}+\frac{RT}{nF}\ln\frac{[c(\text{氧化态})/c^{\ominus}]^a}{[c(\text{还原态})/c^{\ominus}]^b}$$

由于 $c^{\ominus}=1\text{mol/L}$，若不考虑对数项中的单位，则上式可简写为：

$$E=E^{\ominus}+\frac{RT}{nF}\ln\frac{[c'(\text{氧化态})]^a}{[c'(\text{还原态})]^b} \tag{4-7}$$

这个关系式叫能斯特方程。式中，n 为电极反应中转移的电子数；$R=8.314\text{J/(mol·K)}$；F 为法拉第常数，其值为 96485C/mol；c'(氧化态)和 c'(还原态)分别表示氧化态物质和还原态物质的相对浓度；a，b 分别表示电极反应式中氧化态、还原态物质前面的系数。

若温度为 298.15K，并将自然对数变换为以 10 为底的对数，代入 R 和 F 等常量的数值，则能斯特方程可写为：

$$E=E^{\ominus}+\frac{2.303\times 8.314\text{J/(mol·K)}\times 298.15\text{K}}{n\times 96485\text{C/mol}}\lg\frac{[c'(\text{氧化态})]^a}{[c'(\text{还原态})]^b}$$

$$E=E^{\ominus}+\frac{0.05917}{n}\text{V}\lg\frac{[c'(\text{氧化态})]^a}{[c'(\text{还原态})]^b} \tag{4-8}$$

式中，E 为电对在某一浓度下的电极电势。

应用能斯特方程应注意以下几点。

① 氧化态、还原态物质的相对浓度项应以电极反应中对应物质的系数为指数。

② 参与氧化还原电极反应的某一物质若是固体或纯液体（如液态 Br_2、纯 H_2O），则它们的浓度可视为 1 而不列入方程式中；若是气体则用相对分压表示。例如：

$$Zn^{2+}+2e^- \rightleftharpoons Zn$$

$$E_{Zn^{2+}/Zn}=E^{\ominus}_{Zn^{2+}/Zn}+\frac{0.05917}{2}\text{V}\lg c'(Zn^{2+})$$

$$Br_2+2e^- \rightleftharpoons 2Br^-$$

$$E_{Br_2/Br^-}=E^{\ominus}_{Br_2/Br^-}+\frac{0.05917}{2}\text{V}\lg\frac{1}{[c'(Br^-)]^2}$$

$$2H^+ +2e^- \rightleftharpoons H_2$$

$$E_{H^+/H_2}=E^{\ominus}_{H^+/H_2}+\frac{0.05917}{2}\text{V}\lg\frac{[c'(H^+)]^2}{p(H_2)/p^{\ominus}}$$

③ 在电极反应中，若有 H^+ 或 OH^- 参加反应，其浓度及电极反应式中的系数也应写入能斯特方程式中。

例4-3 计算 298.15K，Zn^{2+} 浓度为 0.001mol/L 时的锌电极的电极电势。

解 已知 $Zn^{2+}+2e^- \rightleftharpoons Zn$ $E^{\ominus}_{Zn^{2+}/Zn}=-0.7618V$

当 $c(Zn^{2+})=0.001mol/L$，298.15K 时锌电极的电极电势为：

$$E_{Zn^{2+}/Zn}=E^{\ominus}_{Zn^{2+}/Zn}+\frac{0.05917}{2}V\lg c'(Zn^{2+})$$

$$=-0.7618V+\frac{0.05917}{2}V\lg 0.001$$

$$=-0.851V$$

例4-4 已知 $O_2(g)+4H^++4e^- \rightleftharpoons 2H_2O$，$E^{\ominus}_{O_2/H_2O}=1.229V$

H^+ 浓度为 $1.0\times10^{-7}mol/L$，$p(O_2)=100kPa$ 时，计算 298.15K 时，电对 O_2/H_2O 的电极电势。

解 已知 $O_2(g)+4H^++4e^- \rightleftharpoons 2H_2O$

$E^{\ominus}_{O_2/H_2O}=1.229\ V$

当 $c(H^+)=1\times10^{-7}mol/L$，$p(O_2)=100kPa$，298.15K 时电对 O_2/H_2O 的电极电势为：

$$E_{O_2/H_2O}=E^{\ominus}_{O_2/H_2O}+\frac{0.059}{4}V\lg\{[p(O_2)/p^{\ominus}][c(H^+)/c^{\ominus}]^4\}$$

$$=1.229V+\frac{0.059}{4}V\lg(1.0\times10^{-7})^4$$

$$=0.816V$$

计算表明，溶液的酸度降低，E_{O_2/H_2O} 减小，O_2 的氧化能力随酸度的降低而降低。所以 O_2 在酸性溶液中氧化能力强，而在中性、碱性溶液中氧化能力减弱。

例4-5 298.15K 时，用 $KMnO_4$ 作氧化剂，当 MnO_4^-、Mn^{2+} 浓度皆为 1mol/L，pH=5 时，电对 MnO_4^-/Mn^{2+} 的电极电势为多少。

解 已知 $MnO_4^-+8H^++5e^- \rightleftharpoons Mn^{2+}+4H_2O$

$$E^{\ominus}_{MnO_4^-/Mn^{2+}}=1.507V$$

$$c(MnO_4^-)=c(Mn^{2+})=1mol/L，c(H^+)=10^{-5}mol/L$$

则 298.15K 电对 MnO_4^-/Mn^{2+} 的电极电势为：

$$E_{MnO_4^-/Mn^{2+}}=E^{\ominus}_{MnO_4^-/Mn^{2+}}+\frac{0.05917}{n}V\lg\frac{c'(MnO_4^-)[c'(H^+)]^8}{c'(Mn^{2+})}$$

$$=1.507V+\frac{0.05917}{5}V\lg(10^{-5})^8$$

$$=1.034V$$

计算表明：溶液的酸度降低，$E_{MnO_4^-/Mn^{2+}}$ 值减小，即 MnO_4^- 的氧化能力降低。

除了酸度对某些电对的电极电势有影响之外，凡是能引起溶液中离子浓度改变的因素，如生成沉淀、配离子等都会对电极电势产生影响。

上述内容可做如下归纳。

① 当系统的温度一定时，离子浓度对电极电势有影响，但影响一般不大。如例 4-3 中当金属离子浓度减小到原来 10^{-3} 时，电极电势改变不到 0.1。

② 溶液的酸碱性对电极电势的影响显著。

③ 当氧化态物质的浓度增大或还原态物质的浓度减少时，电极电势值增大，则氧化态物质的氧化能力增强；当氧化态物质的浓度减少或还原态物质的浓度增加时，电极电势的值

减小，则还原态物质的还原能力增强。

4.2.5 电池电动势与反应吉布斯自由能变的关系

原电池可以产生电能，电能可以做功。电池做了功，其吉布斯函数减少。在定温定压下，原电池所能做的最大电功 $W_{电}$ 等于电池反应吉布斯自由能的减少，而电功等于电量 Q 乘以电池电动势 E，即

$$W_{电}=-QE=-n\xi FE$$

式中，F 为法拉第常数，其值为 96485C/mol，即 1mol 电子所带的电量；n 为电池反应中当反应进度 ξ 为 1mol 时转移的电子数；ξ 为反应进度，所以有：

$$W_{电}=-QE=-n\xi FE=\Delta_r G$$

将上式两边除以反应进度 ξ，则得：

$$\Delta_r G_m=-nFE \tag{4-9}$$

当原电池处于标准状态时，原电池的电动势就是标准电动势 $E^{\ominus}$，相应的吉布斯自由能变就为标准吉布斯自由能变 $\Delta_r G_m^{\ominus}$，则有：

$$\Delta_r G_m^{\ominus}=-nFE^{\ominus} \tag{4-10}$$

4.2.6 氧化还原反应中的化学平衡

热力学指出，化学反应的标准吉布斯自由能变与标准平衡常数的关系为：

$$\Delta_r G_m^{\ominus}=-2.303RT\lg K^{\ominus}$$

由式(4-10) 可知，在标准状态下，原电池反应（或相应的氧化还原反应）的 $\Delta_r G_m^{\ominus}=-nFE^{\ominus}$，代入上式可得：

$$-2.303RT\lg K^{\ominus}=-nFE^{\ominus}$$

或

$$\lg K^{\ominus}=\frac{nFE^{\ominus}}{2.303RT} \tag{4-11}$$

在 298.15K 时，代入 R 和 F 等常量的数值，可得：

$$\lg K^{\ominus}=\frac{nE^{\ominus}}{0.05917}=\frac{n(E_+^{\ominus}-E_-^{\ominus})}{0.05917} \tag{4-12}$$

此即为原电池标准电动势与电池反应标准平衡常数之间的关系。式中，n 为电池反应转移的电子数；标准平衡常数 $K^{\ominus}$ 与物质的浓度无关，与温度、反应中转移的电子数 n 及 $E^{\ominus}$ 有关。该式表明：温度一定时，$E^{\ominus}$ 越大，$K^{\ominus}$ 值亦越大，表示该氧化还原反应进行得越完全，或反应进行的程度就越大；反之，反应进行的程度就小。

4.3 电极电势的应用

电极电势是电化学中很重要的概念，可以解释各种电化学现象。除用以计算系统对环境所做的功、原电池的电动势及相应氧化还原反应的吉布斯自由能变以外，还可以比较氧化剂和还原剂的相对强弱，判断氧化还原反应进行的方向和程度等。

4.3.1 计算原电池的电动势及电极的电极电势

任何一个原电池的电动势等于组成电池的两电极的电极电势之差。从原电池的介绍已经知道，E 代数值较小的极作负极，E 代数值较大的极作正极，则有：

原电池电动势(E)＝正极电极电势(E_+)－负极电极电势(E_-)

原电池标准电动势($E^{\ominus}$)＝正极标准电极电势（$E_+^{\ominus}$）－负极标准电极电势（$E_-^{\ominus}$）

利用上两式可以计算原电池的电动势，也可以利用原电池电动势及电池的一个电极的电极电势，计算另一电极的电极电势。

例4-6 计算在 298.15K 时，下列原电池的电动势。

$$(-)Zn|Zn^{2+}(0.001mol/L)\|Zn^{2+}(1mol/L)|Zn(+)$$

解 该原电池的正、负极均由 Zn^{2+}/Zn 电对组成，这种电极相同，只是电解质溶液的浓度不同组成的原电池称为浓差电池。

正极电极电势： $E^{\ominus}_{Zn^{2+}/Zn}=-0.762V$

负极电极电势：例 4-3 计算得知，当 $c(Zn^{2+})=0.001mol/L$ 时，$E_{Zn^{2+}/Zn}=-0.851V$

故该浓差电池的电动势为：

$$E=E_+-E_-=-0.762V-(-0.851)V=0.089V。$$

例4-7 实验测得原电池 $(-)Pt|H_2|H^+(c_1)\|KCl(饱和)|Hg_2Cl_2|Hg(+)$ 电动势为 0.5465V，计算氢电极的电极电势及氢电极中的氢离子浓度 c（H^+）。已知饱和甘汞电极的电极电势为 0.2412V，$p(H_2)$ ＝100kPa 。

解 正极：$E_+=E_{Hg_2Cl_2/Hg}=0.2412\ V$

负极：$2H^++2e^-\rightleftharpoons H_2$

$$E_{H^+/H_2}=E^{\ominus}_{H^+/H_2}+\frac{0.05917}{2}V\lg\frac{[c'(H^+)]^2}{p(H_2)/p^{\ominus}}$$

$$=0+0.05917V\lg c'(H^+)$$

$$=0.05917V\lg c'(H^+)$$

由 $E=E_+-E_-$ 得：

$$E_-=E_{H^+/H_2}=E_+-E=0.2412V-0.5465V=-0.3053V$$

所以：

$$E_{H^+/H_2}=0.05917V\lg c'(H^+)=-0.3053V$$

$$\lg c'(H^+)=\frac{-0.3053V}{0.05917V}=-5.16$$

$$c(H^+)=6.92\times10^{-6}mol/L$$

利用上述原理，根据测定电动势即可求氢电极中的 $c(H^+)$或用式(4-13) 计算 pH：

$$pH=\frac{E-0.2412V}{0.05917V} \tag{4-13}$$

根据这一原理设计的仪器称为 pH 计，它可以准确测量溶液的 pH，也可以测定一些有色溶液的酸碱性。

4.3.2 比较氧化剂和还原剂的相对强弱

电极电势的大小，反映了氧化还原电对中氧化态物质和还原态物质的氧化还原能力的相对强弱。用电极电势比较氧化剂、还原剂相对强弱的准则如下。

① 电极电势代数值越大的电对，其电对中氧化态物质越易得电子，氧化态物质的氧化性越强，即为较强的氧化剂；对应的还原态物质越难失去电子，还原态物质的还原性越弱，是较弱的还原剂。

② 电极电势代数值越小的电对，其电对中还原态物质越易失去电子，还原态物质的还原性越强，是较强的还原剂；对应的氧化态物质越难得到电子，氧化态物质的氧化性越弱，是较弱的氧化剂。

例4-8 选择一种氧化剂能使含 Cl^-、Br^-、I^- 混合溶液中的 I^- 氧化成 I_2，而 Cl^- 和 Br^- 却不发生变化，试根据下列 $E^\ominus$ 值推断 H_2O_2、$Cr_2O_7{}^{2-}$ 和 Fe^{3+} 三种氧化剂哪种合适并简述理由。

解 查附录 5 得：

$$Cl_2 + 2e^- \rightleftharpoons 2Cl^- \qquad E^\ominus_{Cl_2/Cl^-} = 1.36V$$

$$Br_2 + 2e^- \rightleftharpoons 2Br^- \qquad E^\ominus_{Br_2/Br^-} = 1.07V$$

$$I_2 + 2e^- \rightleftharpoons 2I^- \qquad E^\ominus_{I_2/I^-} = 0.54V$$

$$H_2O_2 + 2H^+ + 2e^- \rightleftharpoons 2H_2O \qquad E^\ominus_{H_2O_2/H_2O} = 1.78V$$

$$Fe^{3+} + e^- \rightleftharpoons Fe^{2+} \qquad E^\ominus_{Fe^{3+}/Fe^{2+}} = 0.77V$$

$$Cr_2O_7^{2-} + 14H^+ + 6e^- \rightleftharpoons 2Cr^{3+} + 7H_2O \qquad E^\ominus_{CrO_7^{2-}/Cr^{3+}} = 1.33V$$

由 $E^\ominus$ 值可以看出，$E^\ominus_{H_2O_2/H_2O}$ 最大，在酸性介质中 H_2O_2 的氧化能力最强，Cl^-、Br^-、I^- 都能被它氧化，所以，H_2O_2 不适用；而 $E^\ominus_{Cr_2O_7^{2-}/Cr^{3+}}$ 比 $E^\ominus_{Cl_2/Cl^-}$ 小，$Cr_2O_7{}^{2-}$ 不能氧化 Cl^-，但能使 Br^-、I^- 氧化，只有 $E^\ominus_{Fe^{3+}/Fe^{2+}}$ 介于 $E^\ominus_{I_2/I^-}$ 和 $E^\ominus_{Br_2/Br^-}$、$E^\ominus_{Cl_2/Cl^-}$ 之间，因此，Fe^{3+} 恰好能氧化 I^- 而不能氧化 Cl^-、Br^-，所以 Fe^{3+} 是合适的氧化剂。

一般来说，当电对的氧化态或还原态离子浓度不是 1mol/L 或者还有 H^+ 或 OH^- 参加电极反应时，应考虑离子浓度或溶液酸碱性对电极电势的影响，运用能斯特方程式计算 E 值后，再比较氧化剂或还原剂的相对强弱。

4.3.3 判断氧化还原反应进行的方向

在恒温恒压下，一个氧化还原反应能否自发进行，热力学判据是：

$$\Delta_r G_m \begin{cases} <0 & \text{正反应自发进行} \\ >0 & \text{正反应不能自发进行,逆反应自发进行} \\ =0 & \text{正、逆反应达到平衡} \end{cases}$$

由于 $\Delta_r G_m = -nFE$，所以有：

$$E \begin{cases} >0 & \text{正反应自发进行} \\ <0 & \text{正反应不能自发进行,逆反应自发进行} \\ =0 & \text{正、逆反应达到平衡} \end{cases}$$

即可用电池电动势 E 来判断氧化还原反应进行的方向。又因为：

$$E=E_{+}-E_{-}$$

所以，只要 $E_{+}-E_{-}>0$，电池反应就能自发地正向进行。也就是说，只要正极的电极电势大于负极的电极电势（即 $E_{+}>E_{-}$），氧化还原反应就可以自发进行。因此，根据组成氧化还原反应的两电对的电极电势就可以判断氧化还原反应进行的方向。

当电池反应处于标准状态时，可用标准电极电势或标准电动势 $E^{\ominus}$ 来判断；若电池反应处于非标准状态时，先根据能斯特方程计算电极电势 E_{+}、E_{-} 或电动势 E，然后再做判断。

例4-9 判断下列反应在 298.15K 时进行的方向，写出它们的电池符号。

① $Pb^{2+}(1.0mol/L)+Sn \rightleftharpoons Pb+Sn^{2+}(1.0mol/L)$

② $Pb^{2+}(0.10mol/L)+Sn \rightleftharpoons Pb+Sn^{2+}(1.0mol/L)$

解 查附录 5 得：$E^{\ominus}_{Pb^{2+}/Pb}=-0.126V$，$E^{\ominus}_{Sn^{2+}/Sn}=-0.138V$。

① Pb^{2+}、Sn^{2+} 均处于标准态时，可用 $E^{\ominus}$ 值直接比较。由于 $E^{\ominus}_{Pb^{2+}/Pb}>E^{\ominus}_{Sn^{2+}/Sn}$，$Pb^{2+}$ 为氧化剂，Sn 为还原剂，所以反应正向进行，电池符号为：

$$(-)Sn|Sn^{2+}(1.0mol/L)\|Pb^{2+}(1.0mol/L)|Pb(+)$$

② Pb^{2+} 处于非标准态时，其电极电势要用能斯特方程求得：

$$Pb^{2+}+2e^{-} \rightleftharpoons Pb$$

$$E_{Pb^{2+}/Pb}=E^{\ominus}_{Pb^{2+}/Pb}+\frac{0.05917}{2}V\lg c'(Pb^{2+})$$

$$=-0.126V+\frac{0.05917}{2}V\lg 0.01$$

$$=-0.185V$$

此时，$E_{Pb^{2+}/Pb}<E^{\ominus}_{Sn^{2+}/Sn}$，所以反应逆向进行。

电池符号为：

$$(-)Pb|Pb^{2+}(0.10mol/L)\|Sn^{2+}(1.0mol/L)|Sn(+)$$

由上例看出，当氧化剂电对与还原剂电对的标准电极电势值相差较小时，各物质的浓度对氧化还原反应方向起着决定性的作用。对于简单的电极反应，由于离子浓度对电极电势影响不大，如果两电对的标准电极电势相差较大（$E^{\ominus}_{+}-E^{\ominus}_{-}>0.2V$），则很难依靠改变浓度而使反应逆转，为方便起见，对于非标准条件下的反应仍可用标准电极电势来估计反应进行的方向。但对于有 H^{+} 或 OH^{-} 参加的反应，由于酸度对电极电势影响较大，必须用 $E=E_{+}-E_{-}>0$ 来进行判断，即需要利用能斯特方程式计算后才能判断。

4.3.4 判断氧化还原反应进行的程度

任何化学反应进行的程度都可以用平衡常数来衡量。$K^{\ominus}$ 值越大，反应进行的程度越大。

例4-10 计算在 298.15K 时反应

$$MnO_4^{-}+8H^{+}+5Fe^{2+} \longrightarrow Mn^{2+}+5Fe^{3+}+4H_2O$$

的平衡常数 $K^{\ominus}$。

解 由反应式可知电子转移数 $n=5$，查表知：

$$E^{\ominus}_{MnO_4^{-}/Mn^{2+}}=1.507V，E^{\ominus}_{Fe^{3+}/Fe^{2+}}=0.771V$$

则

$$\lg K^{\ominus}=\frac{n(E^{\ominus}_{+}-E^{\ominus}_{-})}{0.05917}=\frac{5\times(1.507-0.771)V}{0.05917V}=62.19$$

$$K^{\ominus}=1.56\times10^{62}$$

$K^{\ominus}$值很大，表明反应进行得很完全。

例4-11 反应 $MnO_2+2Cl^-+4H^+ \rightleftharpoons Mn^{2+}+Cl_2+2H_2O$ 在 298.15K 时，求

① 当各物质均处于标准状态时反应进行的方向；

② 当 $c(H^+)=c(Cl^-)=10mol/L$，其余物质均为标准状态时反应进行的方向及平衡常数 $K^{\ominus}$。

解 ① 假定反应正向进行，并将反应设计成原电池。反应中 MnO_2 发生还原反应生成 Mn^{2+}，由于原电池正极发生还原反应，所以电对 MnO_2/Mn^{2+} 构成的电极为原电池的正极。反应中 Cl^- 发生氧化反应生成 Cl_2，由于原电池负极发生氧化反应，所以电对 Cl_2/Cl^- 构成的电极为原电池的负极。

查附录 5 知：$E^{\ominus}_{MnO_2/Mn^{2+}}=1.224V$，$E^{\ominus}_{Cl_2/Cl^-}=1.358V$。因为：

$$E^{\ominus}_{MnO_2/Mn^{2+}}<E^{\ominus}_{Cl_2/Cl^-}$$

所以反应向逆反应方向进行。

② 当 $c(H^+)=c(Cl^-)=10mol/L$ 时，用能斯特方程式计算：

$$MnO_2+4H^++2e^- \rightleftharpoons Mn^{2+}+2H_2O$$

$$E_{MnO_2/Mn^{2+}}=E^{\ominus}_{MnO_2/Mn^{2+}}+\frac{0.05917}{2}V\lg\frac{[c'(H^+)]^4}{c'(Mn^{2+})}$$

$$=1.224V+\frac{0.05917}{2}V\lg10^4$$

$$=1.342V$$

$$Cl_2+2e^- \rightleftharpoons 2Cl^-$$

$$E_{Cl_2/Cl^-}=E^{\ominus}_{Cl_2/Cl^-}+\frac{0.05917}{2}V\lg\frac{p(Cl_2)/p^{\ominus}}{[c'(Cl^-)]^2}$$

$$=1.358V+\frac{0.05917}{2}V\lg\frac{1}{10^2}$$

$$=1.299V$$

因为

$$E_{MnO_2/Mn^{2+}}>E_{Cl_2/Cl^-}$$

所以反应向正反应方向进行。

$$\lg K^{\ominus}=\frac{n(E^{\ominus}_{+}-E^{\ominus}_{-})}{0.05917}=\frac{2\times(1.224-1.358)V}{0.05917V}=-4.529$$

$$K^{\ominus}=2.96\times10^{-5}$$

$K^{\ominus}$值很小，表示反应进行的程度很小。

以上反应进行的方向和程度都是从化学势力学的角度讨论的，并未涉及反应速率问题。在实际应用中对于一个具体的氧化还原反应，既要考虑反应的可能性，又要考虑反应速率的大小。

例如，从 $E^{\ominus}_{S_2O_8^{2-}/SO_4^{2-}}$ 和 $E^{\ominus}_{MnO_4^-/Mn^{2+}}$ 判断，$S_2O_8^{2-}$ 可以将 Mn^{2+} 氧化为 MnO_4^-，$K^{\ominus}$值为 1.8×10^{85}，但实际上这个反应进行的速率极小，以致单独用 $S_2O_8^{2-}$ 不能将 Mn^{2+} 氧化为 MnO_4^-，必须在热溶液中加入银盐溶液作催化剂才能使反应加速进行。

4.3.5 元素电势图

标准电极电势除了用表格方式表示外，还可以用图形形式表示。元素电势图是将同一元

素的各种氧化态物种的标准电极电势之间的变化关系用图形形式表示出来。例如铜的常见氧化态有 Cu^0、Cu^+、Cu^{2+}。它们相互之间的标准电极电势变化关系用元素电势图表示如下：

$$E^{\ominus}(Cu)/V \quad Cu^{2+} \xrightarrow{0.153} Cu^{+} \xrightarrow{0.521} Cu$$
$$\underbrace{\qquad\qquad\qquad\qquad}_{0.34}$$

图中，元素的各种氧化态按氧化值从高到低的顺序排列，每一电对用横线相连，并将 $E^{\ominus}$ 值标明在线的上方。

元素电势图可用来计算不相邻物种之间的 $E^{\ominus}$ 值。这对于不能用实验直接测定 $E^{\ominus}$ 的电对尤为适用，方法如下。

设 $E_1^{\ominus}$、$E_2^{\ominus}$ 是元素电势图中两相邻电对的标准电极电势，求 $E_3^{\ominus}$。

$$A \xrightarrow[n_1]{E_1^{\ominus}} B \xrightarrow[n_2]{E_2^{\ominus}} C$$
$$\underbrace{\qquad E_3^{\ominus} \qquad}_{n_3}$$

考虑到标准电极电势（$E^{\ominus}$）是没有加和性的，而电极反应的标准吉布斯自由能变化（$\Delta_r G_m^{\ominus}$）有加和性，反应的 $E^{\ominus}$ 和 $\Delta_r G_m^{\ominus}$ 之间的关系是：

$$\Delta_r G_m^{\ominus} = -nFE^{\ominus}$$

若以 $\Delta_r G_{m1}^{\ominus}$、$\Delta_r G_{m2}^{\ominus}$ 和 $\Delta_r G_{m3}^{\ominus}$ 分别代表三个电极反应的标准吉布斯自由能变化；n_1、n_2 和 n_3 分别代表三个电极反应中转移的电子数，则有：

$$\Delta_r G_{m3}^{\ominus} = \Delta_r G_{m1}^{\ominus} + \Delta_r G_{m2}^{\ominus}$$
$$-n_3FE_3^{\ominus} = -n_1FE_1^{\ominus} + (-n_2FE_2^{\ominus})$$

所以
$$E_3^{\ominus} = \frac{n_1E_1^{\ominus} + n_2E_2^{\ominus}}{n_3}$$

例4-12 应用下列铁元素电势图中的 $E^{\ominus}$ 数据，求算 $E_{Fe^{3+}/Fe}^{\ominus}$。

$$E^{\ominus}/V \quad Fe^{3+} \xrightarrow{0.771} Fe^{2+} \xrightarrow{-0.447} Fe$$
$$\underbrace{\qquad\qquad\qquad\qquad}_{?}$$

解
$$E_{Fe^{3+}/Fe}^{\ominus} = \frac{1\times 0.771V + 2\times(-0.447V)}{3}$$
$$= -0.041V$$

元素电势图还可以用来判断歧化过程发生的可能性。例如，根据铜元素的元素电势图判断 Cu^+ 的歧化反应是否会自发进行。

$$2Cu^+ \rightleftharpoons Cu^{2+} + Cu$$

反应中一个 Cu^+ 氧化数由 +1 升高为 +2，发生氧化反应，由于原电池负极发生氧化反应，因此电对 Cu^{2+}/Cu^+ 构成的电极为原电池的负极。另一个 Cu^+ 氧化数由 +1 降低为 0，发生还原反应。由于原电池正极发生还原反应，因此电对 Cu^+/Cu 构成的电极为原电池的正极。与之有关的两个半反应的 $E^{\ominus}$ 分别为：

$$Cu^{2+} + e^- \rightleftharpoons Cu^+ \qquad E_{Cu^{2+}/Cu^+}^{\ominus} = 0.153V$$
$$Cu^+ + e^- \rightleftharpoons Cu \qquad E_{Cu^+/Cu}^{\ominus} = 0.521V$$

反应的标准电动势为：

$$E^{\ominus}=E^{\ominus}_{+}-E^{\ominus}_{-}=E^{\ominus}_{Cu^{+}/Cu}-E^{\ominus}_{Cu^{2+}/Cu^{+}}=0.521V-0.153V=0.368V$$

反应的平衡常数为：

$$\lg K^{\ominus}=\frac{n(E^{\ominus}_{+}-E^{\ominus}_{-})}{0.05917V}=\frac{1\times(0.521-0.153)V}{0.05917V}=6.219$$

$$K^{\ominus}=1.66\times10^{6}$$

反应的标准电动势为正值，表明反应可自发进行，平衡常数说明反应几乎能进行到底。在水溶液中，Cu^{+}不能稳定存在，而Cu^{2+}和Cu可以共存。

由此可得出结论：在元素电势图中，每两个相邻电对，若$E^{\ominus}_{右}>E^{\ominus}_{左}$，就表明处于中间氧化态的物质在水溶液中会自发进行歧化反应；否则，发生反歧化反应。

总的说来，元素电势图将同一元素的各种氧化态以及有关的$E^{\ominus}$数据汇集在一起，便于我们了解各种氧化态物种的氧化还原性质。如铁的电势图数据表明：Fe是中等强度的还原剂，它能和非氧化性酸反应置换出氢，其氧化产物只可能是Fe^{2+}，因为电对的Fe^{3+}/Fe^{2+}的$E^{\ominus}$值比$E^{\ominus}_{Fe^{2+}/Fe}$正得多。Fe^{2+}在水溶液中不会自发歧化；相反，$2Fe^{3+}+Fe\longrightarrow 3Fe^{2+}$的反应将自发进行。

4.4 应用电化学简介

4.4.1 化学电源

本章前面介绍的盐桥电池不适于商用，首先是因为内阻太高。这种高内阻产生于电流在电池室和盐桥中以正、负离子为载体的流动方式。高内阻导致的结果是，如果试图引出大电流，电压将会急剧下降。盐桥电池不适于商用的另一重要原因是，这种电池缺乏便携性所要求的简洁性和牢固性。任何自发的氧化还原反应都可构成电化学电池，但要开发为商用电池，却受到诸多条件的限制。

4.4.1.1 化学电源的分类和组成

电池是储存电能并可输出电能的装置。将化学能转变成直流电能的装置称为化学电源或化学电池。化学电池通常分为以下三类。

① 原电池：又称一次电池，放电后不能用充电方法使之复原，因此两电极的活性物质只利用一次。原电池的特点是小型、携带方便，但放电电流不大，一般用于仪器及各种电子器件。常用的原电池如锌锰电池、锂电池。

② 蓄电池：又称二次电池，充电可使之复原，能多次充放电，循环使用。常见的蓄电池如铅酸蓄电池、镉镍电池。铅酸蓄电池的产量很大，而且多数用在汽车启动、照明和点火。

③ 燃料电池：又称连续电池，其正负极本身不包含活性物质，将燃料（电极活性物质）输入电池就能长期放电。例如，氢氧燃料电池、肼空气燃料电池。

目前，广泛使用或已投产的化学电池是锌锰电池、铅酸蓄电池、镉镍电池、氢镍电池、锌银电池、碱性锌锰电池、空气湿电池等。改善现有电池产品固然可提高性能，但电池的化学体系已确定，其性能的提高受到限制。因此，人们除继续改善现有电池外，还致力于研制新电池。化学电池的研制正朝着如下几方面发展。

① 车辆动力电池及储备电池：这两类电池都要求较高的比能量（高达150W·h/kg）和较长的寿命（长达10年）利用电池驱动车辆可防止大气污染。使用储备电池把夜间和低负

荷时的剩余电能储存起来，到峰值供电时再由电池放出电能补充到输电线路中，如此可保证电能供需平衡，达到节能的目的。

② 燃料电池：因其转换效率高和大气污染少，故受到人们的重视。早在 20 世纪 60 年代燃料电池已应用于宇宙飞船，近年来又在大中型发电站中开发应用。

③ 军用电池：供核武器、导弹、炮弹、坦克、鱼雷的使用，强力照明和发报机也需要性能高的电池。

④ 用作空间探索和海洋开发的辅助电源：例如空间飞行器的启动、回收，海洋探测器的照明都要求新型电池。

⑤ 小型及微型电池：由于集成电路的发展，携带式仪器趋向小型化；人体植入电池在医学上的应用，这些都要求发展小型及微型电池。

任何化学电池都包括四个基本部分。

① 正极和负极：由活性物质和导电材料以及添加剂等组成，其主要作用是参与电极反应和导电，决定电池的电性能。原则上正极与负极的电位相差越大越好，参加反应的物质的电化当量越小越好。例如负活性物质为锂，正极活性物质为氟，室温下两极 $E^{\ominus}$ 之差高达 5.9V，而它们的电化当量又很小，用很少的活性物质便得到相当多的电量。除考虑电极电位和电化当量外，还需考虑活性物质的稳定性及材料来源。

② 电解质：保证正、负极之间离子导电作用，有的参与成流反应或二次反应，如铅酸蓄电池中的 H_2SO_4；有的只起导电作用，如镍电池中的 KOH。电解质通常是水溶液，也有用有机溶剂、熔融盐和固体电解质。要求电解质的化学性质稳定和电导率高。

③ 隔膜：又叫隔离物，防止正、负极短路，但允许离子顺利通过。例如，石棉纸、微孔橡胶、微孔塑料、尼龙、玻璃纤维。

④ 外壳：除干电池由锌极兼作容器外，其他都不用活性物质作容器。要求外壳具有良好的机械强度、抗冲击强度，耐腐蚀、耐振动。

4.4.1.2 原电池(一次电池)

经一次放电（连续或间歇）到电池容量耗尽后，不能再有效地用充电方法使其恢复到放电前状态的电池。特点是携带方便、不需维护、可长期（几个月甚至几年）储存或使用。常见的一次性电池包括锌锰干电池、碱性锌锰电池、锌汞电池、锌银电池、镁锰电池、锂电池等。

(1) 锌锰干电池

锌-二氧化锰电池常称锌锰干电池，正极为二氧化锰和炭粉导电材料的混合物，负极是金属锌，电解质是氯化铵、氯化锌的水溶液。最初采用的二氧化锰是天然的，电解液以氯化铵为主要成分，用淀粉糊做电解液保持层，即所谓糊式电池。改用人工精制的化学二氧化锰或电解二氧化锰（EMD），可使电池在较高电压较大电流下工作，用浆层纸（厚 0.10～0.20mm 的牛皮纸上涂以合成糊等物质）夹在正负极之间，防止它互相接触，代替了淀粉糊，并且以氯化锌为主要成分。这种电池称为纸板电池或氯化锌电池，改善了漏液情况，降低欧姆电位降、增大了容纳活性物的空间。因此，糊式电池逐渐为纸板电池所取代。糊式电池、纸板电池的符号和放电反应如下：

糊式电池 $Zn \mid NH_4Cl, ZnCl_2 \mid MnO_2(C)$

负极反应 $Zn \longrightarrow Zn^{2+} + 2e^-$

$Zn^{2+} + 2NH_4Cl \longrightarrow Zn(NH_3)_2Cl_2 + 2H^+$

正极反应 $MnO_2 + H_2O + e^- \longrightarrow MnOOH + OH^-$

电池反应 $Zn+2NH_4Cl+2MnO_2 \longrightarrow Zn(NH_3)_2Cl_2+2MnOOH$

纸板电池 $Zn \mid ZnCl_2(NH_4Cl) \mid MnO_2(C)$

电池反应 $4Zn+ZnCl_2+8H_2O+8MnO_2 \longrightarrow ZnCl_2 \cdot 4Zn(OH)_2+8MnOOH$

糊式电池的组成约为 20%NH_4Cl+10%$ZnCl_2$。纸板电池组成为 20%～35%$ZnCl_2$，添加 NH_4Cl 以减少极化。此外，还添加缓蚀剂，如氯化汞（<0.3%），以抑制锌的腐蚀。现已研制出无汞缓蚀剂代替汞，以满足环保的要求。用作干电池负极的锌通常含有少量铅（0.3%～0.5%）和镉（0.2%～0.3%）。前者改善其延展性，后者可提高其强度；铅和镉还可以提高锌电极上的氢过电位。为减少锌的腐蚀，常使锌表面汞齐化。镍、铁、铜等杂质能促进锌负极的放电，应严格控制其含量。

锌锰干电池示意图如图 4-5 所示，负极由金属锌壳组成。二氧化锰和石墨棒为正极（MnO_2 为正极，石墨棒仅起导电作用），两级间以 $ZnCl_2$ 和 NH_4Cl 的糊状混合物作为电解质溶液。近年来也有用酚醛树脂作黏合剂，如此制得的石墨棒可与铜帽紧密配合，减少接触电阻。为防止石墨棒孔率过多，要把石墨棒在真空中浸蜡。石墨棒的电阻一般在 3～5Ω 之间。干电池的密封剂要能在 60～70℃下保持不变形，而且有良好的气密性。目前所用密封剂主要是沥青，加入少量石蜡与树脂，也有塑料封口的。干电池的外壳有纸壳、金属壳、塑料三种，但只有生产廉价的电池才用纸壳。

干电池在高温及潮湿环境下储存，自放电较为严重，主要是负极的锌腐蚀引起。在低温下储存自放电较小，但如果密封不好使氧进入电池，则自放电加剧。因自放电而产生的氢气积累到一定程度会发生气胀和漏液，这是需要防止的。

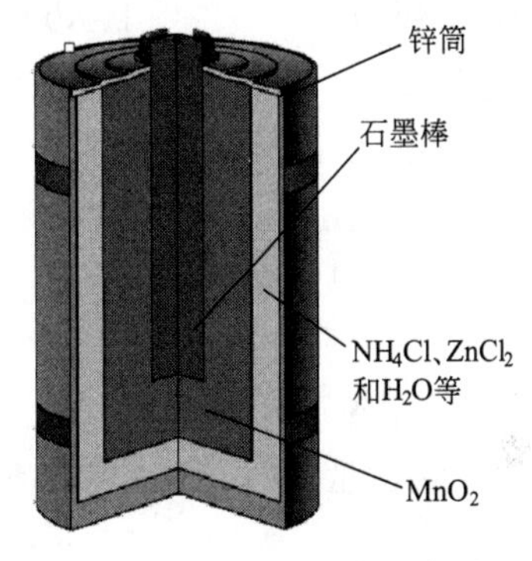

图 4-5 锌锰干电池示意图

（2）碱性锌锰电池

由于便携式电子器具的发展，要求高容量、体积小的电源，以 NH_4Cl、$ZnCl_2$ 为电解质的锌锰电池已不能适应这种要求；而锌汞电池由于汞的价格贵和公害不能广泛使用，因此人们的注意力转向开发碱性锌锰电池。碱性锌锰电池与锌锰干电池相比，放电性能和储存性能都更好。比能量虽然不及锌汞电池，但高于锌锰干电池；价格虽然较贵，但可较好地满足电子器具的要求。碱性锌锰电池所用的电极活性物质与干电池相同，但其电解液则是 KOH 液。KOH 液较之 $NH_4Cl+ZnCl_2$ 液或 $ZnCl_2$ 液有强得多的导电能力，反应机理也与干电池不同。碱性锌锰电池（图 4-6）可用下式表示：

$$(-)\ Zn \mid KOH \mid MnO_2\ (+)$$

正极反应：$2MnO_2+2H_2O(l)+2e^- \longrightarrow 2MnO(OH)(s)+2OH^-(aq)$

负极反应：$Zn \longrightarrow Zn^{2+}(aq)+2e^-$

生成的 Zn^{2+} 和 OH^- 结合成$[Zn(OH)_4]^{2-}$ 配离子。电池反应如下：

$$2MnO_2(s)+Zn(s)+2H_2O(l)+2OH^- \longrightarrow 2MnO(OH)(s)+[Zn(OH)_4]^{2-}(aq)$$

碱性锌锰电池也可用作二次电池。与一般原电池相比，碱锰可充电池改进了正负极结构，对二氧化锰作了改性处理，适应了电池充放电的需要。对负极采取特殊处理有效地增强

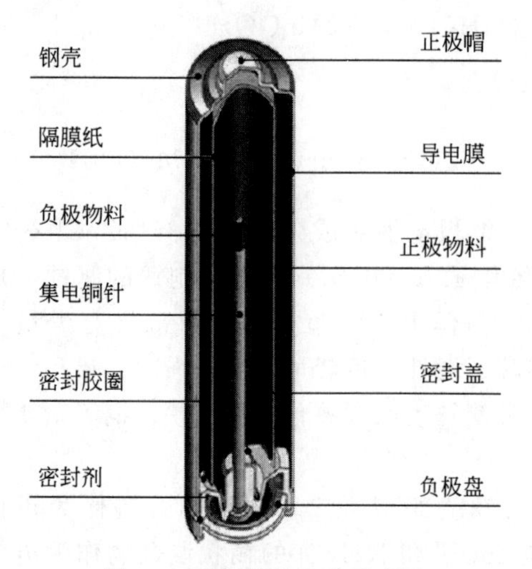

图 4-6 碱性锌锰电池示意图

锌粉的导电性及防止电池过放电，提高了电性能。20℃下电量保持期为 2～3 年，环充放电可达 200 次以上；即使次放电，其放电量也比普通锌锰电池高 2～3 倍。

(3) 锌汞电池和锌银电池

锌汞电池和锌银电池都是已有商品生产的一次电池，也可用作二次电池。它们具有放电电压平稳、储存性能好、比能量高等优点。但是这两种电池的价格贵，尤以锌银电池为甚。因此，锌银电池主要以纽扣式电池供应市场；锌汞电池则有圆筒型和纽扣式。这两种电池多应用于电子计算器、照相机、助听器、电子手表、小型收音机。

① 锌汞电池

Zn(含少量汞)|30%～40%KOH(ZnO 饱和)|HgO,Hg

负极反应 $Zn+4OH^- \longrightarrow [Zn(OH)_4]^{2-}+2e^-$

$[Zn(OH)_4]^{2-} \longrightarrow ZnO+2OH^-+H_2O$

正极反应 $HgO+H_2O+2e^- \longrightarrow Hg+2OH^-$

电池反应 $Zn+HgO \longrightarrow Hg+ZnO$

锌汞电池的 $E^{\ominus}-1.343V$，开路电压为 1.6V。储存后开路电压两年内不低于初始值的 99%。其体积比能量高达 400～500W·h/L，比任何水溶液电解质电池都高。它在 20℃下存放 3～5 年只损失容量 10%～15%，在 45℃下储存一年损失约 20%。但其低温工作性能差，而且不适合于重负荷放电。

② 锌银电池

Zn(含少量汞)|30%～40%KOH(ZnO 饱和)|Ag_2O 或 AgO(C)

负极反应 $Zn+4OH^- \longrightarrow [Zn(OH)_4]^{2-}+2e^-$

$[Zn(OH)_4]^{2-} \longrightarrow ZnO+H_2O+2OH^-$

正极反应 $Ag_2O+H_2O+2e^- \longrightarrow 2Ag+2OH^-$

电池反应 $Zn+Ag_2O \longrightarrow ZnO+2Ag$

由热力学数值算出上述锌银电池的 $E^{\ominus}=1.589V$，若正极活性物质采用 AgO，则电池反应分两阶段

第一阶段 $2AgO+Zn \longrightarrow Ag_2O+ZnO$

第二阶段 $Ag_2O+Zn \longrightarrow 2Ag+ZnO$

电池反应 $Zn+AgO \longrightarrow Ag+ZnO$

第一阶段的 $E^{\ominus}=1.852V$，第二阶段的 $E^{\ominus}=1.589V$，取平均值为 1.721V。

锌银电池可做成原电池、蓄电池储备电池。其放电电压极平稳，即使在－10℃下放电，电压下降也很小。用作蓄电池时，一般采用 10h 放电率电流，充电终止电压为 2.0～2.1V。低倍率深放电的循环寿命为 100～300 次，可工作寿命为 12～18 个月。高倍率放电时，循环寿命和工作寿命都较低。低温性能也较差，且不耐过充电。

4.4.1.3 蓄电池

蓄电池又称二次电池，这类电池放电之后可充电反复使用。由于电解质溶液的不同，蓄电池可分为酸性蓄电池和碱性蓄电池。

(1) 铅蓄电池

铅蓄电池是一种最常用的蓄电池（图4-7），铅蓄电池的优点是放电时电动势较稳定，缺点是比能量（单位质量所蓄电能）小，对环境腐蚀性强。铅蓄电池电极是铅锑合金制成的栅状极片，分别填塞 PbO_2 和海绵状金属铅作为正极和负极。并以稀硫酸（质量密度为1.25～1.30kg/L）作为电解质溶液。

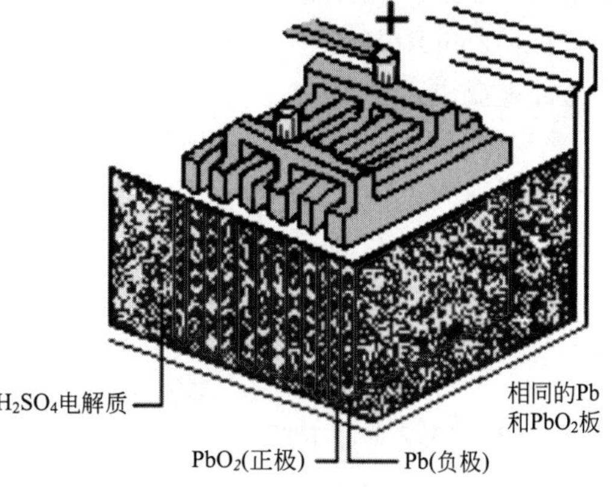

图 4-7 铅蓄电池示意图

铅蓄电池放电时相当于原电池的作用，表示为：

$$(-)Pb \mid H_2SO_4(1.25\sim1.30kg/L) \mid PbO_2(+)$$

放电时两极反应如下。

负极（Pb 极）反应为：

$$Pb(s)+SO_4^{2-}(aq) \longrightarrow PbSO_4(s)+2e^-$$

正极（PbO_2极）反应为：

$$PbO_2(s)+SO_4^{2-}(aq)+4H^+(aq)+2e^- \longrightarrow PbSO_4(s)+2H_2O(l)$$

总放电反应为：

$$Pb(s)+PbO_2(s)+2H_2SO_4(aq) \longrightarrow 2PbSO_4(s)+2H_2O(l)$$

充电时，电源正极与蓄电池进行氧化反应的阳极相接，负极与进行还原反应的阴极相接。其充电反应如下。

阳极反应：

$$PbSO_4(s)+2H_2O(l) \longrightarrow PbO_2(s)+SO_4^{2-}(aq)+4H^+(aq)+2e^-$$

阴极反应：

$$PbSO_4(s)+2e^- \longrightarrow Pb(s)+SO_4^{2-}(aq)$$

总充电反应：

$$2PbSO_4(s)+2H_2O(l) \longrightarrow Pb(s)+PbO_2(s)+2H_2SO_4(aq)$$

在放电时，随着 $PbSO_4$ 沉淀的析出和 H_2O 的生成，H_2SO_4 溶液的浓度逐渐降低、密度减小，因而可用密度计测量 H_2SO_4 溶液的密度，以检查蓄电池的情况。当质量密度低于1.20kg/L时，需充电才能使用。在充电时，随着不断充电，电池的电动势和硫酸的浓度不断升高。经充电后，蓄电池又恢复原状，即可再次使用。但充放电的循环周期并非无限，因此，它有一定的使用寿命。

(2) 镉镍电池

镉镍电池是一种近年来广泛应用的蓄电池（充电电池）。该电池电动势约1.4V，稍低于干电池，但它的前景很诱人。因为它的使用寿命比铅蓄电池长，并且它可像普通干电池一样制成封闭式的体积很小的电池，并可反复充电。这些优点使它可以作为电源用于多种电器，如用来制造充电式电器，如充电式计算器、电子闪光灯、电动剃须刀等。

镉镍电池负极为镉，在碱性介质中发生氧化反应，正极由 NiO(OH)组成，发生还原反应。放电时电极反应如下。

负极：$Cd(s)+2OH^-(aq) \longrightarrow Cd(OH)_2(s)+2e^-$

正极：$2NiO(OH)(s)+2H_2O(l)+2e^- \longrightarrow 2Ni(OH)_2(s)+2OH^-(aq)$

总放电反应：

$$Cd(s)+2NiO(OH)(s)+2H_2O(l) \longrightarrow Cd(OH)_2(s)+2Ni(OH)_2(s)$$

充电反应为上述反应的逆反应。

(3) 银锌电池

银锌电池是一种碱性高性能蓄电池。其特点是应用范围广，比能量高，可作宇宙火箭、人造卫星的电源，但价格昂贵，理论电动势为 1.86V。银锌电池可用下式表示：

$$(-)Zn|KOH(40\%)|Ag_2O|Ag(+)$$

放电时电极反应如下。

负极：$Zn(s)+2OH^-(aq) \longrightarrow Zn(OH)_2(s)+2e^-$

正极：$Ag_2O(s)+2OH^-(aq)+H_2O(l) \longrightarrow 2[Ag(OH)_2]^-(aq)$

$2[Ag(OH)_2]^-(aq)+2e^- \longrightarrow 2Ag(s)+4OH^-(aq)$

总放电反应：

$$Zn(s)+Ag_2O(s)+H_2O(l) \longrightarrow Zn(OH)_2(s)+2Ag(s)$$

充电反应为上述反应的逆反应。

4.4.1.4 燃料电池

燃料电池是一种不需要经过卡诺循环的电化学发电装置，能量转化率高。燃料和空气分别送进燃料电池，电就被奇妙地生产出来。它从外表上看有正负极和电解质等，像一个蓄电池，但实质上它不能“储电”而是一个“发电厂”。由于在能量转换过程中，几乎不产生污染环境的含氮和硫氧化物，燃料电池还被认为是一种环境友好的能量转换装置。由于具有这些优异性，燃料电池技术被认为是 21 世纪新型环保高效的发电技术之一。随着研究不断地突破，燃料电池已经在发电站、微型电源等方面开始应用。

燃料电池的组成与一般电池相同。其单体电池由燃料（例如氢、甲烷等）、氧化剂（例如氧和空气等）、电极和电解液四部分构成。电极具有催化性能，且是多孔结构的，以保证较大的活性面积，可用多孔炭、多孔镍和铂、银等贵金属作电极材料。电解质溶液常用 KOH 溶液等。不同的是一般电池的活性物质储存在电池内部，因此限制了电池容量。而燃料电池的正、负极本身不包含活性物质，只是个催化转换元件。因此燃料电池是名副其实的把化学能转化为电能的能量转换机器。电池工作时，燃料和氧化剂由外部供给，进行反应。原则上只要反应物不断输入，反应产物不断排除，燃料电池就能连续地发电。

现将氢-氧燃料电池介绍如下（图 4-8）。氢-氧燃料电池可表示为：

$$(-)C|H_2|KOH(30\%)|O_2|C(+)$$

电极反应如下。

负极：$2H_2(g)+4OH^-(aq) \longrightarrow 4H_2O(l)+4e^-$

正极：$O_2(g)+2H_2O(l)+4e^- \longrightarrow 4OH^-(aq)$

电池总反应：$2H_2(g)+O_2(g) \longrightarrow 2H_2O(l)$

目前，应用磷酸式燃料电池的发电厂已经运转发电，它应用磷酸作电解质，用天然气和空气作为电池的燃料和氧化剂。

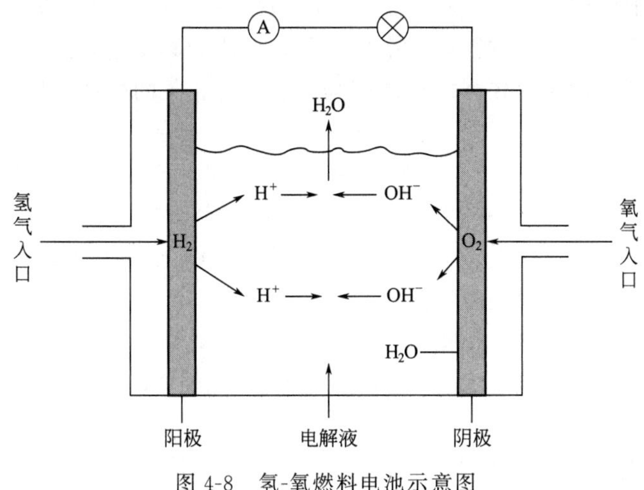

图 4-8 氢-氧燃料电池示意图

4.4.2 电解

电流通过熔融状态电解质或电解质溶液导致物质发生分解的过程叫电解，电解过程通过电解池完成。原电池是将自发进行的氧化还原反应的化学能转化为电能，电解池则是利用外部电源提供的电能引发非自发进行的氧化还原反应。有人说，如果没有电解反应，现代工业(因而也是现代社会）就不能正常运转。这种说法也许有点过分，但不是没有一点道理。例如，铝和镁这两个重要的金属都只能通过电解法生产，同样重要的铜和镍也经由电解法精练。很难想象，没有这些金属的社会会是怎样的状态。

4.4.2.1 熔盐电解

不少重要的活泼金属是由熔盐电解的方法生产的。例如，电解熔融 NaCl 的方法使其分解为它的组成元素 Na 和 Cl_2：

$$2NaCl(l) \longrightarrow 2Na(l) + Cl_2(g)$$

该过程是在电解池中实现的，电解池由浸在 NaCl 熔体中的两个电极组成。与原电池一样，发生氧化反应的电极叫阳极，发生还原反应的电极叫阴极。

阴极： $2Na^+(l) + 2_e^- \longrightarrow 2Na(l)$

阳极： $2Cl^-(l) \longrightarrow Cl_2(g) + 2e^-$

总反应： $2Na^+(l) + 2Cl^-(l) \longrightarrow 2Na(l) + Cl_2(g)$

4.4.2.2 水溶液中的电解

H_2O 既可以发生还原反应生成 H_2，也可以发生氧化反应生成 O_2。对水溶液中的电解而言，必须考虑发生氧化还原反应的物种是水还是溶质本身。例如，电解 NaCl 水溶液时，需要考虑 H_2O 中的 $H^+(aq)$和溶质的 $Na^+(aq)$哪个优先在阴极还原。比较相关的标准电极电势，首先放电的必定是易结合电子的物质，即电极电势代数值较大的氧化性相对较强的氧化态物质。根据相关的标准电极电势。

$$2H_2O(l) + 2e^- \longrightarrow H_2(g) + 2OH^-(aq) \qquad E^\ominus = -0.83V$$

$$Na^+(aq) + e^- \longrightarrow Na(s) \qquad E^\ominus = -2.71V$$

大体可以判断，阴极生成的是 H_2 而不是金属钠。

阳极也存在类似问题：是 $Cl^-(aq)$ 还是 $H_2O(l)$ 中 O（−2）优先失去电子而氧化？比较相关的标准电极电势，首先在阳极放电发生氧化反应的必定是易给出电子的物质，即电极电势代数值较小的还原性相对较强的还原态物质。根据相关的标准电极电势，下述两个半反应哪个优先发生？

$$2Cl^-(aq) \longrightarrow Cl_2(g) + 2e^- \qquad E^{\ominus} = +1.36V$$

$$2H_2O(l) \longrightarrow 4H^+ + O_2(g) + 4e^- \qquad E^{\ominus} = 1.23V$$

尽管两个电极电势大小接近，但毕竟还是暗示 $H_2O(l)$ 比 $Cl^-(aq)$ 更易被氧化。然而问题并不这样简单，这里还涉及超电压因素。电解所需的实际电压有时大大高于根据电极电势算得的理论电压，超电压在这里是指引发电解反应所需的额外电压。由于电极上生成 O_2 的超电压比较高，导致 Cl^- 优先于 H_2O 被氧化。其结果是，NaCl 水溶液电解中阴极生成的是 H_2，而阳极生成的则是 Cl_2。

NaCl 水溶液电解的反应式如下。

阴极：$$2H_2O(l) + 2e^- \longrightarrow H_2(g) + 2OH^-(aq)$$

阳极：$$2Cl^-(aq) \longrightarrow Cl_2(g) + 2e^-$$

总反应：$$2H_2O(l) + 2Cl^-(aq) \longrightarrow H_2(g) + Cl_2(g) + 2OH^-(aq)$$

电解过程中的 $Na^+(aq)$ 是旁观离子，不出现在反应方程式中。以 NaCl 水溶液电解为基础的工业叫氯碱工业，三种产品氯气、氢气和烧碱都是较重要的工业化学品。

4.4.3 金属的腐蚀与防护

当金属与周围介质接触时，由于发生化学作用或电化学作用而遭受破坏的现象叫做金属腐蚀。金属腐蚀的本质是金属原子失电子被氧化的过程。金属腐蚀是自发的过程，腐蚀现象十分普遍。除了那些贵金属（如 Au、Pt）外，许多金属暴露在大气中（有水和氧存在）时都会发生腐蚀。金属腐蚀直接或间接地造成巨大的经济损失。据估计，世界上每年由于腐蚀而报废的钢铁设备相当于钢铁年产量的 30% 左右，甚至还会引起停工停产、环境污染、危及人身安全等严重的事故。因此，研究金属腐蚀的原因和防止腐蚀的方法具有重要意义。根据腐蚀过程的不同特点和机理，金属腐蚀分为化学腐蚀和电化学腐蚀两大类。

4.4.3.1 化学腐蚀

单纯由化学作用而引起的腐蚀称为化学腐蚀。它发生在非电解质溶液中或干燥的气体中，在腐蚀过程中不产生电流。例如干燥的空气中的 O_2、H_2S、SO_2、Cl_2 等物质与电气、机械设备中的金属接触时，在金属表面生成相应的氧化物、硫化物、氯化物等，都属于化学腐蚀，如金属与高温水蒸气发生的反应是造成锅炉和管道严重腐蚀的重要原因之一。金属与高温水蒸气发生如下反应：

$$Fe + H_2O(g) \rightleftharpoons FeO + H_2(g)$$

$$2Fe + 3H_2O(g) \rightleftharpoons Fe_2O_3 + 3H_2(g)$$

$$3Fe + 4H_2O(g) \rightleftharpoons Fe_3O_4 + 4H_2(g)$$

金属与高温水蒸气反应生成一层由 FeO、Fe_2O_3、Fe_3O_4 组成的氧化皮，这种氧化皮脆松多孔，氧化反应可以进一步向深层发展，同时还产生了氢气。

另外，钢铁中的渗碳体（Fe_3C）也可以与高温水蒸气反应，产生脱碳现象。

$$Fe_3C+H_2O(g) \rightleftharpoons 3Fe+CO+H_2(g)$$

这些反应都是可逆反应。在高温下，虽然正反应的 $\Delta_r G_m$ 值比常温时有所增加，但仍远小于零，即平衡强烈地向正反应方向进行。在渗碳体与水蒸气的反应中，渗碳体从邻近的尚未反应的区域不断迁移到钢铁表面，使钢材内部的 Fe_3C 逐渐减少，形成脱碳层（图 4-9）。

由于脱碳反应及其他氧化还原反应生成的氢因扩散渗入钢铁内部，使钢铁产生脆性，这就是所谓的氢脆，这是金属产生裂纹以至断裂的原因之一。钢的脱碳和氢脆会造成钢的表面硬度和内部强度的降低，造成危害。

4.4.3.2 电化学腐蚀

金属腐蚀中最常见、危害最大的腐蚀是电化学腐蚀。电化学腐蚀是由于金属表面形成原电池引起的，所形成的原电池又称腐蚀电池。腐蚀电池中发生氧化反应的电极称为阳极，发生还原反应的电极称为阴极。例如，钢铁制件暴露于潮湿空气中的腐蚀如图 4-10 所示。

图 4-9 钢铁制件的腐蚀

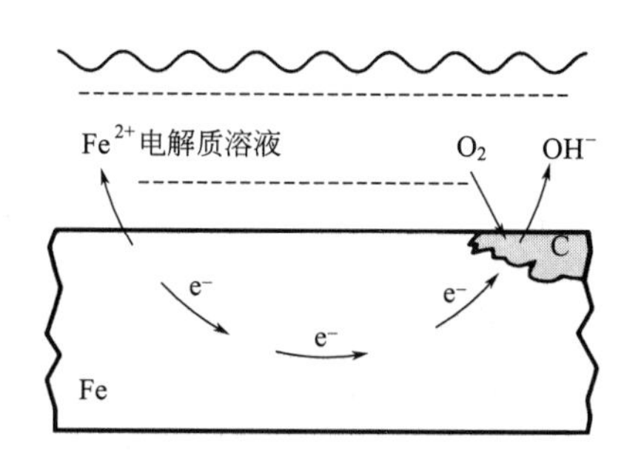

图 4-10 钢铁腐蚀示意图

电化学腐蚀，常见的有析氢腐蚀和吸氧腐蚀。

（1）析氢腐蚀

钢铁暴露在潮湿空气中或用酸洗、用酸浸蚀某种较活泼金属的工艺过程中常发生析氢腐蚀。由于表面的吸附作用，钢铁表面覆盖了一层极薄的水膜。空气中含有较多的 CO_2、NO_2、SO_2 等酸性气体溶解在水膜中，使其呈酸性。钢铁中的石墨、渗碳体等杂质的电极电势较大，铁的电极电势较小。这样，铁和杂质就好像放在 H^+、SO_3^{2-}、CO_3^{2-} 等离子的电解质溶液中，形成原电池，铁为阳极（负极），杂质为阴极（正极），发生下列电极反应。

阳极：
$$Fe \longrightarrow Fe^{2+}+2e^-$$
$$Fe^{2+}+2OH^- \longrightarrow Fe(OH)_2$$

阴极：
$$2H^+ +2e^- \longrightarrow H_2\uparrow$$

总反应：
$$Fe+2H_2O \longrightarrow Fe(OH)_2+H_2\uparrow$$

生成的 $Fe(OH)_2$，在空气中被氧气氧化成棕色铁锈 $Fe_2O_3 \cdot xH_2O$。由于此过程有氢气放出，故被称为析氢腐蚀。

（2）吸氧腐蚀

在弱酸性或中性条件下钢铁发生吸氧腐蚀。当钢铁处于弱酸性或中性介质中，且氧气供应充分时，O_2/OH^- 电对的电极电势大于 H^+/H_2 电对的电极电势，阴极主要是溶于水膜中的氧分子得电子被还原；阳极仍是金属（如 Fe）失电子被氧化成金属离子（如 Fe^{2+}）。反应式如下。

阳极： $2Fe \longrightarrow 2Fe^{2+} + 4e^-$

阴极： $O_2 + 2H_2O + 4e^- \longrightarrow 4OH^-$

总反应： $2Fe + O_2 + 2H_2O \longrightarrow 2Fe(OH)_2$

然后 $Fe(OH)_2$进一步被氧化为 $Fe_2O_3 \cdot xH_2O$。这种过程因需消耗氧，故被称为吸氧腐蚀。

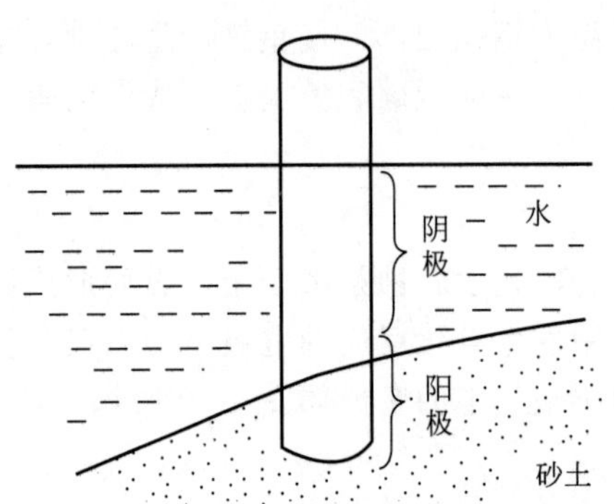

图 4-11 铁桩上因氧气分布不均形成腐蚀电池

由于 O_2氧化能力比 H^+ 强，故在大气中金属的电化学腐蚀一般是以吸氧腐蚀为主。

(3) 差异充气腐蚀

差异充气腐蚀又叫氧浓差腐蚀，是由于金属表面氧气分布不均匀，形成浓差电池而引起的金属腐蚀，是金属吸氧腐蚀的一种形式。例如置于静止水中的铁桩（图 4-11），常常发现埋在泥土中的部分发生腐蚀，而泥土上面部分却不腐蚀，这是因为水中接近水面部分氧气比较充足，溶解的氧气浓度较大；而下层泥土中溶解的氧气浓度比较小。这就相当于金属铁侵入含有氧气的溶液中，构成了氧电极。其电极反应和能斯特方程式表示为：

$$O_2 + 2H_2O + 4e^- \longrightarrow 4OH^-$$

$$E_{O_2/OH^-} = E^{\ominus}_{O_2/OH^-} + \frac{0.05917}{n}\text{V}\lg\frac{[p(O_2)/p^{\ominus}]}{[c'(OH^-)]^4}$$

从氧电极的能斯特方程式可以看出：氧的浓度不同，相应的氧电极的电势就不同。在接近水面部分（上段），由于氧气分压 $p(O_2)$ 较大，电极电势代数值较大；而处于水下层和泥土中的部分（下段），由于氧气分压 $p(O_2)$ 较小，电极电势的代数值也较小。这样便构成了以铁桩的上段为正极（即阴极），以铁桩的下段为负极（即阳极）的浓差电池，结果是铁桩的下部发生腐蚀，而接近水面处不被腐蚀。其电极反应如下。

阳极（下段）： $2Fe \longrightarrow 2Fe^{2+} + 4e^-$

阴极（上段）： $O_2 + 2H_2O + 4e^- \longrightarrow 4OH^-$

总反应： $2Fe + O_2 + 2H_2O \longrightarrow 2Fe(OH)_2$

氧浓差腐蚀是生产实践中危害很大而又难以防止的一种腐蚀，它对工程材料的影响必须予以足够重视。船体、桥桩、海上采油平台等水上建筑物及油缸、气罐等处于水下或地下部分及筛网交叉处，往往因氧浓差腐蚀而遭受严重破坏。工件上的一条裂缝、一个微小的孔隙，往往因差异充气腐蚀而毁坏整个工件，造成事故。

4.4.3.3 金属腐蚀的防护

金属腐蚀的防护方法很多，常用的有下列几种。

(1) 选择合适的耐蚀金属或合金

在最常用的金属材料中，铜、铝、镁、钛、锆等可以纯金属的形式使用，大量的是以合金形式使用。合金化可提高金属的耐蚀性，合金化的基本原则：①降低合金中阳极相的活性，例如钢中加镍，镍中加铬；②降低合金中阴极相的活性，例如工业镁中加锰，钢中加锑；③合金表面形成保护膜，例如铁中加硅，不锈钢中加钼。

选择材料的基本要求是耐蚀性和力学性能，例如高硅铁的耐蚀性能良好。但由于较脆，故不能进行钻、镗、铣等冷加工。此外选择材料还要考虑成本、资源等。下面介绍在十多种典型环境中，选材时应优先考虑的金属材料。

大气：铝及铝合金、钛及钛合金、抗大气腐蚀钢（例如 10MnSiCu 钢）、碳钢和铸铁（若要提高其耐蚀性，可在表面镀镍或渗铝）、铜及铜合金、不锈钢。

工业大气：铝及铝合金、钛及钛合金、碳钢或铸铁（表面可采用渗铝、喷钛等保护）。

淡水：铝及铝合金、钛及钛合金、高硅铁、不锈钢、铜及铜合金、铅及铅合金、镍。

海水：钛及钛合金、铜及铜合金、镍及镍合金、18-8 钢。

硫酸：高硅铁、铅（低浓度时用）、铁碳合金（高浓度时用）。

硝酸：钛及钛合金、高硅铁、不锈钢（低浓度时用）、铝（高浓度时用）。

盐酸：高硅铁、加钼高硅铁、哈氏合金（62Ni17Cr15Mo）。

脂肪酸：高硅铁、18-8-Mo 不锈钢、18-8 钢、铝。

甲醇：碳钢、高硅铁、18-8 钢、18-8-Mo 不锈钢、铜及铜合金、钛及钛合金。

氢氧化钠：镍及镍合金、高硅铸铁、加镍铸铁（>2%Ni）、铁碳合金、18-8 钢、18-8-Mo 不锈钢、铜及铜合金、钛及钛合金。

氯化钠：高硅铁、18-8 钢、18-8-Mo 不锈钢、镍及镍合金、钛及钛合金。

二氧化硫：碳钢、18-8-Mo 不锈钢、铜及合金、钛及钛合金。

硫化氢：碳钢、高硅铁、18-8 钢、18-8-Mo 不锈钢、铝及铝合金。

氯气（干）：碳钢、高硅铁、18-8 钢、18-8-Mo 不锈钢、铝及铝合金。

氯气（湿）：钛及钛合金、高硅铁、哈氏合金。

以上选材是按均匀腐蚀速度来考虑的，实际应用时还要注意它们的局部腐蚀倾向。

（2）覆盖保护层法

金属的腐蚀发生在金属与周围介质的接界面上，因此，只要在金属表面覆盖一层薄层保护层，将金属表面与周围介质隔开，就能保护金属避免腐蚀。

保护层有非金属材料保护层和金属或合金保护层。可将耐腐蚀的非金属材料（如油漆、塑料、橡胶、陶瓷、玻璃等）覆盖在要保护的金属表面上；另外，可用耐腐蚀性较强的金属或合金覆盖欲保护的金属，覆盖的主要方法是电镀。

（3）缓蚀剂法

凡是在腐蚀介质中添加少量就能抑制金属腐蚀的物质称为缓蚀剂，缓蚀剂保护金属的优点在于用量少、见效快、成本低、使用方便。缓蚀剂在工业上的应用很广，例如，黑色金属酸洗用若丁（Rodine）来保护基体金属，在矿物油中加入十二烯基丁二酸来保护传动齿轮，在冷却水中加入铬酸钠来保护冷却水系统。缓蚀剂保护的缺点是它只适用腐蚀介质有限体积的情况，例如电镀和喷漆前的酸洗除锈、产品包装。不适用于开放体系，例如码头、钻井平台。

缓蚀剂的分类和应用范围通常有以下几种。

① 按化学成分分类，分为无机缓蚀剂和有机缓蚀剂两类。

无机缓蚀剂：在中性或碱性介质中主要采用无机缓蚀剂。在碱性介质中使用的有硝酸钠、亚硝酸钠、磷酸盐等，在中性介质中使用的有亚硝酸钠、铬酸盐、重铬酸盐、硅酸盐等。它们能使金属表面形成氧化膜或沉淀物。例如，铬酸钠在中性水溶液中可使铁氧化成氧化铁，并与铬酸钠的还原产物 Cr_2O_3 形成复合氧化物保护膜。

$$2Fe+2Na_2CrO_4+2H_2O \longrightarrow Fe_2O_3+Cr_2O_3+4NaOH$$

又如，在含有氧气的近中性水溶液中，硫酸锌对铁有缓蚀作用。这是因为锌离子能与阴极上产生的 OH^-（$O_2+2H_2O+4e^- \longrightarrow 4OH^-$）反应，生成难溶的氢氧化锌沉淀保护膜。

$$Zn^{2+} + 2OH^{-} \longrightarrow Zn(OH)_2(s)$$

碳酸氢钙也能与阴极上产生的 OH^- 反应生成碳酸钙保护膜。

$$Ca^{2+} + HCO_3^{-} + OH^{-} \longrightarrow CaCO_3(s) + H_2O$$

有机缓蚀剂：在酸性介质中，无机缓蚀剂的效率较低，因而常采用有机缓蚀剂。它们一般是含有 N、S、O 的有机化合物。常用的缓蚀剂有硫醇胺、乌洛托品（六亚甲基四胺）、若丁（有效组分为二邻甲苯硫脲）等。

有机缓蚀剂对金属的缓蚀机理较复杂，最简单的一种机理是吸附机理。缓蚀剂分子被吸附时，缓蚀剂分子的极性基团吸附于金属表面，非极性基团则背向金属表面，形成的单分子层使酸性介质中的 H^+ 难以接近金属表面，从而阻碍了金属的腐蚀。缓蚀剂分子吸附主要有物理吸附和化学吸附两种理论。物理吸附认为是依靠静电引力，化学吸附则认为是缓蚀剂中 N、S、O 等中心原子的未共用电子对与金属原子形成配位键而引起。

② 按物理性质分类，分为水溶性、油溶性以及气相缓蚀剂三类。油溶性缓蚀剂是具有极性的有机化合物，兼有界面活性。石油磺酸盐是目前使用最多的一类油溶性缓蚀剂。油溶性缓蚀剂可作为防锈油（脂）的添加剂。气相缓蚀剂有挥发性，当中含有对钢、铝、镍和黄铜有良好缓蚀作用的十八胺。

③ 按成膜特征分类，分为氧化膜型、沉淀膜型和吸附型三类。氧化膜型缓蚀剂多为氧化剂，但并非氧化性越强作用越大，例如高锰酸钾氧化性很强，但缓蚀效果不大。氧化膜型缓蚀剂有钝化作用，又称钝化剂。沉淀膜型缓蚀剂如聚磷酸钠，在水中有足量 Ca^{2+} 存在及有溶解氧时，生成沉淀膜起缓蚀作用。吸附型缓蚀剂如硫脲，能吸附在金属表面从而阻挡腐蚀剂的接触，这类缓蚀剂大多是含 O、N、S 和 P 的有机物。

④ 按用途分类，分为冷却水缓蚀剂（例如在凝结水系统中加入联氨）、锅炉缓蚀剂（例如蒸汽锅炉中注入磷酸盐）、酸洗缓蚀剂（例如在盐酸或硫酸中用的乌洛托品）、油气井缓蚀剂（例如 411-甲醛、若丁-A）、石油化工缓蚀剂（例如炼油用的溴代烷基吡啶）等。

⑤ 按腐蚀电池的作用机理来分类，有阳极型、阴极型和混合型三类。

阳极型缓蚀剂：铬酸盐、硝酸盐、硅酸盐、苯甲酸盐等属于这类。其中苯甲酸盐只有当介质含有溶解氧时才起作用。这类缓蚀剂的作用主要是使金属表面钝化并持续保持此钝态，导致阳极极化增大从而使腐蚀电流减小[图 4-12(a)]。使用这类缓蚀剂时用量要足，以免保护膜对阳极覆盖不完全，形成阳极面积小阴极面积大的腐蚀电池，从前引起孔蚀。铬酸盐在淡水中的使用浓度在 100～150mg/L 以上，在含 Cl 的水中使用则要在 200mg/L 以上，但苯甲酸钠是个例外，用量不足也不存在孔蚀的危险。

阴极型缓蚀剂：聚磷酸盐、碳酸氢钙、硫酸锌等属于这类。按其作用机理分为成膜型阴极型缓蚀剂（生成氢氧化物或碳酸盐覆盖于阴极表面）和增加氢离子放电过电位的缓蚀剂。两者都是抑制阴极反应，使阴极极化增大而降低腐蚀电流[图 4-12(b)]。阴极型缓蚀剂用量不足也无危害性。

混合型缓蚀剂：主要是含 N 或 S，以及既含 N 又含 S 的有机物、生物碱、琼脂等。它们对阳极过程和阴极过程同时起抑制作用，结果是腐蚀电位变化不大而腐蚀电流变小[图 4-12(c)]。有些无机盐，例如硅酸钠、铝酸钠，在溶液中有呈胶体态的粒子，在阳极区和阴极区均沉淀成为保护膜，阻滞铁的溶解和氧接近金属。

缓蚀剂有着明显的选择性，例如对钢铁高效的缓蚀剂对铜的效果并不好，而对铜有高效的对钢铁的效果却差。金属不同，介质不同，适用的缓蚀剂可能不同。中性水介质多用无机

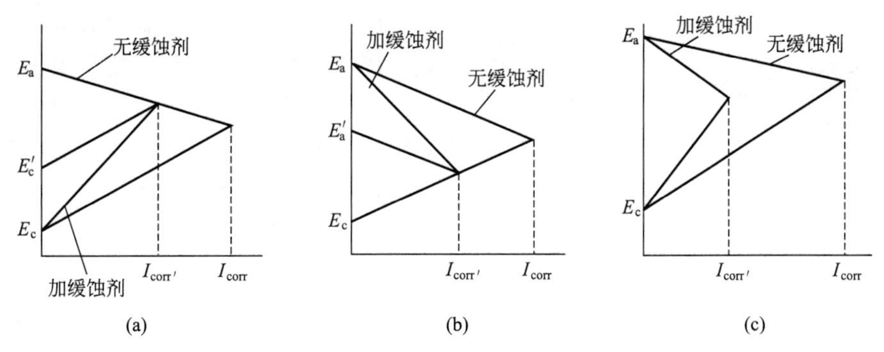

图 4-12 缓蚀剂抑制电极过程的三种类型

(a) 阳极型 (b) 阴极型 (c) 混合型

缓蚀剂，以氧化膜型和沉淀膜型为主。在酸性介质中多用有机缓蚀剂，以吸附型为主。不但要选出缓蚀剂品种，还要确定其用量；有时不同类型的缓蚀剂配合使用，效果更好，因此，必须对缓蚀剂进行评选。缓蚀剂的缓蚀效率可用下列公式表示

$$\varepsilon=\frac{\nu_0-\nu}{\nu_0}\times 100\%$$

式中，ε 为缓蚀效率；ν_0、ν 分别为无缓蚀剂、有缓蚀剂时试样的腐蚀速率，$g\cdot m^2/h$。

目前选择缓蚀剂还没有一个完整的理论依据，主要靠大量的筛选工作，筛选方法有以下几种：①失重法，求腐蚀速率再计算缓蚀效率；②容量法（只用于析氢腐蚀），即用单位时间内单位试样表面所析出的氢的体积表示腐蚀速率，再从腐蚀速率计算缓蚀效率；③电化学法，可用线性极化法或极化曲线外延法求腐蚀电流。此外，通过测微分电容可以了解缓蚀剂在电极表面上的吸附机理，吸附、脱附的电位范围以及吸附覆盖度，进而判断缓蚀剂的吸附能力。

（4）电化学保护法

电化学保护法分为阳极保护和阴极保护两种。

① 阴极保护　阴极保护是在被保护的金属表面通入足够大的阴极电流，使其电位变负，从而抑制金属表面上腐蚀电池阳极的溶解速度。图 4-13 所示的极化曲线可以说明阴极保护的原理，未进行阴极保护时，金属以 I_{corr} 速度不断溶解。当往金属输入阴极电流时，金属发生阴极极化，金属的电位从 E_{corr} 负移至 E'，这时总的阴极极化电流由两部分组成，一部分由腐蚀电池提供（AB 段），另一部分是外加的（BC 段）。这表明金属的电位移到 E'时，金属仍有与 AB 段相等的存在，即腐蚀速率变小而没有完全停止。当输入电流使金属的电位负移到 $E_{e,A}$时，即等于金属的平衡电位时，外加电流足以使金属完全停止腐蚀，使金属得到完全保护。

使金属达到完全保护所需的最小电流密度称最小保护电流密度，相应的电位称为最小保护电位。实际上要得到满意的保护效果，选用的保护电位总是低于腐蚀电池的阳极的平衡电位。为了达到必要的保护电位，要通过控制保护电流密度来实现。阴极保护电位不是越负越好。超过规定范围，除浪费电能外，还会引起析氢，导致附近介质 pH 升高，破坏漆膜，甚至引起氢脆。

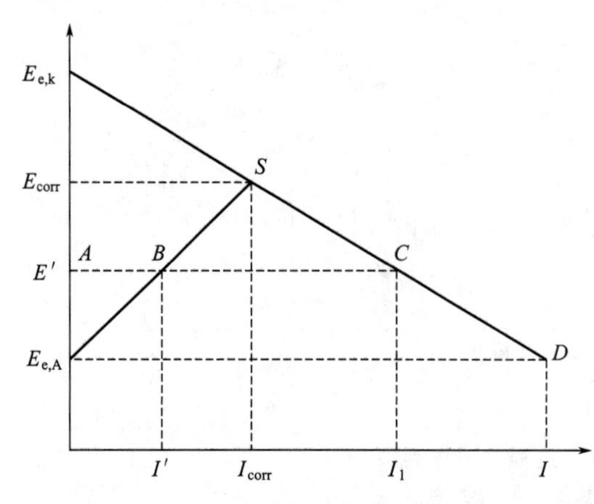

图 4-13 极化曲线阐述阴极保护的原理

阴极保护根据阴极电流的来源又分为牺牲阳极的阴极保护和外加电流的阴极保护两类。牺牲阳极保护又名牺牲阳极的阴极保护法，是利用原电池的原理，防止金属腐蚀的方法。具体方法是将还原性强的金属作为保护极，与被保护的金属相连构成原电池，还原性强的金属将作为负极发生氧化还原反应而牺牲消耗，被保护的金属作为正极，免于被腐蚀。这种方法是消耗牺牲了作为阳极（原电池的负极）的金属，保护了阴极（原电池的正极）金属（图 4-14）。常用的牺牲阳极材料有 Mg、Al、Zn 及其合金。牺牲阳极法常用于锅炉内壁、海轮的外壳和海底设备等。通常牺牲阳极占有被保护金属表面积的 1%～5%，分散布置在被保护金属的表面上。

对管道的阴极保护，必须考虑电位和电流分布的均匀性。例如，对埋地钢管实施阴极保护大多采用相隔一定距离的分立位置的辅助阳极，这时邻近阳极的管段的保护电位最负，而两个阳极之间的管段的电位就要正一些。为了改变这种情况，使在受阴极保护的管道上获得均匀的电位分布，采用与管道平行敷设的带状牺牲阳极是一条可行的途径，因为沿着轴线方向的电位分布一定是均匀的。

外加电流阴极保护，又称为强制电流阴极保护。外加电流阴极保护是通过外部电源来改变周围环境的电位，使得需要保护的设备的电位一直处在低于周围环境的状态下，从而成为整个环境中的阴极，这样需要保护的设备就不会因为失去电子而发生腐蚀了（图 4-15）。外加直流电的负极接被保护金属，附加电极作阳极，在直流电的作用下，阴极发生还原反应而受到保护。这种保护法广泛用于防止土壤、海水和河流中金属设备的腐蚀。

电化学保护法可单独使用，也可以与涂层防护法联合使用。

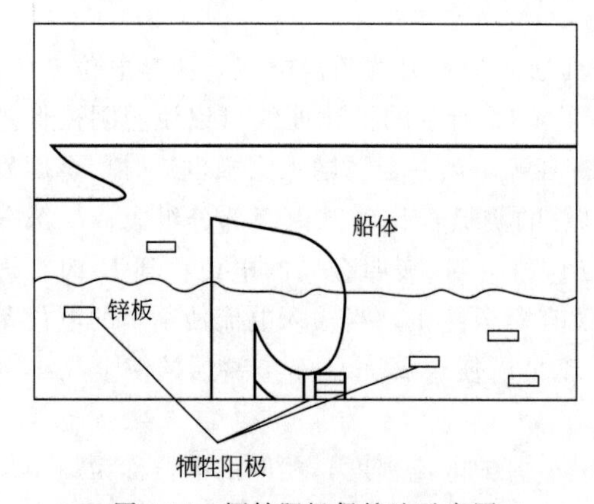

图 4-14 牺牲阳极保护法示意图

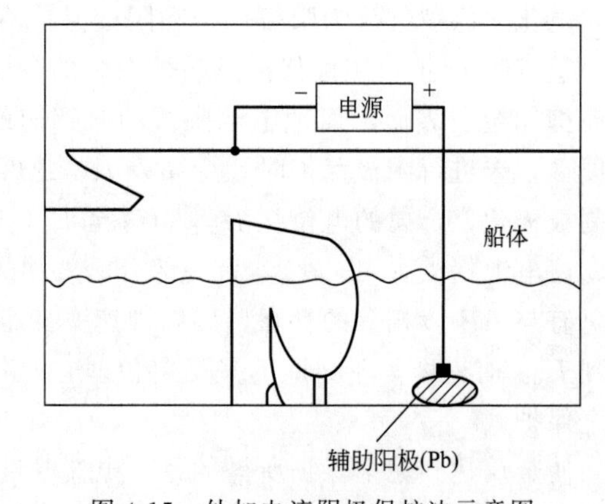

图 4-15 外加电流阴极保护法示意图

② 阳极保护 阳极保护是指将被保护金属作为阳极，进行阳极氧化而使金属钝化的保护方法。其原理是在外加阳极性直流电作用下，金属电位向正方向移动，当其正移到致钝电位或流经金属的外部电流密度达到致钝电流时，金属将发生阳极钝化现象，表面生成钝化膜（图 4-16）。

如果电位进入稳定钝化区，金属表面将形成完善的钝性。这时若对金属仅施以一个比致钝电流小得多的电流密度就能使金属维持这种钝性。由此使金属的腐蚀电流密度（也即腐蚀速率）大大地减小。也就是说，利用金属的阳极钝化现象，通过外加阳极电流而使金属表面生成钝化膜，并用一定的微小电流密度维持钝化膜的稳定，则金属将从腐蚀强烈的活化状态转变为腐蚀极轻微的稳定钝化状态，这种防止金属腐蚀的控制技术称为阳极保护技术。

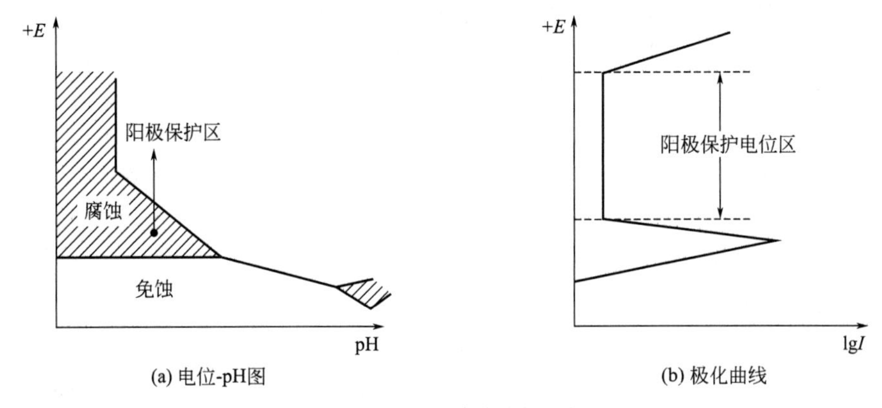

图 4-16 阳极保护原理图

阳极保护的使用条件和特点如下：

a. 某些活性阴离子含量高的介质中不宜采用阳极保护，因为这些活性离子，如氯离子在高浓度下能局部地破坏钝化膜并造成点腐蚀。

b. 与阴极保护一样，阳极保护也存在遮蔽效应。若阴、阳极布局不合理，可能造成有的地方已钝化，有的地方过钝化，有的地方尚处在活化态。

c. 与阴极保护相比，阳极保护成本高、工艺复杂。阳极保护需要辅助阴极、直流电源、测量及控制保护电位的设备。

4.4.4 电化学中的环境保护

随着人口增长和技术进步，自然资源和自然环境受到日益严重的破坏，环境保护已为举世瞩目的问题。防止水质污染、保护水资源更是迫在眉睫。生产废水和生活污水含有不少毒物和致癌物，如砒霜、苯、含铬化合物、重金属、煤焦油冶炼过程的废物。流入江河湖泊的大量污水形成恶劣的自然环境，严重危害水产资源和人类健康。大气的污染物很多，仅煤炭燃烧就可能放出几百种有害物质，其中对人类及植物影响较大的大气污染物有硫化物、氟化物、氮氧化物、一氧化碳、氧化剂、醛类和各种金属的气体。近年来，大气污染已由局部的、短时间的发展成为全球规模，被污染了的大气已经变成经常的环境条件。因此，人们采取了物理的、化学的、生物的方法来处理污水和废气，其中电化学方法因其突出的优点而得到迅速发展。

电化学方法在处理废物方面有许多特点：①多功能，利用直接或间接氧化和还原相分离、浓缩或稀释等方法处理气体、液体和固体的废物，处理量可从几微升到数百万升。②消耗能量较低，与其他非电化学过程（例如热分解）相比，电化学过程一般都温度较低。通过控制电位、设计电极和电池，减少由于电流分布差、电压降及副反应引起的能量损失。③便于自动控制，电化学过程中的电参数（I 和 E）尤其适用于数据采集过程自动化和控制。

④有利于环保，处理废物主要通过得失电子的反应，通常不必加入其他试剂。许多过程还有高的选择性，可防止不希望的副反应发生。⑤成本不高，若设计适宜，则设备和操作条件都比较简单。

电化学方法处理污染物的方法包括：①不溶性阳极电氧化法，通过阳极反应，氧化分解氰、酚、染料等杂质，或者通过阳极反应生成的中间体间接分解有毒物质或杀灭细菌。②阴极还原法，主要作用是重金属离子在阴极还原析出。③铁阳极电还原法，通过铁阳极溶解生成亚铁离子还原剂，二次反应生成氢氧化铁凝聚剂除杂质。适用于水中有氧化剂和有胶体物质的废水，如含铬、含蛋白质、含染料的废水。④铝阳极电凝聚法，利用铝阳极溶解生成的氢氧化铝凝聚剂，凝聚水中的胶体物质。⑤电浮离法，靠阳极产生氧气和阴极产生氢气，浮上分离废水中的杂质。⑥隔膜电解法，电解回收和净化浓废液，处理对象主要是离子和低分子范围的水中杂质。⑦电渗析法，利用离子交换膜的选择透过特性，分离浓缩和净化水中离子和低分子范围的杂质。下面介绍几个实例。

4.4.4.1 电解氧化除氰

含氰化物的废水处理，通常在碱性溶液中加入次氯酸钠或通入氯气，使氰化物氧化成氮气。用药品处理浓度较高的氰化物溶液，从经济费用和安全方面来考虑都是不可取的。电解氧化法适用于处理高浓度的含氰溶液。电解氧化时，在阳极上的反应为

$$CN^- + 2OH^- \longrightarrow H_2O + CNO^- + 2e^-$$

CNO^- 在碱性溶液中可水解为 NH_4^+ 及 CO_3^{2-} 或进一步阳极氧化，生成 N_2，即

$$CNO^- + 2H_2O \longrightarrow NH_4^+ + CO_3^{2-}$$

或

$$2CNO^- + 4OH^- \longrightarrow 2CO_2 + N_2\uparrow + 2H_2O + 6e^-$$

在碱性溶液中，在阳极上也常发生析出氧的反应

$$4OH^- \longrightarrow 2H_2O + O_2\uparrow + 4e^-$$

电解槽用钢板制作，在钢板上铺了一层橡胶或合成材料以便绝缘。电极宜采用耐碱的材料，可用石墨或二氧化铅做阳极，用石墨或碳钢做阴极，两极相距 3～10cm。阳极电流密度约为 $1\sim10A/dm^2$，电压约维持在 3～7V 进行电解氧化。当 CN^- 浓度降到 200mg/L 以下，再用 NaClO 氧化分解余下的 CN^-，这样处理会较为经济。

在 CN^- 进行氧化分解时加入少量食盐，能增加 CN^- 的氧化分解效果，因为生成了 NaClO。但现在多采用氧化效率高的材质做阳极，而不加食盐。例如对含氰达到 1000mg/L 的溶液，用二氧化铅作阳极时氧化效率特别高。

4.4.4.2 电解氧化除酚

酚能使人中毒，出现头晕、贫血等症状。水体中酚浓度高时会引起鱼类中毒死亡。因此我国工业废水排放规定挥发酚不得超过 0.5mg/L，饮用水不得超过 0.002mg/L。

含酚废水中投加一定量的食盐，在敞开式阳极电解氧化槽中，发生以下反应

阳极：
$$2H^+ + 2e^- \longrightarrow H_2$$

阴极：
$$2Cl^- - 2e^- \longrightarrow Cl_2$$

$$Cl_2 + H_2O \longrightarrow HClO + HCl$$

次氯酸钠在阳极放电而获得初生态氧

$$12ClO + 6H_2O - 12e^- \longrightarrow 4HClO_3 + 8HCl + 6[O]$$

初生态氧能氧化水中的酚

$$14[O] + C_6H_5OH \longrightarrow 6CO_2 \uparrow + 3H_2O$$

此外在阳极还可能发生 OH^- 氧化为氧气，以破坏苯环而生成有机酸。

4.4.4.3 电解法应用于工业废气的脱硫处理

此法是将浓盐水加入熟石灰中变为碱性溶液再进行电解，首先制成含有次氯酸钠的溶液，然后将其送到废气吸收塔的上部，用喷淋法吸收废气中的二氧化硫，反应生成硫酸和食盐。

$$NaClO + SO_2 + H_2O \longrightarrow NaCl + H_2SO_4$$

最后将吸收液送入结晶装置中，与碱性溶液中的熟石灰作用，生成石膏而析出。

食盐电解时所产生的 NaClO 因具有杀菌能力，也被利用到处理家庭废水。这种方法在海岸附近配合海水电解之后的电解液，与家庭废水混合进入反应槽中处理最为理想。

本章要点

1. 氧化还原反应：参加反应的物质之间有电子转移的化学反应。

氧化：氧化数增加的过程。

还原：氧化数降低的过程。

2. 氧化数：根据某些人为规定给单质和化合状态原子确定的荷电数。“荷电数”是指形式电荷数。

3. 氧化还原反应的配平方法：离子-电子法和氧化数法。

4. 原电池：利用氧化还原反应将化学能转换成电能的装置。

5. 氧化还原电对：电极反应中氧化型物质和相应的还原型物质组成的整体。

6. 电极电势：金属与其盐溶液界面上的电势差。

7. 标准电极电势：标准状态下，以标准氢电极为比较标准而测出的某电极的相对电势。

8. 原电池的标准电动势：$E^{\ominus} = E_{+}^{\ominus} - E_{-}^{\ominus}$。

9. 能斯特方程：$E = E^{\ominus} + \dfrac{0.05917}{n}\mathrm{V}\lg\dfrac{[c'(\text{氧化态})]^a}{[c'(\text{还原态})]^b}$。

10. 影响电极电势的因素：

(1) 电极本性；

(2) 离子浓度和气体分压；

(3) 温度。

11. 电池电动势与反应吉布斯自由能变的关系：$\Delta_r G_m = -nFE$

电池标准电动势与标准吉布斯自由能变的关系：$\Delta_r G_m^{\ominus} = -nFE^{\ominus}$

12. 电极电势的应用：

(1) 计算原电池的电动势及电极的电极电势；

(2) 比较氧化剂、还原剂的相对强弱；

(3) 氧化还原反应方向的判据：$E > 0$，氧化还原反应自发进行；

(4) 判断氧化还原反应进行的程度

$$\lg K^{\ominus}=\frac{nE^{\ominus}}{0.05917\mathrm{V}}=\frac{n(E_{+}^{\ominus}-E_{-}^{\ominus})}{0.05917\mathrm{V}};$$

（5）元素电势图的应用。

13. 化学电池：将氧化还原反应过程中的化学能转换为电能的装置。化学电池按其使用的特点大体可分为一次性电池、蓄电池和燃料电池三大类。

14. 电解：电流通过熔融状态电解质或电解质溶液导致物质发生分解的过程。电极电势代数值较大的氧化性相对较强的氧化态物质优先在阴极放电发生还原反应；电极电势代数值较小的还原性相对较强的还原态物质优先在阳极放电发生氧化反应。

15. 金属腐蚀分为化学腐蚀和电化学腐蚀两大类。单纯由化学作用而引起的腐蚀称为化学腐蚀。由于金属表面形成原电池而引起的腐蚀称为电化学腐蚀。

16. 腐蚀原电池阳极、阴极的确定：发生氧化反应的一极称为阳极，发生还原反应的一极称为阴极。

17. 电化学腐蚀的类型：

析氢腐蚀 $2H^{+}+2e^{-}\longrightarrow H_2\uparrow$（阴极反应）

吸氧腐蚀 $O_2+2H_2O+4e^{-}\longrightarrow 4OH^{-}$（阴极反应）

18. 电化学保护法：分为阴极保护法和阳极保护法，阴极保护法又包括牺牲阳极保护法和外加电流保护法。

19. 电化学方法处理污染物根据原理主要分为氧化法和还原法，其中电解氧化法可以除氰、硫、酚等难处理污染物。

习 题

1. 已知氢的氢化数为+1，氧的氧化数为−2，钾和钠的氧化数为+1，确定下列物质中其他元素的氧化数：PH_3，$K_4P_2O_7$，$NaNO_2$，K_2MnO_4，KIO_3，$Na_2S_2O_3$。

2. 分别写出碳在下列各物质中的共价数和氧化数：CH_4、$CHCl_3$、CH_2Cl_2、CCl_4。

3. 分别写出下列各物质中指定元素的氧化数：

（1）H_2S，S，SCl_2，SO_2，$Na_2S_4O_6$ 中硫的氧化数；

（2）NH_3，N_2O，NO，N_2O_4，HNO_3，N_2H_4 中氮的氧化数。

4. 什么是标准电极电势？标准电极电势的正负号是怎么确定的？

5. 怎样利用电极电势来确定原电池的正、负极及计算原电池的电动势？

6. 同种金属及其盐溶液能否组成原电池？若能组成，盐溶液的浓度必须具备什么条件？

7. 举例说明电极电势与有关离子浓度（气体压力）之间的关系。

8. 如何根据电极电势数据计算氧化还原反应的平衡常数？

9. 判断氧化还原反应进行方向的原则是什么？什么情况下必须用 E 值？什么情况下可以用 $E^{\ominus}$ 值？

10. 金属发生电化学腐蚀的实质是什么？为什么电化学腐蚀是常见的而且危害又很大的腐蚀？

11. 通常金属在大气中的腐蚀是析氢腐蚀还是吸氧腐蚀？分别写出这两种腐蚀的化学反应式。

12. 镀层破裂后，为什么镀锌铁（白铁）比镀锡铁（马口铁）耐腐蚀？

13. 为什么铁制的工件沾上泥土处很容易生锈？

14. 用标准电极电势解释：

(1) 将铁钉投入 $CuSO_4$ 溶液时，Fe 被氧化为 Fe^{2+} 而不是 Fe^{3+}；

(2) 铁与过量的氯气反应生成 $FeCl_3$ 而不是 $FeCl_2$。

15. 从标准电极电势值分析下列反应向哪一方向进行？

$$MnO_2 + 2Cl^- + 4H^+ \longrightarrow Mn^{2+} + Cl_2 + 2H_2O$$

实验室中是根据什么原理，采用什么措施利用上述反应制备氯气的？

16. 下列说法是否正确？

(1) 电极正极所发生的反应是氧化反应；

(2) $E^\ominus$ 值越大，则电对中氧化型物质的氧化能力越强；

(3) $E^\ominus$ 值越小，则电对中还原型物质的还原能力越弱；

(4) 电对中氧化型物质的氧化能力越强，则还原型物质的还原能力越强。

17. 一电对中氧化型或还原型物质发生下列变化时，电极电势将发生怎样的变化？

(1) 还原型物质生成沉淀；

(2) 氧化型物质生成配离子；

(3) 氧化型物质生成弱电解质；

(4) 氧化型物质生成沉淀。

18. 由标准锌半电池和标准铜半电池组成原电池：

$$(-)Zn|ZnSO_4(1mol/L)\|CuSO_4(1mol/L)|Cu(+)$$

(1) 改变下列条件对电池电动势有何影响？

①增加 $ZnSO_4$ 溶液的浓度；

②增加 $CuSO_4$ 溶液的浓度；

③在 $CuSO_4$ 溶液中通入 H_2S。

(2) 当电池工作 10min 后，其电动势是否发生变化？为什么？

(3) 在电池的工作过程中，锌的溶解与铜的析出质量上有什么关系？

19. 下列物质中，(a) 通常作氧化剂，(b) 通常作还原剂。试分别将 (a) 按它们的氧化能力，(b) 按其还原能力大小排成顺序，并写出它们在酸性介质中的还原产物或氧化产物。

(a) $FeCl_3$，F_2，Cl_2，$K_2Cr_2O_7$，$KMnO_4$

(b) $SnCl_2$，H_2，$FeCl_2$，Mg，Al，KI

(氧化性：$F_2 > KMnO_4 > Cl_2 > K_2Cr_2O_7 > FeCl_3$；还原性：$Mg > Al > H_2 > SnCl_2 > KI > FeCl_2$)

20. 已知下列反应均按正向进行：

$$Sn^{2+} + 2Fe^{3+} \longrightarrow Sn^{4+} + 2Fe^{2+}$$

$$MnO_4^- + 5Fe^{2+} + 8H^+ \longrightarrow Mn^{2+} + 5Fe^{3+} + 4H_2O$$

不查表，比较 Fe^{3+}/Fe^{2+}，Sn^{4+}/Sn^{2+}，MnO_4^-/Mn^{2+} 三个电对电极电势的大小，并指出哪个物质是最强的氧化剂？哪个物质是最强的还原剂？

21. 在下列氧化剂中，随着 $c(H^+)$ 增加，何者氧化能力增加，何者无变化？写出能斯特方程式，说明理由。

$$Fe^{3+}, H_2O_2, KMnO_4, K_2Cr_2O_7$$

22. 用离子-电子法配平下列离子（或分子）方程式：

(1) $MnO_4^- + H_2O_2 + H^+ \longrightarrow Mn^{2+} + O_2 + H_2O$

(2) $Cr^{3+} + PbO_2 + H_2O \longrightarrow Cr_2O_7^{2-} + Pb^{2+} + H^+$

(3) $Cr_2O_7^{2-} + H_2S + H^+ \longrightarrow Cr^{3+} + S + H_2O$

(4) $KClO_3 + FeSO_4 + H_2SO_4 \longrightarrow KCl + Fe_2(SO_4)_3 + H_2O$

(5) $K_2Cr_2O_7 + KI + H_2SO_4 \longrightarrow K_2SO_4 + Cr_2(SO_4)_3 + I_2 + H_2O$

(6) $PbO_2 + Mn(NO_3)_2 + HNO_3 \longrightarrow Pb(NO_3)_2 + HMnO_4 + H_2O$

23. 如将下列氧化还原反应装配成原电池，试以电池符号表示之。

(1) $Cl_2 + 2I^- \longrightarrow I_2 + 2Cl^-$

(2) $MnO_4^- + 5Fe^{2+} + 8H^+ \longrightarrow Mn^{2+} + 5Fe^{3+} + 4H_2O$

(3) $2Fe^{2+}(aq) + Cl_2(g) \longrightarrow 2Fe^{3+}(aq) + 2Cl^-(aq)$

(4) $Fe^{2+}(aq) + Ag^+(aq) \longrightarrow Fe^{3+}(aq) + Ag(s)$

(5) $Cu(s) + 2Ag^+(aq) \longrightarrow 2Ag(s) + Cu^{2+}(aq)$

(6) $Pb + 2HI \longrightarrow PbI_2 + H_2$

24. 写出下列原电池的电极反应和电池反应：

(1) $(-)Ag|AgCl(s)|Cl^- \| Fe^{3+}, Fe^{2+}|Pt(+)$

(2) $(-)Pt|Fe^{3+}, Fe^{2+} \| Cr_2O_7^{2-}, Cr^{3+}, H^+|Pt(+)$

25. 由标准氢电极和镍电极组成原电池。当 $c(Ni^{2+}) = 0.01mol/L$ 时，电池电动势为 0.316V，其中镍为负极，试计算镍电极的标准电极电势。

(−0.257 V)

26. 计算 298.15K，$c(OH^-) = 0.1mol/L$，$p(O_2) = 100kPa$ 时，氧电极的电极电势。

($E_{O_2/OH^-} = 0.460V$)

27. 由标准钴电极和标准氯电极组成原电池，测得其电动势为 1.64V，此时，钴电极为负极，已知 $E^{\ominus}_{Cl_2/Cl^-} = 1.36V$，试问：

(1) 此时电池反应方向如何？

(2) $E^{\ominus}_{Co^{2+}/Co} = ?$（不查表）

(3) 当氯气分压增大或减小时，电池电动势将怎样变化？

(4) 当 Co^{2+} 的浓度降低到 0.01mol/L 时，原电池的电动势将如何变化？数值是多少？

[(1) $Cl_2 + Co \longrightarrow Co^{2+} + 2Cl^-$；(2) −0.28V；(3) 氯气分压增大时，电池电动增大，氯气分压减小时，电池电动减小；(4) 1.70V]

28. 已知 $E^{\ominus}_{MnO_4^-/Mn^{2+}} = 1.51V$，$E^{\ominus}_{Br_2/Br^-} = 1.07V$，$E^{\ominus}_{Cl_2/Cl^-} = 1.36V$。欲使 Br^- 和 Cl^- 混合液中 Br^- 被 MnO_4^- 氧化，而 Cl^- 不被氧化，溶液 pH 应控制在什么范围（假定系统中除 H^+ 外，其他物质均处于标准状态）？

(pH 为 1.58～4.54)

29. 判断下列氧化还原反应进行的方向（设离子浓度为 1mol/L）：

(1) $2Cr^{3+} + 3I_2 + 7H_2O \rightleftharpoons Cr_2O_7^{2-} + 6I^- + 14H^+$

（2） $Cu+2FeCl_3 \rightleftharpoons CuCl_2+2FeCl_2$

[（1）逆反应自发；（2）正反应自发]

30. 试计算下列反应在 298.15K、标准状态下的吉布斯自由能变（$\Delta_r G_m^{\ominus}$）及平衡常数 $K^{\ominus}$。

（1） $Br_2+2Cl^- \longrightarrow 2Br^-+Cl_2$

（2） $Fe^{2+}+Ag^+ \longrightarrow Ag+Fe^{3+}$

[（1）56.35kJ/mol，1.35×10^{-10}；（2）-2.70kJ/mol，2.97]

31. 计算下列反应在 298.15K 的标准平衡常数和所组成的原电池的标准电动势。

$$Fe^{3+}+I^- \longrightarrow Fe^{2+}+\frac{1}{2}I_2$$

当等体积的 1mol/L Fe^{3+} 和 1mol/LI^- 溶液混合后，会产生什么现象？

（9.55×10^3，0.236V）

32. 已知 $E^{\ominus}_{MnO_4^-/Mn^{2+}}=1.51V$，$E^{\ominus}_{I_2/I^-}=0.54V$，将这两个电对组成原电池。

（1）计算该原电池的 $E^{\ominus}$。

（2）计算 25℃时反应 $2MnO_4^-(aq)+16H^+(aq)+10I^-(aq) \longrightarrow 2Mn^{2+}(aq)+5I_2(s)+8H_2O(l)$ 的 $\Delta_r G_m^{\ominus}$。

（3）写出原电池符号。

（4）通过计算，当 pH=4，而其他离子浓度均为 1.0mol/L，反应 $2MnO_4^-(aq)+16H^+(aq)+10I^-(aq) \longrightarrow 2Mn^{2+}(aq)+5I_2(s)+8H_2O(l)$ 能否自发进行？

[0.97V，-935.9kJ/mol，$(-)Pt \mid I_2 \mid I^- \parallel MnO_4^-, Mn^{2+}, H^+ \mid Pt(+)$，正向进行]

33. 在 298.15K，pH=4.0 时，下列反应能否自发进行？试通过计算说明（除 H^+、OH^- 以外，其他各物质均处于标准态）。

（1） $Cr_2O_7^{2-}+14H^++6Br^- \longrightarrow 2Cr^{3+}+3Br_2+7H_2O$

（2） $2MnO_4^-+16H^++10Cl^- \longrightarrow 2Mn^{2+}+5Cl_2+8H_2O$

（$E_{Cr_2O_7^{2-}/Cr^{3+}}=0.68V<E^{\ominus}_{Br_2/Br^-}=1.066V$，非自发；

$E_{MnO_4^-/Mn^{2+}}=1.128V<E^{\ominus}_{Cl_2/Cl^-}=1.358V$，非自发）

34. 分别阐述阴极保护和阳极保护的原理。

35. 请分别对阳极型、阴极型、混合型缓蚀剂进行举例，以及如何对缓蚀剂进行筛选。

5 化学与材料

5.1 概述

在 15 世纪以前，“化学”来源于人类对材料的使用，是在材料的使用中总结出来的，在实践过程中启发思想，古代“化学”大多是经验知识，而没有系统的化学学科。但是这一阶段在整个化学发展史上不可或缺，因为近代化学是在此基础上发展而来的。

这个阶段，在化学与材料的关系中，材料起主导作用。主要表现在两个方面：第一，从材料的使用中总结出化学经验。人类从原始社会就开始使用工具，这也是人和动物的重大区别之一。通过使用工具，使人类的劳动效率提高，改善了物质生活条件。工具的更新换代，直接使人类社会向前进步。然而，工具的每一次大的、根本上的更新换代，都是靠新材料的发现与使用，从石器时代到陶器时代到青铜器时代再到铁器时代，都是材料的变革引发了工具的变革。很显然，古代的材料都是生活中无意得到的，在发现它时，并没有去研究它，从而去合成制造它。比如陶器，人类在长期使用火的时候，发现泥土在火的作用下变得坚硬牢固，于是便逐渐发明了陶器。在此之前，人们并没有研究陶器的结构组成和加工工艺，只有在发明陶器之后，人们才开始探索诸如陶器是哪一种土烧制成的？其他的土也可以吗？烧成的陶器的质量一样吗？在做陶胚时加多少水？烧制时多大火，烧多长时间等问题，这些便是古代化学的出现。虽然当时的人们并没有“化学”这个概念，但是在今人看来，他们对陶器烧制方法的探索无疑是对化学的研究。用哪种土——用哪种反应物；火大火小、烧制时间——化学反应条件。第二，材料使化学仪器改进从而促进化学发展。随着各种新材料被发现，各种各样的仪器被制造出来，用于炼金术和炼丹术，尤其是玻璃器皿的使用，使炼丹家们在化学上更进一步。铜、铁、锡、铅等的使用，使人们在不断改进冶炼方法的同时也有了新的冶炼容器。炼丹家们在他们的实践过程中提出来一些初步的理论来说明问题，比如中国古代魏伯阳所著的《周易参同契》中就提到反应物的比例就很重要。但是他们依然还是没有成熟的、系统的化学理论体系，因此，他们并不能算是在研究化学。他们只是盲目摸索，没有理论作为前导，只是用化学方法去找那些在无意之中合成的物质的成分，化学在当时只是担任着分析的作用。因此，在古代，化学并不是一门学科。这些仪器的使用，比如中国的冷凝装置，以及西方造酒时的蒸馏装置，还有水浴器等都是化学实验史上的重大突破，这些仪器为随后工业革命中兴起的化学学科打下了坚实的实验基础。

到了16世纪，工业革命开始，化学逐渐地分离形成了一门独立的学科，并且迅速发展壮大，成为带头学科之一，尤其到了19世纪，化学的研究已经超过了人类在现实生活中的各种材料，于是化学与材料的关系发生了一个巨大的转变：由当初的材料引出化学发展到化学决定材料的时代。

工业革命后，涌出来一大批的化学家。他们发现了一种又一种的化学元素，并且致力于弄清其作用或者更大的作用。而且随着电化学的出现，一种新的化学工艺应用在了化学工业上，从而炼出来了新的材料，比如铝。

在不断发现新元素的时候，人们就开始用化学的原理去研究，而不是在某一种材料已经现世之后才去研究。现在，化学已经是材料发展的源泉。随着微观世界的大门被打开，人类对微观世界的认识越来越深入，人们不再盲目地探索新材料，而是从微观结构入手，以功能决定结构，以结构发展工艺。因此，现代材料学研究是有目的、有方向地去研究。化学不再是材料的尾随者，而成了领跑者。人们研究的各种新材料无一不是从功用出发，利用对结构决定性能的现有理解，从微观领域上，改变和完善材料现有的微观结构。例如，在金属材料中，一定量的位错可以增加材料的强度，采取一些措施适当增加金属材料的位错量，这就是从微观结构来研究材料。

人类社会的前进离不开科学技术的发展，而科学技术每一次取得重大突破时往往发生在材料领域，所以材料研究对于人类社会的发展与进步具有重要意义。

5.1.1 化学与材料的关系

化学与材料是密切相连的，不可分割的。化学是研究物质的组成、结构、性质以及变化规律的科学。材料是人类用于制造物品、器件、构件、机器或其他产品的那些物质。从化学的角度看，所有的材料无外乎都是由各种元素单质及其化合物组成；而材料的各种性质特点都与其组成的化学元素及化学键相关，材料与化学是密不可分的。化学是研究手段，材料则是研究结果。用化学手段研制出的先进材料则又成为人类认识和改造物质世界的工具。

5.1.2 材料的定义与分类

材料是人类用于制造物品、器件、构件、机器或其他产品的物质，如石材、涂料、钢铁、水泥、塑料等。

根据材料所含的化学物质的不同来分，可将材料分为四大类：金属材料、无机非金属材料、高分子材料以及由这三类材料相互组合而成的复合材料。

金属材料是由金属元素或以金属元素为主要成分的一类材料，如铝合金、钛合金、铁合金等。

无机非金属材料是以某些元素的氧化物、碳化物、氮化物、卤素化合物、硼化物以及硅酸盐、铝酸盐、磷酸盐、硼酸盐等物质组成的材料，如陶瓷、水泥、玻璃等。

高分子材料指由碳、氢、氧、氮、硅、硫等元素组成的分子量很大的有机化合物，如塑料、橡胶、纤维、涂料。

复合材料指把上述多种材料结合在一起所产生的材料，如金属基复合材料、陶瓷基复合材料、聚合物基复合材料等。

5.1.3 材料的地位与作用

材料是人类生产力发展的重要支柱之一。材料科学技术的每一次突破都会引起生产技术的革命，加速社会发展的进程，给人们生活和社会生产带来巨大变化。例如，高强度、耐温高的特殊材料促进了航空航天技术的发展；光导纤维促进了现代通信技术的发展；半导体材料造就了计算机技术行业。

材料的使用程度是人类社会发展的里程碑。从人类使用材料的经历来看，可分为五个阶段：石器时代、陶器时代、铜器时代、铁器时代、复合材料时代。人类使用的第一种材料是石头，故被称为“石器时代”。早在公元前7000年左右，人类就开始制作和使用陶器，称之为“陶器时代”。铜器时代大约起始于公元前5000年，青铜是人类制造的第一种合金材料。铁器时代至今尚难断言，最迟开始于春秋时期。复合材料始于20世纪初，主要是合成塑料、合成纤维、合成橡胶等高分子材料。

5.2 金属材料

金属材料是由金属元素或以金属元素为主要成分所形成的具有金属特征的一类材料，包括金属及其合金、金属化合物、金属基复合材料。金属材料可分为两大类，黑色金属材料和有色金属材料。黑色金属材料指铁及铁合金，如钢、铸铁、铁合金等。有色金属材料指黑色金属以外的所有金属及其合金，包括铝合金、钛合金、铜合金、镍合金等。

5.2.1 钢铁

钢铁按化学成分可分为碳素钢和合金钢。碳素钢是指碳含量不大于2%的铁碳合金，并含有少量杂质，如磷、硫、铜、硅、锰、铝等，包括低碳钢（C≤0.25%），中碳钢（C为0.25%～0.60%），高碳钢（C≥0.60%）。合金钢指为了改善钢的某些性能而加入一定量的一种或几种合金元素的钢。根据合金元素的加入量还可进一步细分为低合金钢（合金元素总含量≤5%）、中合金钢（合金元素总含量5%～10%）、高合金钢（合金元素总含量>10%）。

按用途可分为结构钢、工具钢、特殊钢。结构钢指符合特定强度和可成形性等级的钢，一般用于承载重量，具体可细分为：合金结构钢、碳素结构钢、耐热结构钢等。工具钢指用以制造切削刀具、量具、模具和耐磨工具的钢，具有高硬度、高耐磨性等特点；工具钢可细分为碳素工具钢、合金工具钢和高速工具钢等。特殊钢一般指具有特殊的化学成分（合金化）、采用特殊的工艺生产、具备特殊的组织和性能、能够满足特殊需要的钢类。与普通钢相比，特殊钢具有更优异的使用性能，能够满足特殊条件下的操作要求；特殊钢可细分为优质碳素钢、合金钢、高合金钢（合金元素大于10%）三类，其中合金钢和高合金钢占特殊钢产量的70%。

按品质可分为普通钢、优质钢和高级优质钢，一般是根据钢中磷、硫等杂质含量不同来分的。普通钢（P≤0.045%，S≤0.050%），优质钢（P、S 均≤0.035%），高级优质钢（P≤0.035%，S≤0.030%）。

按冶炼设备可分为平炉钢、转炉钢、电炉钢、坩炉钢等。

5.2.2 铜和铜合金

纯铜又叫紫铜，呈紫红色，导电性和导热性能优良。主要用来制作导电导热器材，如母线、电缆、开关装置、变压器、热交换器、平板集热器等。

铜合金是以纯铜为基体加入一种或多种其他元素所构成的合金。常见的铜合金有黄铜、青铜、白铜三大类。

黄铜是以锌作为主要添加元素的铜合金的统称，具有美观的黄色，可分为普通黄铜和特殊黄铜。普通黄铜是铜锌二元合金，又叫简单黄铜，含锌量为30%～42%之间的普通黄铜比较常见，如七三黄铜（含锌量为30%）、六四黄铜（含锌量为40%）。特殊黄铜又叫复杂黄铜，是除铜、锌外，还添加了其他元素如铝、镍、锰、锡、硅、铅等，通常叫做三元黄铜或多元黄铜。铝能提高黄铜的强度、硬度和耐蚀性，但使塑性降低，适合作海轮冷凝管及其他耐蚀零件。如船舶常用的消防栓防爆月牙扳手就是黄铜加铝铸造而成。锡能提高黄铜的强度和对海水的耐腐性，故称海军黄铜，用作船舶热工设备和螺旋桨等。铅能改善黄铜的切削性能，这种易切削黄铜常用作钟表零件。黄铜铸件常用来制作阀门和管道配件等。

白铜是以镍为主要添加元素的铜合金。铜镍二元合金称普通白铜；加有锰、铁、锌、铝等元素的白铜合金称为复杂白铜。

青铜原指铜锡合金，现指除黄铜、白铜以外所有的铜合金。命名时常在青铜名字前冠以第一主要添加元素的名称，如锡青铜、铅青铜、铝青铜、磷青铜、铍青铜等。

5.2.3 铝和铝合金

纯铝为银白色轻金属，延展性好，在潮湿空气中能形成氧化物膜层，抗腐蚀性好；在−253～0℃之间塑性和冲击韧性不降低，耐低温性能良好。

铝合金是指以铝为基体的合金总称。主要合金元素有铜、硅、镁、锌、锰，次要合金元素有镍、铁、钛、铬、锂等。铝合金密度低，但强度比较高，塑性好，可加工成各种型材，具有优良的导电性、导热性和抗蚀性，工业使用量仅次于钢。

铝合金按加工方法可以分为变形铝合金和铸造铝合金两大类。

变形铝合金能承受压力加工，可加工成各种形态规格的铝合金材，主要用于制造航空器材、建筑用门窗等。变形铝合金又分为不可热处理强化型铝合金和可热处理强化型铝合金。前者不能通过热处理来提高力学性能，只能通过冷加工变形来实现强化，主要包括高纯铝、工业高纯铝、工业纯铝以及防锈铝等。后者可通过淬火和时效硬化等热处理手段来提高力学性能，它可分为硬铝、锻铝、超硬铝和特殊铝合金等。

铸造铝合金按化学成分可分为铝硅合金、铝铜合金、铝镁合金、铝锌合金、铝稀土合金等。铝硅合金含硅量10%～25%，铸造性能和耐磨性能良好，热膨胀系数小，广泛用于结构件，如壳体、缸体、箱体和框架等。铝铜合金含铜量4.5%～5.3%，主要用于制作承受大的动、静载荷和形状不复杂的砂型铸件。铝镁合金含镁量12%，是密度最小（2.55g/cm^3）、强度最高（355 MPa左右）的铸造铝合金，可用于雷达底座、螺旋桨、起落架等零件或作装饰材料。铝锌合金中常加入硅、镁元素，铸件强度高、尺寸稳定，常用于制作模型、型板及设备支架等。

5.2.4 镁和镁合金

镁是银白色的金属，化学性质活泼，在空气中易形成白色氧化物层，其常温强度和塑性都较低，所以常用其合金做材料。

镁合金是指以镁为基质加入其他元素而形成的合金。镁合金中加入的元素主要有铝、锌、锰、硅等。镁合金主要分为变形镁合金与铸造镁合金两类。

变形镁合金是以镁铝和镁锰两种合金为主，它们在280～300℃时可以轧制成带状材和薄板材，在300～400℃时轧制成管材、型材、棒材。

铸造镁合金常以镁锌合金为主，主要用来制造仪器、仪表、照相机、电影机的零件和无线电通信器材，并常用于国防工业与航空工业。

5.2.5 钛和钛合金

钛是银白色的轻金属，在地壳中的含量丰富，仅次于铝、铁、镁而居第四位。钛的相对密度为4.5，高于铝而低于铁、铜、镍，但比强度位于金属之首，是不锈钢的3倍，是铝合金的1.3倍；熔点为1665℃左右。钛的导热性和导电性能较差，近似或略低于不锈钢，但其耐腐蚀性能和耐热性能优良。钛金属有可塑性，高纯钛的延伸率可达50%～60%，断面收缩率可达70%～80%，但强度低，不宜作结构材料。钛中杂质的存在，对其力学性能影响极大，特别是间隙杂质（氧、氮、碳）可大大提高钛的强度，显著降低其塑性。钛作为结构材料所具有的良好力学性能，就是通过严格控制杂质含量和添加合金元素而达到的。

常见的钛合金有钛锡合金、钛铝合金、钛钒合金、钛锰合金、钛铬合金、钛铁合金、钛硅合金、钛铜合金、钛镍合金等。钛合金的比强度大于优质钢，耐热强度、低温韧性、断裂韧性好，故多用作飞机发动机零件及火箭和导弹的结构件、燃料与氧化剂的储存箱和高压容器。此外，由于钛合金还与人体有很好的相容性，所以钛合金还被广泛用在生物医学界。

5.3 无机非金属材料

无机非金属材料是以某些元素的氧化物、碳化物、氮化物、卤素化合物、硼化物以及硅酸盐、铝酸盐、磷酸盐、硼酸盐等物质组成的材料，是除有机高分子材料和金属材料以外的所有材料的统称。无机非金属材料主要有陶瓷、玻璃、水泥、混凝土、耐火材料等。

5.3.1 陶瓷

陶瓷是以黏土为主要组分，辅以各种天然矿物质，经过粉碎、混炼、成型和煅烧而得的各种制品，是陶器和瓷器的总称。

陶瓷按照用途可分为：日用陶瓷、工艺陶瓷、工业陶瓷。日用陶瓷如茶具、餐具、盘、碟、碗等。工艺陶瓷如花瓶、雕塑品、器皿等。工业陶瓷指应用于各种工业的陶瓷制品，可分为化工陶瓷、建筑陶瓷、电瓷、特种陶瓷等。化工陶瓷如耐酸耐碱容器、管道等；建筑陶瓷如瓷砖、瓦片、面砖、卫生洁具等。电瓷如输电线路上的绝缘子、电机用套管等。特种陶瓷如高铝氧质瓷、镁石质瓷、钛镁石质瓷、锆英石质瓷、磁性瓷等，主要用于尖端科学技术。

按所用原料及坯体的致密程度可分为粗陶、精陶、炻器、半瓷器、瓷器等。其原料依次从粗到精，坯体依次从粗松多孔到紧致细密，烧结及烧成温度依次从低到高，致密程度依次从低到高，功能依次从弱到强。

粗陶是最低级的陶器，一般以某种易熔黏土制造，也可以在黏土中加入熟料或砂与之混合，以减少收缩。这些制品的烧成温度变动大，要依据黏土的化学组成及所含杂质的多少与性质来定。

精陶又可分为黏土质、石灰质、长石质、熟料质等四种。黏土质精陶接近普通陶器。石灰质精陶以石灰石为熔剂。长石质精陶以长石为熔剂，是陶器中最完美和使用最广的一种，被大量用来生产餐具，如杯、碟、盘等。熟料精陶是在精陶坯料中加入一定量熟料，以减少收缩，提高成品率。这种坯料多应用于大型和厚胎制品，如浴盆、大的盥洗盆等。

炻器又称缸器，是介于陶器和瓷器之间的制品，如水缸等。炻器质地致密坚硬，与瓷器相似，但还没有完全玻璃化，仍有一定的吸水率，坯体不透明，且在烧后多呈现棕色、黄褐色和灰蓝色。

半瓷器的坯料接近于瓷器坯料，但烧后仍有3%～5%的吸水率（真瓷器的吸水率在0.5%以下），所以它的使用性能不及瓷器，比精陶则要好些。

瓷器是陶瓷器发展的最高阶段。其坯体已完全烧结，并且完全玻化，故而质地非常致密，对液体和气体都无渗透性，常被用来制造高级日用器皿、电瓷、化学瓷等。

陶瓷使用按功能又可分为普通陶瓷与特种陶瓷（表 5-1）。日用陶瓷、工艺陶瓷、工业陶瓷等都属于普通陶瓷。而特种陶瓷是随着现代电器、无线电、航空、原子能、冶金、机械、化学等工业以及电子计算机、空间技术、新能源开发等尖端科学技术的飞跃发展而发展起来的。这些陶瓷所用的主要原料不再仅仅是黏土、长石等，而是更多地采用具有特殊性能的原料，制造工艺与性能要求也各不相同。

表 5-1 特种陶瓷举例

功能	特 性	典型材料	用 途
热学功能	耐高温性	ThO_2、Al_2O_3、B_4C、SiC、Mo_3Si	高温坩埚、高温炉等
	绝热性	$K_2O \cdot nTiO_2$、$CaO \cdot nTiO_2$	耐热绝缘体、节能炉等
力学功能	高强度	SiC、Si_3N_4、$Si_3N_4 \cdot Al_2O_3$、B_4C	喷嘴、转子、活塞、内衬
	韧性	SiC、B_4C、Al_2O_3	切削工具
	高硬性	SiC、Al_2O_3、金刚石（粉末）	研磨、模具材料
电子功能	介电性	$BaTO_3$（致密烧结体）	大容量电容器
	离子导电性	Na-β-Al_2O_3、ZrO_2	玻璃电极、钠硫电池氧量敏感元件
	半导体	SnO_2	气体敏感元件
磁功能	软磁性	$Zn_xMn_{1-x}Fe_2O_4$	记忆运算原件、磁芯、磁铁
	硬磁性	$ZnO \cdot 6Fe_2O_3$	磁铁、隐形战斗机材料
光功能	导光性	光导玻璃纤维	通信光缆
	偏光性	SnO_2（涂膜）	防模糊性玻璃等
吸声功能	吸声性	多孔陶瓷、陶瓷纤维	吸声板
生物功能	载体性	SiO_2、Al_2O_3、TiO_2	催化剂载体
	生物骨材	Al_2O_3、$Ca_{10}(PO_4)_6(OH)_2$	人造骨、人造齿、生物陶瓷

5.3.2 非晶态材料与玻璃

非晶态是指原子的排列所具有的近程有序、长程无序的状态。

对于晶体，其原子在空间按一定规律作周期性排列，是高度有序的结构，这种有序结构原则上不受空间区域的限制，故晶体的有序结构称为长程有序。

非晶态材料是一类新型的固体材料，包括玻璃、塑料、高分子聚合物、金属玻璃非晶态合金、非晶态半导体、非晶态超导体等。

玻璃是一种透明的固体物质，在熔融时形成连续网络结构，冷却过程中黏度逐渐增大并硬化却不结晶的硅酸盐类非金属材料。普通玻璃化学组成为 $Na_2O \cdot CaO \cdot 6SiO_2$，属于混合物，主要成分是二氧化硅。

玻璃按组成可分成元素玻璃（如硒玻璃）、氧化物玻璃（如 $Na_2O \cdot CaO \cdot SiO_2$，即硼铝硅酸盐玻璃）及非氧化物玻璃（如卤化物玻璃、硫族化合物玻璃）三类。其中以氧化物玻璃在实际应用和理论研究上最为普遍。

玻璃按性质可分为光敏玻璃、声光玻璃、高折射率玻璃、反射玻璃、热敏玻璃、耐高温玻璃、低膨胀玻璃、高绝缘玻璃、导电玻璃、高介电性玻璃、超导玻璃、耐碱玻璃等。

5.3.3 水泥与胶凝材料

胶凝材料又称胶结料，在物理化学作用下，能从浆体变成坚固的石状体，并能胶结其他物料，制成有一定机械强度的复合的固体物质。根据化学组成的不同，胶凝材料可分为无机胶凝材料与有机胶凝材料两大类。石灰、石膏、水泥等属于无机胶凝材料；而沥青、天然或合成树脂等属于有机胶凝材料。

无机胶凝材料按其硬化条件的不同又可分为气硬性和水硬性两类。水硬性胶凝材料和水成浆后，在空气中或水中均能硬化、保持和发展强度。这类材料通称为水泥，如硅酸盐水泥、铝酸盐水泥、硫铝酸盐水泥等。气硬性胶凝材料是非水硬性胶凝材料，只能在空气中硬化，也只能在空气中保持和发展强度，如石灰、石膏和水玻璃等。所以，气硬性胶凝材料一般适用于干燥环境中。

水泥是粉状的水硬性无机胶凝材料，加水搅拌成浆体后能在空气或水中硬化，常用来将砂、石等散粒材料胶结成砂浆或混凝土。

水泥按用途及性能可分为三类：通用水泥，一般土木建筑工程通常采用的水泥，如普通硅酸盐水泥、复合硅酸盐水泥、矿渣硅酸盐水泥等；专用水泥，如道路硅酸盐水泥等；特性水泥，如快硬硅酸盐水泥等。

水泥按其主要水硬性物质分为：硅酸盐水泥、铝酸盐水泥、硫铝酸盐水泥、铁铝酸盐水泥、氟铝酸盐水泥等。本节主要介绍硅酸盐水泥。

硅酸盐水泥是指以黏土和石灰石为原料，经高温煅烧得到以硅酸钙为主要成分的熟料，加入 0～5%的混合材料和适量石膏磨细制成的水硬性胶凝材料的统称，国际上统称为波特兰水泥。硅酸盐水泥分两种类型，不掺加混合材料的称为Ⅰ型硅酸盐水泥，代号 P·Ⅰ；掺加不超过水泥质量 5%的石灰石或粒化高炉矿渣混合材料的称为Ⅱ型硅酸盐水泥，代号 P·Ⅱ。

硅酸盐水泥的主要技术要求有细度、凝结时间、体积安定性、强度。细度——比表面积要大于 $300m^2/kg$（勃氏法测定）。凝结时间——初凝不早于 45min，终凝不迟于 390min。体积安定性——用沸煮法检验来合格。强度——各龄期强度不得低于 GB 175—2007 规定值。

凡由硅酸盐水泥熟料、5%～20%的混合材料及适量石膏磨细制成的水硬性胶凝材料，称为普通硅酸盐水泥，简称普通水泥。普通硅酸盐水泥的主要技术指标有：细度——$80\mu m$ 方孔筛余不得超过 10%；凝结时间——初凝不得早于 45min，终凝不得迟于 10h；强度——各龄期强度不得低于 GB 175—2007 规定值。

5.3.4 混凝土

混凝土是指由胶凝材料将集料胶结成整体的工程复合材料的统称。通常讲的混凝土一词是指用水泥作胶凝材料，砂石作集料，与水和外掺剂（化学外加剂、矿物料）按一定比例配合，经一定的加工处理如搅拌、成型、养护后凝结硬化而形成的具有堆聚结构的复合材料。当采用的胶凝材料为水泥时就叫水泥混凝土，水泥混凝土是使用最多最广的一种混凝土，广泛应用于土木工程中。

混凝土的分类方法很多，若按其表观密度来分，可以分成以下三种：重混凝土、普通混凝土、轻质混凝土。这三种混凝土不同之处就是骨料的不同。重混凝土表观密度大于 $2600kg/m^3$，用特别密实和特别重的集料制成的，如重晶石混凝土、钢屑混凝土等。它们具有不透 X 射线和 γ 射线的性能，又称防辐射混凝土，常在核能工程中作屏蔽材料结构。普通混凝土表观密度为 $1950\sim2500kg/m^3$，集料为砂、石，常在土木建造工程中作承重结构。轻质混凝土表观密度小于 $1950kg/m^3$，包括轻集料混凝土、多孔混凝土（泡沫混凝土、加气混凝土）、大孔混凝土（普通大孔混凝土、轻骨料大孔混凝土）。轻集料混凝土的集料常有浮石、火山渣、陶粒、膨胀珍珠岩、膨胀矿渣等。泡沫混凝土是由水泥浆或水泥砂浆与稳定的泡沫制成的。加气混凝土是由水泥、水与发气剂制成的。大孔混凝土组成中无细集料，普通大孔混凝土是用碎石、软石、重矿渣作集料配制的，轻骨料大孔混凝土是用陶粒、浮石、碎砖、矿渣等作为集料配制的。

混凝土按胶凝材料不同可分为：①无机胶凝材料混凝土，如水泥混凝土、石膏混凝土、硅酸盐混凝土、水玻璃混凝土等；②有机胶凝材料混凝土，如沥青混凝土、聚合物混凝土等。

按使用功能分类主要有：结构混凝土、保温混凝土、防水混凝土、耐火混凝土、水工混凝土、海工混凝土、道路混凝土、防辐射混凝土等。

按配筋方式分有：素（即无筋）混凝土、钢筋混凝土、纤维混凝土等。

按混凝土拌和物的和易性分主要有：干硬性混凝土、半干硬性混凝土、塑性混凝土、流动性混凝土、高流动性混凝土、流态混凝土等。

混凝土的主要技术指标主要有：混凝土拌和物的和易性、混凝土强度、变形及耐久性等。和易性又称工作性，是指混凝土拌和物在一定的施工条件下，便于各种施工工序的操作，以保证获得均匀密实的混凝土的性能。和易性是一项综合技术指标，包括流动性（稠度）、黏聚性和保水性三个主要方面。强度是混凝土硬化后的主要力学性能，反映混凝土抵抗荷载的量化能力。混凝土强度包括抗压、抗拉、抗剪、抗弯、抗折等强度。混凝土的变形包括非荷载作用下的变形和荷载作用下的变形。非荷载作用下的变形有化学收缩、干湿变形及温度变形等。水泥用量过多，在混凝土的内部易产生化学收缩而引起微细裂缝。混凝土耐久性是指混凝土在实际使用条件下抵抗各种破坏因素作用，长期保持强度和外观完整性的能力。包括混凝土的抗冻性、抗渗性、抗蚀性及抗碳化能力等。

5.3.5 耐火材料

耐火材料是指耐火度高于 1580℃的无机非金属材料。耐火度指耐火材料锥形体试样在没有荷重情况下，抵抗高温作用而不软化熔倒的温度。

耐火材料按耐火温度的高低分为普通耐火材（1580～1770℃）、高级耐火材料（1770～2000℃）和特级耐火材料（2000℃以上）。按化学特性分为酸性耐火材料、中性耐火材料和碱性耐火材料。此外，还有在特殊场合使用的耐火材料。

酸性耐火材料以氧化硅为主要成分，常用的有硅砖和黏土砖。硅砖是含氧化硅 94%以上的硅质制品，其抗酸性炉渣侵蚀能力强，荷重软化温度高，重复煅烧后体积不收缩，甚至略有膨胀；但其易受碱性渣的侵蚀，抗热震性差。黏土砖以耐火黏土为主要原料，含有30%～46%的氧化铝，属弱酸性耐火材料，抗热振性好，对酸性炉渣有抗蚀性。

中性耐火材料以氧化铝、氧化铬或碳为主要成分。刚玉制品含氧化铝 95%以上，是用途较广的优质耐火材料。铬砖以氧化铬为主要成分，对钢渣的耐蚀性好，高温荷重变形温度较低，抗热震性较差。碳质耐火材料有碳砖、石墨制品和碳化硅质制品，其热膨胀系数很低，导热性高，耐热震性能好，高温强度高，抗酸碱和盐的侵蚀。

碱性耐火材料以氧化镁、氧化钙为主要成分，常用的是镁砖。镁砖含氧化镁 80%甚至85%以上，对碱性渣和铁渣有很好的抵抗性，耐火度比黏土砖和硅砖高。

在特殊场合应用的耐火材料有：①高温氧化物材料，如氧化铝、氧化铍、氧化钙、氧化镧、氧化锆等；②难熔化合物材料，如碳化物、氮化物、硼化物、硅化物和硫化物等；③高温复合材料，如金属陶瓷、高温无机涂层和纤维增强陶瓷等。

耐火材料的物理性能包括结构性能、热学性能、力学性能、使用性能和作业性能。结构性能包括气孔率、体积密度、吸水率、透气度、气孔孔径分布等。热学性能包括热导率、热膨胀系数、比热容、热传递系数等。力学性能包括耐压强度、高温抗折强度、黏结强度、高温蠕变性等。使用性能包括耐火度、荷重软化温度、抗热震性、抗氧化性及抗水化性等。作业性包括塌落度、稠度、流动度、可塑性、黏结性、回弹性、凝结性、硬化性等。

5.4 高分子材料

高分子材料是由分子量较高的化合物即高分子化合物所构成的材料，包括橡胶、塑料、纤维、涂料、胶黏剂和高分子基复合材料。高分子化合物的分子量高达 10^4～10^7，它有许多不同于普通小分子化合物的特性，如高强度、高黏度、高弹性、高的硬度、高的韧性等。

高分子材料按来源分为天然高分子材料、改性天然高分子材料、合成高分子材料。天然高分子化合物如棉、毛、丝、木材、麻等；改性天然高分子材料如赛璐珞等；合成高分子材料如酚醛树脂、聚乙烯、聚丙烯等。常见合成高分子材料见表 5-2 所列。

表 5-2 常见合成高分子材料

序号	中文学名	英文全名	英文简称
1	聚乙烯	Polyethylene	PE
2	高密度聚乙烯	High Density Polyethylene	HDPE
3	低密度聚乙烯	Low Density Polyethylene	LDPE
4	线型低密度聚乙烯	Linear Low Density Polyethylene	LLDPE
5	聚丙烯	Polypropylene	PP
6	聚氯乙烯	Polyvinyl Chloride	PVC
7	通用聚苯乙烯	General Purpose Polystyrene	GPPS
8	发泡性聚苯乙烯	Expansible Polystyrene	EPS
9	耐冲击性聚苯乙烯	High Impact Polystyrene	HIPS
10	苯乙烯-丙烯腈共聚物	Styrene-Acrylonitrile Copolymers	AS,SAN
11	丙烯腈-丁二烯-苯乙烯共聚物	Acrylonitrile-Butadiene-Styrene Copolymers	ABS
12	聚甲基丙烯酸酯	Polymethyl Methacrylate	PMMA
13	乙烯-乙酸乙烯酯共聚物	Ethylene-Vinyl Acetate Copolymers	EVA
14	聚对苯二甲酸乙酯	Polyethylene Terephthalate	PET
15	聚对苯二甲酸丁酯	Polybutylene Terephthalate	PBT
16	聚酰胺(尼龙)	Polyamide	PA
17	聚碳酸酯	Polycarbonates	PC
18	聚缩醛树脂	Polyacetal	POM
19	聚苯醚	Polyphenyleneoxide	PPO
20	聚苯硫醚	Polyphenylenesulfide	PPS
21	聚氨基甲酸乙酯	Polyurethanes	PU

高分子材料按特性分为橡胶、纤维、塑料、高分子胶黏剂、高分子涂料和高分子基复合材料等。

橡胶是一类线型柔性高分子聚合物，有天然橡胶和合成橡胶两种，其分子链间次价力小，分子链柔性好，在外力作用下可产生较大形变，除去外力后能迅速恢复原状。

纤维分为天然纤维和化学纤维。天然纤维如蚕丝、棉、麻、毛等，化学纤维是指以天然高分子或合成高分子为原料，经过纺丝和后处理制得的一类纤维。纤维具有次价力大、形变能力小、模量高等特点。

塑料是以合成树脂或化学改性的天然高分子为主要原料，再加入填料、增塑剂及其他添加剂制得。塑料的分子间次价力、模量和形变量等介于橡胶和纤维之间。通常按合成树脂的特性分为热固性塑料和热塑性塑料；按用途又分为通用塑料和工程塑料。

高分子胶黏剂有天然胶黏剂与合成胶黏剂两种，应用较多的是合成胶黏剂。

高分子涂料是以聚合物为主要成膜物质，辅以溶剂及其他各种添加剂制得。高分子涂料根据成膜物质不同，可以分为油脂涂料、天然树脂涂料和合成树脂涂料。

高分子基复合材料是以高分子化合物为基体，添加各种增强材料制得的一种复合材料，综合了原有材料的性能特点。

5.4.1 塑料

塑料是一种高分子化合物，是利用单体原料聚合而成的材料，由合成树脂及填料、增塑剂、稳定剂、润滑剂、着色剂等添加剂组成。

塑料可分为热固性与热塑性两种。热塑性塑料具有加热软化、冷却硬化、能重新塑造使用的特性。如聚乙烯、聚丙烯、聚氯乙烯、聚苯乙烯、聚碳酸酯等。热塑性塑料中树脂分子链之间无化学键产生，是线型结构或带支链结构，加热软化、冷却变硬都是物理变化，可重复发生。热固性塑料是指在受热或其他条件下能固化或具有不溶（熔）特性的塑料，如酚醛塑料、环氧塑料等。热固性塑料的树脂固化前是线型或带支链的，加热时软化流动，加热到一定温度时分子链之间形成化学键而发生交联成为三维的网状结构（又叫体型结构），不仅不能再熔触，而且在溶剂中也不能溶解，所以这一类塑料使用后不能重新塑造使用。

按用途的广泛性来分，塑料可分为通用塑料及工程塑料。通用塑料是指产量大、用途广、成型性好、价格便宜的塑料，如表 5-2 中的 PP、HDPE、LDPE、PVC 等。工程塑料是指可以作为构造用及机械零件用的高性能塑料，耐热性在 100℃ 以上，主要运用在工业上，如 ABS、尼龙、聚砜、聚甲醛、聚苯醚、聚碳酸酯、聚对苯二甲酸丁二醇酯等。

我们通常所用的塑料并不是一种纯物质，它是由许多材料配制而成的。其中高分子聚合物（或称合成树脂）是塑料的主要成分。此外，为了改进塑料的性能，还要在聚合物中添加各种辅助材料，如填料、增塑剂、润滑剂、稳定剂、着色剂等。

合成树脂是塑料的最主要成分，其在塑料中的含量一般在 40%～100%。由于含量大，而且其性质常常决定了塑料的性质，所以人们常把树脂看成是塑料的同义词。例如把聚氯乙烯树脂与聚氯乙烯塑料、酚醛树脂与酚醛塑料混为一谈。其实树脂与塑料是两个不同的概念。树脂是一种未加工的原始聚合物，它不仅用于制造塑料，而且还是涂料、胶黏剂以及合成纤维的原料。而塑料除了极少一部分含 100%的树脂外，绝大多数还需要加入其他物质。

填料又叫填充剂，它可以提高塑料的性能如强度、耐热性等，并降低成本。例如酚醛树脂中加入木粉后可大大降低成本，使酚醛塑料成为最廉价的塑料之一，同时还能显著提高机械强度。填料可分为有机填料和无机填料两类，前者如木粉、碎布、纸张和各种织物纤维等，后者如玻璃纤维、硅藻土、石棉、炭黑等。

增塑剂可增加塑料的可塑性和柔软性，降低脆性，使塑料易于加工成型。增塑剂一般是能与树脂混溶，无毒无臭，对光和热稳定的高沸点有机化合物，最常用的是邻苯二甲酸酯类。例如生产聚氯乙烯塑料时，若加入较多的增塑剂便可得到软质聚氯乙烯塑料，若不加或少加增塑剂（用量<10%），则得硬质聚氯乙烯塑料。

为了防止合成树脂在加工和使用过程中受光和热的作用而分解或破坏，延长使用寿命，须在塑料中加入稳定剂。工业上广泛应用的热稳定剂大致包括铅盐类、金属皂类、有机锡类、有机锑类等主稳定剂和环氧化合物类、亚磷酸酯类、多元醇类等有机辅助稳定剂。光稳定剂主要包括二苯甲酮类化合物、苯并三唑类化合物、水杨酸酯类化合物、取代丙烯腈类化合物和三嗪类化合物等。

着色剂可使塑料具有各种鲜艳、美观的颜色。常用有机染料和无机颜料作为着色剂。

润滑剂的作用是防止塑料在成型时粘在金属模具上，同时可使塑料的表面光滑美观。常用的润滑剂有硬脂酸及其钙镁盐等。

抗氧化剂的作用是防止塑料在加热成型或在高温使用过程中受热氧化而使塑料变黄、发裂等。

除了上述助剂外，塑料中还可加入阻燃剂、发泡剂、抗静电剂等，以满足不同的使用要求。

5.4.2 橡胶

橡胶按原料分为天然橡胶和合成橡胶。天然橡胶是一种以聚异戊二烯为主要成分的天然高分子化合物，分子式是 $(C_5H_8)_n$，其成分中 91%～94%是橡胶烃（聚异戊二烯），其余为蛋白质、灰分等非橡胶物质。天然橡胶在常温下具有较高的弹性，稍带塑性，机械强度好，滞后损失小，耐屈挠性好，电绝缘性好。天然橡胶分子中含有不饱和双键，所以光、热、臭氧、辐射等都能促进橡胶的老化，不耐老化是天然橡胶的致命弱点。但在天然橡胶里添加抗老化剂后，在阳光下暴晒两个月依然看不出多大变化，在仓库内储存 3 年后仍可以照常使用。天然橡胶有较好的耐碱性能，但不耐浓强酸。由于天然橡胶是非极性橡胶，只能耐一些极性溶剂，而在非极性溶剂中则溶胀，因此，其耐油性和耐溶剂性很差。一般说来，烃、卤代烃、二硫化碳、醚、高级酮和高级脂肪酸对天然橡胶均有溶解作用；而低级酮、低级酯及醇类对天然橡胶则没有溶解作用。

合成橡胶是由人工合成的高弹性聚合物，也称合成弹性体。按使用特性可将合成橡胶分为通用橡胶和特种橡胶两大类。通用橡胶指用于轮胎制造和民用产品方面的橡胶，产量占合成橡胶的 50%以上，主要包括丁苯橡胶、异戊橡胶、乙丙橡胶、氯丁橡胶等。特种橡胶通常指具有特殊性能和特殊用途，能适应苛刻条件下使用的合成橡胶，如硅橡胶、氟橡胶、聚硫橡胶、氯醇橡胶、丁腈橡胶、聚丙烯酸酯橡胶、丁基橡胶、聚氨酯橡胶、硅橡胶、聚丙烯酸酯橡胶等，主要用于各种特殊场合。

丁苯橡胶是由丁二烯和苯乙烯共聚制得的，是产量最大的通用合成橡胶，有乳聚丁苯橡胶、溶聚丁苯橡胶等。

顺丁橡胶由丁二烯聚合制得，具有特别优异的耐寒性、耐磨性和高弹性，还具有较好的耐老化性能。顺丁橡胶绝大部分用于生产轮胎，少部分用于制造耐寒制品、缓冲材料以及胶带、胶鞋等。顺丁橡胶的缺点是抗撕裂性能较差、抗湿滑性能不好。

异戊橡胶是聚异戊二烯橡胶的简称，具有良好的弹性和耐磨性，耐热性好、化学稳定性。异戊橡胶生胶（未加工前）强度显著低于天然橡胶，但质量均一性、加工性能等优于天然橡胶。异戊橡胶可以代替天然橡胶制造载重轮胎和越野轮胎，还可用于生产各种橡胶制品。

氯丁橡胶是以 2-氯-1,3-丁二烯为主要原料，通过均聚或与少量其他单体共聚而成。其拉伸强度高，耐热、耐光、耐老化性能优良，耐油性能也好；具有较强的耐燃性和优异的抗延燃性，化学稳定性较高，耐水性良好。氯丁橡胶的缺点是电绝缘性能、耐寒性能较差，生胶在储存时不稳定。氯丁橡胶用途广泛，常用来制作运输皮带和传动带，电线电缆的包皮材料，耐油胶管、垫圈以及耐化学腐蚀的设备衬里。

乙丙橡胶以乙烯和丙烯为主要原料，耐老化，电绝缘性能和耐臭氧性能突出。乙丙橡胶可大量填充炭黑，制品价格较低，化学稳定性好，耐磨性、弹性、耐油性与丁苯橡胶接近。

丁腈橡胶是由丁二烯和丙烯腈经低温乳液聚合法制得的，耐油性极好，耐磨性较高，耐热性较好，粘接力强。其缺点是耐低温性差、耐臭氧性差，电性能低劣，弹性稍低。丁腈橡胶主要用于制造耐油橡胶制品。

氟橡胶是含有氟原子的合成橡胶，具有优异的耐热性、耐氧化性、耐油性和耐药品性，它主要用于航空、化工、石油、汽车等工业部门，作为密封材料、耐介质材料以及绝缘材料。

丁基橡胶是由异丁烯和少量异戊二烯共聚而成的，气密性优异，耐热、耐臭氧、耐老化性能良好，化学稳定性，电绝缘性能良好。丁基橡胶的缺点是硫化速率慢，弹性、强度、黏着性较差。主要用途是制造各种车辆内胎，用于制造电线和电缆包皮、耐热传送带、蒸汽胶管等。

聚氨酯橡胶是由聚酯（或聚醚）与二异氰酸酯类化合物共聚而成。耐磨性能好、弹性好、硬度高、耐油、耐溶剂，耐热差、耐老化性能差。聚氨酯橡胶在汽车、制鞋、机械工业中的应用最多。

硅橡胶由硅、氧原子形成主链，侧链为含碳基团，用量最大的是侧链为乙烯基的硅橡胶。既耐热，又耐寒，使用温度在－100～300℃之间，它具有优异的耐气候性和耐臭氧性以及良好的绝缘性。缺点是强度低，抗撕裂性能差，耐磨性能也差。硅橡胶主要用于航空工业、电气工业、食品工业及医疗工业等方面。

聚丙烯酸酯橡胶属高温耐油特种橡胶，是丙烯酸酯的均聚物，或丙烯酸烷基酯单体与少量具有交联活性基团单体的共聚物。聚丙烯酸酯橡胶主链为饱和结构，这使其具有良好的耐氧化性和耐臭氧性，所含极性酯基又使它耐烃类油溶胀性突出。聚丙烯酸酯橡胶的耐寒性和耐水性较差，比较适合于制作耐热、耐油的橡胶部件，主要用于汽车的各种密封件，如油封、电绝缘部件。

氯醇橡胶是由环氧氯丙烷开环聚合或环氧氯丙烷与环氧乙烷开环共聚制得的合成橡胶。前者称为均聚型氯醇橡胶，后者称为共聚型氯醇橡胶。氯醇橡胶是一种耐油、耐热、透气性很低的特种橡胶。均聚型氯醇橡胶主要用于制各种耐油密封件、隔膜、胶黏剂等；共聚型氯醇橡胶用于汽车运转油系统的部件、电缆夹套、各种机械密封件以及耐油橡胶制品等。

5.4.3 涂料与胶黏剂

涂料指涂布于物体表面能形成薄膜而起保护、装饰或其他特殊功能如绝缘、防锈、防霉、耐热等的一类液体或固体材料。因早期的涂料大多以植物油为主要原料，故又称作油漆。现在合成树脂已大部分或全部取代了植物油，故称为涂料。涂料并非全为液态，粉末涂料也是涂料品种的一类。

涂料的主要成分有：成膜物质、助剂、颜料、溶剂等。

成膜物质是使涂料牢固附着于被涂物表面形成连续薄膜的主要物质，是构成涂料的基础，决定着涂料的基本特性。成膜物质包括油脂及其加工产品、纤维素衍生物、天然树脂与合成树脂等。

助剂包括消泡剂、流平剂等，还有一些特殊的功能助剂，如底材润湿剂等。这些助剂一般不能成膜，但对基料形成涂膜的过程与耐久性起着相当重要的作用。

颜料一般分两种，一种为着色颜料，常见的有钛白粉、铬黄等，还有一种为体质颜料，也就是常说的填料，如碳酸钙、滑石粉，颜色为白色或几乎白色。

溶剂包括烃类溶剂（如矿物油精、汽油、苯、煤油、甲苯、二甲苯等）、醇类溶剂、醚类溶剂、酮类溶剂和酯类溶剂。溶剂的主要作用在于使成膜基料分散而形成黏稠液体，从而有助于施工和改善涂膜的某些性能。

涂料的分类方法很多。

① 按涂料形态可分为：水性涂料、溶剂性涂料、粉末涂料、高固体分涂料等。

② 按成膜物质可分为：醇酸型、环氧型、丙烯酸酯型、聚氨酯型等。

③ 按漆膜性能可分为：防腐漆、绝缘漆、导电漆、耐热漆等。

④ 按施工方法可分为：刷涂涂料、喷涂涂料、辊涂涂料、浸涂涂料、电泳涂料等。

⑤ 按施工工序可分为：底漆、中涂漆（二道底漆）、面漆、罩光漆等。

⑥ 按功能可分为：装饰涂料、防腐涂料、导电涂料、防锈涂料、耐高温涂料、示温涂料、隔热涂料、防火涂料、防水涂料等。

能将同种或两种以上同质或异质的制件（或材料）连接在一起，固化后具有足够强度的有机或无机的、天然的或合成的一类物质，统称为胶黏剂或粘接剂、黏合剂，习惯上简称为胶。

胶黏剂有很多种。热塑性胶黏剂如：纤维素酯、烯类聚合物（如聚乙酸乙烯酯、聚乙烯醇、过氯乙烯、聚异丁烯等）、聚酯、聚醚、聚酰胺、聚丙烯酸酯等。热固性胶黏剂如：环氧树脂、酚醛树脂、脲醛树脂、三聚氰-甲醛树脂、有机硅树脂、呋喃树脂、丙烯酸树脂、聚酰亚胺、聚苯并咪唑、酚醛-聚乙烯醇缩醛、酚醛-聚酰胺、酚醛-环氧树脂、环氧-聚酰胺等。橡胶树脂型胶黏剂如：酚醛-丁腈胶、酚醛-氯丁胶、酚醛-聚氨酯胶、环氧-丁腈胶、环氧-聚硫胶等。

5.4.4 纤维

纤维一般是指细而长的材料，具有弹性模量大、塑性形变小、强度高等特点。纤维主要包括天然纤维和化学纤维。天然纤维是自然界存在的，根据其来源分成植物纤维、动物纤维和矿物纤维三类。如：棉、麻、竹纤、羊毛、兔毛、骆驼毛、山羊毛、蚕丝等。化学纤维是用天然的或人工合成的高分子物质为原料、经过化学方法加工而制得的纤维的统称。可分为人造纤维（再生纤维）和合成纤维。人造纤维的生产是受了蚕吐丝的启发，用木材、甘蔗、芦苇、大豆蛋白质、纤维等天然高分子化合物为原料，经化学加工制成高分子浓溶液，再经纺丝和后处理而制得的纺织纤维。如再生纤维素纤维、富强纤维等。合成纤维是以化学合成的高分子化合物为原料制成的纤维。常用的合成纤维有涤纶、锦纶、腈纶、氯纶、维纶、氨纶、丙纶等。它们的产量占全世界合成纤维总产量的90%以上，其中涤纶居首位。

黏胶纤维属再生纤维素纤维，又叫黏纤，是以天然纤维素为原料，经碱化、老化、磺化等工序制成可溶性纤维素磺酸酯，再溶于稀碱液制成黏胶，经湿法纺丝而制成。纺织纤维中黏胶纤维的含湿率最符合人体皮肤的生理要求，具有光滑凉爽、透气、抗静电、染色绚丽等特性，所以又叫人造丝、冰丝、黏胶长丝等。采用不同的原料和纺丝工艺，可以分别得到普通黏胶纤维、高湿模量黏胶纤维和高强力黏胶纤维等。普通黏胶纤维具有一般的物理力学性能和化学性能，又分为棉型、毛型和长丝型，分别俗称人造棉、人造毛和人造丝。高湿模量黏胶纤维具有较高的聚合度、强力和湿模量，如富强纤维。高强力黏胶纤维具有较高的强力和耐疲劳性能。在近年来出现的名为天丝、竹纤维的高档新品种，也是黏纤的一种。

涤纶主要成分为聚对苯二甲酸乙二醇酯（PET），是我国聚酯纤维的商品名，在国外被称为“大可纶”“特利纶”“帝特纶”等。涤纶由于原料易得、性能优异、用途广泛、发展非常迅速，现在的产量已居化学纤维的首位。涤纶最大的特点是它的弹性比任何纤维都强，强度和耐磨性较好，由它纺织的面料不但牢度比其他纤维高出3～4倍，而且挺括、不易变形，有“免烫”的美称。化学稳定性好，在正常温度下都不会与弱酸、弱碱、氧化剂发生作用；耐热性也好。缺点是吸湿性极差，由它纺织的面料穿在身上发闷、不透气。另外，由于纤维表面光滑，纤维之间的抱合力差，经常摩擦之处易起毛、结球。涤纶大量应用于制作纯纺及混纺衣料、帆布、缆绳等。

锦纶是聚酰胺纤维的商品名称，聚酰胺纤维俗称尼龙（Nylon)，有尼龙-66、尼龙-6等不同品种。锦纶是世界上最早的合成纤维品种，由于性能优良，原料资源丰富，因此一直是合成纤维产量最高的品种。直到1970年以后，由于聚酯纤维的迅速发展，才退居合成纤维的第二位。锦纶的最大特点是强度高、耐磨性好，它的强度及耐磨性居所有纤维之首。锦纶的缺点与涤纶一样，吸湿性和通透性都较差。在干燥环境下，锦纶易产生静电，短纤维织物也易起毛、起球。锦纶的耐热、耐光性都不够好，熨烫承受温度应控制在140℃以下。此外，锦纶的保形性差，用其做成的衣服不如涤纶挺括，易变形。但它可以随身附体，是制作各种体形衫的好材料。

芳香族尼龙又称聚芳酰胺，是20世纪60年代由美国杜邦公司首先开发成功的耐高温、耐辐射、耐腐蚀的尼龙新品种。凡是在尼龙分子中含有芳香环结构的都属于芳香族尼龙。目前已经商业化的半芳香尼龙主要有MXD6、PA6T和PA9T，全芳香尼龙主要有聚对苯二甲酰对苯二胺（PPTA)、聚间苯二甲酰间苯二胺（MPIA）和聚对苯甲酰胺（PBA）等。

腈纶学名为聚丙烯腈纤维。腈纶的外观呈白色、卷曲、蓬松、手感柔软，酷似羊毛，多用来和羊毛混纺或作为羊毛的代用品，故又被称为“合成羊毛”。腈纶的吸湿性不够好，但润湿性却比羊毛、丝纤维好。它的耐磨性是合成纤维中较差的；腈纶纤维的熨烫承受温度在130℃以下。腈纶可与羊毛混纺成毛线，或织成毛毯、地毯等，还可与棉、人造纤维、其他合成纤维混纺，织成各种衣料和室内用品。聚丙烯腈纤维加工的膨体毛条可以纯纺或混纺，具有柔软、膨松、易染、色泽鲜艳、耐光、抗菌、不怕虫蛀等优点，被广泛地用于服装、装饰、产业等领域。

维纶化学名为聚乙烯醇缩醛纤维，也叫维尼纶。维纶的性能接近棉花，有“合成棉花”之称。维纶在20世纪30年代由德国制成，但不耐热水，主要用于外科手术缝线。1939年研究成功热处理和缩醛化方法，才使其成为耐热水性良好的纤维。生产维纶的原料易得，制造成本低廉，纤维强度良好，除用于衣料外，还有多种工业用途。但因其生产工业流程较长，纤维综合性能不如涤纶、锦纶和腈纶，年产量较小，居合成纤维品种的第5位。维纶最大特点是吸湿性大，是合成纤维中吸湿性最大的；强度比锦、涤纶差；不耐强酸，但耐碱；耐日光性与耐气候性好；耐干热而不耐湿热；弹性最差；织物易起皱，染色较差，色泽不鲜艳。维纶主要用于制作外衣、棉毛衫裤、运动衫等针织物，还可用于帆布、渔网、外科手术缝线、自行车轮胎帘子线、过滤材料等。维纶与棉花混纺可做细布、府绸、灯芯绒、内衣、帆布、防水布、包装材料、劳动服等。

氨纶是聚氨基甲酸酯纤维的简称，是一种弹性纤维，具有高度弹性，能够拉长6～7倍，随张力的消失能迅速恢复到初始状态。适宜制作内衣、游泳衣、松紧带、腰带等。

氯纶是聚氯乙烯纤维。氯纶的突出优点是难燃、保暖（保暖性比棉花要高50%)、耐晒、耐磨（比一般的天然纤维要好)、耐蚀和耐蛀，弹性也很好，可以制造各种针织品、工作服、毛毯、滤布、绳绒、帐篷等。由于染色性差，热收缩大，限制了它的应用。目前改善的办法是与其他纤维品种共聚（如维氯纶）或与其他纤维（如黏胶纤维）进行乳液混合纺丝。

丙纶化学名为聚丙烯纤维。其特点是强度高，湿强度和干强度基本相同；相对密度小(0.91)，是化学纤维中最轻的一种；耐磨损耐腐蚀；吸湿性小，易洗快干。常常用来做蚊帐、运动衣、包装袋、袜子、中空絮被等。

5.4.5 功能高分子材料

功能高分子材料一般指具有传递、转换或储存物质、能量和信息等作用的高分子及其复合材料；或具体地指在原有力学性能的基础上，还具有化学反应活性、光敏性、导电性、催化性、生物相容性、药理性、选择分离性、能量转换性、磁性等功能的高分子及其复合材料。功能高分子材料是20世纪60年代发展起来的新兴材料，是高分子材料渗透到电子、生物、能源等领域后涌现出的新材料。近年来，功能高分子材料的年增长率一般都在10%以上，其中高分子分离膜和生物医用高分子的增长率高达50%。

功能高分子材料按照功能来分类有：化学功能高分子材料、物理功能高分子材料、复合功能高分子材料、生物医药功能高分子材料等。

(1) 化学功能高分子材料

如：离子交换树脂、螯合树脂、氧化还原树脂、高分子试剂、高分子催化剂、高分子增感剂等。

(2) 物理功能高分子材料

如：高分子固态离子导体、高分子半导体、高分子压电体、高分子显示材料、高分子光致变色材料等。

(3) 复合功能高分子材料

如：高分子吸附剂、高分子絮凝剂、高分子表面活性剂、高分子稳定剂、高分子功能膜和高分子功能电极等。

(4) 生物医药功能高分子材料

如抗血栓、控制药物释放和生物活性材料等。

离子交换树脂是最早工业化的功能高分子材料。在溶液中易解离出氢离子，能交换各种阳离子的称为阳离子交换树脂，常见的有苯乙烯系强酸性阳离子交换树脂、丙烯酸系弱酸性阳离子交换树脂等。在溶液中易解离出氢氧根离子，能交换各种阴离子的称为阴离子交换树脂，常见的有苯乙烯系强碱性Ⅰ型阴离子交换树脂、苯乙烯系弱碱性阴离子交换树脂。离子交换膜常用于饮用水处理、海水淡化、废水处理、酸的回收以及作为电解隔膜和电池隔膜等。

高分子催化剂能催化生物体内多种化学反应，使反应能在常温、常压下进行。目前，人们试图将金属化合物结合在高分子配体上，以制备高活性、高选择性的高效催化剂，这种高分子催化剂称为高分子金属催化剂。研究工作表明，高分子金属催化剂对加氢反应、氧化反应、羰基化反应、异构化反应、聚合反应等具有很高的催化活性和专一性，并且容易与反应物分离，可回收性好。

复合型导电高分子材料是以有机高分子材料为基体，加入一定量的导电物质（如炭黑、石墨、碳纤维、金属粉、金属纤维、金属氧化物等）组合而成。与金属相比较，导电性复合材料具有加工性好、工艺简单、耐腐蚀、电阻率可调范围大、价格低等优点。

吸附性高分子材料主要是指能够选择性亲和特定离子或分子的高分子材料。从外观形态上看，主要有微孔型、大孔型、网状型树脂等。吸附树脂的吸附性不仅受到结构和形态等内在因素的影响，还与使用环境有关，如温度因素、树脂周围的介质等。

5.5 复合材料

复合材料是由两种或两种以上物理和化学性质不同的物质组合而成的一种多相固体材料。各种组分材料在性能上互相取长补短，产生协同效应，使复合材料的综合性能优于原组成材料而满足各种不同的要求。在复合材料中，通常有一相为连续相，称为基体；另一相为分散相，称为增强相（增强体）。分散相是以独立的形态分布在整个连续相中的，两相之间存在着相界面。分散相可以是增强纤维，也可以是颗粒状或弥散的填料。复合后的产物为固体时才称为复合材料，若复合产物为液体或气体时，就不能称为复合材料。

复合材料一般是根据增强体和基体的名称来命名。①强调基体时，以基体材料的名称为主。如金属基复合材料、陶瓷基复合材料、树脂基复合材料等。②强调增强体时，以增强体材料的名称为主。如玻璃纤维增强复合材料、陶瓷颗粒增强复合材料、碳纤维增强复合材料等。③基体材料名称与增强体材料名称并用。这种命名方法常用来表示某一种具体的复合材料，习惯上将增强体材料的名称放在前面，基体材料的名称放在后边，如“玻璃纤维增强环氧树脂复合材料”，或简称为“玻璃纤维/环氧树脂复合材料或玻璃纤维/环氧”。

复合材料的分类方法很多，若按基体材料类型来分，则可分为：①金属基复合材料，以金属为基体制成的复合材料，如铝基复合材料、钛基复合材料等；②聚合物基复合材料，以有机聚合物（主要为热固性树脂、热塑性树脂及橡胶）为基体制成的复合材料；③无机非金属基复合材料，以陶瓷材料（也包括玻璃和水泥）为基体制成的复合材料。

复合材料的主要应用在如下领域：①航空航天领域，由于复合材料热稳定性好，比强度、比刚度高，可用于制造飞机机翼、卫星天线、太阳能电池外壳、大型运载火箭的壳体、发动机壳体、航天飞机结构件等；②汽车工业，由于复合材料具有特殊的振动阻尼特性，可减振和降低噪声、抗疲劳性能好，损伤后易修理，故可用于制造汽车车身、受力构件、传动轴、发动机架及其内部构件等；③化工、纺织和机械制造领域，有良好耐蚀性的碳纤维与树脂基体复合而成的材料，可用于制造化工设备、纺织机、造纸机、复印机、精密仪器等；④医学领域，碳纤维复合材料具有优异的力学性能和不吸收 X 射线特性，可用于制造医用 X 光机和矫形支架等。碳纤维复合材料还具有生物组织相容性和血液相容性，生物环境下稳定性好，也用作生物医学材料。此外，复合材料还用于制造体育运动器件和用作建筑材料等。复合材料的发展前景将十分广阔。

5.5.1 金属基复合材料

金属基复合材料是一类以金属或合金为基体，以金属或非金属线、丝、纤维、晶须或颗粒状组分为增强相的非均质混合物。由于其基体是金属，因此金属基复合材料具有与金属性能相似的一系列优点，如高弹性模量、高韧性、热冲击敏感性低、表面缺陷敏感性低、导电导热性好等。通常增强相是具有高强度、高模量的非金属材料，如碳纤维、硼纤维和陶瓷材料等。增强相的加入主要是为了弥补基体材料的某些不足的性能，如提高刚度、耐磨性、高温性能和热物理性能等。

金属基复合材料按基体类型可分为铝基、镁基、铜基、钛基、锌基、镍基、耐热金属基、金属间化合物基等类型。

铝基复合材料具有密度低、基体合金选择范围广、热处理性好、制备工艺灵活等特点；与许多增强相都有较好的接触性能，如连续状硼、Al_2O_3、SiC、石墨纤维等。目前普遍使用的铝合金有变形铝合金、铸造铝合金、烧结铝合金等。目前铝基复合材料的研究主要集中在两方面：一是采用连续纤维增强的复合材料，二是采用不连续颗粒增强的复合材料。相对而言，采用不连续颗粒增强的复合材料具有制备工艺简单、增强体成本低廉、材料各向同性、应用范围更广、工业化生产潜力更大等优点，因而成为铝基复合材料较为关注的研究对象。

镍基高温合金按加工工艺分为变形高温合金和铸造高温合金两类。镍基变形高温合金是以镍为基体（含量一般大于 50%）的可塑性变形高温合金，在 650～1000℃温度下具有较高的强度、良好的抗氧化性和抗燃气腐蚀的能力。镍基铸造高温合金是以镍为基，用铸造工艺成型的高温合金，能在 600～1000℃的氧化和燃气腐蚀气氛中承受复杂应力，并能长期可靠地工作。镍基铸造高温合金在燃气涡轮发动机上得到广泛应用，主要用作各类涡轮转子叶片和导向叶片，也可用做其他在高温条件下工作的零件，是航天、能源、石油化工等方面的重要材料。目前，在高温下仍具有足够的强度和稳定性的增强纤维种类主要有氧化物、碳化物、硼化物和难熔金属等。

钛基复合材料按照增强相的特征，可分为纤维增强钛基复合材料（FTMCs）和颗粒增强钛基复合材料（PTMCs）。硼纤维是钛基复合材料中最常用的增强体，这是由于钛($8.4\times10^{-6}/K$)与硼（$6.3\times10^{-6}/K$）的热膨胀系数比较接近。纤维增强钛基复合材料的制造方法有：铸造条带法（SPM）、脉冲通电热压法、真空等离子喷涂法（VPS）、物理气相沉积法（PVD）等。颗粒增强钛基复合材料制备方法有：机械合金化法、放热合成法、自蔓延燃烧合成法、熔铸法和粉末冶金法等。目前，利用脉冲通电热压法、物理气相沉积法(PVD)、粉末冶金法来研制增强钛基复合材料的比较多。

钛合金密度小、比强度和比刚度高、抗高温、耐腐蚀，在 450～650℃温度范围内仍具有高强度。通过纤维强化和颗粒强化之后，钛基复合材料的使用温度可得到进一步的提高，性能也得到很大的改善。钛基复合材料作为一种新型材料被应用到汽车、航空、航天等高性能发动机上。目前的研究重点主要集中在以下几个方面：钛基体与增强体的选择；钛基复合材料的制造方法和加工工艺的研究；增强体与基体界面反应特性和扩散障碍涂层；应用领域的开拓等。

5.5.2 聚合物基复合材料

聚合物基复合材料是以有机聚合物为基体，辅以一种或多种形状细小（直径为微米级）的材料（分散相或称增强体）分散于聚合物塑料（基本相）中组成的。根据分散相的形状，聚合物基复合材料可分为长纤维（连续）增强聚合物基复合材料、颗粒、晶须、短纤维（不连续）增强聚合物基复合材料。

按增强体的纤维种类，聚合物基复合材料可分为：玻璃纤维增强聚合物基复合材料，碳纤维增强聚合物基复合材料，芳香族聚酰胺合成纤维增强聚合物基复合材料，硼纤维增强聚合物基复合材料等。通常直接用纤维和聚合物基体材料的材料名或商品名来表示聚合物基复合材料。例如，碳纤维/环氧树脂、芳香族聚酰胺合成纤维/环氧树脂等。

按基体来分可分为热塑性聚合物基复合材料与热固性聚合物基复合材料两大类。热固性基体如环氧树脂、非饱和聚酯树脂等。热塑性基体如尼龙、聚醚乙醚酮树脂等。热塑性基体是利用树脂的熔化、流动、冷却、固化的物理状态的变化来实现的，其物理状态的变化是可逆的，即成型、加工是可能的。热固性基体的成型是利用树脂的化学反应（架桥反应）、固化等化学变化来实现的，其过程是不可逆的。热固性基体在连续纤维增强树脂基复合材料中一直占统治地位。不饱和聚酯树脂、酚醛树脂主要用于玻璃增强塑料，其中聚酯树脂用量最大，约占总量的 80%，而环氧树脂则一般用作耐腐蚀性或先进复合材料基体。

聚合物基复合材料由于比刚度和比强度高、耐冲击性能优异，在各个工业方面已有广泛的应用。短玻璃纤维增强聚合物基复合材料、碳纤维增强聚合物基复合材料被应用到汽车工业、列车工业、船舶工业、海洋工业上，如汽车的各种外板、车体上，高速列车的车头、车内底板、顶板等。在各种基建工程如土木工程、桥梁建设中，利用玻璃纤维增强聚合物基复合材料建造人行天桥，利用碳纤维增强聚合物基复合材料制作桥梁用缆绳，在钢筋混凝土支柱表面缠绕碳纤维增强聚合物基复合材料等。在体育用品方面，利用增强型聚合物基复合材制作自行车的车身、滑雪板、网球拍、羽毛球拍、高尔夫球棍及钓鱼竿等。在民用飞机中从主要结构的尾翼垂直稳定板、尾翼水平稳定板等，到二次结构的活动翼、地板等，都使用了聚合物基复合材料。据估计，大型民用飞机中复合材料的使用量将达到总的结构材料的 30%左右。在航天工业中，多段火箭之间的连接结构、火箭壳体、卫星主结构、太阳能板结构、宇宙卫星用广播电视天线、宇宙电波望远镜反射板等都大量使用增强型聚合物基复合材料。总之，聚合物基复合材料具有各种优异性能，有着广泛的应用，是目前及未来先进新材料的研究及开发热点。

5.5.3 陶瓷基复合材料

陶瓷是用无机非金属天然矿物或人工合成的粒状化合物（例如碳化硅、氮化硅、氧化铝等）为原料，经过原材料处理、成型、干燥和高温烧结而成。同金属材料相比，陶瓷材料在耐热性、耐磨性、抗氧化、抗腐蚀以及高温力学性能等方面都具有不可替代的优点。但是，它具有脆性大的缺点，在工业上的应用受到很大限制。因此，提高韧性是陶瓷材料领域的重要研究课题。陶瓷基复合材料是在陶瓷基体中引入第二相材料，使之增强、增韧，又称为“多相复合陶瓷”或“复相陶瓷”。

陶瓷基复合材料主要由已结晶和非结晶两种形态的化合物存在，按照组成化合物的元素不同，可以分为氧化物陶瓷（Al_2O_3、ZrO_2、SiO_2、MgO）、碳化物陶瓷（SiC、B_4C、TiC）、氮化物陶瓷（BN、Si_3N_4）等。

以氧化铝为主要成分的陶瓷称为“氧化铝陶瓷”，熔点 2050℃。常用的有刚玉瓷、刚玉-莫来石瓷、莫来石瓷三类。刚玉瓷，主晶相是 α-Al_2O_3，属于六方晶系，常常含微量的杂质元素 Cr、Ti、Fe、V 等，红宝石和蓝宝石都属于刚玉矿物。刚玉-莫来石瓷，主晶相是

α-Al_2O_3 · $3Al_2O_3$ · $2SiO_2$。莫来石瓷，Al_2O_3 含量约为 54%，SiO_2 含量约为 26%，主晶相是 $3Al_2O_3$ · $2SiO_2$。按照氧化铝的含量，可将氧化铝陶瓷分为高纯瓷、99 瓷、95 瓷、90 瓷、85 瓷、75 瓷。陶瓷的 Al_2O_3 含量越高，性能越好，但制备工艺更复杂，成本更高。氧化铝的硬度仅次于金刚石、氮化硼和碳化硅，有很好的耐磨性、电绝缘性、耐腐蚀性。因此，由氧化铝制备的氧化铝陶瓷具有较高的室温强度和高温强度、化学稳定性好和介电性高，但热稳定性不高、脆性大、抗热振性差，不能承受环境温度的变化。

以氧化锆（ZrO_2）为主要成分的陶瓷称为“氧化锆陶瓷”。氧化锆陶瓷的密度为 5.6～5.9g/cm^3，它的熔点为 2680℃。氧化锆有三种晶型：立方相、四方相、单斜相。常温下氧化锆只以单斜相出现，加热到 1100℃左右转变为四方相，加热到更高温度会转化为立方相。由于在单斜相向四方相转变的时候会产生较大的体积变化，冷却的时候又会向相反的方向发生较大的体积变化，容易造成产品的开裂，限制了在高温领域的应用。当添加烧结稳定剂如 CaO、MgO 等后，四方相可在常温下稳定，加热后不会发生体积突变，而且其比热容和热导率小、韧性好、化学稳定性好，从而大大拓展了其应用范围。

以碳化硅（SiC）为主要成分的陶瓷称为“碳化硅陶瓷”。SiC 是一种非常硬的抗磨蚀材料，具有良好的抗腐蚀性能和抗氧化性能，密度为 3.17g/cm^3。SiC 主要有 α- SiC（六方晶型）和 β-SiC（立方晶型）两种。通常将石英、炭和木屑装入电弧炉中，在 1900～2000℃的高温下合成碳化硅粉，再通过烧结成碳化硅陶瓷。

碳化硼（B_4C）2.52g/cm^3，在 2350℃左右分解，是六方晶体。碳化硼密度低、熔点高、硬度高（仅次于金刚石），耐磨性好。碳化硼的热膨胀系数很低，具有良好的热稳定性和很高的耐酸、耐碱性，能抵抗大多数熔融金属的侵蚀。

以氮化硅（Si_3N_4）为主要成分的陶瓷称为“氮化硅陶瓷”。氮化硅陶瓷有 α 和 β 两种六方晶型，氮化硅的 Si-N 键结合强度很高，属于难烧结物质。氮化硅陶瓷的热膨胀系数低（2.75×10^{-6}/K）、强度高、弹性模量高、耐磨耐腐蚀，抗氧化性好，在 1200℃下，不氧化，强度也不下降。

以氮化硼（BN）为主要成分的陶瓷称为“氮化硼陶瓷”。氮化硼是共价键化合物，它有六方晶型和立方晶型两种晶体类型。六方晶型具有类似石墨的层状结构，被称为“白石墨”，理论密度为 2.27g/cm^3，硬度不高，是唯一易于机械加工的陶瓷。立方晶型氮化硼的结构和硬度都接近金刚石，是一种极好的耐磨材料，有黑色、棕色、暗红色、白色、灰色或黄色品种。氮化硼的抗氧化性能优异，可在 900℃以下的氧化气氛中及 2800℃以下的氮气和惰性气氛中使用。立方晶型氮化硼粉末一般都是由六方晶型氮化硼经高温高压处理后合成转换而得到的。

陶瓷基复合材料的增强材料根据其形态可以分为连续纤维、短纤维、颗粒等。

纤维增强材料主要有以下几种：玻璃纤维、硼纤维、碳纤维、氧化铝纤维、碳化硅纤维、氮化硅纤维和氮化硼纤维等。玻璃纤维是将熔化玻璃液以极快的速度拉成的。硼纤维是用化学沉积法将无定形硼沉积在钨丝上或碳纤维制成的，为了避免高温氧化，可以在硼纤维表面涂一层 SiC。碳纤维是由元素碳构成的一类纤维，由有机纤维经过高温碳化而成。碳纤维具有低密度、高强度、高模量、耐高温、抗化学腐蚀、低电阻、高热导、耐化学辐射等优良特性。同时，碳纤维具有脆性和高温抗氧化性较差的特点，所以它很少单独使用，主要用作树脂、碳、金属、陶瓷等复合材料的增强体。

颗粒增强体按其相对于基体的弹性模量大小，可以分为两类：一类是延性粒子复合于强基质复合体系，主要通过第二相粒子的加入，在外力作用下产生一定的塑性变形或沿晶界滑移产生蠕变来缓解应力集中，达到增强增韧的效果；另一类是刚性粒子复合于陶瓷中，通过裂纹桥或裂纹偏转来增韧。陶瓷增强颗粒有 Si_3N_4、SiC、TiB_2 等，主要用于增强相同组分的陶瓷，作为多相陶瓷的组元和其他基体增强剂合并使用。与纤维相比，颗粒的制造成本低，各向同性，强韧化效果明显；除相变增韧粒子外，颗粒增强在高温下仍然起作用。

陶瓷基复合材料具有高强度、高模量、低密度、耐高温和良好韧性，在高温下保持优良的综合性能，已在高速切削工具和内燃机部件上得到广泛应用。陶瓷基复合材料的应用前景则是作为高温结构材料和耐磨耐蚀材料，如大功率内燃机的增压涡轮、固体发动机燃烧室与喷管部件、航空燃气涡轮发动机的热端部件以及完全代替金属制成车辆用发动机、石油化工领域的加工设备和废物焚烧处理设备等。

陶瓷基复合材料刀具材料的种类已经有 TiC 颗粒增强 Si_3N_4、Al_2O_3 等材料，在美国切割工具市场的 50%是由碳化钨/钴制成的。由美国格林利夫公司研制 WC-300 复合材料刀具具有强度高、耐高温、稳定性好、抗热震性优异能等特点，熔点为 2040℃，比常用的 WC-Co硬质合金刀具的切削速度提高了一倍。某燃气轮机厂采用这种新型复合材料道具后，机加工时间从原来的 5h 缩短到 20min，仅此一项，每年就可以节约 30 万美元。国内研制生产的 SiC_w/Al_2O_3 复合材料刀具切削镍基合金时，不但刀具使用寿命增加，而且进刀量和切削速度也大大提高。

热机的循环压力和循环气体的温度越高，其热效率也就越高。现在普遍使用的燃气轮机高温部件还是镍基合金或钴基合金，它可使汽轮机的进口温度高达 1400℃，但这些合金的耐高温极限受到了其熔点的限制，因此，采用陶瓷材料来代替高温合金已成了目前研究的一个重点内容。

耐高温复合材料是先进航天领域的关键技术，连续纤维增强陶瓷复合材料已经被广泛应用于该领域，法国的 SEP 已经用柔性好的细直径纤维（如高强度 Cf 和 SiCf）编制成二维、三维预制件，用 CVI 法制备了 Cf/SiC 复合材料。这些材料具有高断裂韧性和高温强度，可用于火箭或喷气发动机的零部件，如液体推进火箭发动机、涡轮发动机部件、航天飞机的热结构件等。

陶瓷基复合材料还在 ATF（先进技术战斗机）、导弹、高硬度装甲、喷气发动机等领域应用。陶瓷基复合材料的使用可增加推动力、提高耐高温、降低飞机的噪声、减少 NO_x 的排放等。

现在，人们已开始对陶瓷基复合材料的结构、性能及制造技术等问题进行系统的科学研究，但这其中还有许多尚未研究清楚的问题。因此，还需要陶瓷专家们对理论问题、制备工艺过程进行深入研究。随着对理论问题的不断深入研究和制备方法的不断开发与完善，陶瓷基复合材料的应用范围将不断扩大，其应用前景是十分光明的。

5.6 超材料

超材料是指具有一些人工设计的结构并呈现出天然材料所不具备的超常物理特性的人工复合材料，广义的超材料包括光子晶体、左手材料、超磁材料等。近年来，超材料凭借其优异的物理特性被成功应用于工业、军事、生活等各个方面。超材料在新型微波器件、新型抗电磁干扰器件、无绕线电感、传感器以及光诱导开关等方面的应用成绩斐然。

超材料的设计思想是新颖的，这一思想的基础是通过在多种物理结构上的设计来突破某些表观自然规律的限制，从而获得超常的材料功能。超材料的设计思想昭示人们可以在不违背基本的物理学规律的前提下，人工获得与自然界中的物质具有迥然不同的超常物理性质的“新物质”，把功能材料的设计和开发带入一个崭新的天地。

典型的超材料有左手超材料、数字超材料、光子晶体、超磁性材料、金属水等。

5.6.1 几类超材料

5.6.1.1 手性材料

在自然界中，从分子到晶体再到聚合物，手性无处不在。如果一个物体通过平移、旋转操作无法与其镜像重合，那么我们就可以将其称为手性，就像左手和右手互为镜像却无法重合。手性物体的结构不存在平面对称、中心对称、旋转反轴等特征。图 5-1 所示的为典型的平面和三维手性材料。其实，手性并非一个全新的概念。1811 年，Arag 发现线极化光穿过石英晶体时，其极化平面会发生旋转。之后，Cicra 和 Biot 发现在松节油和酒石酸溶液中这种旋光现象也同样存在。1848 年，Pastuer 在对旋光性解释时指出：旋光材料的原子排列与其镜像呈现不对称分布状态，分子结构具有空间螺旋的特征，从而引入了手性的概念。

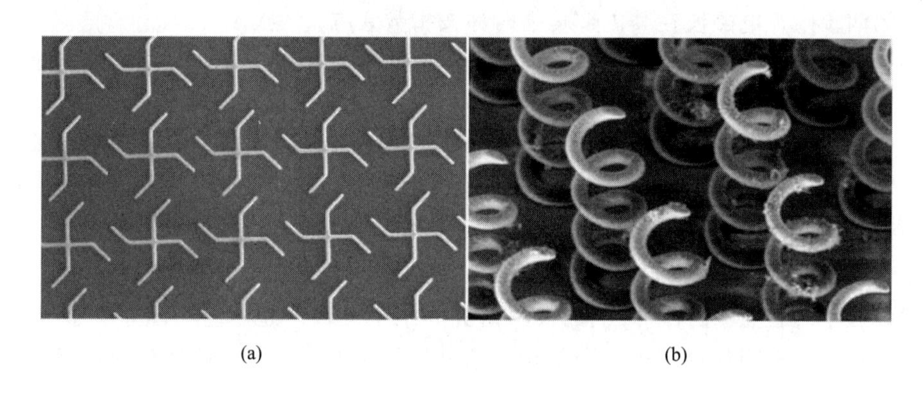

(a) (b)

图 5-1 典型的平面（a）和三维（b）手性材料

手性材料的特殊结构使其具有非常奇特的电磁效应。当一束电磁波穿过手性材料时，电场分量不仅能够诱导出电极化响应，还能够引起磁极化响应，而磁场分量不仅能够诱导出磁极化响应，还可以引起电极化响应，亦即会产生交叉耦合效应。在不加外界恒定的电场或恒定的磁场时，电磁波穿过手性材料会出现电磁极化旋转和圆二色性现象。利用手性材料的特性，可以研制出很多具有特殊功能的材料，如吸波材料、旋光材料、旋磁材料等。作为一种新颖的功能性材料，手性材料在天线工程、吸波材料、微波或毫米波器件等众多领域中有着广阔的应用前景，因而得到了科研工作者的极大重视。

5.6.1.2 左手超材料

在物理学中，均匀媒质的电磁特性是由介电常数 ε 和磁导率 μ 两个参量来描述的。通常情况下，介电常数 ε 和磁导率 μ 可表示为频率 ω 的函数，亦即媒质的色散。ε 和 μ 的值可正可负，因而通过 ε 和 μ 的不同取值，可以将媒质分为四大类，如图 5-2 所示。

在自然界中，四种物质的属性可以做下述理解：自然界中天然存在的物质绝大部分都属

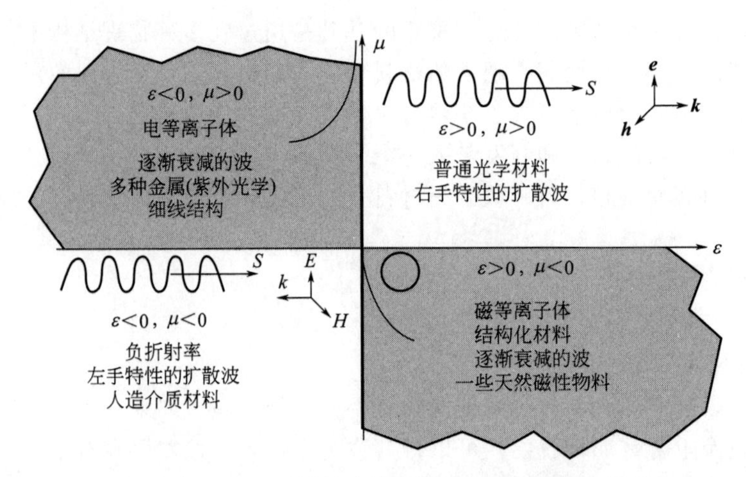

图 5-2 ε 和 μ 不同的取值所划分的四象限分布图

于第一象限，电磁波在其内部传播时，电场矢量 **E**、磁场矢量 **H** 和波矢 **k** 满足右手定则；在低于等离子体频率时，等离子体和金属的介电常数小于零，位于第二象限，电磁波在其内部传播时按指数衰减；在第三象限中，ε 和 μ 的值均为负，电磁波在媒质内部传播时，电场矢量 **E**、磁场矢量 **H** 和波矢 **k** 符合左手定则；在铁磁谐振频率附近，铁氧体的磁导率小于零，属于第四象限，电磁波在其内部传播时亦按指数衰减。

在经典的电动力学中，人们重点研究了电磁波在第一、第二、第四象限中的媒质内部的传播特性，而对第三象限中的媒质并未涉及。1967 年，苏联的物理学家 Veselago 教授从麦克斯韦方程出发，研究了第三象限中媒质的奇特电磁响应，并从理论上证实这类材料具有负的折射率、逆切伦科夫辐射、逆多普勒效应等。为了与传统的材料相区分，这类材料被称为“左手材料”。

5.6.1.3 数字超材料

在线发表于《自然-材料学》上的一项研究介绍了“数字超材料”这一新概念，对各种含有不同性质的制造用超材料进行了简化。超材料是人工合成的一种复合物，能通过非传统方式更普遍地与光、声音以及波形相互作用，从而产生自然界所没有的作用和影响。

超材料的性能由其组成单元的性质和单位排列方式所决定。超材料目前应用于隐形斗篷和超透镜的开发，其中超透镜不会受到传统透镜的固有限制条件的约束。Nader Engheta 和 Cristian Della Giovampaola 等人建议使用两种子单元或者叫两种“超材料比特”，两者性质刚好相反，好比二进制中的 1 和 0。然后他们用计算机模拟程序构建出增加了功能性和复杂性的“超材料字节”所组成的层状结构。这些使用了不同形状和排列方式的模拟结果重现出了复杂超材料的许多奇特性质。研究人员也展示证明了这种方法可用于透镜和超透镜研究，同时可用于实现透明和隐形等性质。

5.6.2 超材料的应用与展望

作为一种新颖的人工材料，超材料的奇异物理特性受到了人们极大的关注。随着对超材料研究的深入，人们也逐步开始尝试利用超材料的优良性能来改善传统的电磁、光学器件的性能，或是设计新的功能性器件。2000 年，Pendry 通过理论研究证实，采用左手超材料制成的平板透镜能够突破衍射极限，实现完美成像。2001 年，Lagarkov 在金属柱体的表面覆盖左手超材料，并证实其可以作为天线的反射器，打破了只有凹面才能作为反射器的限制。2002 年，Enoch 等人将零折射率超材料应用到偶极子天线的设计之中，获得一种方向性系数高达 372 的天线，实现了高指向性辐射。2006 年，在 Pendry 研究的基础上，Schurig 等人制作了隐形斗篷，并从实验上观测到微波段电磁隐身现象。2008 年，Landy 设计了一种超材料吸收器，实现了高达 96%的电磁波能量吸收。这些研究成果极大地推动了超材料的应用与发展，为超材料的应用打下了坚实的基础。

5.6.2.1 超分辨成像

19 世纪 70 年代，德国科学家 Ernst Abbe 发现：当一物体通过光学系统成像时，小于半波长的细节部分无法参与成像，即 Abbe 衍射极限。用傅里叶变换光学分析：携带物体细节信息的高频成分对应着光波傅里叶分量中较大的横向分量，当高频横向分量满足 $k_x^2+k_y^2>\omega^2c^{-2}$时（光束沿着 z 轴传播，k_x，k_y 分别为波矢 $\boldsymbol{k}$ 在 x、y 轴方向上的分量，c 为光速，ω 为光波的角频率），根据电磁波传播方程，其在传播方向上会呈指数衰减（即倏逝波），在非常小的传播距离内就几乎完全消逝，无法到达像平面参与成像，因而传统的光学系统是无法实现完美成像的。

左手超材料的出现为突破衍射极限带来了契机。2000 年，Pendry 研究了折射率为−1 的左手材料超透镜（superlens），如图 5-3 所示，并证实电磁波在透镜内部传播时，倏逝波会被放大，从透镜出射到达像平面时，其振幅刚好衰减到与原来相同。虽然倏逝波并不携带能量，但是其能够改变电磁波的场分布，有助于细节信息的重建，因而能够实现完美成像。

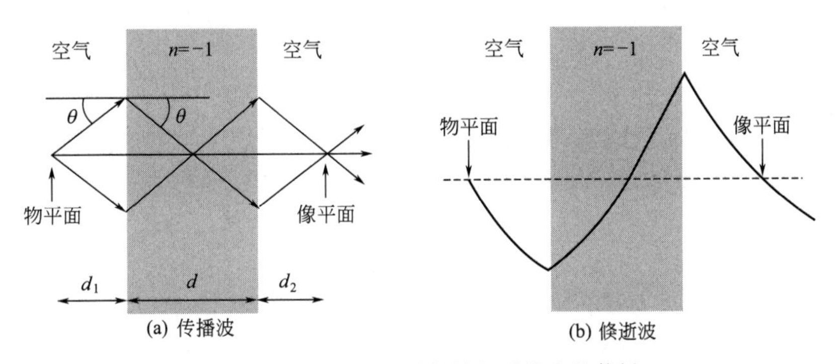

图 5-3 电磁波在左手材料超透镜中的传播

5.6.2.2 电磁隐身

无论是在远古神话，还是在未来科幻影视中，隐身一直是不可或缺的题材。现代隐身技术实际上是一种低可探测技术，是通过外形设计、吸波材料、透波材料、等离子体等方式来实现隐身的，只是在一定范围内降低了被发现的概率，并未实现真正意义上的隐身。2006 年，Pendry 和 Leonhardt 等人将光学变换与超材料设计相结合，从理论上证实，利用特定设计的超材料装置可以控制电磁波从物体表面绕过而不产生散射，从而实现真正意义上的隐身，如图 5-4（a）、（b）所示。紧接着，Schurig 等人将十层开口环谐振器阵列按照磁导率 μ_r 的变化曲线排布，制备了微波频段的圆柱形隐身斗篷[图 5-4(c)]，从实验上证实了电磁隐身的可行性。

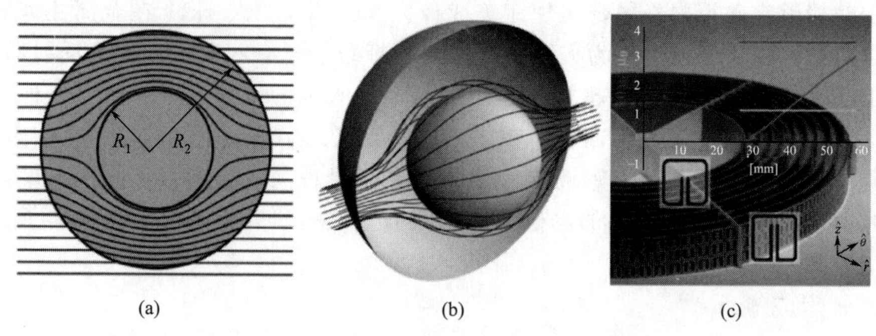

图 5-4 电磁波穿过二维（a）和三维（b）隐身区域的示意图及圆柱形隐形斗篷样品照片（c）

5.6.2.3 完美吸波器

在以往的超材料研究中，人们总是希望材料的损耗越低越好。然而，进一步的研究发现，如果材料的损耗足够高，则可以实现电磁能量的完美吸收。在 2008 年，Lindy 等人设计了一种能够高效吸收电磁波能量的超材料。他们的模拟与实验结果证实，在 11.48GHz 频率处，这种超材料吸收器对于入射电磁波既不产生反射也不产生透射，而是将电磁波的能量完全吸收转换为热能，吸收效率高达 96%。然而，尽管具有结构简单、吸收效率高等优点，但是这种超材料吸收器只能对特定极化的电磁波实现高效吸收，因而使其应用受到了一定程度的限制。

同样在 2008 年，Tao 等人设计了一种金属结构单元-介质层-金属薄膜结构的超材料吸收器。这种超材料吸收器具有高度的柔韧性，在 1.6THz 处的吸收效率高达 97%，而且可以在很宽的入射角度下工作。另外，它对于 TE 极化和 TM 极化入射波均能够实现高效的电磁能量吸收。

5.6.2.4 极化转换器件

由于手性超材料的独特性能，其特别适合用来设计极化转换器件。2009 年，Gansel 等人采用激光写入技术，制备了一种由三维金螺旋阵列构成的单轴光子晶体手性超材料。他们的研究结果表明，由于内部谐振与布拉格谐振的共同作用，该手性超材料能够实现宽带响应；对于沿着螺旋轴向传播的光，它可以阻挡与螺旋结构手性相同的圆极化光，而使另一种手性的圆极化光透过；对于具有两个左旋（右旋）螺旋结构的手性超材料，其在 3.5～7.5μm 的波长范围内可以实现对右旋（左旋）圆极化光的高透过率。

5.6.2.5 超材料的应用前景

基于实验的超材料研究充满了创新的机遇与创意的美感，为科学原理在诸多领域的应用提供广阔的空间，也为解决人类面临的重大技术和工程问题提出了一种崭新的思路。现有智能超材料的产业应用虽说多限于军事国防、部分公共设施等少数领域内，尚未在国民经济相关领域得到大规模推广，不过未来不会仅限于此，超材料产业可以更具多样化，如太赫兹超材料技术应用于石油勘测，可编程可穿戴超材料应用于纺织品工业，无线充电光学超材料应用于电动汽车等交通工具，电磁超表面应用于航空航天蒙皮材料，以及在移动通信中的无线信道技术等。这些愿景无疑有助于鼓励一批创新能力较强的超材料骨干企业向纵深和多元化发展。

未来十年，电磁超材料将在原理摸索和工程应用相结合的基础上，实现大规模产业化。

在智能超材料领域，超材料微结构单元或群体将具备自感知、自决策、可控响应等功能，通过与数字网络系统深度融合，形成材料级的CPS系统，并结合大数据技术，实现材料领域的突破式质变。智能超材料技术将完成工程产品的全面转化，并在复杂电磁环境下联合智能作战平台、智能隐身装备、智能可控电磁窗、下一代雷达、立体电子战、飞行器智能网络、车辆交通智能网络、可穿戴设备智能网络、超材料智能物联网等实现颠覆式产业应用。在隐身作战方面，随着各类隐身结构件及隐身电磁窗设计技术的不断成熟，武器装备在红外波段到P、VHF波段的隐身性能全面提高，被雷达探测距离有望缩短90%以上。同时，基于陶瓷和纳米材料等新体系的电磁超材料将日趋成熟，电磁超材料的应用广度和深度将不断拓展。

5.7 碳纤维材料

5.7.1 碳纤维概述

5.7.1.1 碳纤维简介

碳纤维作为一种高性能纤维材料，其内部的碳原子结合在一起形成乱层石墨微晶结构，这些石墨微晶结构几乎都与碳纤维的轴向平行一致，这种特殊的排列结构使得碳纤维具有独特的优异性能，因而被人们誉为“黑色黄金”，有着巨大的市场应用前景。

人类社会的前进离不开科学技术的发展，而科学技术每一次取得重大突破时往往发生在材料领域，所以材料研究对于人类社会的发展与进步具有重要意义。其中，碳材料已经成为各个国家争相研究的热点，因为碳材料本身的特殊性，其碳原子之间可以存在不同的成键方式以及各种各样的空间构象，共同组成了丰富多彩的碳材料大家族，比如常见的碳纤维、石墨烯、富勒烯碳纳米管以及碳气凝胶等。

碳纤维增强复合材料因其具有优异的高比强度、高比模量、轻量化以及耐疲劳耐腐蚀等优点，已经广泛应用于从航空航天、汽车等工业领域到羽毛球拍、钓鱼竿等民用领域中。碳纤维是一种无机纤维，碳元素含量超过百分之九十，是一种具有高强度、高模量的材料，属于高性能纤维材料。它分为普通型、高强型、高强中模型和高强高模型纤维，具有高比强度、高比模量、质轻、耐高温、耐腐蚀和热膨胀系数小等一系列优点。碳纤维材料最早出现在20世纪50年代初，是由于军用领域的需要得以出现，随后技术的不断发展，碳纤维被广泛应用于航空航天、工业生产、交通、生活休闲、能源、建筑和体育用品等领域。因此，碳纤维成了国家战略性新兴产业中新材料领域的材料之王。

目前，碳纤维产业越来越受到世界的关注。在全球中，碳纤维的大型制造商最具代表性的公司有日本的东丽、东邦和三菱丽阳，美国的赫氏，德国的西格里，韩国泰光产业等。在20世纪70年代，日本的东丽、东邦以及三菱丽阳企业，这三家企业将碳纤维商业化，对碳纤维进行研发，在技术上不停地提高产品的性能，扩展碳纤维的应用领域。到了20世纪80年代，美国企业也开始关注碳纤维行业，对碳纤维进行研发，其中美国的赫氏企业开始生产碳纤维。

5.7.1.2 碳纤维的结构

目前有关碳纤维结构的研究，众多研究者建立起了不同的结构模型，比如皮芯结构、微原纤结构和条带结构等，分别如图 5-5 所示。目前最被科研工作者们所接受的是皮芯结构模型，而产生碳纤维结构差异的原因在于生产制造碳纤维的原料以及后续的纺丝碳化等工艺有所不同。

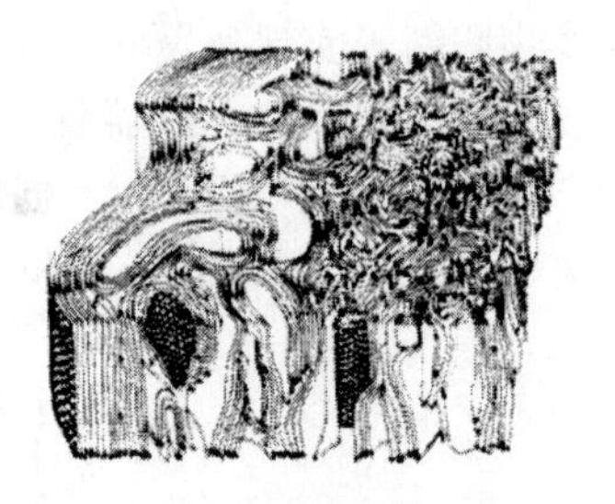
(a) 皮芯结构模型

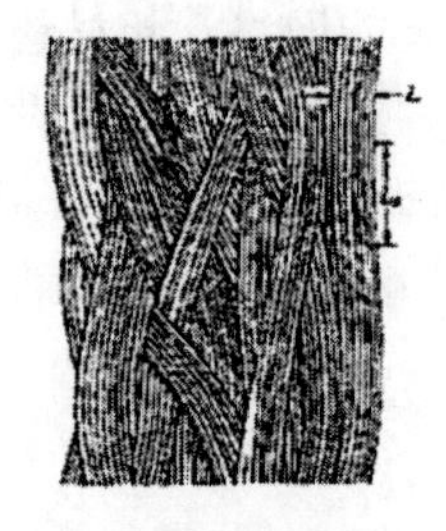
(b) 微原纤结构模型

(c) 条带结构模型

图 5-5 不同碳纤维微观结构模型图

5.7.1.3 碳纤维的物理化学性质

碳纤维作为一种新型高性能纤维增强材料，轻质高强，拉伸强度一般在 2.2GPa 以上，具有高比强度和比模量；导热性能优异，接近于钢铁；硬度高、耐磨性好，在使用过程中与金属材料发生摩擦时，几乎很少发生磨损现象，可用来做成高级摩擦材料进而取代石棉等现有产品。碳纤维还具有耐疲劳强度的特点，在与树脂结合制成碳纤维增强塑料（CFRP）后，经过上百万次的疲劳测试之后，其强度值仍然能维持在 60%左右。

碳纤维的化学稳定性异常优异，耐酸、耐碱、耐腐蚀，还具备较好的防水性，不溶不胀，相比较金属材料而言，不会发生腐蚀生锈的问题，因而使用更为广泛；另外碳纤维还具有易于外加防火涂层特点，较好的气候适应能力，在使用过程中面对恶劣环境，使用寿命长。

5.7.1.4 碳纤维的应用

由于碳纤维外柔内刚，具备轻质高强和低热膨胀性等优异的性质，应用范围极为广泛。在日常用品中，比如自行车、赛车、棒球棒、滑雪板、碳纤维床垫以及碳纤维外壳的 Thinkpad 和太阳能热水器中的集热管等；而在工业领域中，如汽车、飞机、坦克等，轻质高强的碳纤维也得到了大范围使用。例如现在的 F1 赛车，CFRP 在车身方面的投入使用，不仅极大地减轻了车身的自重，提高了赛车的结构强度，还可以有效利用气动性对赛车进行提速。总之，随着低成本 CFRP 的发展以及日渐增长的市场需求，其在未来的应用会愈发广泛。

碳纤维复合材料在航空航天飞行器和车辆的制造方面应用非常广泛。在航空领域，碳纤维复合材料的主要用途是飞机制造。在军用飞机方面，无论是战斗机、轰炸机、武装直升机，以及军用无人机，碳纤维复合材料均已被广泛应用于重要结构件的制造。在民用飞机方面，复合材料的用量已经高达整机质量的一半。以波音公司为例，相比于复合材料用量为 12%的波音 777，波音 B787 的复合材料用量高达 50%。并且，波音 787 的机身段是一个由碳纤维复合材料制作的整体。与之相应的空客 A350 复合材料用量同样高达 52%。而后续的窄体机，复合材料的用量将达到 60%～70%。而且，对于大型飞机，复合材料的用量将随时间推移进一步增加。

在航天飞行器上，碳纤维复合材料已被应用于卫星、运载火箭、精密支撑构件、空间光学镜体等的制造。如卫星领域中，卫星本体、卫星太阳电池阵、天线等结构的制造；运载火箭领域中，发动机壳体、整流罩等的制造；精密支撑构件领域中，光学元件安装平台的制造；光学镜体中，高精度镜面的制造等。

在车辆制造方面，碳纤维复合材料在轨道列车和乘用汽车方面均得到了应用。在轨道交通方面，瑞士 Schindler、法国 TGV、日本 N700、韩国 TTX 等列车的车体，德国联邦铁路 MBB、日本川崎重工的转向架，以及青岛四方集团研制的标准动车组设备舱、某型列车的车头罩均采用了碳纤维复合材料。在乘用汽车方面，以宝马为代表，碳纤维复合材料已被应用于轮毂、底盘、传动轴、车身等的轻量化。

此外，碳纤维复合材料在体育器具、医疗器械、建筑器材、船舶和声呐、风力发电机的叶片、油气管道等的制造领域也得到了广泛应用。

5.7.2 国内外研究发展状况

5.7.2.1 国际研究发展状况

碳纤维的发展主要是在国外，国外碳纤维企业已经掌握着先进的技术以及完善的设备，其中以日本的东丽、三菱丽阳、东邦为主，这些企业已掌握了全球碳纤维研发生产的关键技术，实现了碳纤维制造的规模化生产，成了碳纤维制造生产和对外输出的主要供应商。

1961 年，日本大阪工业技术实验所和日本东丽公司相继开发和改进聚丙烯腈基碳纤维，1965 年日本群马大学和美国联合碳化物公司分别成功开发沥青基碳纤维。历经了几十年，全球碳纤维领域的关键技术仍被日本和美国垄断和控制。东丽、东邦以及三菱丽阳这三家企业成了日本主要碳纤维生产商。同时日本在不停地进行研发，提高产品的性能，扩展其应用领域。因此到现在为止，日本企业仍然是全球最大的碳纤维生产商。尤其是东丽公司，不仅掌握着碳纤维的核心技术，而且他们自主研发的碳纤维产品在航天航空领域上占有绝对优势，这使得东丽公司制造的碳纤维成为波音企业的最主要供货商。除此之外，美国赫克赛尔公司、美国阿莫科公司、美国阿克苏公司、美国卓尔泰克公司、美国阿尔迪拉公司、德国西格里公司、中国台湾的台塑公司等也成了碳纤维领域的有力竞争者，纵观全球，碳纤维领域竞争异常激烈。

当前全球对碳纤维的消费量在不断增大，从 1996～2000 年，在需求量上，世界碳纤维的年增长率为 9%，2001～2003 年，年增长率达到 12%。同时碳纤维技术领域的专利申请遍及全球 40 多个国家、地区和国际组织，专利数量排名前 5 的国家分别为日本、美国、德国、韩国和中国，这 5 个国家的专利数量占到了全球专利总量的 94%。随着碳纤维应用领域的不断扩大，碳纤维的市场需求日趋增加，碳纤维及其复合材料产业呈现良好发展态势。

5.7.2.2 我国研究发展状况

我国碳纤维产业虽然起步很早，从 20 世纪 70 年代开始。然而经过几十年的发展，因受经济条件及设备的影响，我国碳纤维在生产和使用方面可以说仍处于起步阶段，研发进展缓慢，与国外先进水平存在巨大的差距。1960 年，我国开始对 PAN 基碳纤维进行研究，经过十几年的研发，1980 年，PAN 基碳纤维开始进入工业化生产。对沥青基碳纤维的研发，虽然我国起步比较早，但是在技术上还与国外存在一定的差距。我国碳纤维产品质量较低，稳定性较差，产出量只是全球总产量的 0.5%，尤其是在原丝质量上，制约着碳纤维产品的生产。随着技术的发展，我国PAN基碳纤维的生产初具规模，但是还达不到我国的需求量，仍然需要向国外进口。

在2000年以前，我国在碳纤维领域的专利申请量很少，2000年后相关专利申请量呈持续快速增长态势，尤其是在2008年以后，专利数量急剧增长。近年来，随着我国对碳纤维产业重视程度不断提高，政府制定了一系列的政策来促进碳纤维技术的研发，给予碳纤维生产企业以及科研机构大力的扶持。在这种背景下，我国碳纤维技术进入快速发展的阶段。2010年，我国碳纤维的产能达到7071t，这为我国实现碳纤维工业化生产奠定了基础，同时也完成了“十一五”规划中碳纤维T300生产线。目前，我国碳纤维复合材料在航天航空领域以及工业领域上都有很大的发展，在技术上也取得了很大的进步，同时也形成了我国自主的知识产权模式，但是与国外相比还有差距。我国碳纤维技术的专利申请量在不断增加，说明我国对自身知识保护越来越重视。但是我国需要在碳纤维关键技术上进行突破，在国外进行专利布局，使得我国碳纤维技术在全球具有一定的竞争力。

5.7.3 碳纤维材料应用实例：碳纳米管

5.7.3.1 碳纳米管简介

1991年，自Ijima发现碳纳米管（CNTs）以来，CNTs的研究迅速发展，对其的报道也是比比皆是。CNTs目前在各个领域都得到了广泛的应用，其中在复合材料领域前景最广。

5.7.3.2 碳纳米管的结构

CNTs可以看作由石墨烯片（单层石墨片层）卷曲成具有连续表面的圆柱形中空管。CNTs呈中空管状结构，CNTs的特点是长径比高，同时碳管的质量高缺陷少，组成CNTs基本结构单元的石墨片层中的C—C键属于sp^2杂化，从而赋予了CNTs的优异的结构性能。

5.7.3.3 碳纳米管的性能及应用

（1）力学性能

CNTs中以sp^2杂化的C—C键是目前自然界最强的共价键之一，使得CNTs具有高比强度、高比模量的特点，这已经在大量的实验和理论研究得到证实。CNTs的杨氏模量约为1.4TPa，拉伸强度高达100GPa甚至更高，弯曲强度为14.2GPa，断裂伸长率在20%～30%，即使受到较大的外力作用也不会发生断裂行为，并且密度约为1.2～2.1g/cm^3，是钢的1/6～1/7。相比较而言，钢铁的杨氏模量为200GPa，拉伸强度为1～2GPa，足以看出CNTs的力学性能之优异。除此之外，CNTs有着较好的耐磨性，可以用来制备各种坚硬的刀具、模具等产品。

（2）电学性能

CNTs优异的电学性质很大程度上是来源于其独特的结构特征，即sp^2杂化结构。CNTs的电学性质可以通过改变其本身石墨片层结构来实现，比如一些缺陷的存在会使得其既具有金属的导电性又具有半导体的导电性，另外还可以受外界条件所影响，比如在低温下会表现出半导体的特性。因此，CNTs可以被用到电子枪的生产中，作为薄型、高亮度和轻量化显示器中的小型阴极射线管。在碳纳米管束中加入溴、钾等元素，还可以有效控制其电子衍射效应，在使用过程中降低能量耗损，形成弹道式传输，提高导电效率。

（3）热学性能

在 CNTs 被发现之前，金刚石一直被认为是最好的热导体，但是自从 CNTs 问世以来，其导热性表现出至少是金刚石的两倍以上。CNTs 管结构的两端触感同金属类似是冰凉的，但是其他的触感又与木头材质类似，其依靠超声波传递热量，传热速率高达 10km/s。另外一个有趣的现象是 CNTs 仅能产生一维方向上的热量传导，即使 CNTs 放置在一起，热量也不会从一个 CNTs 传导到另一个上。

（4）储氢性能

CNTs 由于具有高长径比和较大的比表面积，其储氢能力远高于目前所使用的材料。美国通用汽车公司已经以液氢为能源设计出了燃料电池概念车——氢动一号，在未来或许将有着巨大的市场发展潜力。

（5）光学性能

CNTs 有着较好的发光特性，且节能稳定，特别是发光强度高和波长转换功能，有着较大的应用前景。有研究者们将钌元素掺杂到 CNTs 中，在可见光区出现了绿色荧光。IBM 公司也研究开发过 CNTs 构成的发光原件，当时为世界上最小的发光原件产品。

本章要点

材料的各种性质特点都与其组成的化学元素及化学键相关，材料与化学是密不可分的。材料与人类的生活和生产密不可分，是人类赖以生存的物质基础，是人类进步的里程碑。

根据材料所含的化学物质的不同可将其分为四大类：金属材料、无机非金属材料、高分子材料、复合材料。

金属材料包括黑色金属材料和有色金属材料。黑色金属材料指铁及铁合金，如钢、铸铁、铁合金等。有色金属材料指黑色金属以外的所有金属及其合金，包括铝合金、钛合金、铜合金、镍合金等。

钢按化学成分可分为碳素钢和合金钢。碳素钢指碳含量不大于 2% 的铁碳合金。有低碳钢（C≤0.25%）、中碳钢（C 为 0.25%～0.60%）、高碳钢（C≥0.60%）之分。合金钢指为了改善钢的某些性能而加入一定量的某种或几种合金元素的钢，有低合金钢、中合金钢、高合金钢之分，其合金元素含量分别为 0～5%、5%～10%、10% 以上。钢按品质可分为普通钢、优质钢和高级优质钢，一般是根据钢中磷、硫杂质含量不同来分的。普通钢 P≤0.045%，S≤0.050%，优质钢 P、S 均≤0.035%，高级优质钢 P≤0.035%，S≤0.030%。

铜合金指以纯铜为基体加入一种或几种其他元素所构成的合金。铜合金分为黄铜、青铜、白铜三大类。黄铜是以锌作主要添加元素的铜合金；白铜是以镍为主要添加元素的铜合金；青铜原指铜锡合金，现除黄铜、白铜以外的铜合金均称青铜。

无机非金属材料是以某些元素的氧化物、碳化物、氮化物、卤素化合物、硼化物以及硅酸盐、铝酸盐、磷酸盐、硼酸盐等物质组成的材料，是除有机高分子材料和金属材料以外的所有材料的统称，主要有陶瓷、水泥、玻璃等。

陶瓷是以黏土为主要组分，辅以各种天然矿物质，经过粉碎、混炼、成型和煅烧而得的各种制品，是陶器和瓷器的总称。按所用原料及坯体的致密程度可分为粗陶、精陶、炻器、半瓷器、瓷器等，其功能依次从弱到强。

玻璃是一种非晶态材料，为透明的固体物质，在熔融时形成连续网络结构，冷却过程中黏度逐渐增大并硬化而不结晶的硅酸盐类非金属材料。普通玻璃化学组成为 $Na_2O \cdot CaO \cdot 6SiO_2$，属于混合物，主要成分是二氧化硅。

胶凝材料又称胶结料，在物理化学作用下，能从浆体变成坚固的石状体，并能胶结其他物料，制成有一定机械强度的复合固体的物质。胶凝材料可分为无机与有机两大类。石灰、石膏、水泥等属于无机胶凝材料；沥青、天然或合成树脂等属于有机胶凝材。

水泥是粉状水硬性无机胶凝材料，加水搅拌成浆体后能在空气或水中硬化，用以将砂、石等散粒材料胶结成砂浆或混凝土。常见的有硅酸盐水泥、铝酸盐水泥、硫铝酸盐水泥等。

凝土是指由胶凝材料将集料胶结成整体的工程复合材料的统称。通常讲的混凝土一词是指用水泥作胶凝材料，砂石作集料，水、外掺剂（化学外加剂、矿物料）按一定比例配合，经一定的加工处理如搅拌、成型、养护后凝结硬化而形成的具有堆聚结构的复合材料。当采用的胶凝材料为水泥时就叫水泥混凝土，水泥混凝土是使用最多最广的一种混凝土，广泛应用于土木工程中。

高分子材料一般指由碳、氢、氧、氮、硅、硫等元素组成的分子量足够高的有机化合物。例如，橡胶、纤维、塑料、高分子胶黏剂、高分子涂料和高分子基复合材料等。

塑料有热固性与热塑性两种。热塑性塑料具有加热软化、冷却硬化的特性，如聚乙烯、聚丙烯、聚氯乙烯、聚苯乙烯等；热时软化流动，冷却变硬的过程是物理变化。热固性塑料是指在受热或其他条件下能固化或具有不溶（熔）特性的塑料，如酚醛塑料、环氧塑料等。这一类塑料使用后不能重新塑造使用。

橡胶可分为天然橡胶和合成橡胶。天然橡胶是一种以聚异戊二烯为主要成分的天然高分子化合物。合成橡胶是由人工合成的高弹性聚合物，如丁苯橡胶、异戊橡胶、顺丁橡胶、氯丁橡胶等。

涂料指涂布于物体表面在一定的条件下能形成薄膜而起保护、装饰或其他特殊功能（绝缘、防锈、防霉、耐热等）的一类液体或固体材料。涂料的主要成分有：成膜物质、助剂、颜料、溶剂等。

胶黏剂指能将同种或两种或两种以上同质或异质的制件（或材料）连接在一起，固化后具有足够强度的有机或无机的、天然或合成的一类物质。有热塑性胶黏剂和热固性胶黏剂及橡胶树脂型胶黏剂之分。

纤维一般指细而长的材料，具有弹性模量大、塑性形变小、强度高等特点。主要包括天然纤维和化学纤维。天然纤维如棉、麻、毛、蚕丝等。化学纤维如黏胶纤维、涤纶、锦纶、腈纶、氯纶、维纶、氨纶、丙纶等。

功能高分子材料指具有传递、转换或储存物质、能量和信息作用的高分子及其复合材料。一般具有化学反应活性、光敏性、导电性、催化性、生物相容性、药理性、选择分离性、能量转换性、磁性等性能。

复合材料是由两种或两种以上物理和化学性质不同的物质组合而成的一种多相固体材料。各种组分材料在性能上互相取长补短，产生协同效应，使其性能优于原组成材料而满足各种不同的要求。复合材料按基体材料类型可分为金属基复合材料、聚合物基复合材料、无机非金属基复合材料。复合材料主要应用在航空航天领域、汽车工业、化工、纺织和机械制造领域、医学领域，其前景广阔。

碳纤维作为一种高性能纤维材料，其内部的碳原子结合在一起形成乱层石墨微晶结构，这些石墨微晶结构几乎都与碳纤维的轴向平行一致，这种特殊的排列结构使得碳纤维具有独特的优异性能，因而被人们誉为“黑色黄金”，有着巨大的市场应用前景。碳纤维材料应用实例：碳纳米管的性能及应用。

超材料是指具有一些人工设计的结构并呈现出天然材料所不具备的超常物理特性的人工复合材料，广义的超材料包括光子晶体、左手材料、超磁材料等。近年来，超材料凭借其优异的物理特性被成功应用于工业、军事、生活等各个方面。超材料在新型微波器件、新型抗电磁干扰器件，无绕线电感、传感器以及光诱导开关等方面的应用成绩斐然。

超材料的设计思想是新颖的，这一思想的基础是通过在多种物理结构上的设计来突破某些表观自然规律的限制，从而获得超常的材料功能。超材料的设计思想昭示人们可以在不违背基本的物理学规律的前提下，人工获得与自然界中的物质具有迥然不同的超常物理性质的“新物质”，把功能材料的设计和开发带入一个崭新的天地。

习　题

1. 材料有哪些分类？
2. 什么是金属材料？金属材料有哪些分类？
3. 什么是无机非金属材料？常见的无机非金属材料有哪些？
4. 陶瓷的定义是什么？其主要原料又是什么？
5. 什么是胶凝材料？它有哪些种类？
6. 什么是高分子材料？高分子材料有何特点？高分子材料又有何分类？
7. 涂料由哪些成分组成？
8. 什么是功能高分子材料？
9. 什么是复合材料？复合材料有哪些分类？
10. 什么是超材料？超材料有哪些分类？
11. 什么是碳纤维材料？碳纤维的应用有哪些？

6 化学与能源

能源是人类生存和发展须臾不能离开的物质基础。国家的能源结构、能源政策、能源储备不仅与人民日常生活息息相关，也维系着国家的安全和命运。能源的开发和利用是社会经济发展水平的重要标志。化学作为一门中心学科，在能源的研究与利用中起着重要的作用。无论是煤的充分燃烧和洁净技术，还是清洁汽油的研制；无论是核能的控制利用，还是氢能源、太阳能的使用；无论是新型绿色化学能源的研制，还是生物能源的开发，都离不开化学这一基础学科的参与。可以说，能源科学发展的每一个重要环节都与化学息息相关。

6.1 能源概述

能源是经济发展的基础，是社会繁荣和发展的物质基础。目前能源的消耗正在以惊人的速度增加。人们已经认识到煤、石油、天然气等非再生能源的储量有限，燃料可能被耗尽。经历数百万年才形成的石油，开采了一百年就已所剩无几了。因此，我们对非再生能源要特别节约使用，同时还必须开发新能源。能源的使用应该由有限的化石燃料向无限的可再生能源及核能转变，以促使社会的进步和持续发展。

6.1.1 能源的概念与分类

人们在日常生产和生活中，需要各种形式的能量。例如，在高炉中熔化铁矿石需要热能，开动机器需要机械能，使电子计算机工作需要电能，绿色植物生长需要光能等。凡是能够提供某种形式能量的物质，或是物质的运动，统称为能源。

能源是发展农业、工业、国防科学技术和提高人民生活水平的重要物质基础。能源开发及消费水平的高低、能源的人均占有量、能源构成、能源使用率和能源对环境的影响因素，是衡量一个国家经济技术发展水平和现代化程度的重要标志。

自然界的能源资源的分类方法很多，通常按其形成和来源、使用特征、循环方式、使用程度、使用性质、是否污染环境等进行分类。

按形成和来源，一般可分为三大类：第一类是来自地球以外天体的能量，最主要是太阳辐射能，其中还应包括储存在煤炭、石油、天然气、水能、风能中的间接来自太阳的能量；第二类是地球内部蕴藏的能量，如原子核能资源、地热能等；第三类是由于月球、太阳对地球的引力而形成的潮汐能。

按使用特征，通常把从自然界中直接取得的天然能源称为一次能源；一次能源经过加工，转换成人们需要的另一种形式的能源称为二次能源。煤炭、石油、天然气等化石燃料，以及核能、地热、水能等属于一次能源；用煤、石油发电，得到的电能属于二次能源。汽油、柴油、甲烷、酒精、焦炭、煤气、氢能等也属于二次能源。

按循环方式可分为再生能源和非再生能源。再生能源包括太阳能、生物质能、水能、氢能、风能、地热能等，是可供人们取之不尽的再生能源。煤、石油、天然气等化石燃料是不能再生的，属于非再生能源。

按使用程度，能源可分为常规能源（传统能源）和新能源。常规能源是指目前应用比较普遍的能源，如煤炭、石油、天然气等；近年来才被利用的能源或正在开发研究的能源，如太阳能、风能、生物质能、地热能等，称为新能源。

以上能源分类如下。

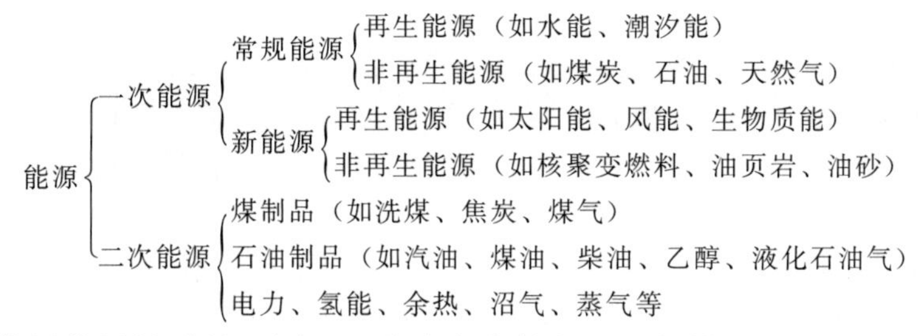

此外，按能源使用性质的不同，可分为含能体能源（如煤炭和石油等）和过程性能源（如风能和潮汐能等）。按能源消耗后是否污染环境，可分为污染型能源与清洁型能源。煤炭和石油属污染型能源；水力、氢能、燃料电池和太阳能等则属清洁型能源。

6.1.2 能量的转化

能量可以从一种形式转换成另一种形式，人们利用能源的过程，离不开能量转换和传递的过程。河流的水力带动水轮机，把机械能传递给人们作动力。我国古代很早就使用水力，利用水碓舂米。当代，水力多用来发电，简称水电。把机械能转换为电能，就能长距离输送。煤、石油、天然气通过燃烧，把化学能转换为热能，供给人们使用；煤、石油、天然气在发电厂内或内燃机组内经过燃烧，转换为电能或机械能，就可以做功。

能量有各种不同的形式，如机械能、热能、化学能、光能、电能、核能（原子能）和生物能等。各种不同形态的能量可以相互转化，转化规律服从能量守恒定律。例如，内燃机、蒸汽机可以将热能转变为机械能，热发电机可以将热能转化为电能，而原电池可以将化学能转变为电能。实际上，能量的转换并不都是十分彻底的。有的能量如热能，理论上已经证明它不能百分之百地转换成别种能量。遗憾的是无论石油还是原子能，利用现在的技术总要先把它们变为热能，然后再转换成电能。因此火力发电和原子能发电的效率只有30%～40%，其余的能量就以热的形式散失了。

化学反应是能量转换的重要方式，能量的化学转化主要利用热化学反应（燃烧，热泵）、光化学反应（光合作用、光化学电池）、电化学反应（电池、电解）和生物化学反应（发酵）等。

6.1.3 能源利用的发展史

能源的利用在人类历史中起着划时代的重要作用。能源的利用伴随着人类文明的进步。火的使用使人类就以树枝、杂草等作为燃料，用于煮食和取暖；人类通过对水力、风力、畜力、木材等天然动力和能源的控制和利用，大幅度增长了支配环境的能力，使社会生产力不断提高。从远古时代直到中世纪，在这漫长的人类历史中，薪柴在世界一次能源消费结构中长居首位。

18世纪下半叶，蒸汽机的发明和使用，使煤炭成为生产动力。工业化的推进增加了对煤炭的需求。据统计，从1860年到1920年，煤炭在世界一次能源消费结构中所占的比例由24%上升到92%。在此期间，煤炭取代薪柴成为主要能源，促使世界能源开发利用发生了第一次大转变，促进了资本主义社会工业的高速发展，出现机器和大工业生产，世界进入了煤炭时代。

20世纪以后，随着内燃机、柴油机的发明和广泛应用，石油化工得到快速发展。以内燃机为动力的移动式机械设备使人类的活动范围空前扩大。新的、洁净的二次能源（电力）的普及改变了人类的生活方式，极大地推动了社会生产力的发展。新技术革命创造了人类历史上空前灿烂的物质文明。世界范围内石油开发利用的数量和规模急剧上升，1965年，石油在世界一次能源消费结构中首次超过了煤炭而居第一位，世界开始进入了石油时代。1979年，世界能源消费结构的比例是：石油占54%，天然气和煤炭各占18%，油、气之和高达72%。石油取代了煤炭，完成了能源的第二次大转变。

20世纪70年代以来，世界能源开发利用开始经历第三次大转变，即从以石油、天然气等为主的能源系统，开始转向以可再生清洁能源为基础的持续发展的能源系统。之所以会发生这种转变，是因为以石油、天然气、煤炭为主的化石能源是不可再生的，储量有限，供应也过分集中。1973年，中东战争触发的第一次世界石油危机表明原有能源系统不可能长久维持下去。2004年6月英国石油公司BP发布《2003年世界能源统计年鉴》数据显示，世界石油可采储量为567亿吨，天然气可采储量为176万亿立方米，煤炭可采储量为9845亿吨。而且，世界范围内为了经济发展而不加限制地大量消耗煤炭和石油，造成了严重的全球环境问题，如酸雨、温室效应、光化学烟雾、生态破坏等。人们越来越担心这种发展的后果及地球与人类的未来。1972年6月，联合国在瑞典召开第一次“人类与环境会议”，通过了著名的《人类环境宣言》，提出“只有一个地球”的口号。至此，第三次能源转变逐渐受到了可持续发展理念的影响并开始以可持续发展为主题。可持续发展的概念始于20世纪80年代，是指既要推动经济、社会的发展，又要保护环境，使经济社会发展与资源环境保护相协调的持续发展。全球日益高涨的保护环境的呼声和对可持续发展思想的广泛关注，是促进第三次能源大转变的重要因素。但还有一个重要原因是科学技术的进步，以信息、生物和新材料技术为标志的新技术革命为新能源技术创造了机遇和条件。目前，世界正处于一场新能源技术革命之中。

世界能源结构要转变到以可再生能源为主将是一个漫长的过程，在今后相当长一段时期内，世界能源系统仍将以化石燃料为主。世界能源委员会（WEC）和国际应用系统分析研究所（HASA）合作完成的研究报告认为：在21世纪上半叶，石油、煤炭和天然气等化石燃料仍将是世界一次能源构成的主体；到21世纪下半叶，随着石油和天然气资源的枯竭，太阳能、生物质能、风能等可再生能源将获得迅速发展。到2100年，可再生能源将占世界一次能源构成的50%左右。在此过渡时期，天然气因环境影响小，将日益受到各国的重视；煤炭将因其储量较丰富以及洁净技术的推广以及煤炭液化、气化技术的开发，而使其变成比较清洁的能源，成为过渡时期能源结构中一大重要支柱。“开源节流”是解决21世纪世界能源问题的至理名言，在开发利用新能源的同时，人们已深刻认识到节能也是解决能源危机的重要途径，是与开发煤炭、石油、天然气、水力和核能同样重要的措施。因此，被誉为“第五能源”的节能技术将备受重视。安全可靠的能源供应是社会经济发展的基本保证，在21世纪，国家能源安全供应将被视为国家安全的头等大事。

6.2 常规能源

6.2.1 燃料的分类与组成

燃料是指产生热能或动力的可燃性物质。但工业上选作燃料的仅指在燃烧过程中以氧气（空气）作氧化剂的物质，主要是含碳的物质或碳氢化合物。按其物态可分为固态、液态和气态等三类燃料，若按其来源可分为天然燃料和人造燃料（表6-1）。

表6-1 燃料的一般分类

燃料的物态	天然燃料	人造燃料
固体燃料	木柴、泥煤、无烟煤、油页岩	木炭、焦炭、粉煤、煤砖(球)
液体燃料	石油	汽油、煤油、柴油、渣油、煤焦油
气体燃料	天然气(气田和油田)	高炉煤气、焦炉煤气、发生炉煤气、地下气化煤气、沼气、石油裂化气

天然矿物燃料（化石燃料）主要是由植物和动物残骸在地下经长时期的堆积、埋藏，受到地质变化的作用（包括物理、化学、生物等作用），逐渐分解而最后形成的可燃性矿物燃料。所以它们的组成主要是有机化合物以及部分无机化合物、水分和灰分。人造燃料就是对这些天然燃料进行加工处理后所得到的各种产品，因为直接利用天然燃料不能满足各工业部门对燃料的要求。实际上，直接燃烧天然燃料是很不经济的，在技术上也很不合理。应当开展综合利用，把天然燃料作为化工、冶金工业的原料，从中加工出各种人造燃料，同时提取出为国民经济各部门所需的各种产品。

燃料的化学组成极其复杂，它是由有机可燃物和不可燃的金属氯化物、硫酸盐、硅酸盐等无机矿物杂质（灰分）与水分等组成的混合物。气体可燃物一般有CO、H_2、CH_4、C_2H_4以及H_2S等，不可燃气体有CO_2、N_2、少量O_2。在气体燃料中还含有水蒸气、焦油蒸气以及粉尘等固体微粒。固体和液体燃料中的可燃物质是各种复杂的有机化合物的混合物。它们的分子结构和性质至今还不甚清楚，因此要分析测定其化学构成是极其困难的。根据燃料的元素分析可知，这些可燃的有机物都是由碳、氢、氧、氮、硫等化学元素所组成。

6.2.2 燃料的热值

煤、石油、天然气以热的形式供给人们需要的能量，但是它们的发热量不等。为了计量方便起见，就采取它们发热量的一定值计算，例如把原煤每千克发热量定为 20920kJ，石油每千克热量定为 4184kJ，天然气每立方米发的热量定为 38953kJ。为了使它们可以对比，好从总量上研究能源，我国还把含 29288kJ 热量的燃料，定为 1 千克标准煤。各种燃料均可按平均发热量折算成标准煤。折算成标准煤的比率是：原煤为 0.714，石油为 1.429，天然气为 1.33，生物燃料柴草为 0.6。水电每千瓦时电力按当年火力发电的实际耗煤量折算成标准煤。

燃料的热值（也叫做发热量，习惯上用 Q_{DW} 表示）：是指单位质量或单位体积的燃料完全燃烧时所能释放出的最大热量，单位为 kJ/kg（对固体和液体燃料）或 kJ/m^3（对气体燃料，在 101325Pa，298.15K 时）。它是衡量燃料作为能源的一个重要指标。

燃料热值的高低显然决定于燃料中含有可燃物质的多少。但是，固体燃料和液体燃料的发热量并不等于各可燃物质组分（碳、氢、硫等）发热量的代数和。因为它们不是这些元素的机械混合物，而是具有极其复杂的化合关系，所以难于导出理论公式来进行计算。目前，最可靠地确定燃料发热量的办法是依靠实验测定。

气体燃料因为是由一些具有独立化学特性的单一可燃气体所组成，而每种单一可燃气体的热值（Q_{DW}）可以精确地测定。表 6-2 为部分常见单一可燃气体热值的理论值。因此气体燃料的热值可以按每种单一可燃气体组成的热值计算后相加起来，即：

$$Q_{DW}=[127\varphi(CO)+108\varphi(H_2)+360\varphi(CH_4)+595\varphi(C_2H_4)+\cdots+231\varphi(H_2S)]\quad (kJ/m^3)$$

式中，φ 为组成气体的体积分数；“127”是指 $0.01m^3$ 的 CO 在标准状况下完全燃烧放出 127kJ 的热（$1m^3$ CO 完全燃烧则放出 12700kJ 的热）。其余的类同。

表 6-2 部分常见单一可燃气体的热值理论值 单位：kJ/m^3

可燃气体	氢 (H_2)	一氧化碳 (CO)	硫化氢 (H_2S)	甲烷 (CH_4)	乙烯 (C_2H_4)	乙炔 (C_2H_2)	乙烷 (C_2H_6)
Q_{DW}	10800	12700	23100	36000	59500	56500	64400

表 6-3 为部分常用的固体、液体和气体燃料的热值。

表 6-3 部分常用的固体、液体和气体燃料的热值 单位：kJ/kg

固体燃料	发热量 Q_{DW}	液体燃料	发热量 Q_{DW}	气体燃料	发热量 Q_{DW}
干木材	19000	重油	39800～41900	炉煤气	3770～6700
无烟煤	20900～25100	柴油	42500	水煤气	1000～11300
烟煤	25100～29300	航空汽油	>43100	天然气	33500～46100
木炭	34000				

6.2.3 煤、石油、天然气、水能

煤、石油、天然气、水能等属于常规能源，是当前世界上最主要的能源资源，占世界能源生产和消费总量的绝大部分。

煤、石油、天然气是远古时代绿色植物通过光合作用吸收太阳能并经过漫长的地质年代而形成的矿物燃料。作为常规能源，人们主要是利用热化学反应将化学能直接转变为热能。目前在世界能源消费结构中仍然以化石燃料为主，消耗量非常大。我国是以煤为主要能源的国家，2000 年我国总能源消费中，煤占 63.8%，石油占 30.1%，天然气占 2.96%，水电占 2.5%，核能占 0.57%。

6.2.3.1 煤

煤是很重要的能源。自从资本主义工业化以来，煤一直是被大量使用的能源。20 世纪 50 年代以来，工业发达国家大量使用石油、天然气以后，煤在能源消费总量中的比重才逐渐降低，但是仍占 30%以上。

(1) 煤作为能源的特点

煤作为能源，与石油比较有两大优点：①分布广，储量大。全世界煤的探明储量是石油的 20 多倍，我国还高于这个倍数；②开发和利用的技术难度不大。所以，我国和世界许多国家都很重视煤炭资源的开发利用。另外，用煤作燃料，也有很多地方不如石油，例如发热量和燃烧效率不如石油高，输送和使用不如石油方便；灰渣、粉尘多，容易污染环境，而且一般不能直接用作汽车、拖拉机的燃料。

(2) 煤的形成

煤是千百万年来植物的枝叶和根茎，在地面上堆积而成的一层极厚的黑色的腐殖质，由于地壳的变动不断地埋入地下，长期与空气隔绝，并在高温高压下，经过一系列复杂的物理化学变化等因素，形成的黑色可燃沉积岩，这就是煤的形成过程。

一般认为煤的形成过程包括以下阶段：在地表常温、常压下，由堆积在停滞水体中的植物遗体经泥炭化作用或腐泥化作用，转变成泥炭或腐泥；泥炭或腐泥被埋藏后，由于盆地基底下降而沉至地下深部，经成岩作用而转变成褐煤；当温度和压力逐渐增高，再经变质作用转变成烟煤至无烟煤。泥炭化作用是指高等植物遗体在沼泽中堆积经生物化学变化转变成泥炭的过程。腐泥化作用是指低等生物遗体在沼泽中经生物化学变化转变成腐泥的过程。因此根据煤化程度的不同，煤可分为泥煤、褐煤、烟煤和无烟煤四类。

煤是由无机物和有机物组成的一种混合物，以有机物为主。无机物主要是 Ca、Al、Mg、Fe 的硫酸盐、碳酸盐及 Na、K、Mg、Al、Cu 的硅酸盐、氧化物、硫化物等。煤的主要有机物是由 C、H、O、N、S 等化学元素组成的，各种煤中有机元素的含量各不相同，表 6-4 中列出一些煤的有机元素的含量。将其折算成原子比，通常认为其平均组成为：85.0%C；5.0%H；7.6%O；0.7%N；1.7%S。煤的化学成分可用 $C_{135}H_{96}NS$ 代表，其化学结构至今已有几十种模型，目前公认的模型如图 6-1 所示。由该图可以看出，煤中含有大

量的环状烃，它们交联、缩合在一起，也含有 S、N 的杂环或桥键，所以煤能成为芳烃的重要来源。

表 6-4 部分煤的有机元素含量

元素 质量分数 煤种	C	H	O	N	S
泥煤	60～70	5～6	25～35	1～3	0.3～0.6
褐煤	70～80	5～6	15～25	1.3～1.5	0.2～3.5
烟煤	80～90	4～5	5～135	1.2～1.7	0.4～3
无烟煤	90～98	1～3	1～3	0.2～1.3	0.4

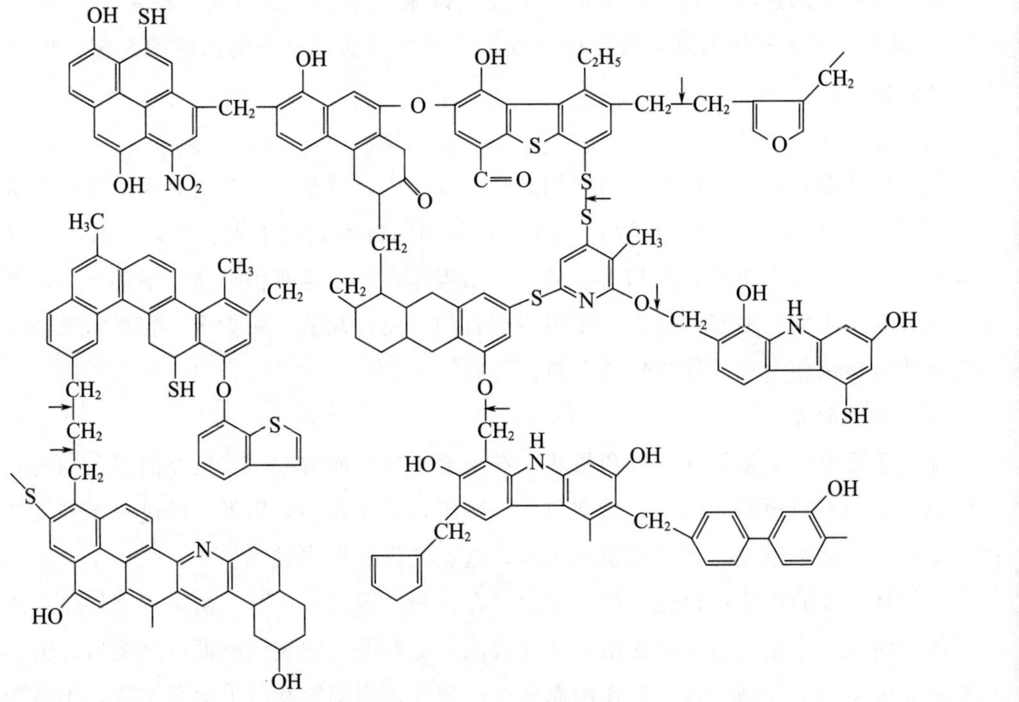

图 6-1 煤的结构模型

(3) 煤的分布

煤资源在地球上分布很不均，最主要的煤带分布在北半球的亚洲和欧洲，从我国的华北向西，经新疆，横贯中亚和欧洲大陆，直到英国。另一个煤带分布在北美洲的美国和加拿大，南半球主要煤带分布在澳大利亚和南非境内。

我国煤资源主要分布在山西、内蒙古、陕西、河南、山东、河北一带，以及安徽和江苏两省北部，新疆、贵州、云南、黑龙江等省、区也不少。我国东南沿海各省煤炭资源较少，而人口稠密，工业比较发达，需要运进的煤炭数量较多。工业发达的东北，煤炭消费量大，也须从华北运进一些。

山西省煤的探明储量占全国煤探明储量的 1/3，是我国重要的煤炭基地，每年运出大量煤炭支援外省市。但是，铁路运输力量不足，不适应山西省煤炭外运量迅速增长的需要。近年新建了大同—秦皇岛等铁路，增加了煤的外运量。同时，因地制宜在煤矿附近建电站，把煤炭转换成电能输出，供给北京、天津等城市的需要，减轻了铁路运输的压力。

(4) 煤的气化、液化和焦化

煤是人类重要的能源之一，煤的开采困难而又危险，其运输、储存及使用都相当不便。特别应当指出的是煤在燃烧过程中反应速率慢、利用效率低，同时释放出大量烟尘、SO_2、NO_x等有害物质，已成为大气的主要污染源。为此，使煤转化为清洁能源或更有效地利用煤资源，已成为国际社会普遍关注的一个热点。目前有实用价值的方法是煤的气化、液化和焦化。

① 煤的气化　气态燃料适于民用，因为可以用管道输送，既方便又干净。将固体的煤气化制成气态燃料，不仅能提高煤的利用率，而且会减少其对环境的污染。煤的气化是指煤在氧气不足的情况下进行部分氧化，使煤中的有机物转化为含有 H_2、CO 等可燃性气体的过程，因此煤气的有效成分主要是 H_2、CO 和 CH_4 等。选择不同气化剂可以得到不同组成和用途的煤气。

a. 水煤气　将煤与有限的空气和水蒸气反应得到半煤气。

$$\text{水蒸气}+\text{煤}+\text{空气}\longrightarrow CO(g)+H_2(g)+N_2(g)$$

其中 N_2 的含量为 50%左右。这种混合气体的燃烧热值低，仅为天然气（CH_4）的 1/6 左右。

若将煤在高温时与水蒸气作用，则可以制得水煤气，水煤气的燃烧热值比半煤气要高。

$$C(s)+H_2O(g)\longrightarrow CO(g)+H_2(g)$$

b. 合成气　将纯氧和水蒸气在加压条件下通过灼热的煤，使煤中的苯酚（C_6H_5OH）等成分挥发出来，并生成一种气态燃料混合物，其成分按体积分数约含 40% H_2、15% CO、15% CH_4 和 30% CO_2。这种混合气体称为合成气。合成气的燃烧焓约为天然气（CH_4）的 1/3，可作天然气的代用品。

c. 合成天然气　水煤气和合成气的燃烧热值均不及天然气，因此，实现煤的气化的最好办法是将煤最终转化成 CH_4。

在催化剂的作用下，使水煤气中的 CO 和 H_2 进行甲烷化反应，可以得到相当于天然气的高燃烧焓值的合成天然气。

$$CO(g)+3H_2(g)\xrightarrow[650K]{Ni}CH_4(g)+H_2O(g)$$

甲烷化反应所需要的 H_2，可以通过水-气转换反应实现。

$$CO(g)+H_2O(g)\xrightarrow{\text{催化剂}}H_2(g)+CO_2(g)$$

当前煤气化的开发重点主要集中在高燃烧焓值煤气上。

② 煤的液化　煤是一种固体高分子化合物，让煤在高温、高压条件下热裂解或与其他物质（如 H_2）作用，转化成低分子化合物而成液体燃料、化工原料和产品的过程称为煤的液化，液化产物称为人造石油。

煤的液化分为直接液化和间接液化两种方式。

煤的直接液化是根据煤与石油烃相比，组成中碳多氢少的特点，采用催化加氢的方法从煤直接得到液态烃。如 1973 年美国开发出氢煤法，是先将煤粉用重油调成糊状，在 430～450℃的操作温度和 20MPa 的工作压力下，以颗粒状的 Co-Mo 为催化剂在隔离空气的条件下直接加氢，使氢渗入煤的结构内部，将高分子化合物的环状结构缓慢分解打开，生成含氢较多的烷烃、环烷烃和芳烃等化合物的混合物，它们称为液化油，精制液化油，可得到汽油、柴油等化学品。该方法的优点是热效率高，液体产品收率高，但对煤的品种要求较为严格。

煤的间接液化是先将煤气化为 CO 和 H_2（即合成气），然后在高压和适当催化剂存在下，合成气转化为链状烷烃、烯烃、醇类及其他化学品的过程。如在加压和 150～300℃的条件下，通过 Fe、Ni、Co 为主催化剂，ThO_2、MgO 和 K_2O 为助催化剂的催化床层，CO 和 H_2 能反应生成多种直链烃。例如：

$$6CO(g)+13H_2(g) \longrightarrow C_6H_{14}(l)+6H_2O(g)$$

$$8CO(g)+4H_2(g) \longrightarrow C_4H_8(l)+4CO_2(g)$$

$$8CO(g)+17H_2(g) \longrightarrow C_8H_{18}(l)+8H_2O(g)$$

煤的间接液化技术具有下述特点：因液化使用一氧化碳和氢，故可以利用任何廉价的碳资源（如高硫、高灰劣质煤，也可利用钢铁厂中转炉、电炉的放空气体）；可以独立解决某一特定地区（无石油炼厂地区）各种油品（轻质燃料油、润滑油等）的需求；可根据油品市场的需要调整产品结构；工艺过程中的各单元与石油炼制工业相似，有丰富的操作运行经验可以借鉴。该法的缺点是总热效率低、投资大。

③ 煤的焦化 煤的焦化又称煤的干馏。当煤与空气隔绝加强热时，煤分解成固态的焦炭、液态的煤焦油和气态的煤气（焦炉气）：

煤 $\xrightarrow{\text{干馏}}$
- 焦炉气（含 H_2、CO、CO_2、CH_4、C_2H_4、NH_3、H_2S、N_2、O_2 等）
- 煤焦油
  - 单环芳烃（如苯、甲苯、二甲苯、酚类等）
  - 稠环芳烃（如萘、蒽、菲等）
  - 沥青
- 焦炭：用于冶金、电极、电石、煤的气化

干馏又分为低温干馏、中温干馏和高温干馏。低温（500～600℃）干馏产生的焦炭数量和质量较差，但能得到较多的轻油和焦油；中温（750～800℃）干馏主要用于生产城市煤气；而高温（1000～1100℃）干馏的主要目的是生产焦炭。焦炭的主要用途是钢铁冶金、化工原料和煤的气化原料。煤焦油是一种黑色黏稠性的油状液体，从煤焦油中可以分离出酚、萘、蒽、菲等重要化工原料。此外，煤焦油中还可以分离出吡啶、喹啉和沥青等。焦炉气中除了含有可燃性气体 CO、H_2、CH_4 之外，还含有 C_2H_4、C_6H_6、氨等物质。

总之，煤经过焦化加工以后，其有效成分得到了合理的利用，而且生成的煤气又是一种清洁燃料。

6.2.3.2 石油、天然气

（1）石油、天然气作为能源的特点

石油和天然气属于流体，便于开采、运输、使用，发热量高，基本上是无灰燃料，是高质量的能源。但石油和天然气在燃烧过程中，对环境也会产生污染。

20 世纪 50 年代以来，由于生产发展的需要，很多产油国加快了石油、天然气的开采。石油、天然气同煤一样，是非再生的资源，用一点，少一点。截至 2017 年底，全球探明石油储量达到 1.6966 万亿桶。按照 2017 年的产量水平，这一储量能够满足世界 50.2 年的产量。但是，在提高石油勘探和开发的技术以后，石油探明储量和可采的年数也可能增加。

(2) 石油的形成

石油是地质时期的低等生物大量沉积在湖泊或海洋中变成有机质，经过复杂的地质作用转变和富集起来的棕黑色黏稠液态混合物，热值为－48kJ/g。就化学成分而言，它是烃类的复杂混合物。未经处理的石油又称为原油。石油在国民经济中占有非常重要的地位，人们往往以血液对人体的重要性来比喻石油与工业的关系，把石油称为“工业的血液”，石油还是重要的化工原料。

(3) 石油资源的分布

世界上的石油分布更为不均，中东（主要为波斯湾沿岸国家）、拉美（如委内瑞拉、墨西哥）、非洲（如利比亚、尼日利亚、阿尔及利亚、埃及）、俄罗斯、亚洲（如中国、印度尼西亚）、北美（如美国和加拿大）和西欧（如北海地区的挪威、英国）是世界主要储油地区，其中中东储量占一半以上。此外，很多地区还没有发现石油资源。

中东波斯湾沿岸是目前世界上最大的产油地区，也是最大的石油出口地区，出口量占世界石油出口量的60%，主要输往西欧、北美、日本等地。北非的石油产量也不少，主要向欧洲输出。美洲墨西哥湾和加勒比海沿岸的石油产量，近年增长很快，主要供应西半球。俄罗斯的石油产量也很大，除供本国需要以外，主要供应东欧和俄罗斯周边的一些国家。东南亚和我国出口的石油，主要输往日本。

我国现在探明的石油，大陆上主要在东北和华北，已开采的大庆、胜利、辽河、华北、中原等油田都是新中国成立后发现的大油田。我国石油资源的前景广阔。看一个国家的石油资源前景，主要看沉积岩分布的面积、体积和地质史上有机物质丰富的程度。据现有资料，我国陆地上沉积盆地的面积占全国领土面积的44%。虽然在这些盆地上勘探工作做得还不够，但是现在已在全国许多省区找到100多处油气资源，建立了一批石油、天然气生产基地。目前在新疆塔里木盆地、吐鲁番-哈密盆地和准噶尔盆地正在进一步进行大规模勘探工作，这几个盆地的油气资源前景可观。塔里木盆地北部和中部已勘探出储量丰富的大油田，这里将建设成为我国西部新的石油基地。除了大陆油田以外，在我国邻近的海域内，还有100多万平方千米的沉积岩面积。像渤海、黄海南部、东海、珠江口、北部湾、莺歌海等海域都有大型沉积盆地。

目前，我国石油可开采的探明储量还不多。2015年我国石油产量超过2亿吨，我国成为世界石油消费和生产大国。

(4) 石油的用途

就化学成分而言，石油是烃类的复杂混合物。未经处理的石油又称为原油。石油在国民经济中占有非常重要的地位，人们往往以血液对人体的重要性来比喻石油与工业的关系，把石油称为“工业的血液”，石油还是重要的化工原料。将原油在分馏塔内加热，根据沸点的不同，将石油分馏出若干组分，这个过程称为分馏。经过分馏可以得到各种不同用途的石油产品。表6-5所列的仅是几种主要产品。在这些产品中，最重要的燃油是汽油，其主要成分是C_8H_{18}（辛烷），其燃烧反应为

$$C_8H_{18}(l)+25/2O_2(g) \longrightarrow 8CO_2(g)+9H_2O(l) \quad \Delta_r H_m^{\ominus}=-5440kJ/mol$$

表 6-5 主要石油产品

分馏温度	组分	名称	用　途
30℃以下	C_1～C_4	天然气	动力燃料、合成原料、制炭黑
40～70℃	C_5～C_7	石油醚	溶剂
70～150℃	C_7～C_9	汽油	汽车、内燃机车、飞机的燃料
150～300℃	C_9～C_{16}	煤油	喷气飞机燃料和其他动力燃料
270～340℃	C_{15}～C_{19}	柴油	柴油发动机燃料
300℃以上	C_{16}～C_{20}	润滑油	机器润滑油
		液体石蜡	油泵油、裂解原料
	C_{20}～C_{30}	固体石蜡	制蜡烛和蜡制品
	C_{30}～C_{40}	沥青	修路、沥青纸板

汽油蒸气和空气混合气体在汽缸中燃烧时，其热能的利用率，与点火前汽缸中的压力有密切关系。点火前汽缸内的压力越大，则热利用率越高。可是当汽缸内的压力提高到一定程度时，点火前就会产生爆炸性的燃烧，这种现象称为爆震现象。爆震的结果，不仅不能提高热能利用效率，反而使利用效率下降，损害汽缸，降低汽缸的使用寿命。爆震的原因是高压下自燃造成的。爆震和汽油的成分有关，直链的正烷烃易产生爆震，带支链的烷烃不易产生爆震。汽油抵抗爆震的能力，称为汽油的抗震性。人们发现异辛烷（2,2,4-三甲基戊烷）的抗震性最好，正庚烷的抗震性最差。为了衡量不同汽油的质量，人为地将异辛烷的抗震性定为 100，正庚烷的抗震性定为零，这个数值称为辛烷值。如果一种汽油的辛烷值为 80，则该汽油的抗震性相当于 80%的异辛烷和 20%的正庚烷混合物的抗震性。

为了提高汽油的辛烷值，可以采取向汽油中添加抗震剂的方法。最有效的抗震剂是 1921 年发现的四乙基铅［$Pb(C_2H_5)_4$］，只要在 1L 汽油中加入 1mL 的四乙基铅，就可以提高汽油的辛烷值 10～12 号标号。尽管四乙基铅是一种有效的抗震剂，但由于它燃烧后排放出大量的对人体有毒害的铅，会造成大气污染，目前许多国家都禁止使用含铅汽油。我国从 2000 年 1 月 1 日起就停止含铅汽油的生产，2000 年 7 月 1 日起全国停止销售和使用含铅汽油，取而代之的是无铅汽油。目前，一方面研究和开发新的提高汽油辛烷值的调和剂，例如甲基叔丁基醚（MTBE）、二茂铁[$(C_5H_5)_2Fe$]、五羰基铁［$Fe(CO)_5$］等，以此代替四乙基铅作为汽油的抗爆剂；另一方面，通过改进炼油技术，发展能产生高辛烷值汽油组分的炼油新工艺，如采用催化裂化、催化重整、烷基化、异构化、加氢裂化等方法提高汽油辛烷值，尽可能降低汽油的含铅量。

(5) 天然气的成分与作用

天然气的主要成分是甲烷，还含有少量乙烷、丁烷、戊烷、一氧化碳、二氧化碳、硫化氢等。当甲烷的体积分数高于 0.5 时，称为“干天然气”；当甲烷的体积分数低于 0.5 时，称为“湿天然气”。“湿”的意思是表示这种天然气中含有较多高沸点的容易液化的烃类。在世界各地的油田、煤田和沼泽地带都有天然气存在。在空气充足的条件下，甲烷燃烧不至于生成炭黑和不饱和烃，对环境的污染不十分严重。甲烷安全燃烧的热化学方程式为：

$$CH_4(g)+2O_2(g)\longrightarrow CO_2(g)+2H_2O(l)\quad \Delta_r H_m^{\ominus}(298K)=-890kJ/mol$$

在天然气所含的杂质中，只有硫化氢对环境有污染，在输送中对管道造成腐蚀，因此在输送前需将硫化氢除去。天然气燃烧基本不排出有害气体，既可以液化，又可以用管道输送，使用方便。目前主要作为工业或家庭的燃料。此外，富含甲烷的天然气也是驱动汽车发动机的优良燃料，我国城市的公交车正逐步采用天然气来取代汽油作燃料。

天然气在全球能源结构中的份额将超过煤炭，2020 年将超过石油，成为能源构成中的“第一能源”。因此，有关专家分析认为，天然气将是 21 世纪的能源主角，加快天然气工业的发展将成为不可扭转的趋势。我国的“西气东输”工程就是要将西部储量丰富的天然气通过管道运到东部地区，为东部许多大城市提供源源不断优质能源。

6.2.3.3 水能

(1) 水能的特点

水能是可再生的能源，可持续地利用它来发电。水电站投产以后，发电成本低，积累多，收益大。而且水电站除发电供给能源以外，为水电而修建的水库，大多还有防洪、灌溉、航运、养殖水产、改善自然环境、旅游等综合效益。水电同火电比较，修建大型水电站要建坝拦水，工期较长，投资较多。但是，如果把发展火电需要新建的煤矿、铁路工程一并计算在内，有些水电站建设工期并不比建火电站长，投资也相差无几。水电还有一个突出的优点，就是不污染环境，是一种干净的能源。

建水库筑坝拦水，大多要淹没农田、迁移居民，并且水库蓄水量受降水量变化的影响，枯水期发电量受限制。但是，从全面衡量，水能发电是比较理想的能源。

(2) 水能的分布和利用

世界上水能分布也很不均。据统计，已查明可开发的水能，我国占第一位，以下为俄罗斯、巴西、美国、加拿大、扎伊尔。

现在世界上工业发达的国家，普遍重视水电的开发利用。有些发展中国家也大力开发水电，以加快经济发展的速度。

世界上水能比较丰富，而煤、石油资源少的国家，如瑞士、瑞典，水电占全国电力工业的 60%以上。水、煤、石油资源都比较丰富的国家，如美国、俄罗斯、加拿大等国，一般也大力开发水电。美国、加拿大开发的水电已占可开发水能的 40%以上。水能少而煤炭资源丰富的国家，如德国、英国，对仅有的水能资源也尽量加以利用，开发程度很高，已开发的约占可开发的 80%。水、煤、石油资源都很贫乏的国家，如法国、意大利等，开发利用程度更高，已超过 90%。委内瑞拉盛产石油，水电比重也占 50%。由此可见，许多国家发展电力工业，都优先发展水电。

我国水能资源极为丰富，理论蕴藏量为 6.8 亿千瓦，其中可开发的约有 3.8 亿千瓦，但分布不均，主要分布在西南、中南（长江三峡、西江中上游）、西北（黄河上游）地区。目前，我国水能开发利用量约占可开发量的 1/4，因此，我国开发水电的潜力很大。

6.3 新能源

实现新能源的转换，是人类社会和科技进步的一个长期的任务。本节介绍核能、氢能、太阳能和生物质能、可燃冰这五种新能源。

6.3.1 核能

核能是原子核发生变化时释放出来的能量。

1938 年，德国科学家发现了 U-235 的核裂变现象，铀原子核裂变的同时释放出巨大的能量，这种能量来源于原子核内核子（质子和中子）的结合能，它恰好等于核裂变时的质量亏损。这一次发现不仅验证了 1905 年爱因斯坦在著名的相对论中列出的质量（m）和能量（E）相互转换的公式：$E=mc^2$（c 为光速），而且也使核能的利用走向现实。

从原子核变化得到能量有两种方式：一是核裂变，即某些重核分裂成较轻的核，是原子弹爆炸、核电站和核动力产生的基础；二是由轻核合并成较重的原子核，称为核聚变，它是制造氢弹的基础。

6.3.1.1 核裂变

（1）核裂变原料

也称核燃料。可以作为核燃料的物质有 Pu-239，天然铀（含 0.7%的 U-235 和 99.3%的 U-238）和浓缩铀（U-235）。在天然铀中，U-238 的含量很高，但却难以核变，只有在快中子增殖堆中，U-238 受到中子轰击才可以转变为易裂变的 Pu-239。

（2）核裂变反应

人们首先发现的是 U-235 的核裂变。U-235 被慢中子轰击时分裂成为质量相近的两个碎片，同时产生 2～4 个中子，并释放出能量。例如：

$$^{235}_{92}\mathrm{U}+^{1}_{0}\mathrm{n}(慢)\longrightarrow ^{90}_{38}\mathrm{Sr}+^{144}_{54}\mathrm{Xe}+2^{1}_{0}\mathrm{n},\quad \Delta_r H^{\ominus}_{m}=-1.7\times10^{10}\mathrm{kJ/mol}$$

事实上，裂变产物的组成很复杂，它们的原子序数在 30（Zn）～65（Tb）范围分布。U-235裂变射出的中子还可以轰击别的 U-235 核，诱发新的裂变反应，从而导致更多的中子产生，再引起更多的 U-235 核裂变。这种裂变反应称为链式反应，如图 6-2 所示。在此过程中，每克参加反应的 U-235 可放出约 8×10^7kJ 的能量。如果这种链反应不加控制地进行，在极短的时间内大量的 U-235 核裂变并放出巨大能量，这就是原子弹爆炸。如果能控制这种链反应的进行（如在反应堆内），就可以根据需要利用裂变能。

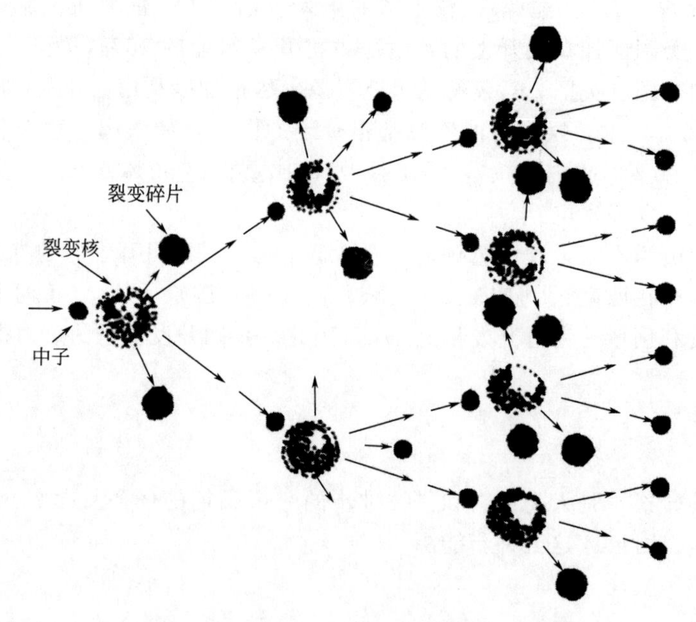

图 6-2 中子诱发 U-235 裂变形成链式反应

（3）核电站

核电站是利用原子核裂变反应放出的巨大能量来发电的，其工作流程示意如图 6-3 所示。核电站的中心是由核燃料和控制棒组成的反应堆，其关键设计是在核燃料中插入一定量的控制棒，用来吸收中子，控制棒可由硼（B）、镉（Cd）、铪（Hf）等材料制成，利用它们吸收中子的特性来控制链式反应进行的程度。铀-235 裂变时所释放的能量可将循环水加热至 300℃，所得的高温水蒸气用来推动发电机发电。由此可见：核电生产过程中没有废气和煤灰，建设投资虽高，但运行时无需繁重的运输工作，因此也算经济。发展核电站被国际上认为是解决电力缺口的重要选择。但有两个问题必须引起高度重视：一是电站的运行安全，二是核废料的处理。

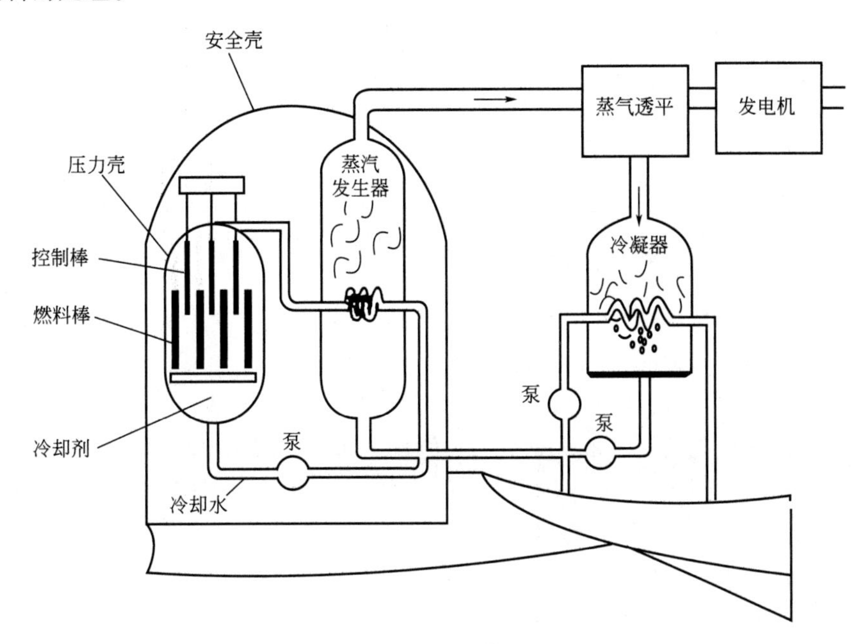

图 6-3 核电站工作流程图

反应堆安全运行有三道防护屏障：第一道屏障是燃料包壳。将核燃料制成块状，叠放在锆合金管中，把管子封起来，组成燃料棒，锆合金能把核裂变产生的放射性物质密封住。第二道屏障是压力壳。压力壳内除燃料棒外还有控制棒和冷却剂。控制棒是镉棒或硼棒、铪棒，它们可以吸收中子，以控制链反应进行的程度。冷却剂通常是水或重水。燃料包壳密封万一破坏，放射性物质泄漏到冷却剂中，但仍在密封的回路系统中，即仍在压力壳内。第三道屏障称为安全壳，这是一个内衬厚钢板、壁厚 1m 的庞大钢筋混凝土建筑物。它不仅能阻止放射性物质外逸，而且能承受龙卷风、地震等自然灾害。

（4）核废料处理

核电站在运行过程中不可避免地排出一定量的气体、液体和固体放射性废物，对环境存在着放射性污染的可能性，必须进行回收或处理。废气是经过活性炭吸附、过滤器过滤后，经高达百米以上的烟囱排放，且排放口设置有能自动报警的放射性监测器。核电站排放水量是巨大的。其中的洗涤水通过监测分析达标后向江河海洋排放；工艺废水经过蒸气浓缩或离子交换法处理，监测合格可向海洋排放，而浓缩残留物质经固化后与固体废物一起处理。核废物中最难处理的是固体物质，早期曾将固体废物埋入地下，但却不能防止地下水对这些放射性物质的扩散。目前只能经水泥固化或压缩成可以存放的形式后，在核电站特殊废物库中暂存。随着核电的发展，核废料处理是必须认真对待的重要问题。如何尽量回收未燃尽的铀、如何分离提取废料中有使用价值的放射性物质和非放射性物质等许多化学问题值得深入研究。

核裂变产生的能量还被直接用作交通运输工具的推进动力，如核潜艇、核航空母舰、核破冰船等。由于核动力无需消耗氧气，因而可使潜艇在水下长期航行。

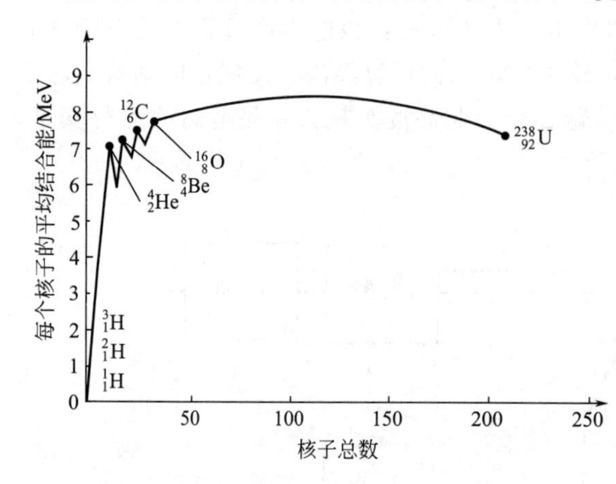

图 6-4 原子核核子总数与平均结合能关系曲线

6.3.1.2 核聚变

原子核是由质子和中子结合而成，核越稳定，表明质子与中子结合时释放的能量也就越大，这种能量称为核的结合能。原子核的结合能大小可用爱因斯坦关系式 $E=mc^2$ 计算。例如，计算结果表明，由质子和中子结合成 1mol 氦核产生的能量为 2.732×10^{-9} kJ/mol。原子核的结合能除以组成原子核的核子总数，就得到核中每个核子的平均结合能。图 6-4 给出了各种原子核核子平均结合能与原子核内核子总数之间的关系。由该图可以看出：①核子总数小的核，核子平均结合能也小。当核子总数大于 20 后，核子平均结合能随核子总数增加变化不大；②He 核处出现一个峰，表明氦核比它附近的氢核结合能大。这意味着氢核反应后如能形成氦核或拟氦核，一般讲总会放出能量。如在太阳等恒星内进行的氢核聚变的总结果为：

$$4\,^{1}_{1}H \longrightarrow ^{4}_{2}He + 2\,_{+1}^{\ 0}e + 2\,^{0}_{0}\upsilon + (2-3)\gamma$$

式中，$^{0}_{0}\upsilon$ 为光子；γ 为 γ 射线；$_{+1}^{\ 0}e$ 为正电子。该过程会释放出 26MeV 的能量。

在地球上能够实现的人工核聚变是氘和氚的聚变反应。例如：

$$^{2}_{1}H + ^{3}_{1}H \longrightarrow ^{4}_{2}He + ^{1}_{0}n \qquad \Delta_r H_m^{\ominus} = -1.7\times10^{9}\,kJ/mol$$

不难计算，每克核聚变燃料放出的热量为 3×10^{8} kJ/g，这相当于 2×10^{7} g 煤放出的热量。

从能源的角度考虑，核聚变反应的优势在于：①聚变产物是稳定的氦核，不存在放射性污染，没有难以处理的废料；②聚变原料氘的资源比较丰富（主要存在于海水中），提炼氘比提炼铀容易得多。但是实现核聚变反应需要异常高的温度（约 10^{9}℃），以便克服两个正电荷氘核之间的巨大库仑斥力。氢弹是人工核聚变的实践之一。它的爆炸成功，是利用一个小原子弹作为引爆装置，产生瞬间高温来引发氘核的聚变反应，这是不可控制聚变反应。可控核聚变的研究工作目前还处于研究阶段。一种磁控核聚变的实验装置如图 6-5 所示。在这种形似面包圈的真空管里，核聚变原料以等离子体状态存在，并被极强磁场约束固定，科学家利用精确瞄准无线电波和快速移动的粒子将其加热到极高温度，以引发核聚变反应。

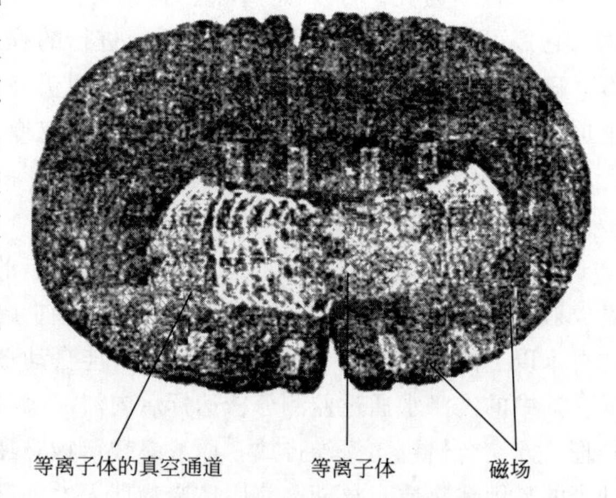

图 6-5 磁控核聚变实验装置图

6.3.2 氢能

氢是世界上最丰富的一种元素，它可以从水中提取。氢气是可燃的，用氢气作燃料获得能量具有许多优点。因此人们很早就致力于氢能源的开发，目前已经取得了很大的进展。

6.3.2.1 氢燃料的使用特点

（1）氢本身无毒

氢的燃烧过程，除了释放很高热能外，余下的废物仅是水，对环境和人体无害，无腐蚀。所以氢燃料是最清洁的能源。因此国际氢能源协会称氢是全世界环保问题的“永久解决之道”。

（2）氢气可以通过水的分解制得，其燃烧产物又是水

因而氢燃料的资源极为丰富，是取之不尽，用之不竭的，可永久循环使用。

（3）氢的热效率很好

燃烧 1g 氢，相当于 3g 汽油燃烧的热量。而且燃烧速率快，燃烧分布均匀，点火温度低。

氢气既可直接燃烧供应需要的热，又可作各种内燃机的燃料，是电厂的高效燃料，在许多方面比汽油和柴油更优越，如可低温启动等。

6.3.2.2 氢燃料的制取

（1）电分解水法

通过电能使水分解产生氢气：

$$H_2O \xrightarrow{\text{电解}} H_2 + \frac{1}{2}O_2$$

传统的电解水法很不经济，在大气压下产生 $1m^3$ 的 H_2 至少需要 4.3kW·h 的电力。此处的电能由太阳能或核聚变能等来源丰富的原生能源提供。

（2）热分解水法

使用中间介质，在不高的温度下分步完成水的分解反应。目前提出的制氢方法极多。例如，在 730～1000℃时用钙、溴和汞等化合物作为中间介质，经过下面四步反应可使水分解产生氢气，热效率的使用超过 50%。

$$CaBr_2 + 2H_2O \xrightarrow{730℃} Ca(OH)_2 + 2HBr$$

$$Hg + 2HBr \xrightarrow{280℃} HgBr_2 + H_2$$

$$HgBr_2 + Ca(OH)_2 \xrightarrow{200℃} CaBr_2 + HgO + H_2O$$

$$HgO \xrightarrow{600℃} Hg + \frac{1}{2}O_2$$

总反应为：

$$H_2O \xrightarrow{\text{催化剂}} H_2 + \frac{1}{2}O_2$$

上述反应中的中间介质不被消耗，可循环使用。又如在 200～650℃时，用 $FeCl_3$ 循环制氢也能获得满意结果。

（3）光分解水法

在催化剂的催化作用下，用阳光分解水制氢。有人研究以 Ce(Ⅳ)-Ce(Ⅲ)系统催化剂催

化分解水，其过程为：

$$2Ce^{4+} + H_2O \xrightarrow{h\nu} 2Ce^{3+} + \frac{1}{2}O_2 + 2H^+$$

$$Ce^{3+} + H_2O \xrightarrow{h\nu} Ce^{4+} + \frac{1}{2}H_2 + OH^-$$

总反应为：
$$H_2O \xrightarrow{h\nu、催化剂} H_2 + \frac{1}{2}O_2$$

6.3.2.3 氢燃料的储存

氢气是一种密度最低的气体，即使在高压下氢气密度还是很低的。作为燃料，使用时的运输及储存将有一系列的问题，这是一项重要的研究课题。如果将氢气液化为液态氢来储存，则因液氢沸点极低（−257.77℃），常温下它的蒸气压很大，这是使用中的一大障碍。虽然火箭动力系统已采用液氢高压力储存，但在一般动力设备中难以推广使用。

（1）金属氢化物储氢

氢气的储存是氢能应用的前提。正在开发的储氢技术中，金属氢化物储氢已经有几十年的历史了。现在使用的储氢材料是多元合金，如：

$$3H_2 + LaNi_5 \rightleftharpoons LaNi_5H_6 \qquad \Delta_r H_m^{\ominus}(323K) = -301.1kJ/mol$$

$LaNi_5$、TiFe、Mg_2Cu 等合金在一定温度和压力下能可逆地大量吸收、储存和释放氢气。

（2）无机物储氢

一些无机物（如 N_2、CO、CO_2）能与 H_2 反应，其产物既可作燃料，又可分解获得 H_2，是一种目前正在研究的储氢新技术。如碳酸氢盐与甲酸盐之间相互转化的储氢反应为：

$$HCO_3^- + H_2 \xrightarrow{Pd或PdO,70℃,0.1MPa} HCO_2^- + H_2O$$

反应以 Pd 或 PdO 作催化剂，吸湿性强的活性炭作载体，其储氢量为 2%（质量）左右。主要优点是便于大量储存和运输，安全性好。

我国科学家于 1999 年 12 月合成了高质量的碳纳米管。这种材料可以储存和凝聚大量氢，可做成燃料电池在汽车上使用。这一成果使中国新型储氢材料的研究一举跃上世界先进水平。

（3）有机液体氢化物储氢

有机液体作储氢剂主要有苯和甲苯等芳香化合物，吸氢反应为：

$$C_6H_6 + 3H_2 \rightleftharpoons C_6H_{12} \qquad \Delta_r H_m^{\ominus} = -206.0kJ/mol$$

$$C_6H_5CH_3 + 3H_2 \rightleftharpoons C_6H_{11}CH_3 \qquad \Delta_r H_m^{\ominus} = -204.8kJ/mol$$

苯和甲苯储氢密度分别是 $56.0g/dm^3$ 和 $47.4g/dm^3$，其储放氢和使用氢的过程是通过催化加氢和脱氢的可逆反应来实现的。

$$C_6H_5R \xrightarrow[+H_2]{催化剂} C_6H_{11}R \xrightarrow[运输]{储存} C_6H_{11}R \xrightarrow[-H_2]{催化剂} C_6H_5R$$

制 H_2 厂　　　　用户使用

其优点是储氢量大，储运、维护、保养方便，可循环使用，寿命可达20年。

6.3.3 太阳能

太阳是一个质量高达1.989×10^{30}kg的巨大星球，其中心的温度高达$1.5\times10^{7}\sim4.0\times10^{7}$℃。科学家证实，每天有$6\times10^{18}$kJ/mol的能量辐射到地球表面，它相当于创世纪以来人类所消耗的能量的总和。太阳上进行的就是复杂的核聚变反应。

光谱分析表明，在太阳的大气层中有大量氢和氦存在。有人认为对于太阳释放能量起主要作用的总反应可用下列方程式表示：

$$4\,{}_{1}^{1}\mathrm{H} \longrightarrow {}_{2}^{4}\mathrm{He} + 2\,{}_{+1}^{0}\mathrm{e}$$

式中，${}_{+1}^{0}\mathrm{e}$为正电子。可以看出，反应的实质是每4个质子聚合成为1个氦核，并放出2个正电子的过程。可以计算出核聚变反应所释放出的能量（即太阳能）为2.48×10^{9}kJ/mol。

在太阳上，每天大约有4×10^{6}t太阳物质转化为能量，向空间辐射出的能量达4×10^{23} kJ/s之多。这些能量的万分之一，便足够人类的消耗。因此太阳能的利用开发是研究新能源的重要方向之一。太阳能的利用方式目前有三种：光-热转换、光-电转换和光-化学能转换。

6.3.3.1 太阳能热利用技术

太阳能热利用领域中技术发展最成熟、经济上也已具有竞争力的方式是太阳能热水装置。太阳能热水装置中最关键的部件是集热器，其形式有平板式、玻璃真空管式和热管空管式等。平板式太阳能集热器吸收太阳辐射面积与其采光窗口面积相等，因而具有结构简单、固定安装、可以采集太阳直射辐射和散射辐射、成本较低等优点，由于这种集热器不具备聚集阳光的功能，其工作温度低于100℃，属于太阳能低温利用系统的关键设备。全玻璃真空管太阳能集热器是一个透明玻璃管壳，其内部密封一个能盛放传热介质（气体或液体）的吸热管，两管之间抽成真空；吸热管外壁为太阳光谱选择性吸收涂层，当受阳光照射时，吸收涂层聚集热能，再由管内流体将热能储存并传递出来。其工作温度范围很宽，既适合于寒冷地区以及低日照与天气多变地区全年运行，也可以在中高温下运行。

6.3.3.2 太阳能光电转换技术

太阳能利用中光-电转换技术是近年来最具有活力的研究领域。太阳能电池就是一种太阳光-电转换装置。它是利用“光伏效应”（物体受光照射时，物体内产生电动势和电流的现象）原理制成。太阳能电池类型很多，如硅太阳能电池，以无机盐如砷化镓（Ⅲ-Ⅴ）化合物、硫化镉、铜铟硒等多元化合物为材料的电池，功能高分子材料制备的太阳能电池以及纳米晶太阳能电池等。无论以何种材料来制作电池，对太阳能电池材料一般的要求有：半导体材料的禁带不能太宽（最佳宽度为1.0～1.7eV）；要有较高的光电转换效率，材料本身对环境不造成污染，材料必须便于工业化生产且材料性能稳定。基于以上几个方面考虑，硅是最理想的太阳能电池材料，这也正是太阳能电池以硅材料为主的主要原因。

太阳能电池在现代高科技中得到广泛应用，它为探测宇宙空间的人造卫星和宇宙飞船提供了方便的电源。例如，我国自行研制的砷化镓太阳能电池已成功地在风云一号气象卫星上使用，其最大光-电转换效率已达17%。

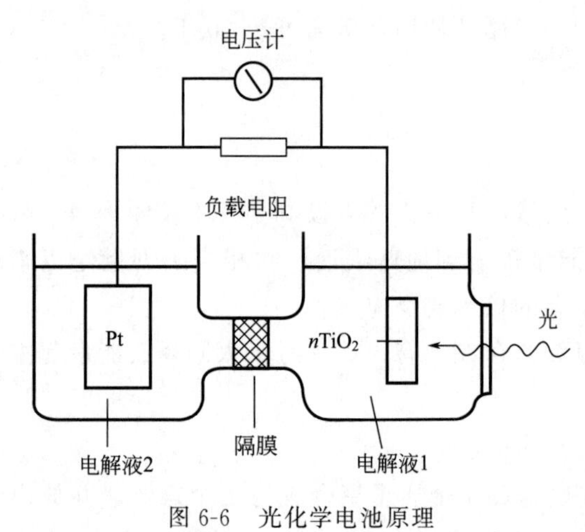

图 6-6 光化学电池原理

6.3.3.3 太阳能光化学能转换技术

将太阳能转换为化学能主要有两种方式：①光合作用；②光分解水制氢气。光合作用是绿色植物将太阳能转变为植物化学能的过程。这个过程形成的碳水化合物是维持人类和动植物生命活动所需的能量基础。光分解水制氢气是将太阳能转换成能够储存的化学能，这种光-化学能的转变过程是在一种光化学电池（图 6-6）中进行。光化学电池的正极是 Pt，负极是半导体材料 TiO_2，太阳光照射在 TiO_2 和电解液（碱性水溶液）的界面上时，在 TiO_2 的催化作用下进行。目前世界上太阳能的直接利用已很广泛。

6.3.4 生物质能

生物质能是以化学能形式储存于生物体内的一类能量，是植物通过光合作用由太阳能转换而来的。生物质能源又称可再生有机质能源，生物质能分布广，储量丰富，农业废弃物（如稻草、各种秸秆）和林业废弃物（树的枝、叶、根、皮等）都是生物质资源的宝库。

多少年来生物质能是农村的主要能源，亚洲国家（如中国、印度）的农家小型沼气池建设和利用已初具规模，其质量及数量已居世界前列。在生产液体燃料方面，开发的新技术有：更有效地从甘蔗和玉米生产酒精的技术；从几种植物衍生油生产生物柴油的技术；从棕榈油和椰子油大规模生产生物柴油的技术。

生物质能是人类最早、最直接利用的一种能源，是目前用得最为广泛的，被人们预言为21 世纪的一种新能源。现代的生物质能，是使它由低品位向高品位的能源转化，如生物质的氢化裂变液化、生物质固体液化、生物质发电等。

6.3.5 可燃冰

天然气水合物（natural gas hydrate，简称 gas hydrate），也称为可燃冰、甲烷水合物、甲烷冰、“笼形包合物”（clathrate），现已证实分子式为 $CH_4 \cdot 8H_2O$。因其外观像冰一样而且遇火即可燃烧，所以又被称作“可燃冰”（flammable ice）或者“固体瓦斯”和“气冰”。形成天然气水合物有三个基本条件：温度、压力和原材料。

天然气水合物是一种白色固体物质，有极强的燃烧力，主要由水分子和烃类气体分子（主要是甲烷）组成，它是在一定条件（合适的温度、压力、气体饱和度、水的盐度、pH值等）下由水和天然气在中高压和低温条件下混合时组成的类冰的、非化学计量的、笼形结晶化合物（碳的电负性较大，在高压下能吸引与之相近的氢原子形成氢键，构成笼状结构），见图 6-7。一旦温度升高或压强降低，甲烷气则会逸出，固体水合物便趋于崩解。

2017 年 5 月 18 日，国土资源部部长对外宣布，5 月 10 日起，我国从南海神狐海域水深 1266m 海底以下 203～277m 的天然气水合物（也即俗称的“可燃冰”）矿藏实现连续 187h

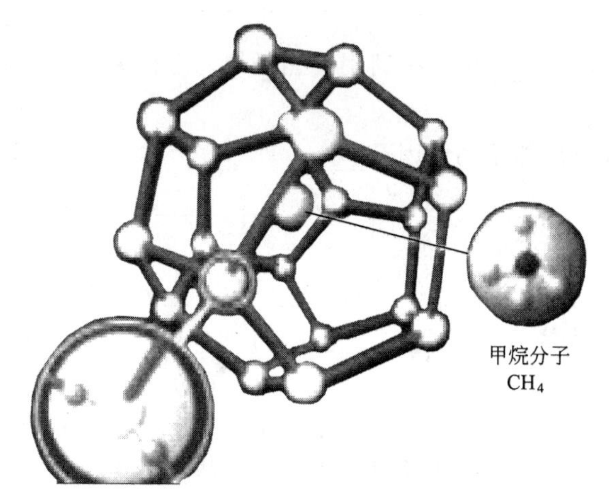

图 6-7 可燃冰

的稳定产气。这意味着我国首次也是全球首次对资源量占比 90%以上、开发难度最大的泥质粉砂型储层可燃冰成功实现试采。预计，2030 年以前，我国将实现可燃冰的商业性开发。

本章要点

1. 能源：能够向人类提供能量的各种资源。

2. 能源的分类方法很多，按使用特征可分为一次能源和二次能源。

3. 煤的热值为−30kJ/g，燃烧释放出大量烟尘及 SO_2、NO_x。目前有价值的洁净煤方法是煤的气化、液化和焦化。

4. 石油是烃类的复杂混合物，热值为−48kJ/g，经分馏可得不同用途的石油产品。

5. 天然气热值−55.6kJ/g，主要成分是甲烷、乙烷和少量丙烷、丁烷等。天然气燃烧产物基本无污染。

6. 核裂变是某些重核分裂成较轻的核，是原子弹爆炸、核电站和核动力产生的基础。

7. 核聚变是轻核合并成较重的原子核，是制造氢弹的基础。

8. 太阳能的利用方式目前有：光-热转换、光-电转换和光-化学转换。

9. 氢能是最理想的清洁能源，其广泛应用关键是：制取氢气；储存氢气。

10. 生物质能是以化学能形式储存于生物体内的一类能量，是通过植物的光合作用由太阳能转换而来的。

11. 天然气水合物也称为可燃冰，主要由水分子和烃类气体分子（主要是甲烷）组成。

习　题

1. 选择题

（1）下列物质中，属于二次能源的是（　　）。

A. 煤　　B. 煤油　　C. 汽油　　D. 石油

（2）属于太阳能的间接利用的是（　　）。

A. 风能　　B. 地热　　C. 太阳能电池　　D. 光合作用

（3）下列能源中属于“二次能源”的是（　　）。

A. 潮汐能　　B. 核能　　C. 地震　　D. 火药

2. 填空题

(1) 能源是指__________。可直接利用其能量的能源称为__________，需要依靠其他能源制取的能源称为__________。

(2) 核裂变时，释放出能量的原因是__________。

(3) 一次能源是__________，二次能源是__________。一次能源又分为__________和__________。

(4) 化石燃料包括__________，我国是以__________消费为主的国家。

(5) 燃料的完全燃烧是指__________，例如：C→__________，S→__________，N→__________。

(6) 燃料的发热量是指__________。它是衡量__________的一个重要指标。

(7) 核裂变是__________，由于质量亏损产生的能量可用__________计算。

3. 下列说法是否正确？如不正确，请说明原因。

(1) 煤的气化是指在隔绝空气条件下加强热，使煤中有机物转化成焦炭和可燃性气体的过程。 (　　)

(2) 煤在燃烧过程中产生的主要污染物为 CO 和 SO_2，石油（汽油）在燃烧过程中产生的主要污染物为 CO，因此石油产生的污染比煤轻。 (　　)

(3) 汽油的辛烷值分布在 0～100 之间，并对应于汽油的标号，80 号的汽油表示汽油中含有 80%的辛烷和 20%的其他烃类。 (　　)

(4) 为了避免含铅汽油对大气的污染，近年来世界各国普遍采用了甲基叔丁基醚（MTBE）取代四乙基铅作汽油添加剂。 (　　)

(5) 化石燃料是不可再生的“二次能源”。 (　　)

(6) 发展核能是解决目前能源危机的重要手段，近年来北欧和我国政府均采取了积极的态度，加快核电站的建设。 (　　)

(7) 生物质能是可再生能源。 (　　)

4. 问答题

(1) 什么是能源？你知道的能源有哪几种分类方法？

(2) 自然界的能源资源按其形成和来源可以分几类？人们是怎样利用这些能源资源的？

(3) 氢燃料的使用特点是什么？

(4) 谈谈中国发展核电的必要性及可行性。

(5) 太阳能的利用受到哪些因素的影响？

5. 计算题

(1) 氢-氧燃料电池的电池反应为 $H_2 + \frac{1}{2} O_2 \rightarrow H_2O$，其 $\Delta_r G_m^{\ominus}(298.15K) = -237.19kJ/mol$。

试计算：①该电池的标准电动势；②燃烧 1mol H_2 可获得的最大功；③若该燃料电池的转化率为 83%，燃烧 1mol H_2 又可以获得多少电功？

(①1.229V；②237.19kJ；③196.87kJ)

(2) 一座每年发电量为 1.0×10^6 kW 的大型发电站，每年要耗标准煤 3.5×10^6 t（标准煤的高发热值为 30×10^6 J/t），试问同样规模的核电站，每年需要核燃料 ^{235}U 多少千克？秦山核电站某机组装机容量为 3×10^5 kW，每年需要核燃料 ^{235}U 多少千克？

（1290×10^6 kg；387kg）

（3）利用 $CaCO_3$、CaO 和 CO_2 的 $\Delta_f H_m^\ominus$(298.15K)的数据，估算煅烧 1000kg 石灰石（以纯 $CaCO_3$ 计）成为生石灰所需的热量。在理论上要消耗多少燃料煤（以标准煤的热值估算)？

（60.8kg）

7 可持续发展与绿色化学

人类为了自身的生存和发展，不断地利用和改造着自己身边的自然环境。社会在发展，技术在进步。但是，人们赖以获得能量和物质的自然环境却随着技术手段的提高而受到了日益严重的破坏。近年，屡屡发生的公害事件终于使人们认识到，一味地对自然环境索取而不加保护是要受到严厉报复的。对于已经发生的污染进行有效的治理当然是重要的，但是从根本上说，还是要防患于未然。只有当人们普遍树立起可持续发展的意识，形成世界范围的巨大力量来保护我们共同的环境时，化学技术的进步才能给人类带来稳定的繁荣。

从可持续发展观念看，绿色化学观点的提出是对传统化学思维方式的创新和发展，绿色化学是更高层次的化学。绿色化学，又称环境无害化学、环境友好化学、清洁化学。它是利用化学原理和方法来减少或消除对人类健康、社区安全、生态环境有害的反应原料、催化剂、溶剂和试剂、产物、副产物的使用和产生的新兴学科，是一门从源头上减少或消除污染的化学。

7.1 可持续发展的内涵

7.1.1 关于可持续发展的诸多解释

可持续发展观念的由来，不是凭空而生的。它是人们实践的产物，是人们在社会再生产过程中取得的共识。可持续发展是一个内涵丰富、充满智慧的观念。

1987 年，“世界环境与发展委员会”在《我们共同的未来》报告中首次提出可持续发展的概念，至今对其定义已不下 100 种。

国际上比较权威的解释有两种：一是在 1987 年联合国环境与发展世界委员会发表的报告《我们共同的未来》中定义的“既满足当代人需要，又不对后代人满足其需要的能力构成危害的发展。”这一解释强调了两个不同的方面：满足当代人基本需求和不损害后代人满足自身需求的能力。二是 1989 年第九次不结盟国家和政府首脑会议作出的定义：“满足我们这个星球上所有人的基本需要，实现稳定的经济增长，特别是加速发展中国家的发展，同时提高生活的质量。”这一解释强调了世界范围内发展中国家与发达国家的共同发展问题。

鉴于上述两种解释的高度抽象性，中国学者根据具体的实际情况在对“可持续发展”概念阐释的基础上，对可持续发展的内涵作了界定。主要有以下几种观点：

第一种观点认为，《我们共同的未来》中关于“可持续发展”概念的解释在于重新规范人类与自然、发展与资源和环境的关系，它旨在反对通过耗竭环境资源来维持现有生活标准，从而留给后代贫瘠资源和恶劣环境的政策，指出经济发展必须限制在环境、资源的可承受极限内，也就是说，可持续发展重在解决资源和环境的再生问题，目的是为了促进环境、经济与社会的协同进步。

有些学者从这意义出发，根据可持续发展实现的必要条件的强弱及其约束程度严格与否，将“可持续发展”的含义划分为三层次：第一层次是安全意义上的，指保持存量资源不被损耗，流量资源的利用不超过环境阈值，从而使后代人拥有不少于当代的存量资源；第二层次是补偿意义上的，指发展过程中保持全部资本（即自然资本与人工资本之和）不减少，其中人工资本又包括人工物化资本和人力资本，其前提假设是人工资本和自然资本之间具有可替代性；第三层次是动态意义上的，本质在于维持生产和经济系统的恢复性，即系统受到恶劣环境影响后的恢复能力。只要在发展经济的过程中不使自然资本超过环境阈值，在某一段时间（如一代人的时间段）内是可以容许自然资本波动的。

第二种观点认为，“可持续发展”概念的核心在于尽可能保证人类的生存、人类的发展及社会的全面进步。所谓人的发展不仅仅指发达国家人民的发展，而且也包括了发展中国家人民的发展；不仅仅指当代人的发展，也指后代人的可持续发展；不仅仅指满足人们的物质生活需求，还包括满足人们在社会生活、精神生活上的各种价值要求，实现人的全面发展，也就是说，可持续发展是以人为中心、为目的的发展观。经济增长只不过是实现人的发展的手段，资源、环境、社会的可持续发展是为了给人的发展创造一种更好的社会环境。

第三种观点认为，可持续发展的实质是协调，经济、社会、环境、资源等各方面的协调发展是可持续发展的核心。人类社会、经济、资源、环境几个系统构成一个大系统，它具有整体性、层次性、结构性、功能性和相对稳定性等特征。虽然这个大系统的自然相对稳定性较弱，但其结构功能的相对稳定性可通过人的合理组织与调控而得到增强。协调发展就是在这个大系统中通过合理配置各种资源，改善组织管理，不断提高系统的有序程度，使大系统达到最优化、最和谐，促进社会进步、经济发展、资源开发和环境保护协调一致，同步运行。

第四种观点认为，可持续发展内涵极其丰富，可以分为低、中、高三层次：低层次的可持续发展是指资源、环境、经济和社会的协调发展，即在资源和环境得到合理的持续利用、保护条件下，取得最大经济效益和社会效益。低层次的可持续发展理解着眼于区域的，它具有可操作性。中层次的可持续发展是既满足当代人需求又不危及后代人需求能力，既符合局部人口利益又符合全球人口利益，中层次着眼于地球和地球上的人类，它包含着人类在时间维和空间维上的公平性，满足广义的高效率性、生态持续性和全球共同性原则。高层次的可持续发展就是要保持人和自然的共同协调进化，达到人和自然的共同繁荣，从空间范围看，包括区域、地球直至宇宙，所以最高层次的理解着眼于人类同整个大自然界。

最后，还有一种观点认为，由于可持续发展涉及领域众多，可以从多种角度来解释它。如从社会学角度看，可持续发展意味着公平分配、社会进步；从经济学角度看，可持续发展意味着在保护地球自然系统基础上的经济持续发展，如此等等，不一而足。

7.1.2 可持续发展的含义

中国 1994 年 6 月在国务院《中国 21 世纪议程——中国 21 世纪人口、环境与发展白皮书》中把可持续发展定义为“既满足当代人的需求，又不影响子孙后代他们自己需求能力的发展”，即既考虑当前发展的需要，又考虑未来发展的需要，不以牺牲后代人的利益为代价满足当代人利益的发展。可持续发展包含了三个方面的发展观：一是公平性原则，包括代内公平、代际公平和区际公平；二是可持续性原则，人类经济和社会发展不能超越资源与环境的承载能力，人类活动的目标是经济、社会和环境三者持续发展的高度统一；三是共同性原则，即可持续发展作为全球发展的总目标，所体现的公平性和可持续性是共同的。

可持续发展的内涵是强调在人类发展过程中应合理利用自然资源，保护好生态环境，为后代维护、保留较好的资源条件，使人类社会得到公平的发展。它要求既实现经济高效发展的目标，又维持人类赖以生存的自然与环境的和谐，使子孙后代能够安居乐业，得以永续发展。因此，可持续发展并不简单地等同于环境保护，而强调社会、经济因素与生态环境之间的协调，从更高、更远的视角来解决环境与发展问题。

因此，可持续发展的概念可表述为：科学技术向我们提供了更深刻认识自然系统的潜力，人们有能力使人类的事务同自然规律协调并在此过程中走向繁荣昌盛。人们可以期待一个经济发展新时代的到来，这一新时代必须建立在使资源环境条件得以持续和发展的基础上，既满足当代人的需要，又不对后代人满足其需要的能力构成危害。上述概念中，不但表达了可持续发展最本质的创新是改变过去人与自然相对立的关系为协调关系，同时还提出了资源环境的持续发展是可持续发展的基础；科学技术是发挥自然潜力和协调自然、社会、经济之间关系的重要支撑。

根据上述概念，可持续发展的含义可以理解为：以保护自然为基础、发展经济为任务和提高人们生活质量的社会进步为目的。自然、经济和社会可持续发展为三个子系统，三者相互关联协调构成一个巨系统。该系统是开放的、动态的和复杂的，也应该是可调的、增益的和趋于稳定的。在科学研究中，人们常根据人口、资源、环境和发展或人口、资源、环境、社会和经济系统，建立一系列的指标体系，以使可持续发展具有可操作性。

可持续发展的关键是资源的可持续性。资源是当今衡量国家和地区发展可持续性的重要标尺。广义的资源可以划分为自然资源（土地资源、水资源、矿产资源、能源、海洋资源和生物资源等）、经济资源（资金、原材料、机器、设施和交通等）和社会资源（人力、科技、文化、信息、管理、法规、道德等）。它们分别是自然、经济和社会可持续发展三个子系统的重要组成部分。考虑到人力资源的重要性，也有人将人力资源从社会资源中分出。有的国家地大物博、自然资源丰富，其发展的可持续性高（如加拿大、澳大利亚等）；也有的国家自然资源并不丰富，由于对人力资源和经济资源的高效开发和利用，同样也可以获得较好的可持续发展效果（如日本和瑞士）。因此，因地制宜地合理利用资源是可持续发展研究中的重要组成部分。自然资源利用不合理是造成环境污染的重要祸根，因此，应当把资源和环境作为一个统一体来研究，逐步改变过去环境治理偏重于末端处理、治标不治本的状况，实现在生产和生活中使用资源从源头到末端的全过程控制，以达到最有效地利用资源和降低废物排放的目的，这也是生产方式和生活方式的改变。从这些意义来讲，可持续就是要对资源和环境进行科学的管理，使资源的消耗和对环境的破坏控制在人类生态系统可持续的限度之内，从而使可持续发展的系统协调持续发展。

由上述，可持续发展内涵主要有以下三个方面：

（1）生态可持续

可持续发展以资源的可持续利用和良好的生态环境为基础。自然资源可分为两大类：可再生资源，如森林、草原；不可再生资源，如矿山。随着工业化进程和人口急剧增加，人类对自然资源的巨大需求导致资源基础的退化甚至枯竭，并同时引发严重的环境问题。因此，保护整个生命支撑系统和生态系统的完整性，预防、控制治理环境破坏和污染，毫无疑问地成为可持续发展的基本内容。

（2）经济可持续

发展经济是每个国家的重要战略选择，因为满足人们增加的需要和人们生活质量提高的需要都得靠发展经济来解决。可持续发展鼓励经济发展，它不仅重视经济增长数量，而且更重视经济发展的质量，它要求节约资源、降低消耗、减少废物、提高效率、增加效益、改变传统生产和消费模式、实施清洁生产和文明消费。

（3）社会可持续

可持续发展以改善人类生活质量、促进全社会整体进步为最终目的，所以社会可持续也是可持续发展的重要内容之一。它强调要控制人口数量，提高人口质量；合理调节社会分配关系，消除两极分化、失业和不平等现象；大力发展教育、文化和卫生事业，提高人民科学文化水平和健康水平；建立和健全社会保障体系，保持社会稳定等。

简言之，可持续发展包涵了发展与可持续性两个概念。可持续性发展的要求：要达到可持续性发展这一目标，必须促进人与人之间的和谐，就是在协调好人与人关系的前提下，缓解人与自然的矛盾冲突，提高人的生活质量，在满足当代人需要的同时，保证不危及后代人需要的。这是对技术、环境、经济和社会资源采取一种新的方式来重新安排，以达到能够使最终产生的物质系统保持一种暂时的、特殊的平衡状态。

图 7-1 为可持续发展的内涵。

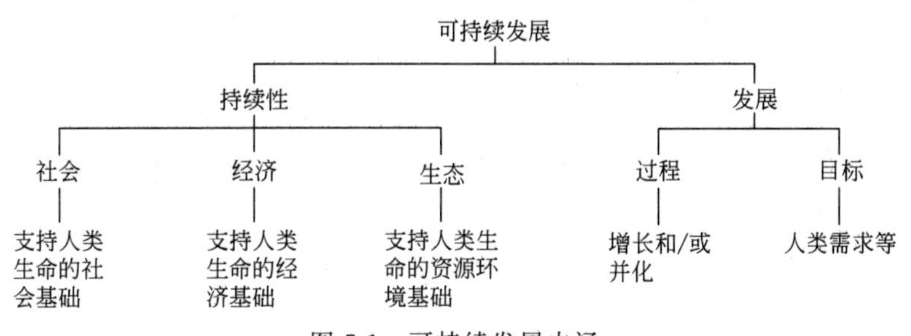

图 7-1　可持续发展内涵

7.2　人类与环境

7.2.1　环境

所谓环境是相对于某项中心事物而言。对我们来说，中心事物是人，因此环境就是人类的生存环境。人类生活的环境有自然环境和社会环境两类，我们所讨论的是自然环境。

自然环境一般是指围绕人类周围的各种自然因素，如空气、水、土壤、植物、动物等。我国环境保护法规定，环境是“指大气、水、土地、矿藏、森林、草原、野生生物、水生生物、名胜古迹、风景游览区、温泉、自然保护区、生活居住区等”。可见，环境是指环绕于人类周围的各种自然要素的总和。自然要素可形象地划分为几个自然圈，即大气圈、水圈、土石圈、生物圈。它们之间相互制约，相互影响，处于一种动态平衡之中。

7.2.2 环境的形成和发展

在地球的原始地理环境刚刚形成的时候，只有原子、分子的化学及物理运动。

在大约 35 亿年前，出现了生命现象。

大约在 30 多亿年以前出现了原核生物。

大约在 2 亿～4 亿年前大气中氧的浓度趋近于现代的浓度水平，并在平流层形成了臭氧层。绿色植物（自养型生物）的出现和发展繁茂，及臭氧层的形成对地球的生物进化具有重要意义。

在距今 2 亿多年前出现爬行动物。

在距今大约 200 万～300 万年前出现了古人类。

人类是物质运动的产物，是地球的地表环境发展到一定阶段的产物，环境是人类生存与发展的物质基础，人类与其生存环境是统一的，人与动物有本质的不同，人通过自身的行为来使自然界为自己的目的服务，来支配自然界。

7.2.3 人体中的化学

7.2.3.1 人体中的化学元素

（1）生命必需元素

人们把人体为了维持生命所必需的元素称为生命必需元素，共 25 种，见表 7-1 所列。

表 7-1 人体的化学元素组成

元素	体内含量/g	质量分数/%	元素	体内含量/g	质量分数/%	元素	体内含量/g	质量分数/%
O*	43000	61	Fe*	4.2	0.006	Se*	0.020	0.00003
C*	16000	23	F*	2.6	0.0037	Sn*	0.017	0.00002
H*	7000	10	Zn*	2.3	0.0033	I*	0.018	0.00002
N*	1800	2.6	Rb	0.32	0.00046	Mn*	0.012	0.00002
Ca*	1000	1.4	Sr	0.32	0.00046	Ni*	0.010	0.00001
P*	720	1.0	Br	0.20	0.00029	Au	0.010	0.00001
S*	140	0.20	Pb	0.12	0.00017	Mo*	0.0093	0.00001
K*	140	0.20	Cu*	0.072	0.00010	Cr*	0.0066	0.000009
Na*	100	0.14	Al	0.061	0.00009	Cs	0.0015	0.000002
Cl*	95	0.12	Cd	0.050	0.00007	Co*	0.015	0.000002
Mg*	19	0.027	B	0.048	0.00007	V*	0.0007	0.000001
Si*	18	0.026	Ba	0.022	0.00003	Be	0.00036	

注：带“*”为生命必需元素。

例如人体中的骨骼、牙齿不能没有钙；人体中的脂肪、糖、蛋白质、酶、核酸都含碳、氢、氧、氮、硫、磷等元素构成的生命有机化合物；人体中有许多化学反应是需要酶来催化的，金属酶是非常重要的催化剂，因此，多种微量金属元素是人体所必需的；人体内体液中需要有电解质，氯化钾、氯化钠是良好的电解质，因此，体液中不可缺失钾离子（K^+）、钠离子（Na^+）和氯离子（Cl^-）。1925～1956 年，发现铜、锌、钴、锰、钼在人体内存在是必要的，采用人为地造成微量元素缺失而引起感应的方法又证实了钒、铬、镍、氟、硅也是生命必需元素。科学技术不断发展，今后可能还会发现更多的生命必需元素。

(2) 常量元素和微量元素

常量元素：在人体中含量高于0.01%的元素，称为常量元素。属于这范围的有碳、氢、氧、氮、磷、硫、钙、钠、钾、镁、氯、硅12种元素，它们占了人体质量的99.71%，其中氧特别多，一般估计人体内水分占2/3的体重，所以说水是生命不可缺失的物质，没有水就没有生命。

微量元素：在人体中的化学元素，其含量低于0.01%的，称为微量元素。铁是最早发现的人体必需微量元素，后来又发现碘、钒、氟、硅、镍等，至今已确认14种微量元素为动物和人所必需的，其中10种为微量金属元素。微量金属元素含量虽低，但它们在人体内都有固定的环境，往往同蛋白质、核酸、酶结合，在生命过程中发挥特殊的功能，有的可以在触发与控制中发挥作用，有的在结构中起作用；有的可以作为人体中化学反应的催化剂，有的可以作为氧载体等。

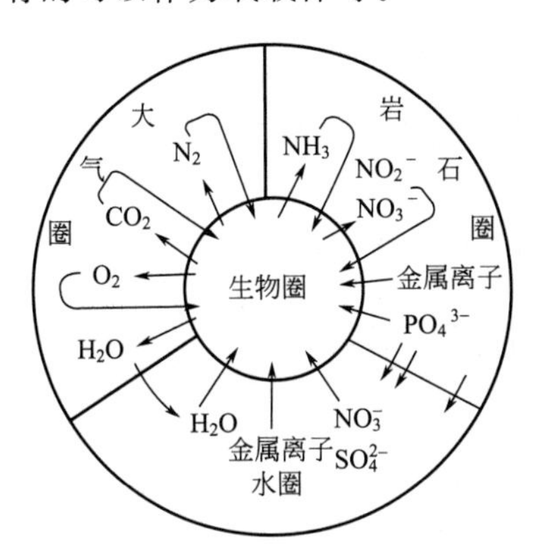

图7-2 生物圈、大气圈、水圈、岩石圈之间的物质交换

(3) 人体内元素的来源

自然界可划分为4个圈层：大气圈、水圈、岩石圈、生物圈，如图7-2所示。生物圈中的植物、动物和人类在大气圈、水圈、岩石圈构成的环境中生存发展，与各圈层之间存在物质交换和能量交换。

自然界的生物体可以分为自养生物和异养生物两大类。自养生物可以通过二氧化碳和水在叶绿素和太阳光的作用下进行光合作用产生糖而得到养分，其化学反应式可表示如下：

$$6CO_2+6H_2O \xrightarrow[\text{叶绿素}]{\text{太阳光}} C_6H_{12}O_6+6O_2$$

一般的植物和藻类属于自养生物。所谓异养生物，它们自己不能制造养分，而必须依靠自养生物作为养分和能量的来源。人类作为高等动物当属异养生物。人类作为捕食者是处在食物链的末端，食物链中各级植物和动物逐级积累的各种元素，最后都以食物的形式进入人体，是人体内化学元素的主要来源，见表7-2所列。

表7-2 人体中化学元素及其生理功能与日常来源

元素	来　源	生理功能
钠	食盐	维持血浆的酸碱平衡
钾	蔬菜	酶的激活剂
钙	动物骨、鸡蛋、鱼虾和豆类等含钙丰富	骨骼等硬组织不可缺少的元素，还与肌肉的收缩有密切的关系，它参与人体的许多酶反应、血液凝固，维持心肌的正常收缩，抑制神经肌肉的兴奋，巩固和保持细胞膜的完整性
镁	绿色蔬菜、豆类、虾蟹	酶的激活剂
锌	豆类、瘦肉、米、面	缺锌会引起营养不良，生殖系统失调
铜	动物肝脏、绿叶蔬菜、软体动物等都含有较丰富的铜	是很多酶的活性元素，可促进细胞成熟、催化体内氧化还原反应，促进铁的吸收和利用，并协同造血，缺铜会引起贫血和发育不良
铁	动物肝脏、蛋黄、海带、紫菜、菠菜	构成血红素的主要成分，主要功能是把氧气输送到全身各个细胞并把CO_2排出体外，缺铁会引起贫血症
磷	肉、虾、鱼、奶、豆等	主要分布于骨骼、牙齿、血液、脑、三磷酸腺苷中，其中三磷酸腺苷是人体能量仓库
碘	海带、紫菜、海参	甲状腺素的组成成分，缺碘会引起粗脖子病
氟	含氟牙膏	存在于骨骼和牙齿中，缺氟会引起龋齿，但氟过量会引起“氟骨病”和“斑釉病”
硒	海米、肉类、动物肝脏、大米、大蒜、芥菜等	是某些酶的成分，有一定的抗癌作用，缺硒会导致心血管病，还会导致溶血性贫血和克山病

7.2.3.2 人体中重要的生命有机化合物

人体内碳、氢、氧、氮、磷、硫等 6 种元素，它们是组成人体中氨基酸、蛋白质、脂肪、糖类、酶和核酸等物质的基础。

(1) 氨基酸

氨基酸是含有一个碱性氨基和一个酸性羧基的有机化合物，氨基一般连在 α-碳上。氨基酸是组成蛋白质的基本结构单位，许多氨基酸分子经聚合可得到蛋白质，反之，将蛋白质水解可得到氨基酸分子。人们在自然界中已发现 100 多种氨基酸，但从生物体蛋白质的水解产物中分离出来的氨基酸只有 20 种，见表 7-3 所示（标 * 号的是必需氨基酸）。

表 7-3 人体内的 20 种氨基酸

名　称	结 构 式
甘氨酸(氨基乙酸)	$CH_2—COO^-$ $^+NH_3$
丙氨酸(氨基丙酸)	$CH_3—CH—COO^-$ $^+NH_3$
亮氨酸(γ-甲基-α-氨基戊酸)*	$(CH_3)_2CHCH_2—CHCOO^-$ $^+NH_3$
异亮氨酸(β-甲基-α-氨基戊酸)*	$CH_3CH_2CH—CHCOO^-$ CH_3 $^+NH_3$
缬氨酸(β-甲基-α-氨基丁酸)*	$(CH_3)_2CH—CHCOO^-$ $^+NH_3$
脯氨酸(α-四氢吡咯甲酸)	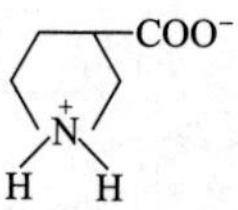 COO^- $\overset{+}{N}$ H H
苯丙氨酸(β-苯基-α-氨基丙酸)*	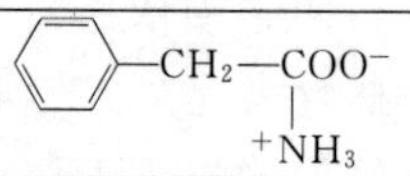 $—CH_2—COO^-$ $^+NH_3$
蛋(甲硫)氨酸(α-氨酸-γ-甲硫基戊酸)*	$CH_3SCH_2CH_2—CHCOO^-$ $^+NH_3$
色氨酸[α-氨基-β-(3-吲哚基丙酸)]*	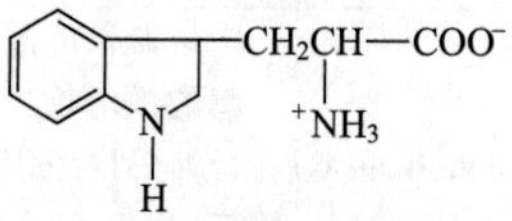 $—CH_2CH—COO^-$ N $^+NH_3$ H
丝氨酸(α-氨基-β-羟基丙酸)	$HOCH_2—CHCOO^-$ $^+NH_3$
谷氨酰胺(α-氨基戊酰胺酸)	O $H_2N—\overset{\|}{C}—CH_2CH_2CHCOO^-$ $^+NH_3$
苏氨酸(α-氨基-β-羟基丁酸)*	$CH_3CH—CHCOO^-$ OH $^+NH_3$
半胱氨酸(α-氨基-β-巯基丙酸)	$HSCH_2—CHCOO^-$ $^+NH_3$

续表

名　称	结　构　式
天冬酰胺（α-氨基丁酰胺酸）	$H_2N-C(=O)-CH_2CH(^+NH_3)COO^-$
酪氨酸（α-氨基-β-对羟苯基丙酸）	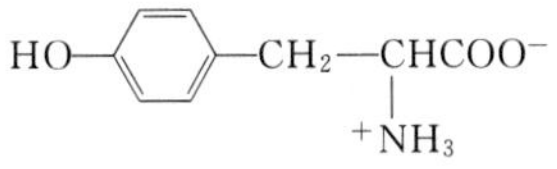 $HO-C_6H_4-CH_2-CH(^+NH_3)COO^-$
天冬氨酸（α-氨基丁二酸）	$HOOCCH_2CH(^+NH_3)COO^-$
谷氨酸（α-氨基戊二酸）	$HOOCCH_2CH_2CH(^+NH_3)COO^-$
赖氨酸（α,ω-二氨基己酸）*	$^+NH_3CH_2CH_2CH_2CH_2CH(NH_2)COO^-$
精氨酸（α-氨基-δ-胍基戊酸）	$H_2N-C(=^+NH_2)-NHCH_2CH_2CH_2CH(NH_2)COO^-$
组氨酸[α-氨基-β-(4-咪唑基丙酸)]	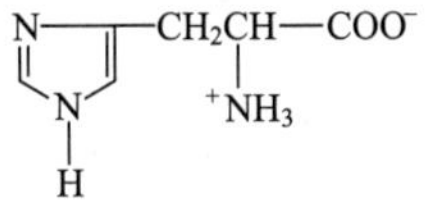 (4-咪唑基)$-CH_2CH(^+NH_3)-COO^-$

（2）蛋白质

蛋白质是生物体内最重要的生命有机化合物之一，人体的每个组织，如毛发、皮肤、肌肉、骨骼、内脏、大脑、血液、神经等都是由蛋白质组成。蛋白质是生物体中一切组织的基础物质，并在生命现象和生命过程中起着决定性的作用。

蛋白质主要含碳、氢、氧、氮、硫等元素，一般由几百个乃至几千个氨基酸单元所构成。生命是精细、挑剔的。自然界中的生命体只选择 20 种氨基酸来合成蛋白质。

蛋白质是两性物质，与酸、碱作用能生成盐。大多数蛋白质可溶于水或其他极性溶剂，而不溶于有机溶剂。蛋白质很容易水解，在酸、碱、酶的催化作用下，可逐步水解为分子量较小的多肽、二肽，最后的水解产物是各种不同的 α-氨基酸的混合物。

（3）脂肪

脂肪也称油脂，主要是由甘油和脂肪酸组成，称为三酰甘油酯（也称甘油三酯）。

动植物中的油脂主要成分是甘油三酯。天然油脂中的脂肪酸都含偶数碳原子，它们分为饱和脂肪酸和不饱和脂肪酸两类。不饱和脂肪酸是人体必需的脂肪酸，在体内不能合成得到，而要从食物中摄取。重要的必需脂肪酸有 3 种：亚油酸、亚麻酸、花生四烯酸。近年来，人们在深海鱼类中发现了 EPA（二十碳五烯酸）、DHA（二十二碳六烯酸），它们都是不饱和脂肪酸。

脂肪在人体内的主要功能是供给能量，每克脂肪产生的能量比糖、蛋白质要高。脂肪还可以溶解维生素A、维生素E。脂肪对蛋白质有保护作用，人在绝食时，体内先将储存的脂肪转为热量维持生命，而不会先分解肌肉中的蛋白质。

（4）糖类

糖类只含碳、氢、氧3种元素，又名碳水化合物，它是生物体中重要的生命有机物之一，如纤维素、淀粉、葡萄糖、果糖和肝糖等，对于维持动植物的生命起着重要的作用。

许多糖类的分子式可用通式 $C_x(H_2O)_y$ 表示，例如葡萄糖为 $C_6H_{12}O_6$［可表示为 $C_6(H_2O)_6$］，蔗糖 $C_{12}H_{22}O_{11}$［可表示为 $C_{12}(H_2O)_{11}$］。

单糖：不能水解成更简单的多羟基醛或多羟基酮的碳水化合物称为单糖，重要的单糖有葡萄糖和果糖。

低聚糖：糖类分子水解后，每个分子能生成2～10个单糖分子的称为低聚糖。重要的低聚糖有蔗糖和麦芽糖。

多糖：水解后每个分子能生成10个以上单糖分子的碳水化合物称为多糖。

7.2.3.3 人体中的化学反应

（1）人体中化学反应的特点

人体中的化学反应都是在常温常压、接近中性温和条件下进行的，但化学反应的速率特别快，这是人体中化学反应的特点。

（2）催化反应

催化剂可以降低化学反应的活化能，能加快化学反应速率。催化剂具有选择性，一种催化剂只能催化某一种化学反应。人体内有数千种化学反应，已经发现人体中有两千多种酶，酶是生物催化剂，每一种酶能催化一种化学反应。

（3）生物氧化反应

人体内进行生物氧化反应需要氧气，人是通过呼吸从空气中得到氧的。据统计平均来说，每个人每天大约需要 8×10^3kJ 的能量来维持生命，这就需要450L氧气来氧化进食的食物。

（4）酶促化学反应

酶是具有催化作用的蛋白质，主要由氨基酸组成。有些酶还需要有非蛋白质成分（即辅基）才具有活性，辅基为金属离子的酶称为金属酶。

7.2.4 人类与环境的关系

包括人类在内的所有动、植物和微生物，统称为生物。生物多以群落形式存在。生物群落与其周围的自然环境构成的整体，就是生态系统。在生态系统中，生物与环境相互依存，相互影响，相互制约。它们之间存在着一种内部调节能力，在长期的共存与复杂的演变过程中形成一定的平衡状态，这种平衡状态称为生态平衡。例如，人类、森林草原、水域、野生动物、水生生物之间就存在着这种平衡。

当生态系统遭受自然或人为因素的影响而破坏了原平衡状态时，便称为生态平衡失调。例如，大量滥伐森林会造成水土流失、土壤沙化、气候干燥、沙尘暴等。

人体对某些化学物质或病菌有一定的抵抗力，自然界的各个生态系统对某些外来的化学物质也有一定抵抗和净化能力，称为环境的自净能力。环境的自净能力是有一定限度的。当污染的空气或废水只是少量地进入环境时，环境的自净能力可使其不致发生危害作用。但污染超出环境的自净能力的限度时，生态平衡会遭到不可逆转的严重破坏。

人类生活于其中的生态系统，发生生态平衡的失调，正是以人类的活动为主要原因的，生态平衡所遭受到的不可逆转的破坏，对人类自身的存在同样产生着日益严重的威胁！

7.3 环境污染

在环境中发生有害物质积聚的状态即为污染。污染物质存在于大气、土壤、水及食物中，通过呼吸、饮食等途径进入人体，对人类的健康构成威胁。当污染物大范围扩散并造成危害时，便出现了公害。20世纪40年代以来，世界范围内的十大著名公害事件列于表7-4。这些严重的污染事件，给人类留下了深刻而惨痛的教训。它表明：在经济高度发达的今天，在建设和发展的同时，必须加强环境的保护工作；否则，其后果将不堪设想。

表7-4 20世纪40年代以来的十大著名公害事件

公害事件	污染物	公害发生时间及地点	致害原因及致害情况	公害成因
马斯河谷烟雾事件	SO_2 烟尘	1930年12月比利时马斯河谷	SO_2 氧化为 SO_3，进入肺部，引起咳嗽、流泪、恶心、呕吐……6000人发病，60人死亡	山谷中化工厂多，工业污染物积聚，遇雾和逆温天气
多诺拉烟雾事件	SO_2 烟尘	1948年10月美国多诺拉	SO_2 与烟尘作用生成硫酸及其盐，吸入肺部。症状同上	山谷中化工厂多，工业污染物积聚，遇雾和逆温天气
伦敦烟雾事件	SO_2 烟尘	1952年英国伦敦	SO_2 与烟尘作用生成硫酸及其盐，吸入肺部。四天死亡4000人，两个月后又死亡8000人	燃烧高硫烟煤，排气粉尘多；雾及逆温天气
洛杉矶光化学烟雾事件	光化学烟雾	1947年5～12月美国洛杉矶，1970年日本东京	石油工业与汽车尾气在紫外线作用下形成光化学烟雾。刺激眼、喉、鼻，引起眼病、喉炎，死400多人	大量汽车尾气产生的 NO_x、CO、CH化合物进入大气
水俣事件	甲基汞[$(CH_3)_2Hg$]	1954年日本九州熊本县水俣镇	鱼富集甲基汞，渔民食鱼中毒：口齿不清，面部痴呆，耳聋眼瞎，最后精神失常。至1979年死亡已逾206人	氮肥生产用汞化合物作催化剂，排放含甲基汞的废水废渣
富山事件（骨痛病）	镉(Cd)	1972年日本富山县神通山神广矿	水中镉进入大米。食含镉的米，喝含镉的水而中毒。关节、神经、骨疼痛，骨骼萎缩	炼锌厂含镉的废水未经处理，排入河中
四日事件	SO_2、烟尘、重金属粉末	1955年日本四日市	重金属微粒、SO_2 进入肺部。支气管炎、支气管哮喘、肺气肿。死逾500人	含有CO、Mn、Ti等重金属粉尘和 SO_2
米糠油事件	多氯联苯	1968年3月 日本九州爱知等29个府县	食用含多氯联苯的米糠油，全身起疙瘩、呕吐、恶心、肌肉痛	生产中多氯联苯进入米糠油
博帕尔农药厂事件	异氰酸甲酯	1984年12月印度博帕尔市美国联合碳化物公司	博帕尔地区大量食物、水源被污染，造成2500人死亡，20万人受害，10万人终身残疾，5万人双目失明。牲畜和动物大量死亡	碳化物公司所属农药厂地下储气罐压力过大，渗漏出45t液体毒气
切尔诺贝利核泄漏事故	核放射线污染	1986年、苏联切尔诺贝利核电站	31人死亡，大批人员撤离污染区。估计40年内将会引起15000人患癌症。地洞中幸免于难的动物，3年内发生严重畸形变种	核电站3号机组泄漏

7.3.1 大气污染

大气不仅是环境的重要组成要素，而且参与地球表面的各种化学过程，是维持生命的必需物质。大气质量的优劣，对整个生态系统和人类健康至关重要。

由于自然界的火山爆发、森林火灾、地震等暂时性灾害和人类所从事的各种生产和生活活动，引起各种污染物进入大气中，呈现出足够的浓度，达到了足够的时间，并因此而危害了人体的舒适、健康和福利或危害了环境，这就是大气污染。

大气污染主要发生在城市。为了便于人们及时了解城市的空气质量状况，增强环保意识，从而自觉地抵制环境污染，有利于公民对政府环保工作的监督，我国实行了空气质量日报制度。城市空气质量日报是以空气质量公告形式公布的一天里该城市大气中 SO_2、NO_x、O_3、总悬浮颗粒物等污染物含量的情况，用空气污染指数加以区别，并确定空气质量级别。我国对空气质量的分级与空气污染指数的对应关系及对健康的影响列于表 7-5 中。

表 7-5 空气质量分级与空气污染指数对应关系及对健康的影响

空气污染指数(API)	质量级别	质量描述	对健康的影响
0～50	Ⅰ	优	可正常活动
81～99	Ⅱ	良	可正常活动
100～199	Ⅲ	轻微污染	长期接触的人群、体质较差者出现症状
200～299	Ⅳ	中度污染	接触一段时间，心脏病、肺病患者症状加重。健康人群普遍出现症状
≥300	Ⅴ	重度污染	健康人群出现强烈症状，并引发某些疾病

7.3.1.1 总悬浮颗粒物

总悬浮颗粒物即通常所说粉尘，包括降尘（粒径在 10μm 以上）、飘尘（粒径在 10μm 以下）。小于 0.1μm 的尘粒根本不沉降。城市粉尘一般由 60%的无机物和 40%的有机物组成。无机物包括矿物质（如石英、石棉等）和金属物质（如汞、镉、铅、锰、铬等有害微量元素）；有机物包括多环芳烃等碳氢化合物。

粉尘主要来自工业生产及人民生活中煤和石油燃烧时所产生的烟尘，以及开矿选矿、金属冶炼、固体粉碎加工（如水泥、石粉等）等工序中所造成的各种粉尘。

粉尘对人体的危害很大，人长期吸入含有粉尘（特别是含有有害物质的粉尘）的空气后，就会引起鼻炎、慢性支气管炎、胸痛、咳嗽、呼吸困难以及肺癌等病症。据测定，在城市 100g 粉尘中约含 5μg 3,4-苯并芘，3,4-苯并芘曾经从煤焦油中提炼出来，使城市人口癌症发病率高于农村人口 1～3 倍。

由于粉尘的比表面积大，能吸附其他物质，可为其他污染物质提供发生催化作用的表面而引起二次污染。

总悬浮颗粒物是中国城市空气中的主要污染物。

7.3.1.2 CO_2 和温室效应

CO_2 来自矿物燃料的燃烧和人类呼吸的排放，在空气中具有足够高的浓度。其中 50%被植物和海洋吸收，另外 50%就散发到大气中。CO_2 有个奇妙的特性：它允许太阳光进入地面，而吸收从地面反射的红外辐射。这就使热量截留在大气层内，对地表起到保温作用。这就是众所周知的"温室效应"。除 CO_2 外，CH_4、N_2O、$CFCl_3$ 等也能吸收长波辐射，都是温室效应的贡献者。

据全球气候资料统计表明，20 世纪以来，全球气候总趋势是变暖。20 世纪 90 年代以后，南北半球，从海洋到陆地，世界各国及地区的平均气温约升高了 0.3～0.6℃。联合国报告称：到 2100 年，地球表面气温会上升 1.8～4℃，海平面将上升 19～58cm。由于地球变暖，造成极地冰川融化。如 1995 年、1996 年、1998 年都有南极大体积冰山脱离陆缘北移的报告。1999 年国际冰雪委员会指出，喜马拉雅山冰山正在加速消融，按目前的速度，到 2035 年冰川将不复存在，将造成湖水泛滥，洪灾肆虐，还会发生泥石流。青藏高原生态环境遥感调查与监测专家组 2005 年 2 月宣布，30 年间青藏高原冰川每年减少 $147.36km^2$，大部分的雪线在上升，最多达数百米。海平面的上升还对岛国、群岛和沿海城市构成很大威胁。

世界卫生组织发出警告，气候变暖会改变生态系统，热带的边界层会扩大到亚热带，中纬度温带的部分地区会变成亚热带。这将导致某些热带地区疾病蔓延，死亡率将大大提高；细菌性、病毒性和寄生虫类疾病将迅速增加；气温上升还会使害虫大量繁殖，随着消灭害虫农药的广泛应用，加剧了农药污染；气温升高又加剧了光化学反应，可导致更加严重的光化学烟雾污染。因此，在 1989 年 6 月 5 日的“世界环境日”的主题就定为“全球变暖”！

由于 CO_2 在大气层中可维持 100 年，即使现在停止 CO_2 的散发，地球也会变暖。2015 年 12 月，《联合国气候变化框架公约》近 200 个缔约方在巴黎气候变化大会上达成《巴黎气候变化协定》。这是继《京都议定书》后第二份有法律约束力的气候协议，为 2020 年后全球应对气候变化行动作出了安排。《巴黎协定》主要目标是将 21 世纪全球平均气温上升幅度控制在 2℃以内，并将全球气温上升控制在前工业化时期水平之上 1. 5℃以内。全国人大常委会于 2016 年 9 月 3 日批准中国加入《巴黎气候变化协定》，中国成为第 23 个完成批准协定的缔约方。

目前我国 CO_2 排放量已位居世界第二，CH_4、N_2O（笑气）等温室气体的排放量也居世界前列。发展中国家需要发展其经济，增加能源的使用是无可避免的。要减少能源使用过程中所产生的温室气体，一个主要的方法是尽量使用其他形式的能源——清洁和可再生能源，如太阳能、潮汐能、风能、生物能（来自农作物）和小水电，为我们提供不会破坏气候的能量来源。因为这些能源既不会带来污染，也是用之不竭的。

7.3.1.3 氯氟烷、溴氟烷与臭氧层的破坏

氯氟烷俗称“氟里昂”（CFC），发现于 1928 年。因其寿命长、无毒、不腐蚀、不可燃，被认为是最好的制冷气体。20 世纪 60 年代起被广泛用于冰箱、空调、喷雾、清洗和发泡等行业。溴氟烷俗称“哈龙”，主要用于灭火剂，它能在大气中存活 65 年。

科学家发现，氯氟烷和溴氟烷是破坏臭氧层、危及人类生存环境的祸首之一，被称为“消耗臭氧层物质”。

臭氧是大气中的微量气体之一。它主要浓集于距地面 20～50km 的平流层。平流层中的臭氧层可以吸收掉 99%来自太阳的紫外线（240～329nm）辐射。紫外线对人类、动物和植物是十分有害的。臭氧层为地球提供了一个防御紫外线的天然屏障。这层屏障一旦被破坏，产生“空洞”，就会导致地球生态环境的巨变，严重威胁人类的生存。氯氟烷进入高空后在臭氧层中以远远快于 O_3 的产生速率分解 O_3 分子，其过程大体如下：

$$CFCl_3 \xrightarrow{h\nu} CFCl_2\cdot + Cl\cdot \text{ 或 } CF_2Cl_2 \xrightarrow{h\nu} CF_2Cl\cdot + Cl\cdot$$

$$Cl\cdot + O_3 \longrightarrow ClO\cdot + O_2 \quad ClO\cdot + O \longrightarrow Cl\cdot + O_2$$

每一氯原子可与 10 万个 O_3 发生连锁反应。这就造成了臭氧层的破坏。为氯分子的活化提供必要的反应表面的是叫“NAT”（硝酸三水化合物）的云粒子，它们以固体的形态存在于极地同温层的云层中。

1996 年全球上空臭氧空洞的面积已达 980 万平方千米，1998 年 8 月达到 2720 万平方千米。由于形成大面积臭氧空洞，紫外线直射地面，使人类皮肤癌和白内障患者人数增加，农

作物减少，对人类的健康和生命构成很大威胁。因此科学家呼吁国际社会尽快采取行动，保护人类共有的臭氧层。在此背景下，国际社会进行了有关保护臭氧层国际合作谈判，并最终分别于1985年和1987年先后制定了《保护臭氧层维也纳公约》和《关于消耗臭氧层物质的蒙特利尔议定书》。上述协议规定：除1,1,1-三氯乙烷的消费时间可延长到2005年外，其他破坏臭氧层物质应全部于2000年1月1日停止生产和使用，以减少臭氧层的破坏。

7.3.1.4 氮氧化物和光化学烟雾

氮氧化物 NO_x 种类很多，作为污染物主要是NO和 NO_2。它们大部分来自燃料（煤、石油等）的燃烧过程如汽车尾气中含有NO和CO，也来自生产硝酸或使用硝酸的工厂所排放的气体。一架超音速运输喷气发动机，每小时排出NO约203kg。

常温下，N_2 和 O_2 不能反应，只有在高温（1200～1750℃）下可直接反应：

$$N_2+O_2 \longrightarrow 2NO$$

而反应

$$2NO+O_2 \longrightarrow 2NO_2$$

在常温下转化率较高，所以常温下主要以 NO_2 形式存在。

NO是无色无味的气体。它能刺激呼吸系统，并能与血红素结合成亚硝酸基血红素，造成血液缺氧而引起中毒（其毒性是CO的数百至上千倍）。

NO_2 是棕色有特殊臭味的气体。它是一种腐蚀剂，有生理刺激作用和毒性，导致人肺气肿或肺纤维化，导致急性或慢性哮喘病，浓度大时可致死。NO_2 的更严重危害是作为光化学烟雾的引发剂之一。

光化学烟雾的成分非常复杂。主要的原始成分是 NO_x 和烃类。这些物质在日光照射下发生一系列化学反应：

$$NO_2 \longrightarrow NO+O$$

$$O+O_2 \longrightarrow O_3$$

$$O_3+C_xH_y \longrightarrow RCHO$$

$$RCHO+NO_2+NO \longrightarrow CH_3(CO)OONO_2(PAN)$$

$$PAN+RCHO \longrightarrow \text{光化学烟雾}$$

通过这些复杂的途径将烃类氧化成为醛类、酮类、过氧乙酰硝酸酯（PAN）等氧化性、刺激性很强的物质。

光化学烟雾形成的初期可以见到上空出现一片浅蓝色的雾，并逐渐加厚，使晴朗的天空渐渐变为昏暗，同时可以嗅到类似臭氧的气味。这种状况会持续很长时间，直至气象条件允许时才渐渐扩散消失。由于1947年最早发生在美国的洛杉矶，所以也称为“洛杉矶烟雾”。在污染区中的人会感到强烈刺激：眼红、流泪、灼伤喉咙和肺部、呼吸紧张、引起胸闷等。还能诱发其他病症，甚至死亡。如在1955年8月，该地区65岁以上的老人死亡近400人。日本东京1970年7月13日的一次光化学烟雾事件中，受害人数近6000余人。加拿大、荷兰、法国和我国的某地也曾发生过。

光化学烟雾中含有大量的强氧化剂，因此它还能直接损伤树木、庄稼、腐蚀金属、损伤各种设备和建筑物。

7.3.1.5 二氧化硫与酸雨

（1）二氧化硫和酸雾

SO_2 主要是由含S的煤和石油等燃料燃烧时产生。硫酸厂、有色金属冶炼厂、煅烧黄铁矿（FeS_2）、含硫矿石（PbS等）也会排放出大量 SO_2 气体。在我国，1999年排放 SO_2 1857万吨，其中工业来源的排放为1460万吨，生活来源的排放为397万吨。

SO_2 对人体危害很大，当 SO_2 的体积分数为 8×10^{-6} 时人就感到难受，它会刺激黏膜，引起呼吸道疾病如慢性支气管炎、哮喘病、肺气肿等；SO_2 对植物的危害也很大，如 SO_2 污染区的水稻，其产量会下降，尤以扬花期受害最为严重。

SO_2 经日光照射及某些金属粉尘（如煤烟尘中的 Fe_2O_3 等）的催化作用，易被氧化成 SO_3，SO_3 和水蒸气作用生成硫酸烟雾。硫酸烟雾危害更甚，体积分数达到 8×10^{-7} 时人就难以忍受。如1930年12月比利时的马斯河谷烟雾事件，1952年12月英国伦敦的烟雾事件，造成几千人死亡，还有日本四日市的哮喘事件等。

SO_2 和硫酸烟雾还能对金属及其制品造成腐蚀，使纸制品、纺织品、皮革制品变质、变脆或破碎，使一些有纪念意义的建筑物或金属塑像因腐蚀而破坏，一些艺术品也因腐蚀变质失去了原有价值。

（2）酸雨

由于空气中含有 CO_2，它溶入雨水中形成 H_2CO_3，空气中 CO_2 的体积分数一般约为 3.16×10^{-4}，这时雨水的pH可达5.6。如果雨水的pH小于5.6，就称其为酸雨。

酸雨的形成，主要是大气中含有 SO_2 和 NO_2 的缘故。SO_2 可被大气中的 O_3 和 H_2O_2 氧化成 SO_3，SO_3 溶入雨水就形成 H_2SO_4；NO_2 溶入雨水会生成 HNO_3 和 HNO_2。它们的浓度虽很低，但却会使雨水的pH下降，使雨水带有一定程度的酸性。

酸雨的危害性极大。如美国由于酸雨的危害，农业、林业、建筑物损失共计50亿美元左右，并预计今后20年还可能增加到150亿～250亿美元。原西德南部多瑙河源头地区约 $6000km^2$ 的黑森林，由于酸雨的肆虐，如今已成了黄森林。视枫树为骄傲的加拿大，仅在魁北克省地区，已有100万～150万棵枫树因酸雨枯死。

在我国，1998年因酸雨而造成的直接经济损失已达1100亿元，酸雨区面积已占国土面积的一半。pH小于4.5的重酸雨地区在江南10省已超过 $100km^2$。2001年11月，国家环保总局宣布，我国重点整治 SO_2 的排放，已把酸雨面积控制在国土面积的30％。

7.3.1.6 放射性污染

放射性分天然放射性和人工放射性。在大气圈形成及演变过程中，始终存在着放射性。实际上人类就生活在含有放射性的大气环境中。我们谈到的放射性污染通常指人工辐射源（包括人为集中的天然辐射源）投入大气圈的放射性物质，其数量足以对人类健康和动植物生命活动构成危害。

放射性污染源主要是大气及地面核武器实验、原子能工业的排放物和燃煤电厂的排放物等。其中以核武器实验为主。核武器爆炸后，整个装置转化为具有强烈放射性的蒸气上升至高空，气化的裂变产物和炸弹残余物经若干时间，逐渐冷却成放射性烟云团。烟云团在高空气流影响下，随风飘移。较粗大灰尘降落在爆心附近，细小颗粒则可长时间悬浮在空气中。经20～30天，缓慢沉降到地表，散布在沿爆心同一纬度区域形成了污染带。

原子反应堆或核工厂的事故具有造成放射性污染的特大危险。如1957年10月10日英国威尼斯克列钚厂事故，一周内放射性气团到达荷兰、挪威。1986年苏联切尔诺贝利核电站事故，其放射性气团远到了日本。

某些地区的煤矿往往与天然放射性矿物共存，因此燃煤也会在烟气、灰尘中含有放射性核素。

放射性物质对人体危害的方式：一种是外照射；一种是内照射。与普通污染物相比，核污染具有很高的生物效应，即人体只需极微量的核辐射就会导致机体病变和死亡。由于放射性物质进入体内很难排除，沉积于机体器官的核素，不但能引起全身性病变、新陈代谢障碍、生理机能破坏，而且有直接损伤器官的功能，所以内照射比外照射对人体的危害更大。

1999 年，由于北约在南联盟投放“贫铀弹”而使一些维和士兵患有“巴尔干综合征”，甚至有许多人因患癌症和白血病而死亡。贫铀弹事件就是核污染的恶果。

我国整体环境未受放射性污染，辐射环境质量仍保持在天然本底水平。

7.3.1.7 其他

大气中的污染物质还有 CO、Pb、碳氢化合物、卤素与卤化氢等。

CO 由燃料的不完全燃烧以及汽车尾气等产生。现在全球范围内每年人为排入大气中的 CO 达 2 亿吨，占大气中有害气体总量的 1/3，而汽车废气又是大气中 CO 的最重要的来源。CO 是无色无味的剧毒气体，可在大气中停留两三年时间，这就更增加了它的危害性。它可使人体的血红蛋白失去运氧能力，从而使机体缺氧而头痛、恶心、疲劳，危及神经中枢，甚至窒息死亡。

大气中的 Pb 有 60％是从汽车尾管中排出的。高浓度含 Pb 气体进入人体内部能损害骨髓造血系统和神经系统，可引发贫血、红细胞异常、神经麻痹及心脑血管疾病。

燃料的不完全燃烧、汽车尾气以及石油裂解等会产生碳氢化合物。它们对眼、鼻、呼吸道会产生很强的刺激作用。有些还是致癌物质，如 3,4-苯并芘。汽车行驶 1h，大约产生 300μg 的 3，4-苯并芘；100g 烟草中，大约含 4.4μg 3,4-苯并芘，所以长期或大量吸烟会使肺癌得病率增高。

7.3.2 水污染

水是我们日常生活和工农业生产离不开的自然资源。然而，由于大规模的森林砍伐、开山造田，破坏了水的生态平衡。近几年，我国南方水灾频繁，损失严重；而北方许多地区出现水荒和干旱，许多城市的地下水位普遍下降，严重超采现象十分普遍，而且用水量不断地急剧增加，水污染却日益严重。联合国 1997 年 6 月 18 日发表的一份报告说，由于淡水资源分布不均、水源污染和浪费用水，全世界已有 1/3 的人口面临供水紧张问题。如果按目前的趋势发展下去，30 年后全世界 2/3 的人口将面临供水紧张问题。所以，联合国呼吁保护和节约淡水资源，要高度重视治理水污染问题，同时要把水资源的开发和利用纳入经济计划。

水体（河流、湖泊、水库等）对污染有一定的自净能力，这是水体中溶解氧的作用。溶解氧参与水体中氧化还原的化学过程与好氧的生物过程，可以把水中的许多污染物转化、降解、甚至变为无害物质。但是，如果排入水体的污染物其含量超过水体的自净能力时，会造成水质恶化，使水的用途受到影响，这种现象就叫做水污染。

水污染的原因有自然的与人为的。向水体排放大量未经处理的工业废水、矿山排水、生活污水和各种废弃物，造成水质恶化，这是人为的污染。水污染的性质可分为化学污染与生物污染，这里着重讨论人为污染中的化学污染。

7.3.2.1 无机污染物

污染水体的无机污染物主要指酸、碱、盐、重金属以及无机悬浮物等。

酸主要来自矿山排水及工业废水。矿山水中的酸是由硫化矿物（如 FeS_2）的氧化作用产生的。含酸多的工业废水主要是冶金、机械行业的酸洗废水，还有黏胶纤维、酸性造纸废水等。酸雨也是水体酸污染的来源之一。

水体中的碱主要来自碱法造纸的黑液，还有印染、制革、制碱、化纤、化工以及石油工业生产过程中的废水。

酸性水体与碱性水体相遇，可发生中和反应，同时产生相应的无机盐类，这也会对水体产生污染。氰化物也属无机污染物，它的毒性更强，饮水中 CN^- 不能超过 0.01mg/dm^3，地面水中不能超过 0.1mg/dm^3。它主要来自电镀废水、焦化厂和煤气厂的洗涤与冷却水，还有如金属加工、化纤、塑料、农药、化工等工业生产的废水。

重金属主要来自采矿和冶炼。但其他许多工业生产企业通过废水、废渣、废气向环境排放重金属的事例也是举不胜举的。

这些无机污染物均会产生一定的危害作用。例如，酸性水或碱性水都会对农作物的生长产生阻碍或破坏作用，有的会使土壤的性能变坏。酸性水体还会腐蚀水下设备、船壳等。重金属对人体有很大的危害性。它们有的是通过饮用水直接进入人体，有的则是通过食物链关系，间接进入人体。如果它们在人体内积累并超过一定限量时，就会使人产生各种中毒的反应，影响人体健康，甚至危及生命。

7.3.2.2 有机污染物

有机污染物有的无毒，有的有毒。无毒的如碳水化合物、脂肪、蛋白质等；有毒的如酚、多环芳烃、多氯联苯、有机氯农药、有机磷农药等。它们在水中有的能被好氧微生物分解（降解），有的则是难降解的。

（1）耗氧有机物

生活污水和某些工业废水中所含的碳水化合物、脂肪、蛋白质等有机化合物，可在微生物作用下，最终分解为简单的无机物质 CO_2 和 H_2O 等。这些有机物在分解过程中要消耗水中的溶解氧，因此称它们为耗氧有机物。

目前表示耗氧有机物的含量，或表示水体被污染的程度，一般用溶解氧（DO）、生化需氧量（BOD）、化学耗氧量（COD）、总需氧量（TOD）等表示。例如，水体中 BOD 越大，水质越差。

在正常大气压下，20℃时，水中溶解氧仅为 9.17mg/d^3。因此耗氧有机物排入水体后，在被好氧微生物分解的同时，会使水中溶解氧量急剧下降，从而影响水体中鱼类和其他水生生物的正常生活，以至于缺氧而死亡。另外，如水体中溶解氧耗尽，有机物会被厌氧微生物分解，即发生腐败现象，同时产生 H_2S、NH_3、CH_4 等，使水质变臭。

（2）难降解有机物

多氯联苯、有机氯农药、有机磷农药等在水中很难被微生物分解，因此称它们为难降解有机物。它们都具有很大的毒性，一旦进入水体，便能长期存在。开始时，由于水体的稀释作用，一般浓度较小，但通过食物链的富集，可在人体中逐渐积累，最后可能会产生积累性中毒。

近年来，石油对水质的污染问题十分突出，已引起世界的关注。石油是复杂的碳氢化合物，也属于难降解有机物，能在各种水生生物体内积累富集。石油污染的主要来源是海上采油、运输油船的泄漏和清洗、油船压舱水、炼油厂和石油化工厂的废水等。

水体内含微量石油也能使鱼虾贝蟹等水产品带有石油味，降低其食用价值。石油比水轻而又不溶于水，洒在水体中便在水面上形成很大面积薄膜覆盖层，阻止大气中的氧溶解于水中，造成水中溶解氧减少，严重危害各种水中生物。此外，油膜还能堵塞鱼鳃，使鱼呼吸困难，甚至死亡。用含油污水灌田，会使农产品带有石油味，甚至因油膜黏附在农作物上而使其枯死。

7.3.2.3 水体的富营养化

水体富营养化状态是指水中总氮、总磷量超标——总氮含量大于 1.5mg/dm³，总磷含量大于 0.1mg/dm³。

生活污水和某些工业废水中常有含氮和磷的物质，施加氮肥和磷肥的农田水中，也含有氮和磷。它们并非有害元素，而是植物营养元素。但它们会引起水体中的硅藻、蓝藻、绿藻大量繁殖，导致夜间水中溶解氧减少，化学耗氧量增加，从而使水体“死亡”，进而使水体质量恶化，鱼类等死亡。这种由于植物营养元素大量排入水体，破坏了水体生态平衡的现象，叫做水体的富营养化。它是水体污染的一种形式，而且目前日趋严重。例如上海的淀山湖，1987 年开始就有 60％的湖水出现富营养化；1988 年时，汛期 78％富营养化，非汛期 100％富营养化；到 1989 年，汛期、非汛期全湖都呈现富营养化了。含磷洗衣粉也会使水体富营养化，如昆明的滇池在 1998 年前便受到过这种污染。

7.3.2.4 赤潮与海洋污染

赤潮是海洋中某一种或几种浮游生物爆发性增殖或聚集而引起水体变色的一种有害的生态异常现象。它不一定都是红色的，还有褐、棕黄、绿色等。

近几十年来，由于工农业生产的高速发展，污水大量排放入海，以致赤潮与日俱增。赤潮的危害性很大。1987 年，美国东海岸的一次赤潮，仅养殖贝类的损失就有 3600 万美元。1997 年 10 月，墨西哥湾北部沿海和美国的得克萨斯沿海出现了大面积赤潮，发现死亡鱼类达 20 多吨。近年来，我国海域频发赤潮，因赤潮造成的经济损失十分严重，使渤海几乎成“死海”，舟山渔场多年难成鱼汛。

海洋污染也日趋严重。据不完全统计，现在每年流入海洋的石油约达 1000 万吨、剧毒氯联苯 2.5 万吨、锌 390 万吨、铅 30 多万吨、铜 25 万吨、汞 5000 吨等。地中海尤为严重，因为它虽与大海相连，但与大海进行水循环却很难，因而它所受到的污染比大海更严重。

由于大海很大，所以对于每年被人类污染的表现还没有很大的反应。但人类如果不注意防止污染的进一步发生，那么，终将有一天会受到大海的“报复”。

7.3.2.5 水体的热污染

热电厂以及其他有关工厂所用的冷却水是水体热污染的主要污染源。大量带有余热的“温水”流入江湖等水体，会使水的温度升高，水中的溶解氧减少。由于水温升高，会促使水生生物加速繁殖，使鱼类等生存条件变坏，造成一定的危害。图 7-3 是热电厂热量损失引起水体热污染的示意。

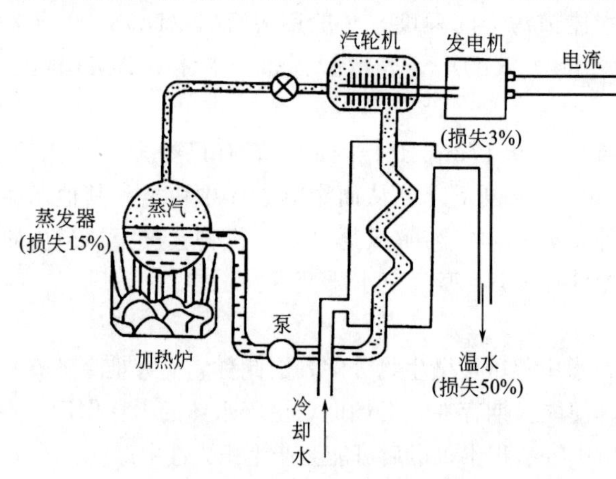

图 7-3 热电厂热量损失引起水体热污染的示意

7.3.3 土壤污染及荒漠化、沙化

7.3.3.1 土壤污染

土壤是地球陆地表面的疏松层，是人类和生物繁衍生息的场所，是不可替代的农业资源

和重要的生态因素之一。它一方面能为作物源源不断地提供其生长必需的水分和养料，经作物叶片的光合作用合成各种有机物质，为人类及其他动物提供充足的食物和饲料；另一方面它又能承受、容纳和转化人类从事各种活动所产生的废物（包括污染物），在消除自然界污染的危害方面起着重要作用。

土壤具有一定的自净作用，当污染物进入土壤后会使污染物在数量和形态上发生变化，降低它们的危害性。但如果进入土壤中的污染物超过土壤的净化能力时，即会引起土壤严重污染。

土壤污染物分无机和有机两大类：无机污染物有重金属汞、镉、铅、铬等和非金属砷、氟、氮、磷和硫等；有机污染物有酚、腈及各种合成农药等。这些污染物质大多由受污染的水和受污染的空气，也有一部分是由某些农业措施（如施用农药、化肥）而带进土壤的。

土壤污染的危害主要是对植物生长的影响。如过多的 Mn、Cu 和 H_3PO_4 等将会阻碍植物对 Fe 吸收，而引起酶作用的减退，并且阻碍了体内的氮素代谢，从而造成植物的缺绿病。

土壤污染物可以通过挥发作用而进入大气造成大气污染；受水的淋溶作用或地表径流作用，污染物进入地下水和地表水影响水生生物；作物吸入体内（包括籽实部分），最终通过人体呼吸作用、饮水和食物链进入体内，给人体健康带来不良的影响。

氮肥和含氮农药的联合使用增加了环境的潜在危险。大量施用氮肥使土壤、水体和植物体内的硝酸盐和亚硝酸盐含量上升。硝酸盐和亚硝酸盐摄入体内，除了能引起甲状腺机能降低而使人体缺乏维生素 A 外，亚硝胺还能致癌。

目前“白色污染”日益引起人们的关注。白色污染就是一次性饭盒、农用薄膜、方便袋、包装袋等难降解的有机物被抛弃在环境中造成的污染。它们在地下存在 100 年之久也不能消失，引起土壤污染，影响农业产量。所以，现在全世界都在要求使用可降解的有机物。

7.3.3.2 土壤荒漠化、沙化

荒漠化被称为“地球溃疡症”，是指包括气候变异和人类活动在内的种种因素造成的干旱、半干旱和亚湿润干旱地区的土地水分和有机成分逐渐消失，进而使土地沙化。

患“地球溃疡症”的起因是各种自然因素和人为因素两者综合作用的结果。自然地理条件和气候变异固然是形成荒漠化的必要因素，但其形成荒漠化的过程是缓慢的，而人类活动如干旱土地的过度放牧、粗放经营、盲目垦荒、水资源的不合理利用、过度砍伐森林等，则大大加速了荒漠化的进程。同时，人口的迅速增长也是导致荒漠化日趋严重的直接原因。

目前，全球荒漠化的面积已达 3600 万平方公里，占全球陆地面积的 1/4，相当于俄罗斯、加拿大、中国、美国国土面积的总和。世界 100 多个国家，近 12 亿多人受到荒漠化的直接威胁，其中近 1.35 亿人在短期内有丧失土地的危险。荒漠化每年吞噬近 2100 公顷耕地，使世界每年至少损失 420 亿美元。随着荒漠化的加速蔓延，人类可耕种的耕地日益减少，严重地动摇了粮食生产的基础，是近年来世界饥民由 4.6 亿增至 5.5 亿的重要原因之一。

日益加重的“地球溃疡症”问题，在全世界引起了广泛的关注。联合国环境规划署发出警告：“照此下去，地球将卷入一场浩劫性的社会和经济灾难之中。”1994 年 10 月 14 日包括中国在内的 12 个国家的代表在巴黎签署了国际防治荒漠化公约。同年 11 月联合国又确定每年的 6 月 17 日为“世界防治荒漠化和干旱日”，以提高全球所有公民的危机感和忧患意识。

中国是世界上荒漠化危害严重的国家之一。全国荒漠化面积远远大于耕地面积，截至2009年年底，全国荒漠化土地为262.37万平方公里，占国土面积的27.33%。有4亿人口常年受到风沙危害。土地荒漠化也是产生沙尘暴的根本原因。在中国北方风沙线上，有1300万公顷农田遭受到风沙的危害。全国每年仅因风蚀荒漠化造成的损失就达45亿元。

7.4 环境污染的防治

现在世界各国已在不同程度地抓紧对环境的治理和保护工作。例如，闻名世界几个世纪的“雾都”伦敦，经过几十年不懈的综合治理，终于成了空气清朗、美丽洁净的城市。

加拿大投资30亿美元推行“绿色计划”，净化空气、水和土壤；波兰用将近10年的时间治理“黑三角”；墨西哥、日本等国也正在不惜代价地进行治理环境污染的工作。

我国对环境问题也越来越重视。1979年颁布了《中华人民共和国环境保护法》，提出了“全面规划，合理布局，综合利用，化害为利，依靠群众，大家动手，保护环境，造福人民”的三十二字方针。1997年《刑法》设立了“破坏环境资源罪”，为维护环境与资源管理秩序提供了强有力武器。我国经过几十年的艰苦奋斗，在保护环境方面取得了很大成绩。目前中国人工造林面积达6200万公顷，居世界第一。

我们应该在更好地利用自然资源的同时，有计划地保护环境，保持生态平衡，造福人类。

7.4.1 大气污染的防治

对大气污染的防治措施很多，如使工业布局合理，改进燃烧方法，改变燃料组成，加高烟囱以及绿化造林等。

7.4.1.1 交通废气污染的防治

汽车造成的大气污染已构成了一大严重的社会问题。为将汽车污染减轻到最低限度，各国都在积极采取有效的防治措施，如：①改进内燃机的燃烧设计，使燃料充分燃烧，少排废气；②在汽车排气系统安装附加的催化净化装置，将废气变为无害气体；③改变汽车燃料成分，用无Pb汽油代替含Pb汽油，以减少Pb烟的排放；④开发新燃料如以天然气、乙醇汽油、氢、甲醇、二甲醚作汽车燃料；⑤开发新型汽车，如太阳能汽车、电动汽车、燃料电池汽车、空气汽车等。

法国发明家、汽车爱好者和著名环保家盖伊·尼格里日前已经设计出一种靠压缩空气做动力的新型汽车。法国MDI公司已经制成各种微型客车、小型运货车、游览车和出租车等。

空气发动机是空气汽车的关键部件，从外观上看近似一种直列的小型内燃机，它有曲轴、活塞、阀门、进气管、排气管、定时皮带等（图7-4）。

空气发动机不是我们通常看到的空压机，而是一种比较高效、高速、低噪声、可控制的发动机。它由两个汽缸组成，一个是进气及压缩活塞，一个是充气及排气活塞，中间有一个球形“燃烧室”。当空气注入“燃烧室”时，转换阀关闭，经过充气、压缩、排气过程，完成发动机的运行；再由变速箱转到传动桥上驱动汽车行进。尼格里发明的“空气汽车”的能源缸里，空气被 300 倍的大气压压缩，对能源缸加热后；缸中的空气就会流进活塞引擎汽缸内，带动活塞运动。没有任何燃烧发生，因此也不会产生任何污染。尼格里称，从排气管中排出来的空气甚至会比周围空气更清新，因为它们排出来时，必须通过一个装有活性炭的空气过滤罩。

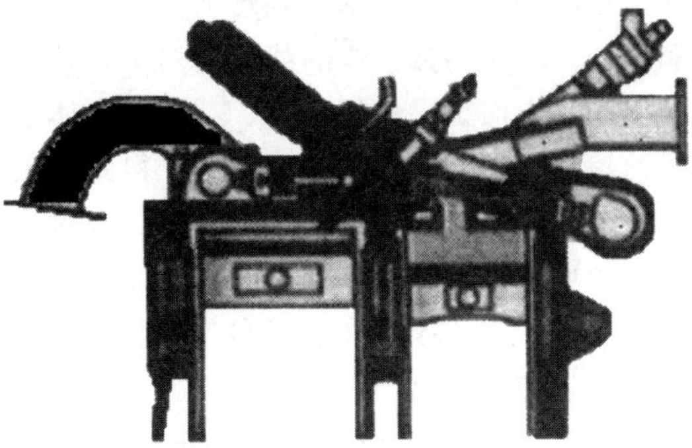

图 7-4 空气发动机示意

7.4.1.2 废气污染的防治

(1) 催化还原法除 CO、NO_x

$$4NO_2+CH_4 \xrightarrow[400\sim500℃]{Pt} 4NO+CO_2+2H_2O$$

$$4NO+CH_4 \xrightarrow[400\sim500℃]{Pt} 2N_2+CO_2+2H_2O$$

$$2NO+2CO \xrightarrow[538℃]{Pt} N_2+2CO_2$$

(2) 氨法或碱法除 NO_x、SO_2 和 SO_3

$$NO+NO_2+2NaOH \longrightarrow 2NaNO_2+H_2O$$

$$4NO+4NH_3+O_2 \longrightarrow 4N_2+6H_2O$$

$$SO_3+2NH_3 \cdot H_2O \longrightarrow (NH_4)_2SO_4+H_2O$$

$$SO_2+NH_3 \cdot H_2O \longrightarrow NH_4HSO_3$$

$$2NH_4HSO_3+H_2SO_4 \longrightarrow 2SO_2+2H_2O+(NH_4)_2SO_4$$

(3) 石灰乳法除去 SO_2

$$Ca(OH)_2+SO_2 \longrightarrow CaSO_3 \cdot \frac{1}{2}H_2O+\frac{1}{2}H_2O$$

$$2CaSO_3 \cdot \frac{1}{2}H_2O+O_2+3H_2O \longrightarrow 2CaSO_4 \cdot 2H_2O$$

可以采用喷雾干燥吸收法，其原理如下：SO_2 被雾化了的 $Ca(OH)_2$ 浆液或 Na_2CO_3 溶液吸收，同时温度较高的烟气使液滴干燥脱水，形成的固体废物由袋式除尘器或电除尘器捕集，这就是目前工业化的干法烟气脱硫技术。

7.4.1.3 臭氧层保护

臭氧层的保护主要是针对消耗臭氧层物质。一方面要停止使用氟里昂（CFC）和哈龙(Halon)，一方面要找到它们的代用品。到 1996 年，我国已淘汰 2.3 万吨氟里昂，到 2010 年，我国已使哈龙产量降到零。与此同时，还要实现代替物质国产化。如用原料丰富的环戊烷作发泡剂、异丁烷作制冷剂等。另一方面，有人着手对臭氧空洞本身进行修补的探索，如 1997 年俄罗斯科学家提出用激光照射产生 O_3，以补充其含量：

$$O_2(空气中) \xrightarrow{激光} O_2(激发态) \xrightarrow{太阳光进一步作用} 2O$$

$$O+O_2 \longrightarrow O_3$$

产生 O_3 的效率可达 2.68kg/(kW·h)。

7.4.2 水污染的防治

目前，世界上几乎所有国家都存在水体污染的严重状况。有的水体经过几年、十几年甚至几十年的努力，已基本得到治理，如英国的泰晤士河经过十几年的综合治理，现今已可泛舟和垂钓。但大多数水体的状况仍然不容乐观，必须继续开展有效的综合治理。我国的情况也类似，一方面是很多江、河、湖泊等水体已受到不同程度的污染；另一方面是人们已开展积极的综合治理，使有些水体的污染得到控制，水质在不断变好。

为了消除水体的污染，首先必须加强对水体的管理，减少并且逐步做到有毒、有害的废水不经处理合格，严禁排放。同时对已受污染的水体进行必要的治理。

7.4.2.1 工业废水处理的几种方法

（1）物理处理法

可用重力分离（沉淀）、浮上分离（浮选）、过滤、离心分离等方法，将废水中的悬浮物或乳状微小油粒除去；还可用活性炭、硅藻土等吸附剂过滤吸附处理低浓度的废水，使水净化；也可用某种有机溶剂溶解萃取的方法处理如含酚等有机污染物的废水。

（2）化学处理法

利用化学反应来分离并回收废水中的各种污染物，或改变污染物的性质，使其从有害变为无害。这类方法主要有混凝法、中和法、氧化还原法、离子交换法等。

混凝法：废水中常有不易沉淀的细小的悬浊物，它们往往带有相同的电荷，因此相互排斥而不能凝聚。若加入某种电解质（即混凝剂）后，由于混凝剂在水中能产生带相反电荷的离子，使水中原来的胶状悬浊物质失去稳定性而沉淀下来，达到净化水的效果。常用的混凝剂有明矾、氢氧化铁、聚丙烯酰胺等。

中和法：有的工业废水呈酸性，有的呈碱性，可用中和法处理，使 pH 达到或接近中性。酸性废水常用废碱、石灰、白云石、电石渣中和；碱性废水可用废酸中和，也可通入含有 CO_2、SO_2 等成分的烟道废气，达到中和的效果。如废水中有重金属离子，可采用中和混凝法，即调节废水的 pH，使重金属离子生成难溶的氢氧化物沉淀而除去。

氧化还原法：溶解在废水中的污染物质，有的能与某些氧化剂或还原剂发生氧化还原反应，使有害物质转化为无害物质，达到处理废水的效果。如可用氧气、氯气、漂白粉等处理含酚、氰等废水；又如用铁屑、锌粉、硫酸亚铁等处理含铬、汞等的废水。

例如，用漂白粉处理含氰废水，其反应式为：

$$Ca(ClO)_2 + 2H_2O \longrightarrow Ca(OH)_2 + 2HClO$$

$$2NaCN + Ca(OH)_2 + 2HClO \longrightarrow 2NaCNO + CaCl_2 + 2H_2O$$

$$2NaCNO + 2HClO \longrightarrow 2CO_2 + N_2 + H_2 + 2NaCl$$

又如，用硫酸亚铁处理含重铬酸根离子的镀铬废水，反应式为：

$$Cr_2O_7^{2-} + 6Fe^{2+} + 14H^+ \longrightarrow 2Cr^{3+} + 6Fe^{3+} + 7H_2O$$

然后再用中和法使 Cr^{3+} 生成 $Cr(OH)_3$ 沉淀。

离子交换法：利用离子交换树脂的离子交换作用来除去废水中离子化的污染物质。这种方法多用在含重金属废水的回收和处理上，更主要的是用在电厂锅炉或工业锅炉用水的处理中。电厂锅炉对水质要求极高，不允许有任何阳离子和阴离子，也不允许水中溶有 O_2 和 CO_2 等气体。对于溶于水中的阳离子和阴离子，可经过多次的离子交换反应而除去，得到的水称为“去离子水”。

又如，处理含有 $CuCrO_4$ 的镀铬废水，其反应可表示为：

$$2RSO_3H + Cu^{2+} \longrightarrow (RSO_3)_2Cu + 2H^+$$

$$2RN(CH_3)_3OH + CrO_4^{2-} \longrightarrow [RN(CH_3)_3]_2CrO_4 + 2OH^-$$

$$2H^+ + 2OH^- \longrightarrow 2H_2O$$

再生时，可回收铜盐和铬酸盐。

（3）生物处理法

生物处理法是利用微生物的生物化学作用，将复杂的有机污染物分解为简单的物质，将有毒物质转化为无毒物质。此法可用来处理多种废水，在环境保护中起着重要的作用。

生物法可分为两大类，它是根据微生物对氧气的要求不同而区分的，即耗氧处理法与厌氧处理法。目前大多采用的是耗氧处理法。这种方法是将空气（需要的是氧气）不断通入污水池中，使污水中的微生物大量繁殖。因微生物分泌的胶质而相互黏合在一起，形成絮状的菌胶团，即所谓“活性污泥”；另外，在污水中装填多孔滤料或转盘，让微生物在其表面栖息，大量繁殖，形成“生物膜”。活性污泥和生物膜能在较短时间里把有机污染物几乎全部作为食料“吃掉”。

用生物处理法处理含酚、含氰废水，脱酚率可达 99%以上，脱氰率可达 94%～99%，可见治理效果是极好的。

（4）电化学处理法

在废水池中插入电极板，当接通直流电源后，废水中的阴离子移向阳极板，发生失电子的氧化反应；阳离子移向阴极板，发生得电子的还原反应，从而除去了废水池中的含铬、氰等的污染物。

例如，对含氰电镀废水进行电化学处理时，用石墨作阳极，铁板作阴极，并在废水中投入一定量的食盐，会发生如下的两极反应。

阳极反应为：

$$2Cl^- - 2e^- \longrightarrow Cl_2$$

$$Cl_2 + H_2O \longrightarrow HClO + HCl$$

生成的 Cl_2 和 HClO 与 CN^- 作用生成氰化氯（ClCN）：

$$CN^- + Cl_2 \longrightarrow ClCN + Cl^-$$

$$CN^- + HClO \longrightarrow ClCN + OH^-$$

$$ClCN + 2OH^- \longrightarrow CNO^- + Cl^- + H_2O$$

再进一步氧化成 N_2 和 CO_2，从而达到除去 CN^- 的目的：

$$2CNO^- + 3Cl_2 + 4OH^- \longrightarrow 2CO_2 + N_2 + 2H_2O + 6Cl^-$$

$$2CNO^- + 3ClO^- + H_2O \longrightarrow 2CO_2 + N_2 + 2OH^- + 3Cl^-$$

阴极反应为：

$$2H_2O + 2e^- \longrightarrow 2OH^- + H_2$$

电化学处理法适用于除去含铬酸、铅、汞、溶解性盐类的废水，也可处理含有机污染物的带有颜色的及有悬浮物的废水。因为如用铁或铝金属板作阳极，溶解后能形成对应的氢氧化物活性凝胶，对污染物有聚沉作用，易于将其除去；又因为电解过程中会产生原子氧[O]和原子氢[H]，以及放出 O_2 和 H_2，既能对废水中的污染物产生氧化还原作用，又能起泡，有浮选废水中絮状凝胶物的作用，达到净化水质的目的。

7.4.2.2 污水脱氮除磷的几种方法

（1）化学法

去除水中氮、磷比较经济有效的方法是投加石灰。用石灰除氮的过程是提高废水的 pH，使水中的氮呈游离氨形态逸出：

$$NH_4^+ \longrightarrow NH_3 + H^+$$

投石灰到废水中，使 pH 提高到 11 左右，在解吸塔中将氨吹脱到大气中。

石灰与磷酸盐作用的反应式为：

$$5Ca^{2+} + 4OH^- + 3HPO_4^{2-} \longrightarrow Ca_5OH(PO_4)_3 + 3H_2O$$

生成了碱式磷酸钙沉淀而被去除。磷也会吸附在碳酸钙粒子的表面上一起沉淀。当pH＞9.5时，基本上全部正磷酸盐都转化为非溶解性的。

投加铝盐或铁盐也可去除磷。以铝盐为例：

$$Al_2(SO_4)_3 + 2PO_4^{3-} \longrightarrow 2AlPO_4 + 3SO_4^{2-}$$

生成了磷酸铝沉淀而被除去。磷与铝也会结合成为一种配合物，被吸附在氢氧化铝絮状物上。

近年来，离子交换也成功地应用于城市污水的脱氮、除磷。阳离子交换树脂能用它的氢离子与污水中的氨根离子进行交换，阴离子交换树脂能用它的氢氧根离子与污水中的硝酸银、磷酸根离子进行交换，反应如下：

$$RH + NH_4^+ \longrightarrow RNH_4 + H^+$$

$$ROH + HNO_3 \longrightarrow RNO_3 + H_2O$$

$$ROH + H_3PO_4 \longrightarrow RH_2PO_4 + H_2O$$

（2）物理法

电渗析是一种膜分离技术。电渗析室的进水通过多对阴、阳离子渗透膜，在阴膜、阳膜之间施加直流电压，含磷和含氮离子以及其他溶解离子、体积小的离子通过膜而进到另一侧的溶液中去。在利用电渗析去除氮和磷时，预处理和离子选择性显得特别重要，必须对浓度大的废水进行预处理。高度选择性的防污膜仍在发展中。

（3）生物法

生物脱氮是由硝化和反硝化两个生化过程完成的。污水先在耗氧池进行硝化使含氮有机物被细菌分解成氨，氨进一步转化成硝态氮：

$$2NH_4^+ + 3O_2 \longrightarrow 2NO_2^- + 4H^+ + 2H_2O$$

$$2NO_2^- + O_2 \longrightarrow 2NO_3^-$$

然后在缺氧池中进行反硝化，硝态氮还原成氮气逸出，如以甲醇为碳源的反硝化

$$6NO_3^- + 5CH_3OH \longrightarrow 3N_2 + 5CO_2 + 7H_2O + 6OH^-$$

7.4.3 土壤污染的防治

控制和消除土壤污染源是防治的根本措施，其关键是控制和消除工业“三废”的排放，大力推广闭路循环，无毒排放；合理施用化肥、农药，禁止和限制使用剧毒、高残留农药，发展生物防治措施。不仅降低土壤中污染物的含量，而且提高土壤自身的净化能力。

7.4.3.1 重金属污染土壤的治理

（1）采用排土法（挖去污染土壤）和客土法（用非污染的土壤覆盖于污染土表上）进行改良。

（2）施用化学改良剂。添加能与重金属发生化学反应而形成难溶性化合物的物质以阻碍重金属向农作物体内转移。常见的这类物质有石灰、磷酸盐、碳酸盐和硫化物等。在酸性污染土壤上施用石灰，可以提高土壤 pH，使重金属变成氢氧化物沉淀。施用钙镁磷肥也能有

效地抑制 Cd、Pb、Cu、Zn 等金属的活性。

(3) 生物改良措施。通过植物的富集而排除部分污染物，如种植对重金属吸收能力极强的作物，这种方法只适用于部分重金属。

7.4.3.2 农药污染土壤的治理

农药对土壤的污染，主要发生于某些持留性的农药，如有机汞农药、有机氯农药等。由于它们不易被土壤微生物分解，因而得以在土壤中积累，造成农药的污染。20 世纪 60 年代以来，许多国家决定禁止使用有机汞、有机氯等农药。为了减轻农药对土壤的污染，各国十分重视发展高效、低毒、低残留的“无污染”农药的研究和生产。

对已被有机氯农药污染的土壤，可以通过旱作改水田或水旱轮作方式，使土壤中有机氯农药很快地分解排除。对于不宜进行水旱轮作的地块，可以通过施用石灰以提高土壤 pH 以及灌水并且提高土壤湿度，也能加速有机氯农药在土壤中的分解。

7.4.3.3 治理土壤荒漠化、沙化

在治理土壤荒漠化的过程中，各国纷纷谋求良策，并取得了可喜的进展。植树造林是锁定“沙龙”的有效手段。

中国在流沙固定、沙地改良等方面的成绩举世瞩目，达到了世界先进水平。“三北”防护林等 6 大林业生态工程建设，使 12%的荒漠化土地得到初步治理。1995 年，中国科学院新疆生物土壤沙漠研究所的关于流沙治理和盐碱地、沙地引洪灌溉恢复红柳造林等两个项目，在治理荒漠国际会议上获奖。中国的治沙经验已经在马里、坦桑尼亚、巴基斯坦等 10 个国家得到应用。

国家林业局公布的全国第五次荒漠化和沙化监测结果显示，截至 2014 年，全国荒漠化土地面积 261.16 万平方公里，占国土面积的 27.20%；沙化土地面积 172.12 万平方公里，占国土面积的 17.93%；有明显沙化趋势的土地面积 30.03 万平方公里，占国土面积的 3.12%。实际有效治理的沙化土地面积 20.37 万平方公里，占沙化土地面积的 11.8%。监测结果表明，党中央、国务院确定的林业发展和生态建设战略、实施的一系列重大工程、采取的一系列重大政策措施，取得了显著成效。同时也表明，我国土地荒漠化和沙化状况依然严重，保护与治理任务依然艰巨，防治工作依然任重道远。

7.5 废物的综合利用

目前还不能完全避免废物的产生，但可以开展综合利用。这样既能“变废为宝”，减少浪费，又能减少废物对环境的污染，因此这是一件意义极为深远的事情。事实上，目前世界各国都在广泛而积极地开展综合利用工作。

7.5.1 废气的综合利用

重点是含硫废气的处理与利用。

含硫废气主要是 SO_2，也有含 SO_3 与 H_2S 的废气。用氨水作为吸收剂，既可除去废气中的 SO_2（包括 SO_3），又可制得高浓度的 SO_2 和硫酸铵副产品。

处理 H_2S 废气的具体方法是在气体中通入适量的空气（氧气）和氨，通过活性炭层时，H_2S 和空气吸附在活性炭表面，同时在氨催化下，H_2S 被氧化，在活性炭表面转化为单质

硫。反应式为：

$$2H_2S+O_2 \longrightarrow 2H_2O+2S$$

再用 $(NH_4)_2S$ 溶液浸取单质 S，生成多硫化铵，即：

$$nS+(NH_4)_2S \longrightarrow (NH_4)_2S_{n+1}$$

此法一般适用于处理含 H_2S 低于 0.5%的废气。

7.5.2 废水的综合利用

7.5.2.1 从含汞废水中提取汞

加入 Na_2S 为沉淀剂，用凝聚沉淀法可从含汞废水中提取汞。反应式为：

$$Hg^{2+}+S^{2-} \longrightarrow HgS$$

为提高效果，具体操作时，在废水中先加消石灰，使废液呈碱性（pH 为 9 左右），再加入过量 Na_2S，使 HgS 沉淀析出。但它难以沉降，所以再加入 $FeSO_4$ 溶液，有 FeS 沉淀。FeS 可吸附 HgS 而共同沉淀，使原废水中的含汞量降至 0.02mg/dm^3 以下。所得沉淀可用焙烧法制取汞，即：

$$HgS+O_2 \longrightarrow Hg+SO_2$$

产生的汞蒸气经冷凝，即得金属汞。

7.5.2.2 从含银废水中提取银

废定影液中含有银，而银是很宝贵的金属。因此从印刷、照相等行业中收集废定影液，从中回收银，是一件很有意义的事情。具体方法可用下列化学反应式表示：

$$2Na_3[Ag(S_2O_3)_2]+Na_2S \longrightarrow Ag_2S+4Na_2S_2O_3$$

$$Ag_2S+O_2 \xrightarrow{800\sim900^\circ C} 2Ag+SO_2$$

此时得到的是粗银。再将其溶解于 1∶1 的硝酸中，然后再经下列反应：

$$3Ag+4HNO_3 \longrightarrow 3AgNO_3+NO+2H_2O$$

$$AgNO_3+HCl \longrightarrow AgCl+HNO_3$$

$$AgCl \longrightarrow Ag^++Cl^-$$

$$Fe(\text{铁屑})+2Ag^+ \longrightarrow Fe^{2+}+2Ag$$

用磁铁吸去多余的铁屑，再用盐酸洗净残余铁屑及 Fe^{2+}、Fe^{3+}，最后用水清洗除去酸性。沉淀的 Ag 经干燥，即得银粉。

7.5.3 废渣的综合利用

7.5.3.1 钢渣

技术经济效果最好的用途是将钢渣作为炼铁、炼钢的炉料，在钢铁厂内部循环使用。我国的太原钢铁集团有限公司已成功地使用了多年。目前美国年排放量的 2/3 以上采用这种方法予以利用。

商品钢渣大部分用作建造道路的材料，既可作基层材料，也可作路面骨料。用它作基层，渗水排水性好；用它作路面，既防滑，又耐磨。

7.5.3.2 电石渣

合成树脂厂（如 PVC 树脂厂）、合成纤维（如维尼纶）的单体生产产生大量的电石渣，污染环境；电石渣含有 60%以上的氢氧化钙，可作为石灰石的代用品，也用于制造水泥、煤渣砖、路面基础层等。电石水泥是在电石渣中加一些黏土、铁粉、煤粉等，经混合、“烧熟”等工艺制成。

央视国际频道报道了我国废渣利用的一个成功的例子：青岛红星化工厂生产铬盐，30 年来 20 万吨的铬渣堆积如山，曾因为污染被政府强行停产。2003 年，青岛市成立了固体废物管理中心，老大难的铬渣得到解决，铬渣当中含有氧化钙和氧化镁，恰好是青岛钢铁公司炼铁所需要的添加剂。这样，红星化工厂的铬渣山一天比一天减少，而钢铁公司则一年可节省 40 万元；钢铁公司的废钢渣也通过这个中心找到水泥厂，每年可以带来 150 多万元的效益。在这里，工业固体废物的综合利用形成了产业链，在这个链条中，青岛 40 家工业试点企业固体废物的综合利用率达到了 90%。

7.6 绿色化学

现代科技造就了高楼林立的城市、奔流如潮的汽车、无处不在的声音、无孔不入的电磁波等等五彩缤纷的现代文明。相应地也伴生了现代污染，如水、大气、土壤的污染；噪光、噪声、放射性污染；食品、农药、生活与太空垃圾等。还有生物资源衰退、温室效应等，环境污染问题日益突出，人们发出了对“绿色社会”的呼唤，同时也迫使化学家们提出了“绿色化学”的新观念。

7.6.1 绿色化学的基本概念

7.6.1.1 绿色化学的定义

绿色化学，又称环境无害化学、环境友好化学、清洁化学。它是利用化学原理和方法来减少或消除对人类健康、社区安全、生态环境有害的反应原料、催化剂、溶剂和试剂、产物、副产物的使用而产生的新兴学科，是一门从源头上减少或消除污染的化学。

7.6.1.2 绿色化学的特点

从科学观点看，绿色化学是对传统化学思维方式的创新和发展。

从经济观点看，绿色化学为我们提供合理利用资源和能源、降低生产成本、符合经济持续发展的原理和方法。

从环境观点看，绿色化学是从源头上消除污染，保护环境的新科学和新技术方法。绿色化学是更高层次的化学。

7.6.1.3 绿色化学与环境化学和环境治理的区别

环境化学是一门研究污染物的分布、存在形式、运行、迁移及其对环境影响的科学。环境治理则是对已被污染了的环境进行治理，即研究污染物对环境的污染情况和治理污染物的原理和方法。而绿色化学是从源头上阻止污染物生成的新学科，它是利用化学原理来预防污染，不让污染产生，而不是处理已有的污染物。

7.6.1.4 绿色化学研究的12条原则

绿色化学研究的12条原则如下：①防止污染优于污染治理；②提高原子经济性；③尽量减少化学合成中的有毒原料、产物；④设计安全的化学品；⑤使用无毒无害的溶剂和助剂；⑥合理使用和节省能源；⑦利用可再生资源代替消耗性资源合成化学品；⑧减少不必要的衍生化步骤；⑨采用高选择性催化剂优于使用化学计量助剂；⑩产物的易降解性；⑪发展分析方法，对污染物实行在线监测和控制；⑫减少使用易燃易爆物质，降低事故隐患。

7.6.2 绿色化学实例

7.6.2.1 原子经济反应

原子经济的概念是1991年美国斯坦福大学的著名有机化学家Barry Trost教授首先提出的。它是指原料分子中原子转换到产物中的原子百分数。理想的原子经济反应是原料分子中的原子百分之百地转变成产物，不产生副产物、废物和污染物，实现污染物的零排放。原子经济性可用原子经济百分率表示，原子经济百分率是指最终产物（指目标产物或预期产物）中所有原子的原子量之和与原料中所有原子原子量之和的比。

$$\text{原子经济百分率}=\frac{\text{产物中所有原子的原子量之和}}{\text{原料中所有原子的原子量之和}}\times 100\%$$

例如，丙烯催化加氢生产丙烷的加成反应：

$$CH_3-CH=CH_2+H_2\xrightarrow{\text{Ni 催化}}CH_3-CH_2-CH_3$$

其原子经济百分率为100%。

又如，丙酸乙酯被甲基胺取代的反应：

$$CH_3CH_2COOCH_2CH_3+H_3C-NH-H\longrightarrow CH_3CH_2CONHCH_3+CH_3CH_2OH$$

该反应的原子经济百分率为65.41%。

原子经济的目标就是设计合成路线时使原料中的多数原子（理想全部）都能成为最终目标产物中的原子。

7.6.2.2 绿色原料

以生物质作原料的合成研究已取得一些成果，现举两例。

（1）生物质气化制氢气

S. Y. Lin等用木材及农作物残渣为原料，以NaOH作催化剂，用$Ca(OH)_2$作CO_2吸收剂，通过下列反应制取氢气：

$$C+H_2O\xrightarrow[Ca(OH)_2]{NaOH}CaCO_3+H_2$$

$$CaCO_3\xrightarrow{\triangle}CaO,\quad CaO\xrightarrow{H_2O}Ca(OH)_2$$

（2）用葡萄糖制备己二酸

己二酸的传统合成路线为：

$$苯 \xrightarrow[2.55\sim5.52MPa]{Ni\text{-}Al_2O_3} 环己烷 \xrightarrow[0.87\sim0.97MPa]{Co\text{-}O_2} 环己酮+环己醇 \xrightarrow[2.55\sim5.52MPa]{Ni\text{-}Al_2O_3} 己二酸$$

J. W. Frost 等用葡萄糖作原料，通过生物技术合成了己二酸

$$葡萄糖 \xrightarrow{大肠杆菌} 3\text{-}脱氢莽草酸 \xrightarrow{大肠杆菌} 顺,顺\text{-}黏康酸 \xrightarrow[0.34MPa]{Pt} 己二酸$$

此法不仅不需用有毒的苯，而且合成条件也温和得多。

铬铁矿生产铬盐的新工艺（铬盐生产的绿色化学过程），总反应示意为：

$$FeCrO_4 + O_2 \xrightarrow{循环介质} Fe_2O_3 + Cr$$

从理论上看不消耗除矿石、空气以外的其他原料，不产生废弃物，铬的转化率接近100%，铬渣含铬总量由老工艺的5%可降至0.1%，从根本上解决了铬的深度利用问题。

一种绿色炼铅工艺——碳酸化转化湿法炼铅，其反应如下：

$$\underset{方铅矿}{PbS} + (NH_4)_2CO_3 + \frac{1}{2}O_2 + H_2O \xrightarrow[50\sim60℃]{常压} PbCO_3 + S + 2NH_3 \cdot H_2O$$

消除了火法炼铅过程中铅蒸气和二氧化硫对环境的污染。

绿色化学是一门新的交叉学科。绿色化学的目标和研究内容需要不断地完善。它的发展对保持良好的环境和经济可持续发展具有重要的意义，发展绿色化学，是我们化学工作者责无旁贷的历史使命。

本章要点

1. 大气污染：主要污染物有粉尘及 SO_x、CO_x、NO_x 等。

2. 重要的大气污染现象有：光化学烟雾、伦敦烟雾、温室效应加剧、臭氧层变薄、酸雨等。

3. 治理大气污染的措施：逐步减少化石燃料（煤、石油、天然气）的使用，开发洁净能源；汽车必须使用无铅汽油，安装尾气净化器；禁止使用、排放氟里昂等损害臭氧层的化学品；防沙治沙，植树造林，保护草场，营造绿地，绿化环境。

4. 水污染及其防治：无机有毒物质（重金属离子、氰化物、氟化物、亚硝酸盐等），有机有毒物质（农药、醛、酮、酚以及多氯联苯、芳香胺、高分子聚合物、染料等）。控制工业废水可从改进设计开发绿色产品、绿色生产工艺、加强废水治理入手。

5. 土壤污染：土壤污染物的来源广、种类多，大致可分为无机污染物和有机污染物两大类。无机污染物主要包括酸、碱、重金属（铜、汞、铬、镉、镍、铅等）盐类、放射性元素铯、锶的化合物、含砷、硒、氟的化合物等。有机污染物主要包括有机农药、酚类、氰化物、石油、合成洗涤剂、3,4-苯并芘以及由城市污水、污泥及厩肥带来的有害微生物等。当土壤中含有害物质过多，超过土壤的自净能力，就会引起土壤的组成、结构和功能发生变化，微生物活动受到抑制，有害物质或其分解产物在土壤中逐渐积累，通过“土壤→植物→人体”，或通过“土壤→水→人体”间接被人体吸收，达到危害人体健康的程度，就是土壤污染。

6. 污染土壤的治理措施

(1) 重金属污染土壤的治理措施

通过农田的水分调控，调节水田土壤 Eh 值来控制土壤重金属的毒性；施用石灰、有机物质等改良剂，重金属的毒性与土壤 pH 关系密切；客土、换土法；生物修复。

（2）有机物（农药）污染土壤的防治

增施有机肥料，提高土壤对农药的吸附量，减轻农药对土壤的污染；调控土壤 pH 和 Eh，加速农药的降解。

7. 绿色化学又称环境友好化学、环境无害化学、清洁化学。它是以根本上消除污染，不使用有毒、有害物质，不产生废物，从源头防止污染的化学。

习 题

1. 选择题

（1）温室效应是指（　　）。

A. 温室气体能吸收地面的长波辐射　B. 温室气体能吸收地面的短波辐射

C. 温室气体允许太阳长波辐射透过　　D. 温室气体允许太阳的长、短波辐射均能透过

（2）酸雨是指雨水的 pH 小于（　　）。

A. 6.5　　B. 6.0　　C. 5.6　　D. 7.0

（3）水体富营养化是指植物营养元素大量排入水体，破坏了水体生态平衡，使水（　）。

A. 夜间水中溶解氧增加，化学耗氧量减少　B. 日间水中溶解氧减少，化学耗氧量增加

C. 夜间水中溶解氧减少，化学耗氧量增加　D. 昼夜水中溶解氧皆减少，化学耗氧量增加

（4）以保障人体健康和正常生活条件为主要目标，规定大气环境中某些主要污染物最高允许浓度的大气标准为（　　）。

A. 大气环境质量标准　　B. 大气污染物排放标准

C. 大气污染控制技术标准　D. 大气警报标准

（5）震惊世界的日本骨痛病是由于人食用了富集（　　）的食物而引起的病变。

A. 铅　　B. 甲基汞　　C. 镉　　D. 铬

2. 填空题

（1）我国环境保护法规定，环境是指________、________、________、________、________、________、________、________、________、________、________、________、________。

（2）________与其周围的________构成的整体，就是生态系统。

（3）中国的大气污染以________为主，主要污染物为________和________。

（4）城市空气质量日报用________加以区别，并确定________级别。

（5）温室气体主要有________等。消耗臭氧层物质的祸首主要是________。臭氧主要浓集于________层中________ km 的高空。

（6）水体富营养化状态是指________、________超标。

（7）水体对污染有________能力，这是水体中________的作用。

（8）污染水体的无机污染物主要指________以及无机悬浮物等。有机污染物中有耗氧有机物，这些有机物在分解过程中________，因此称它们为________。

（9）难降解有机物都具有________，一旦进入________，能长期存在。

（10）固体废物最终处置的方法有许多种、目前使用最多的方法是________、________和________。

3. 名词解释

（1）环境；

（2）环境问题；

（3）大气污染；

（4）光化学烟雾；

（5）可吸入粒子；

（6）土壤净化；

（7）环境保护。

4. 是非题（用“+”或“-”表示）

（1）CO_2 无毒，所以不会造成空气污染。（ ）

（2）常温下，N_2 和 O_2 反应能生成污染空气的 NO_x。（ ）

（3）一些有机物在水中自身很难分解，因此称为难降解有机物。（ ）

（4）国家规定含 Cr(Ⅵ)的废水中，Cr(Ⅵ)的最大允许浓度为 0.5g/L。（ ）

（5）含 Hg 废水中的 Hg 可用凝聚法除去。（ ）

5. 写出下列反应方程式：

（1）氯氟烃分解 O_3；

（2）催化还原法除去 CO；

（3）石灰乳法除去 SO_2；

（4）漂白粉处理含氰废水；

（5）从含银废液中提取银。

6. 简答题

（1）一次污染物、二次污染物如何区别？

（2）什么是水体污染？水体污染包括哪些内容？

（3）简述城市污水处理的方法和效率。

（4）简述固体废物的分类及其特点。

（5）如何评价环境污染对人体健康的影响。

7. 论述题

（1）有机污染物进入水体后会发生什么变化？有何规律？

（2）结合我国人口发展或资源环境破坏的问题，阐述你对我国实施可持续发展战略的理解。

（3）简述可持续发展的内涵。

（4）简述原子经济反应。

（5）什么是绿色原料？

8 大学化学选做实验

实验一　电化学实验

一、实验目的

（1）了解原电池结构。

（2）利用原电池原理分析金属腐蚀过程。

（3）了解电解原理的应用——电镀。

（4）熟悉阳极氧化的操作条件、步骤和方法。

（5）了解阳极氧化是防止铝合金腐蚀的方法之一及阳极氧化的氧化膜耐腐蚀性能的检验方法。

二、实验原理

（1）原电池　两种金属插入电解质溶液中，并用盐桥连接两极的溶液，即组成原电池。具体内容详见课本。

（2）金属的电化学腐蚀　由于金属的组成不均匀或其他的因素，使金属上产生不同电位的区域，当表面有电解液时，即形成腐蚀电池，使金属加快腐蚀。

马口铁和白铁的镀层有裂纹时，各是哪种金属遭受腐蚀？在实验中可以用 $K_3[Fe(CN)_6]$（铁氰化钾）溶液来证明。如果是铁受腐蚀，生成的 Fe^{2+} 与 $K_3[Fe(CN)_6]$作用，能生成特有的蓝色沉淀：

$$3Fe^{2+} + 2[Fe(CN)_6]^{3-} \longrightarrow \underset{\text{蓝色沉淀}}{Fe_3[Fe(CN)_6]_2} \downarrow$$

如果是锌受腐蚀，生成的 Zn^{2+} 与 $K_3[Fe(CN)_6]$作用，生成淡黄色的沉淀：

$$3Zn^{2+} + 2[Fe(CN)_6]^{3-} \longrightarrow \underset{\text{淡黄色沉淀}}{Zn_3[Fe(CN)_6]_2} \downarrow$$

(3) 电镀——在铁上镀铜　电镀就是在电镀液中通入电流，而在作为阴极的金属表面上镀上另一种金属如 Cu、Zn 等的过程。在铁上镀铜，主要目的是作为镀层之间的中间层，使底层金属与表面镀层很好地结合在一起。在防止渗碳方面，镀铜也得到广泛的应用。

要得到结合牢固、质量良好的镀层，必须作好镀件表面的除油、除锈，选择适合的电解液，控制一定的温度、电流密度等。

所选电镀液的成分为 $H_2C_2O_4$、氨水及 $CuSO_4$，用 $H_2C_2O_4$ 和氨水的目的是与 $CuSO_4$ 作用生成配盐 $(NH_4)_4[Cu(C_2O_4)_3]$（草酸铜铵），再从配离子中解离出 Cu^{2+}

$$CuSO_4 + 4NH_3 \cdot H_2O \longrightarrow [Cu(NH_3)_4]SO_4 + 4H_2O$$

$$[Cu(NH_3)_4]SO_4 + 3H_2C_2O_4 \longrightarrow (NH_4)_4[Cu(C_2O_4)_3] + H_2SO_4$$

$$[Cu(C_2O_4)_3]^{4-} \longrightarrow Cu^{2+} + 3C_2O_4^{2-}$$

在电镀过程中，Cu^{2+} 在阴极上取得电子被还原为 Cu 沉积在阴极上。

在形成配离子后的电镀液中，自由的金属离子浓度很低，镀出的镀层精细而均匀，紧密地镀在上面而不易剥落下来。

(4) 铝合金的阳极氧化(简称阳极化)　金属铝与空气接触后形成一层氧化膜(Al_2O_3)，但这种氧化膜较薄（仅 0.02～1μm），不能达到保护工件的要求。为了提高氧化膜的厚度，常采用在稀硫酸溶液中，把铝合金作阳极，铅作阴极进行阳极氧化（得到厚度达 3～320μm 的氧化膜）增强工件的抗腐蚀能力。

铝合金的阳极氧化过程是铝表面氧化膜形成和氧化膜溶解同时进行的过程。

铝表面氧化膜形成的电化学反应如下：

$$2Al + 6OH^- 6e^- \longrightarrow Al_2O_3 + 3H_2O$$

与此同时还有析氧反应发生

$$4OH^- 4e^- \longrightarrow 2H_2O + O_2 \uparrow$$

析出的氧将露出的金属部分氧化，当生成的膜不致密时，可被 H_2SO_4 溶解。

其反应为：

$$Al_2O_3 + 3H_2SO_4 \longrightarrow Al_2(SO_4)_3 + 3H_2O$$

阳极化的目的是要使铝合金表面生成一层良好的保护膜，为了使不致密的膜被溶解；致密的膜逐渐形成。所以，在阳极氧化时，要选择一定的操作条件，使生成膜的速度高于氧化膜溶解速度。如果采用硫酸溶液氧化时，温度、电解液浓度和电流密度等条件，对氧化膜的形成都有很大影响。当温度在－4℃时，可得到厚度为 100～300μm 的氧化膜，在 15～20℃时形成的氧化膜厚度常小于 20μm。

三、 实验步骤

1. 原电池（装置如图 8-1 所示）

在两个分别盛 $ZnSO_4$(1mol/L)及 $CuSO_4$(1mol/L)溶液的带磨口塞广口瓶中，将 Zn 片插入 $ZnSO_4$ 溶液，Cu 片插入 $CuSO_4$ 溶液，用盐桥把两个溶液联通。从 Zn 极引出的导线接在伏特计的负端，Cu 极引出的导线接在伏特计的正端，观察伏特计指针偏转的情况，指出原电池的正负极与电子流动的方向，写出两个电极的反应。如将盐桥取出，伏特计的指针指在何处？为什么？观察完毕，随即取出盐桥，放回原处。

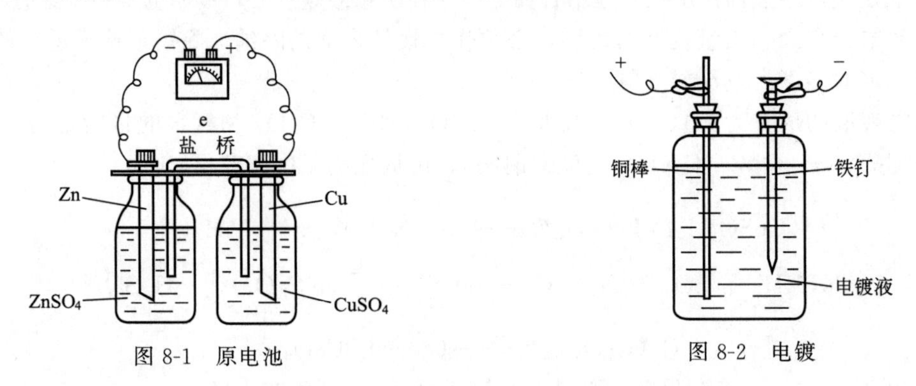

图 8-1 原电池　　图 8-2 电镀

2. 金属的电化学腐蚀（马口铁及白铁皮的腐蚀）

① 取 HCl(1mol/L)及 0.1% $K_3[Fe(CN)_6]$溶液各 1 滴，放在点滴板的同一个窝中，然后将擦干净的铁钉与点滴板窝中的溶液接触，观察有何现象发生。将此现象与②实验现象进行比较，以辨别铁是否被腐蚀。

② 取白铁（镀锌铁）及马口铁（镀锡铁）各一片（如果表面有油污时，用去污粉刷洗后，再用纸将水分擦干），用锉刀在上面锉深痕，使镀层破裂，将两铁片分别放入点滴板的小窝中。然后分别在锉有深痕处同时滴加 HCl(1mol/L)及 0.1% $K_3[Fe(CN)_6]$溶液各 1 滴，观察在两块铁片的深痕处各有什么现象，并与实验①进行比较，说明两块铁片中各是哪种金属被腐蚀，为什么？

3. 缓蚀剂的作用

(1) 取试管 2 支，各加入 HCl(1mol/L)2mL，并分别同时投入擦光的铁钉一只，稍微加热，待气泡发生后，在一支试管中逐滴加入苯胺 5～10 滴振荡使混合均匀，另一支试管中不加，观察二支试管中铁钉周围气泡生成的速度有何不同（用过的铁钉洗净收回）。

(2) 取 2 支试管，各加入 HCl(1mol/L)2mL 及 1～3 滴 0.1%的 $K_3[Fe(CN)_6]$溶液。在一支试管中滴加 5 滴 20%乌洛托品(附注 4)溶液，在另一试管中滴加 5 滴水（使两管中 HCl 浓度相同），再同时各加入一支用砂纸擦净的铁钉，比较两管颜色出现的快慢和深浅是否相同。

4. 电镀——在铁上镀铜

(1) 零件（铁钉）的预处理　用砂纸打净大铁钉上的铁锈，用水冲洗后除油[1]。再将铁钉浸在 HCl(2mol/L)中 1～2min，然后取出用水冲洗干净。

(2) 电镀　如图 8-2，用原电池作电源，铜棒作阳极接原电池正极（Cu），被镀零件（铁钉）作阴极接原电池的负极（Zn）。为了避免接触镀必须带电下槽[2]，即先将铜棒浸入电解液中，后将铁钉浸入电解液中。

电镀 10min 后，取出铁钉观察是否已镀上了铜。如果希望得到较厚的镀层，可以继续电镀。

（3）取出零件用水洗 1～2min。

5. 铝合金的阳极氧化（阳极化）

（1）阳极化条件

电解液	20%硫酸溶液
电流密度	（直流）0.15A/cm^2
电压	12～15V
溶液温度	小于 28℃
氧化时间	30～40min

（2）操作步骤

① 在有机玻璃槽中，盛 2/3 的 H_2SO_4(20%)溶液，将三个装有接线柱的有机玻璃片平行横放在玻璃槽上面，中间一个接电源正极，剩余两个接电源负极（装置见图 8-3）。

② 将零件（铝片 a、b、c 三片）表面处理干净(用砂纸打光)。

③ 用自来水冲洗后，放在 60℃的除油液中 1～2min（零件无油此步可省）。

④ 在流水中冲洗，并检查油是否除净（不挂水珠）。

⑤ 置于 30%HNO_3 中漂洗 1～2min，取出用自来水冲洗。

⑥ 先将二个铅板固定在槽中阴极上（接电源负极），然后将 b、c 两个铝片固定在槽中阳极上（接电源正极），通电 30～40min（a 片留作对比用）。

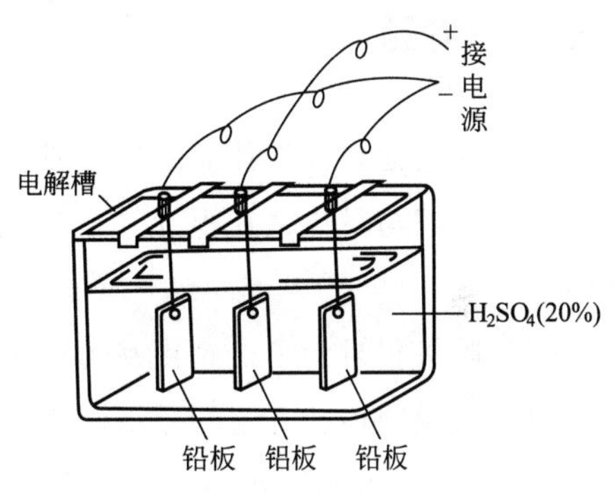

图 8-3　阳极氧化装置

⑦ 将两个铝片取出，立即用自来水冲洗 1～2min，将铝片 c 置于沸腾的 10%的 $K_2Cr_2O_7$ 溶液中进行钝化（封闭处理）15～20min，然后取出铝片用自来水冲洗干净。

⑧ 铝片干后，在铝片 a（未阳极化）、b（阳极化）、c（已钝化）上，各滴 1 滴检验液并记录出现绿色的时间。

（3）注意事项

① 调节直流电源时，不能超过直流电源的输入及输出电压。

② 未接负载时，调节箭头应指向最低档，不能任意扭动，以防电压过高损坏仪器。

③ 工件放入电解槽中不要使阳极和阴极接触，以免短路。

四、 仪器与试剂

盐桥	白铁皮
点滴板（1 个）	有机玻璃槽（1 个）
铁钉（6 个小，1 个大）	铝极板（3 张）
砂纸	铅极板（2 张）
锉刀	温度计（0～150℃实验室公用 2 支）
HCl（2mol/L）（公用）	电钟（实验室公用）
有机玻璃片［装有接线柱（3 片）］	HCl（1mol/L）

HNO_3(30%)(公用)
除油液(公用)
钝化液(10%$K_2Cr_2O_7$)(公用)
苯胺
检验液(配方见附注 3)
铜棒(ϕ2mm,1 根)
除油液(配方见附注 2)
电镀液(装入双口瓶中)(配方见附注 1)
Cu、Zn 电极极板(1 个)(带接线柱)
乌洛托品(20%,见附注 4)
$K_3[Fe(CN)_6]$(0.1%)
$ZnSO_4$(1mol/L)(装入带磨口塞广口瓶中)
$CuSO_4$(1mol/L)(装入带磨口塞广口瓶中)
H_2SO_4(20%)
电源线(5 根)(带接线勾)
伏特计(0~3V)
直流稳压电源(公用)
钢丝刷(1 把)

五、 思考题

(1) 原电池是根据什么原理构成?如果无检流计。可以根据什么说明是否有电流产生?

(2) 白铁与马口铁在电化学腐蚀时为什么白铁是镀层锌先被腐蚀?而马口铁是铁先被腐蚀?

(3) 阳极化时为了得到良好的氧化层应注意哪些问题?

(4) 试说明检验方法的原理,检验阳极氧化层时,出现的绿色物质是什么?

[附注 1]电镀液的配方:在每升溶液中含下列成分的量各为:

$CuSO_4$ 10~15g,氨水 65~80mL,$H_2C_2O_4$ 60~100g。

[附注 2]除油液配方:在每 100mL 溶液中含下列成分的量各为:

NaOH1.5g,Na_2CO_3 4g,Na_3PO_4 7gNa_2SiO_3 0.5g。

配制:按上述配方称取药品依次加入烧杯中,加少量蒸馏水搅拌使溶解,再稀释至 100mL。

[附注 3]阳极化检验液的组成

盐酸 25mL,重铬酸钾 3g,水 75mL。

[附注 4]乌洛托品的化学名称是六亚甲基四胺,分子式是$(CH_2)_6N_4$,它是一种白色结晶粉末,溶于水、乙醇等。它和苯胺等有机胺在酸性溶液中能与酸作用形成盐,因而束缚了溶液中的氢离子,起缓蚀作用。此外,硫脲、尿素、若丁(二邻甲苯硫脲)等有机胺类都是目前生产中常用于酸性溶液中的缓蚀剂。

[注释]

[1] 除油是将铁钉放入热的除油液中(75~85℃,3~5min)或用碱石炭除油。取出铁钉用水洗去零件上的除油液。本实验中,若铁钉上无油,除油操作可以省略。

[2] 在未通电时,铁放入铜盐溶液中,立即置换出铜而附在表面,称为接触镀。这样镀上的铜层结合不牢固,故电镀银时必须先将阳极放入镀液通电后再将镀件放入镀液中,称为带电下槽。

实验二　氨基的测定

一、 实验目的

（1）学习盐酸溶液浓度的标定方法。

（2）学习有机胺的测定方法。

（3）了解混合指示剂的优点及使用。

二、 酸标准溶液的标定

1. 实验原理

标定酸的基准物质常用无水碳酸钠和硼砂（$Na_2B_4O_7 \cdot 10H_2O$）。用无水碳酸钠标定盐酸的反应为

$$Na_2CO_3 + 2HCl \longrightarrow H_2CO_3 + 2NaCl$$

等物质的量反应点时，由于产物有 H_2CO_3，滴定的突跃范围 pH 为 5～3.5，故选用甲基橙或甲基红作指示剂。

无水碳酸钠应预先于 180℃ 下充分干燥，装在带塞的玻璃瓶中，并存放于干燥器内备用。

2. 实验步骤

（1）计算　计算配制 100mL 0.05mol/L 碳酸钠溶液，需无水碳酸钠固体的质量（用甲基橙指示剂）是多少克。

（2）0.1mol/L 盐酸溶液的配制　用 10mL 量筒量取一定量的盐酸（用量自己计算），然后用纯净水调至 10mL，倒入有玻璃塞的试剂瓶中，加水稀释至 300mL，盖上玻璃塞，摇匀，准备标定。

（3）称样与溶解　用减量法准确称取一定量的无水碳酸钠固体于小烧杯中。加水约 30mL 于小烧杯中，用玻璃棒搅动，促使碳酸钠固体溶解。然后小心地把碳酸钠溶液沿玻璃棒全部转入 100mL 容量瓶中（注意：溶液不能有任何溅出，为什么?）再用少量水洗烧杯和玻璃棒 3～4 次，洗烧杯时，务必使四壁洗到。所有的溶液均转入容量瓶内，继续用小烧杯加水，直到水面略低于容量瓶颈的刻度（千万不可超过刻度！否则要重称），再用洗瓶或玻璃棒滴水，使瓶内溶液的弯月面的最低点恰好与容量瓶的标线相切为止。

盖上瓶塞，上下翻转摇动十多次，使溶液混合均匀，静置 5min 以上待用。

（4）分取溶液　用移液管吸取碳酸钠溶液少量润洗三次（用移液管移取溶液前，需用待吸液润洗三次。以保证与待吸溶液处于同一浓度状态。方法是：将待吸液吸至球部的四分之一处，注意勿使溶液流回，以免稀释溶液，润洗过的溶液应从尖口放出，弃去）。然后吸出溶液 20mL，放入锥形瓶中（同时取三份）。加水约 20mL（可用洗瓶顺锥形瓶壁冲洗 2～3 圈），加甲基橙指示剂 1 滴，准备标定。

（5）标定　取出配好的盐酸溶液，每次用前都要摇匀，防止水分凝结瓶壁而改变溶液浓

度。然后，用待标定的盐酸溶液洗滴定管，以免盐酸溶液被稀释。为此，注入 5～10mL 盐酸溶液于滴定管中，然后两手平端滴定管，慢慢转动，使溶液流遍全管。再把滴定管竖起，打开滴定管旋塞，使溶液从下端流出。如此洗 2～3 次，即可装入盐酸溶液，调整液面至零线或零线稍下，准确读数（a_1）并记录在预习记录本上。滴定管下端如有悬挂的液滴，应除去。

从滴定管中将盐酸溶液慢慢滴入第一个锥形瓶中，并不断摇动，近终点时（若瓶壁溅有液滴，可用洗瓶顺锥形瓶壁冲洗一周）要慢滴多摇，滴至溶液由黄色变橙色为止。记下读数（a_2），求出用去盐酸的体积。再装满滴定管，用同样方法，滴定第二份和第三份溶液。

根据无水碳酸钠的质量和所用盐酸溶液的体积，计算盐酸的准确浓度（要求四位有效数字）。

三、 氨基的定量测定

1. 实验原理

氨基（$—NH_2$）是含氮元素的碱性官能团。大部分有机胺类可以在水溶液中或有机溶剂中用酸滴定法来测定。

一般来说，脂肪族胺碱性较强，多数易溶于水，在水中的解离常数 K 大约在 10^{-3}～10^{-6}之间，所以，可用强酸（如盐酸）直接滴定。芳胺及其他弱有机胺类（如吡啶等）有的 K 值低到 10^{-12}，又难溶于水，显然在水溶液中无法测定，但可以在特殊的有机溶剂（如乙二醇、异丙醇等）中，用强酸，如高氯酸作标准溶液进行滴定。

用酸滴定法测定氨基方法比较简便，本实验用盐酸标准溶液测定样品中乙醇胺的含量，反应产物是强酸弱碱盐，滴定反应如下：

$$HOCH_2CH_2NH_2 + HCl \longrightarrow HOCH_2CH_2NH_2 \cdot HCl$$

物质的量反应点时溶液的 pH 值呈弱酸性，故选用甲基红-溴甲酚绿混合指示剂（$pK_{Hin} \approx 5.1$），终点颜色变化特别明显，易于掌握，准确度较高。

2. 实验步骤

（1）取三个锥形瓶，先编好号，用蒸馏水冲洗干净，并各加入蒸馏水 30mL，混合指示剂 3～4 滴，若水质好，则呈灰紫色或微红色，否则若呈绿色溶液，则用盐酸标准溶液滴至绿色恰好消失为止（不记读数）。

（2）用滴瓶准确称入胺试样约 0.1～0.15g 于锥形瓶中，摇动混匀，用盐酸标准溶液滴定，由于反应进行较慢，注意慢滴多摇，至溶液的绿色突变灰紫色为终点，记录酸标准溶液的用量。

装满酸液，用同样操作重复滴定第二份和第三份。

根据实验所得数据，计算氨基（$—NH_2$）的百分含量。

四、 仪器与试剂

电子天平（AL204） 药物天平

酸式滴定管 容量瓶

锥形瓶　　乙醇胺试样
移液管　　试剂瓶
无水碳酸钠（固）　　甲基橙指示剂
盐酸　　甲基红-溴甲酚绿混合指示剂

五、 思考题

（1）盐酸为什么不能直接配成准确浓度的溶液？本实验标定盐酸用什么基准物质，为何要用甲基橙作指示剂？

（2）由实验观察甲基红-溴甲酚绿混合指示剂酸色和碱色的突变，比较其与常用指示剂的优点。

（3）实验开始，加入混合指示剂后，若溶液呈绿色，则要用盐酸滴至绿色消失。这是为什么？试解释原因。

实验三　醋酸总酸度的测定

一、 实验目的

（1）学习碱溶液浓度的标定方法。

（2）练习用减量法分次称样。

（3）了解强碱滴定弱酸过程中溶液 pH 值的变化情况。

（4）进一步理解等当点与选择指示剂的关系。

二、 碱标准溶液的标定

1. 实验原理

用间接法配制的氢氧化钠溶液，以邻苯二甲酸氢钾（于 105～120℃干燥 2～3h）或结晶草酸($H_2C_2O_4 \cdot 2H_2O$ 室温、空气干燥）等基准物质来确定它的准确浓度。

邻苯二甲酸氢钾($KHC_8H_4O_4$)是一个二元弱酸的酸式盐，与氢氧化钠反应：

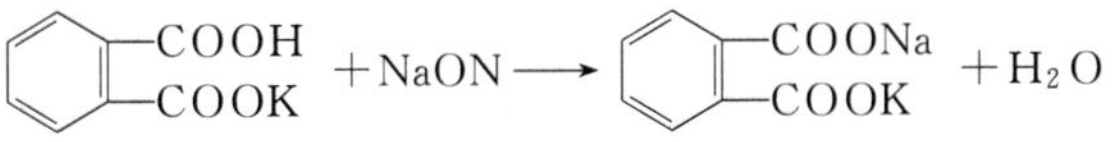

$$C_6H_4(COOH)(COOK) + NaON \longrightarrow C_6H_4(COONa)(COOK) + H_2O$$

由于到达等物质的量反应点产物邻苯二甲酸钾钠是强碱弱酸盐，水解使溶液呈弱碱性(pH≈8.9)，故用酚酞作指示剂。

2. 实验步骤

（1）计算标定 0.1mol/L 氢氧化钠溶液 20～24mL，需用邻苯二甲酸氢钾多少克。

（2）0.1mol/L 氢氧化钠溶液的配制　在台秤上用小烧杯迅速称取所需的氢氧化钠（固体）（需用量事先算好），加水 50mL（用 50mL 量筒），搅动使氢氧化钠全部溶解，转入试剂瓶中，用水稀释至 300mL，盖好瓶盖，摇匀，静置 5min 以上待用。

（3）称样与溶解　用减量法准确称出邻苯二甲酸氢钾每份所需质量，分别放入三个锥形瓶中（瓶要编号），每瓶各加水约 30mL（用量筒量取），静置 1～2min，摇至完全溶解，然后，用洗瓶吹洗锥形瓶内壁一圈摇匀，加酚酞指示剂 4 滴，总体积约 40mL。

（4）标定　取出配好的氢氧化钠溶液，每次用前都要摇匀，防止水分凝结瓶壁而改变溶液浓度。然后，用待标定的氢氧化钠溶液洗滴定管，以免氢氧化钠溶液被稀释。为此，注入 5～10mL 氢氧化钠溶液于滴定管中，然后两手平端滴定管，慢慢转动，使溶液流遍全管。再把滴定管竖起，捏挤玻璃珠附近的橡皮管，使溶液从下端流出。如此洗 2～3 次，即可装入氢氧化钠溶液，排去滴定管下端的空气（滴定管倾斜，并使管嘴向上，然后捏挤玻璃珠附近的橡皮管，使溶液喷出，而气泡随之排除），调整液面至零线或零线稍下，准确读取（a_1）并记录在预习记录本上。滴定管下端如有悬挂的液滴，应除去。

从滴定管中将氢氧化钠溶液慢慢滴入第一个锥形瓶中，并不断摇动，近终点时（若瓶壁溅有液滴，可用洗瓶顺锥形瓶壁冲洗一周）要慢滴多摇，滴至刚出现粉红色在摇动下半分钟不退为终点，记下读数（a_2），求出用去氢氧化钠的体积。再装满滴定管，用同样方法，滴定第二份和第三份溶液。

根据邻苯二甲酸氢钾的质量（$g_{邻}$）和所用的碱溶液的体积（V_{NaOH}），计算碱溶液的准确浓度(c_{NaOH})(四位有效数字)。

三、 醋酸总酸度的测定

1. 实验原理

醋酸为一弱酸，解离常数 $K_a=1.8\times10^{-5}$，用氢氧化钠标准溶液滴定时，其反应为：

$$NaOH+CH_3COOH \longrightarrow CH_3COONa+H_2O$$

醋酸是强碱滴定弱酸，故等物质的量反应点 pH＞7，如果氢氧化钠溶液和醋酸溶液的浓度均为 0.1mol/L，则滴定时溶液的 pH 值突跃范围为 7.7～9.7，通常选用酚酞为指示剂，终点则由无色变成微红色在半分钟内不退为止。

醋酸中除 CH_3COOH 外，还可能存在其他各种形式的酸，均能与氢氧化钠反应，因此，滴定所得为总酸度。以 CH_3COOH 的含量（g/L）表示。

2. 实验步骤

（1）稀释试液　用移液管吸取试样溶液 25mL 置于 100mL 容量瓶中，加水冲至刻度，摇匀。

（2）用 20mL 移液管取冲稀的试液于锥形瓶中（同时取三份），加水约 20mL（用洗瓶吹洗锥形瓶内壁 3 圈），各加酚酞指示剂 4 滴，依次用氢氧化钠标准溶液滴至终点（颜色变化如何？怎样才算到达终点?）

根据所得数据计算醋酸的总酸度（g/L），列出计算公式。

四、 仪器与试剂

电子天平（AL204）	药物天平
碱式滴定管	锥形瓶
移液管	容量瓶
氢氧化钠（固）	试剂瓶
邻苯二甲酸氢钾（固）	酚酞指示剂

醋酸试样

五、 思考题

(1) 能否配成准确浓度的氢氧化钠溶液，为什么？

(2) 计算氢氧化钠滴定邻苯二甲酸氢钾溶液时滴定前与等物质的量的反应点的 pH 值各为多少？

(3) 本实验属哪类滴定，试计算等物质的量反应点的 pH 值。

(4) 试解释空气中的二氧化碳为什么会影响酚酞指示剂的终点？

实验四 水的总硬度测定

一、 实验目的

(1) 了解配位滴定的基本原理。

(2) 学习 EDTA 标准溶液的配制和标定方法。

(3) 学习水的总硬度测定。

(4) 了解水硬度的表示方法。

二、 配位滴定标准溶液的制备

1. 实验原理

配位滴定广泛应用的标准溶液是乙二胺四乙酸的二钠盐，简称 EDTA，通常含二个分子结晶水，分子式用 $Na_2H_2Y \cdot 2H_2O$ 表示，为白色结晶粉末。

由于 EDTA 与各价态的金属离子配合，一般都形成配位比为 1∶1 的配合物，为计算简便，EDTA 标准溶液通常都用物质的量浓度表示。

EDTA 标准溶液可用基准级的固体直接配成，但一般都是间接法先配成大约浓度，再用基准物质如碳酸钙、硫酸镁、氧化锌、金属锌等标定，终点确定采用金属指示剂。

例如，用锌标定 EDTA 时，在 pH≈10（氨缓冲浓度），以铬黑 T（简称 EBT）作指示剂来说明颜色变化过程及终点判断。

(1) 滴定前，在溶液中加入铬黑 T 指示剂，则指示剂阴离子（蓝色，以 In 表示）与 Zn^{2+} 生成红色配合物。

$$\underset{\text{蓝色}}{Zn^{2+} + In} \longrightarrow \underset{\text{红色}}{ZnIn}$$

(2) 滴定开始至等物质的量反应点前，逐滴加入的 EDTA 与 Zn^{2+} 配合，形成稳定的无色配合物。

$$Zn^{2+} + Y \longrightarrow \underset{\text{无色}}{ZnY}$$

(3) 等物质的量反应点时，继续滴下去的 EDTA 夺取红色 ZnIn 配合物中的 Zn^{2+}，而使指示剂阴离子游离出来，溶液呈现指示剂的蓝色。

$$\underset{\text{红色}}{ZnIn} + Y \longrightarrow \underset{\text{无色}}{ZnY} + \underset{\text{蓝色}}{In}$$

根据溶液颜色由红色到蓝色的急剧变化，可以确定滴定终点。

用锌标定 EDTA 还可在 pH 为 5.5（用六亚甲基四胺作缓冲液）时，用二甲酚橙作指示剂，滴定进行到由红色变为亮黄色为终点。

标定选用什么条件、哪种指示剂，决定于待测离子所要求的 pH 范围。因下步是测钙、镁含量，故本次实验在 pH≈10 的条件下，选用铬黑 T 指示剂进行标定。

2. 实验步骤

（1）预习计算 欲配制 0.01mol/L EDTA 溶液 300mL，需 $Na_2H_2Y \cdot 2H_2O$ 固体（分子量=372.26）多少克？

（2）配制 称取 EDTA 二钠盐固体于小烧杯中，加 50mL 水，稍加热溶解，冷却后转移至试剂瓶，加水稀释至 300mL，摇匀，以待标定。

（3）标定 准确称取一定量氧化锌（自己先算好）置于小烧杯中，逐滴加入稀盐酸(30～40 滴)摇动使之溶解，溶解后用水洗烧杯和玻璃棒，然后转入 250mL 容量瓶中，并稀释至刻度，摇匀。

吸取含锌溶液 20mL 于锥形瓶中（同时取三份）各加水约 20mL（用洗瓶吹洗锥形瓶内壁 3 圈)，氨缓冲溶液 5mL，铬黑 T 指示剂一小勺，此时溶液呈紫红色，用 EDTA 溶液慢慢滴定至溶液由紫红色经紫蓝色变为纯蓝色，即为终点，记下 EDTA 溶液的用量。

再装满滴定管，重复上述操作，继续滴定第二份和第三份。分别计算 EDTA 溶液对氧化钙的滴定度和 EDTA 溶液的浓度。

滴定过程是配合物的解离和形成过程。反应速率较慢，特别是终点前，要慢滴多摇，各份滴定速度也应控制得差不多，否则影响精密度。

三、 水的总硬度测定

1. 实验原理

水的硬度测定可分为水的总硬度测定和钙镁硬度测定两种。总硬度的测定是滴定的钙镁总量，并以 CaO 进行计算。后一种是分别测定钙和镁的含量。

测定水的总硬度，一般采用配位法，即在 pH≈10 的氨性缓冲溶液中，以铬黑 T 作指示剂，用 EDTA 标准溶液直接滴定钙镁。

水中的铁、铝等干扰离子用三乙醇胺掩蔽，锰离子用盐酸羟胺掩蔽，铜等重金属离子可用 KCN、Na_2S 掩蔽。

各国对水的硬度表示方法不同，我国常用两种方法表示，一种以度（°）计，1 硬度单位表示十万份水中含 1 份 CaO（即每升水中含 10mg CaO)，即 1°=10mg/L CaO；另一种以 mmol CaO/L 表示，即 1L 水中含 CaO 的物质的量（mmol)。

2. 实验步骤

用移液管吸取自来水 100.00mL 于锥形瓶中（同时取三份)，加盐酸羟胺 1～2mL，三乙醇胺 1～2mL，摇匀，吹洗，放置 2～3min，加缓冲溶液 10mL，铬黑 T 指示剂一小勺，立即用 EDTA 标准溶液滴定，注意慢滴多摇，直至溶液由紫红色变蓝色为止，记下所用 EDTA 标准溶液的体积。用同样的方法做另两份。

根据所取水样和 EDTA 的用量，计算水的总硬度（CaO：mg/L)

四、 仪器与试剂

电子天平（AL204） 药物天平

酸式滴定管	移液管（100mL）
移液管	容量瓶
EDTA 二钠盐（固）	试剂瓶
氨缓冲溶液	锤形瓶
铬黑 T 指示剂	氧化锌（固）
自来水	盐酸（1∶2）
氨缓冲溶液	三乙醇胺（1∶2）
铬黑 T	盐酸羟胺（1%）

五、 思考题

（1）根据配位滴定反应，怎样理解“慢滴多摇”的操作过程。
（2）用 EDTA 测定水的硬度时，应注意哪些方面？

实验五 pH 值的测定

一、 实验目的

（1）了解电位测定溶液中 pH 值的原理方法。
（2）学习酸度计的使用方法。

二、 实验原理

指示电极（玻璃电极）与参比电极（饱和甘汞电极）或者复合玻璃电极插入被测溶液中组成工作电池。

$$(-)\text{Ag},\text{AgCl}\,|\,\text{HCl}(0.1\text{mol/L})\,|\,\text{H}^+(X\text{mol/L})\,||\,\text{KCl}(\text{饱和})\,|\,\text{Hg}_2\text{Cl}_2,\text{Hg}(+)$$

玻璃电极　　被测溶液　　甘汞电极

在一定条件下，测得电池的电动势 E 就是 pH 值的直线函数：

$$E=K+0.059\text{pH}(25℃)$$

由测得的电动势 E 就能计算被测溶液的 pH 值。但因上式中 K 常数实际不易求得，因此在实际工作中，用酸度计测溶液的 pH 值时，首先必须用已知 pH 值的标准溶液来校正酸度计（也叫定位）。

三、 实验步骤

1. S220 多参数测试仪使用说明

（1）连接电极，如图 8-4 所示，先拆下仪表接口 pH 插孔(a)位置的橡胶密封盖，然后将 pH 电极接头正确插入 pH 插孔。如果使用独立温度探头的电极，则将另一根电缆连接到 ATC 插孔（b）。电极的末端是非常薄的玻璃膜，务必轻拿轻放。把电极固定在电极夹上或从夹上取出电极时，要用手托住电极夹，往下插即可固定电极，往上提即可取出电极。电极夹能任意转动和升降。

（2）将仪器电源插头插入仪器电源插口（f），再将插头插到电源插座上。

（3）按面板“on/off ”键，仪器开机后窗口显示上次测量状态，如图 8-5 所示。根据需要更改模式，本实验是测 pH，按“模式”键（16）至屏幕显示 pH。标准溶液（22）选（1.680，4.003，6.864，9.182，12.460）这组。选择方法：“菜单”→“pH/离子”标签下的“2 校准设置”→“选择”→“1. 缓冲溶液/标准溶液”→“选择”→1.680，4.003，6.864，9.182，12.460（Ref，25℃）→“选择”→连按 3 次“退出”回到测量界面。

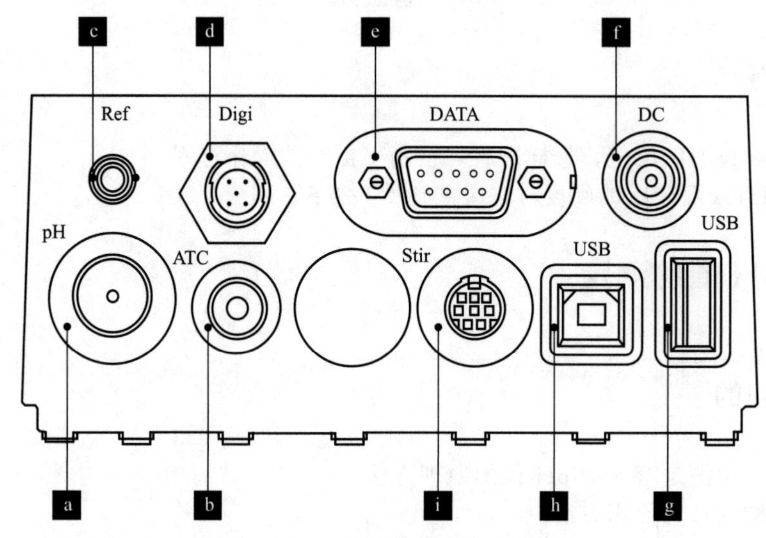

图 8-4 S220 多参数测试仪背板接口

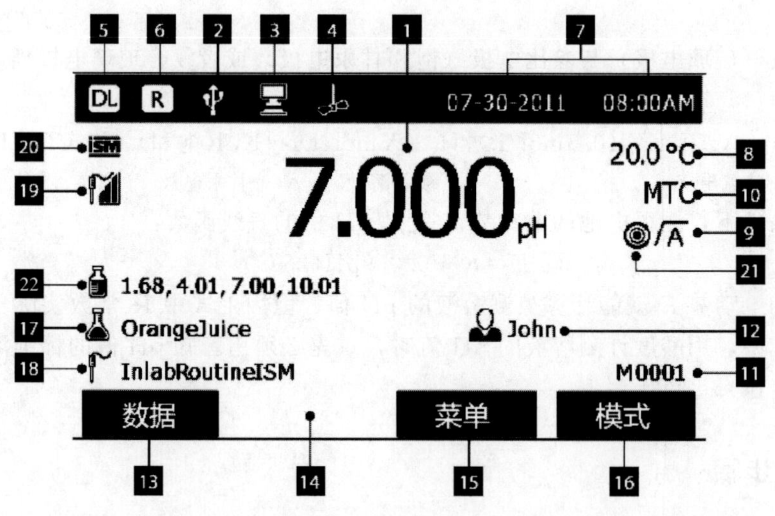

图 8-5 S220 多参数测试仪操作界面

2. 测定步骤

（1）校正 将电极帽取下，妥善放好。电极下端用 pH4.00 标准缓冲溶液从上往下淋洗 3 次，然后将电极下端完全浸没在装有该标准缓冲溶液的小烧杯中，在测量状态下按“cal”键，屏幕出现“A”和“标准 1”闪烁，离子正在进行交换，等待交换平衡后数值稳定，就会出现该标准溶液的数字以及测量温度，取出电极，把小烧杯放回原处，盖好，留给下一组同学使用。更换下一组标准缓冲溶液，步骤同上。校准完后，按“计算”→“保存”。

（2）测定

① 用待测酸式样品溶液洗电极，然后插入待测酸式样品溶液的小烧杯中，稍移动小烧杯混匀，按［读数］键，当显示屏出现$\sqrt{A}$（终点）时即可读取 pH 值，记录 pH 值，按“退出”键，返回到测量状态。

② 先用超纯水将电极洗净，再用待测碱式样品溶液洗电极，然后插入待测碱式样品溶液的小烧杯中，稍移动小烧杯混匀，按［读数］键，当显示屏出现$\sqrt{A}$（终点）时即可读取 pH 值，按“退出”键，返回到测量状态。

③ 全部测定完毕后，关闭测定仪，取出电极，用超纯水洗净，用吸水纸小心吸干水，盖好电极帽放回原处。

四、 仪器与试剂

S220 多参数测试仪　　三合一复合电极

电极填充/存放液，饱和 KCl　　待测试样溶液

成套 pH 缓冲剂

五、 思考题

（1）怎样理解 pH 值的定量关系式，为什么用标准液校正酸度计？

（2）玻璃电极使用前为何要浸泡？

实验六　醋酸解离常数的测定

一、 实验目的

（1）加深解离平衡的基本概念。

（2）学习醋酸解离常数的测定方法。

二、 实验原理

醋酸是弱电解质，在水溶液中存在着下列解离平衡：$HAc \rightleftharpoons H^+ + Ac^-$

其解离常数为：

$$K_a = \frac{c'(H^+)c'(Ac^-)}{c'(HAc)}$$

若 c 为 HAc 的起始浓度，$c'(H^+)$、$c'(Ac^-)$、$c'(HAc)$ 分别为 H^+、Ac^-、HAc 的平衡浓度，α 为解离度

$$\alpha=\frac{c'(H^+)}{c} \qquad K_a=\frac{c'(H^+)^2}{c-c'(H^+)^2}$$

在纯的醋酸溶液中，$c'(H^+)=c'(Ac^-)$，$c'(HAc)=c(1-\alpha)$则

当$\alpha<5\%$时，$K_a\approx\frac{c'(H^+)^2}{c}$。

所以在一定温度下，测定已知浓度 HAc 溶液的 pH 值，根据 $pH=-\lg c'(H^+)$算出 $c'(H^+)$，代入上式中，就可求得该温度一下 HAc 的解离常数。

三、 实验步骤

（1）配制不同浓度的醋酸标准溶液：用酸式滴定管取醋酸标准溶液 5.00mL（①）、10.00mL（②）、20.00mL（③）、25.00mL（④）分别置于对应的50mL的容量瓶中，加水至刻度，摇匀。

（2）按实验五 pH 值的测定的实验步骤来校正与测定，用标准缓冲溶液（pH＝6.88，pH＝4.00）校正（或定位）好酸度计。

（3）取出电极，用蒸馏水洗净。

（4）用小烧杯装 2/3 容量瓶①中的醋酸溶液，插入电极（小烧杯和电极均用少量的容量瓶①中的醋酸溶液洗 2～3 次），轻轻摇动烧杯，使之均匀，在测量状态下，按[读数]键，当显示屏出现$\sqrt{A}$时，记录 pH 值，按“退出”键，返回到测量状态。

（5）按步骤（4）依次测定容量瓶②、③、④醋酸标准溶液的 pH 值。

（6）全部测定完毕后，关闭测定仪，取出电极，用超纯水洗净，用吸水纸小心吸干水，盖好电极帽放回原处。

四、 仪器与试剂

容量瓶（50mL）
酸式滴定管（25mL）
醋酸标准溶液（约 0.1mol/L）
缓冲溶液（pH＝6.88）
电极填充/存放液，3mol/L KCl
S220 多参数测试仪
复合电极

五、 数据记录及处理

醋酸标准溶液浓度________ mol/L　配制后体积______ mL						
醋酸标准溶液用量/mL	$c'(HAc)$/(mol/L)	pH	$c'(H^+)$/(mol/L)	α	K_a	
					测定值	平均值
5.00						
10.00						
20.00						
25.00						

计算 K_a（列公式、代数据、计算结果）：

六、 思考题

（1）测定醋酸解离常数的依据是什么？
（2）不同浓度醋酸溶液的解离度是否相同？解离常数是否相同？

实验七 分光光度法测定钢中的锰

一、 实验目的

（1）通过锰的测定，学习分光光度法的应用。
（2）了解 723N 型可见分光光度计的使用方法。
（3）了解 723PC 型可见分光光度计的使用方法。

二、 实验原理

比色分析的基本依据是有色物质对光的选择吸收作用。而吸收曲线描述了物质对不同波长光的吸收能力，曲线的高峰相应的波长称为最大吸收波长（用 $\lambda_{大}$ 表示），溶液浓度不同但 $\lambda_{大}$ 不变。

在分光光度分析中，通常固定吸收池的厚度不变。用分光光度计测量有色溶液的吸光度。根据朗伯-比耳定律：

$$A = kbc$$

式中，A 为吸光度；k 为摩尔吸光系数，L/(mol·cm)；b 为吸收层厚度，cm；c 为吸光物质浓度，mol/L。

吸光度与吸收物质的浓度成正比，故以吸光度为纵坐标，浓度（或体积）为横坐标作图，可得通过原点的标准曲线，以求出未知物的含量。

锰在硝酸介质中氧化成紫红色的高锰酸根离子，颜色稳定，显色后 2h 内比色时吸光度不变，重现性好。

三、 吸收曲线的绘制

1. 723PC 型可见分光光度计的使用步骤

（1）将比色皿架拉杆推至尽头。

（2）开 723PC 型可见分光光度计电源，仪器自检至 546.0nm，0.000A，预热 15min。

（3）开电脑电源，双击电脑桌面“Win-sp5”的图标，界面如图 8-6。

（4）窗口界面上面的菜单中单击“联机”→在下拉菜单中选择“自定义联机”→在窗口界面上面的菜单“测试模式”中选择“吸光度”→在窗口界面下面的标签中选“光谱扫描模式”→钩选“标注峰点”，“扫描间隔（nm）”输入[1.0]、“最小波长（nm）”输入[450]、“最大波长（nm）”输入[600]。纵坐标设置选择完后，默认值为上限［0.5］，下限［0.0］，点击边上的☑，所输入的数据才能被系统保存。

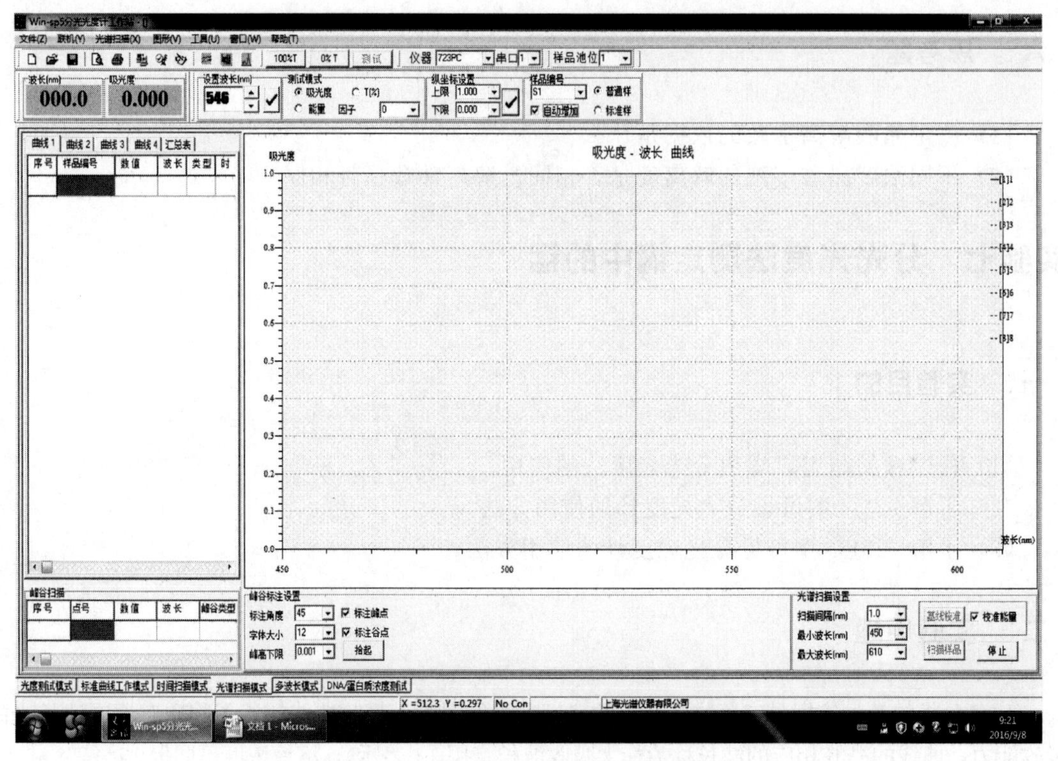

图 8-6 723PC 型分光光度计工作站界面

2. 测定步骤

(1) 用吸量管取高锰酸钾标准溶液 1.00mL、3.00mL、5.00mL 分别置于对应的 A、B、C 50mL 容量瓶中，加水稀释至刻度，摇匀。

(2) 取一比色皿，装入 2/3 蒸馏水（不能有气泡），用吸水纸吸干比色皿外壁的水。另三只比色皿分别装 2/3 A、B、C 50mL 容量瓶中高锰酸钾标准溶液（装之前分别用对应的高锰酸钾溶液洗 2～3 次比色皿），用吸水纸吸干比色皿外壁的水。

(3) 将四只装好溶液的比色皿插入比色皿架的孔中（按比色皿架位置，将装蒸馏水的比色皿放端头）。

(4) 将装蒸馏水的比色皿对准光路上，单击“扫描基线”。

(5) 将装高锰酸钾标准溶液的比色皿对准光路上，单击“扫描样品”（依次拉动拉杆架，先使 A 试液的比色皿对准光路，然后是 B 试液，最后是 C 试液）。

(6) 全部扫描完后，再进行“纵坐标设置”，可根据“默认值”来调整图的高度，在这个实验中，“上限”输入 [0.5]，“下限”输入 [0]，然后打钩。另外，如果感觉图形不好，还可通过单击“纵横适应”的图表，再进行以上的“纵坐标设置”。

(7) 如果想在图中标注出峰谷，则在“峰谷标注设置”中的“标注角度”输入 [0]，“字体大小”输入 [10]，“峰高下限”输入 [0.1]，“标注峰点”打钩，最后单击“拾起”。

(8) 在打印机里放好 A4 纸，单击“打印”。

四、 标准曲线的绘制

1. 723N 可见分光光度计的使用步骤

(1) 将比色皿架拉杆推至尽头。

(2) 开电源，仪器自检至546.0nm，0.000A，预热15min。

2. 测定步骤

(1) 调测定波长：按“△”或“▽”调至525nm（不能再动此键）。

(2) 按“测试模式”键选A。

(3) 用吸量管取高锰酸钾标准溶液1.00mL（①）、2.00mL（②）、3.00mL（③）、4.00mL（④）、5.00mL（⑤）分别置于对应的50mL容量瓶中，加水稀释至刻度，摇匀。

(4) 用5mL的移液管取未知液5.00mL（⑥）于50mL的容量瓶中，加水稀释至刻度，摇匀。

(5) 取一比色皿，装入2/3蒸馏水（不能有气泡），用吸水纸吸干比色皿外壁的水。另三只比色皿分别装2/3①、②、③50mL容量瓶中高锰酸钾标准溶液（装之前分别用对应的高锰酸钾溶液洗2～3次比色皿），用吸水纸吸干比色皿外壁的水。

(6) 将四只装好溶液的比色皿插入比色皿架的孔中（装蒸馏水的比色皿放端头）。

(7) 用装蒸馏水的比色皿对准光路。

(8) 按“调满度”键至0.000A，记$A_0=0.000$。

(9) 推①标准溶液的比色皿对准光路，待数字稳定后记下A_1。

(10) 按步骤（7）测出A_2、A_3。

(11) 取出比色皿，按上述步骤测出A_4、A_5、A_6。

(12) 测量完毕后，把所有的玻璃仪器包括比色皿用蒸馏水洗3～4次。

根据所测数据，以吸光度A为纵坐标，所取高锰酸钾标准溶液体积为横坐标绘制标准曲线。

由所测的吸光度数据，从标准曲线求试样中锰的含量（mg/L）。

五、 仪器与试剂

723PC型可见分光光度计

容量瓶（50mL）

723N型可见分光光度计

吸量管（5.00mL）

高锰酸钾标准溶液

高锰酸钾A、B、C溶液

试样溶液

六、 思考题

(1) 吸收曲线说明物质对光具有什么作用？为什么要测吸收曲线？

(2) 为什么要绘制标准曲线？

(3) 水（或空白溶液）作参比（或者叫调“100”）的作用是什么？

实验八　离子选择性电极法测定水中氟含量

一、 实验目的

(1) 掌握离子选择性电极法测定离子含量的原理和方法。

(2) 掌握标准曲线法和标准加入法测定水中微量氟的方法。

(3) 了解使用总离子强度调节缓冲溶液的意义和作用。

(4) 熟悉氟电极和饱和甘汞电极的结构和使用方法。

(5) 掌握 S220 多参数测试仪的使用方法。

二、 实验原理

饮用水中氟含量的高低对人体健康有一定影响，氟的含量太低易得龋齿，过高则会发生氟中毒现象。因此，监测饮用水中氟离子含量至关重要。氟离子选择性电极法已被确定为测定饮用水中氟含量的标准方法。

离子选择性电极是一种电化学传感器，它可将溶液中特定离子的活度转换成相应的电位信号。氟离子选择性电极的敏感膜为 LaF_3 单晶膜（电极管内装有 0.1mol/L NaCl-NaF 组成的内参比溶液，以 Ag-AgCl 作内参比电极）。当氟离子选择电极[1]（作指示电极）和甘汞电极[2]（参比电极）插入被测溶液中组成工作电池时，电池的电动势 E 在一定条件下与 F^- 活度的对数值呈线性关系：

$$E=K-S\lg a_{F^-}$$

式中，K 值在一定条件下为常数；S 为电极线性响应斜率（25℃时为 0.059V）。当溶液的总离子强度不变时，离子的活度系数为一定值，工作电池电动势与 F^- 浓度的对数呈线性关系：

$$E=K'-S\lg c_{F^-}$$

为了测定 F^- 浓度，常在标准溶液与试样溶液中同时加入相等的足够量的惰性电解质以固定各溶液的总离子强度。

试液 pH 值对氟电极的电位响应有影响。在酸性溶液中 H^+ 与部分 F^- 形成 HF 或 HF_2^- 等在氟电极上不响应的形式，从而降低了 F^- 的浓度。在碱性溶液中，OH^- 在氟电极上与 F^- 产生竞争响应，此外 OH^- 也能与 LaF_3 晶体膜产生如下反应：

$$LaF_3+3OH^- \longrightarrow La(OH)_3+3F^-$$

干扰电位响应使测定结果偏高。因此测定需要在 pH=5～6 的溶液中进行，常用缓冲溶液 HAc-NaAc 来调节。

氟电极的优点是对 F^- 响应的线性范围宽（$1 \sim 10^{-6}$ mol·L^{-1}），响应快，选择性好。但能与 F^- 生成稳定配合物的阳离子如 Al^{3+}、Fe^{3+} 等以及能与 La^{3+} 形成配合物的阴离子会干扰测定，通常可用柠檬酸钠、EDTA、磺基水杨酸或磷酸盐等加以掩蔽。

使用氟电极测定溶液中氟离子浓度时，通常是将控制溶液酸度、离子强度的试剂和掩蔽剂结合起来考虑，即使用总离子强度调节缓冲溶液（TISAB）来控制最佳测定条件。本实验的 TISAB 的组成为 NaCl、HAc-NaAc 和柠檬酸钠。

标准加入法是将一定量已知浓度的标准溶液加入待测样品中，测定加入前后样品的浓度。加入标准溶液后，浓度将增加，其增大的量等于加入的标准溶液中所含的待测物质的量。标准加入法是一种被广泛使用的检测仪器准确度的测试方法。其水样中含氟量（μg/mL）的计算公式：

$$c_{F^-}=\frac{c_s V_s}{V_s+V_x}\left(10^{\frac{|E_2-E_1|}{S}}-1\right)^{-1}$$

式中，c_s、V_s 分别为标准溶液的浓度和体积；V_x 为加入水样的体积；S 为标准曲线的斜率；E_1 为水样的平衡电位；E_2 为标准加入法的平衡电位。

三、 实验步骤

1. S220 多参数测试仪的使用方法

（1）将电源插入电源插座。

（2）连接电极，复合离子电极连接到仪表时，首先需要拆下仪表接口 pH 插孔位置的橡胶密封盖，然后连接电极，并确保电极接头正确插入仪表接口。

（3）按模式键—选测量单位 mV。

（4）按菜单—按上下键选择测量设置—进入下个菜单，选择离子类型—上下键—氟离子—按读数—退回到测量状态—直接测量。

（5）用待测溶液从上至下淋洗电极和小烧杯 3 次，在小烧杯中装入待测溶液约三分之二杯，插入电极，轻轻旋转摇动烧杯几圈，按读数键，待读数出现读数[3]，记录数据，退出。

（6）每次测量，重复第（5）步。

2. 准备测试用的溶液

溶液的用途	绘制标准曲线用					测水样用	
100mL 容量瓶的编号	1	4	7	10	13	水样	标准加入法
加标准溶液体积/mL	1.0	4.0	7.0	10.0	13.0	—	1.0
加水样体积/mL	—	—	—	—	—	50.0	50.0
加 TISAB 体积/mL	10.0	10.0	10.0	10.0	10.0	10.0	10.0
加超纯水定容	至刻度	至刻度	至刻度	至刻度	至刻度	至刻度	至刻度

3. 测定电位值

按照上述第 1 项第（5）步的方法，重复 7 次，分别测出上述 7 个溶液的电位值（mV），结果填写在实验记录表中。

以电位（mV）为纵坐标，$-\lg c_{F^-}$ 为横坐标绘制标准曲线。

四、 仪器与药品

（1）仪器　S220 多参数测试仪，氟离子选择性电极，饱和甘汞电极，电磁搅拌器。

（2）药品

① 100mg/L 氟标准溶液：准确称取于 120℃ 干燥 2h 并冷却的分析纯 NaF 0.2210g 于烧杯中，加入少量水使之溶解并定量地转移至 1000mL 容量瓶中，稀释定容，摇匀，储存于塑料瓶中。

② 10mg/L 氟标准溶液：将上述储备液定量稀释 10 倍。

③ 总离子强度调节缓冲溶液（TISAB）的配制：于 1000mL 烧杯中加入 800mL 超纯

水，称取 80g NaAc、58g NaCl 及 12g 柠檬酸钠（$Na_3C_6H_5O_7 \cdot 2H_2O$）搅拌至溶解。用 1mol/L HAc 或 NaOH 溶液调至 pH 为 5.0～5.5，冷却至室温，转入 1000mL 容量瓶中，用去离子水稀释定容并摇匀。

五、 思考题

（1）标准加入法为什么要加入比欲测组分浓度大很多的标准溶液？

（2）氟电极在使用前应该怎样处理？使用后应该怎样保存？

（3）TISAB 溶液包含哪些组分？各组分的作用怎样？

（4）氟离子选择性电极测得的是 F^- 的浓度还是活度？如果要测定 F^- 的浓度，应该怎么办？

（5）测定 F^- 浓度时为什么要控制在 pH≈5，pH 值过高或过低有什么影响？

[注释]

[1] 氟离子选择性电极使用前需用去离子水浸泡活化过夜，或在 10^{-3} mol/L NaF 溶液中浸泡 1～2h，再用去离子水洗至空白电位值为 300mV 左右，方可使用。电极的单晶膜切勿与坚硬物碰擦。电极内装有电解质溶液，为防止晶片内附着气泡导致电路不通，在电极使用前，让晶片朝下，轻击电极杆，以排除晶片上可能附着的气泡。

[2] 饱和甘汞电极在使用前应拔去加 KCl 溶液小口的橡胶塞，以保持足够的液压差，使 KCl 溶液只能向外渗出，同时检查内部电极是否已浸于 KCl 溶液中，否则应补加。电极下端的橡胶套也应取下。使用后，应再将两个橡胶套分别套好，装入电极盒内，防止盐桥液流出。

[3] 在稀溶液中，氟电极响应值达到平衡的时间较长，需等待电位值稳定后再读数。

实验九 硫酸铜的提纯

一、 实验目的

（1）学习以废铜和工业硫酸为主要原料制备 $CuSO_4 \cdot 5H_2O$ 的原理和方法。

（2）掌握并巩固无机制备过程中灼烧、水浴加热、减压过滤、结晶等基本操作。

（3）巩固托盘天平的使用方法。

二、 实验原理

$CuSO_4 \cdot 5H_2O$ 俗称蓝矾、胆矾或孔雀石，是蓝色透明三斜晶体。在空气中缓慢风化。易溶于水，难溶于无水乙醇。加热时失水，当加热至 258℃失去全部结晶水而成为白色无水 $CuSO_4$。无水 $CuSO_4$ 易吸水变蓝，利用此特性来检验某些液态有机物中微量的水。

$CuSO_4 \cdot 5H_2O$ 用途广泛，如用于棉及丝织品印染的媒染剂、农业的杀虫剂、水的杀菌剂、木材防腐剂、铜的电镀等。同时，还大量用于有色金属选矿（浮选）工业、船舶油漆工业及其他化工原料的制造。

$CuSO_4 \cdot 5H_2O$ 的生产方法有多种，如电解液法、废铜法、氧化铜法、白冰铜法、二氧化硫法。工业上常用电解液法，方法是将电解液与铜粉作用后，经冷却结晶分离，干燥而制得。本实验选择以废铜和工业硫酸为主要原料制备 $CuSO_4 \cdot 5H_2O$ 的方法，先将铜粉灼烧成氧化铜，然后再将氧化铜溶于适当浓度的硫酸中。反应如下：

$$2Cu + O_2 \xrightarrow{\text{灼烧}} 2CuO(\text{黑色})$$

$$CuO + H_2SO_4 \longrightarrow CuSO_4 + H_2O$$

由于废铜及工业硫酸不纯，制得的溶液中除生成硫酸铜外，还含有其他一些可溶性或不溶性的杂质。不溶性杂质在过滤时可除去，可溶性杂质 Fe^{2+} 和 Fe^{3+}，一般需用氧化剂（如 H_2O_2）将 Fe^{2+} 氧化为 Fe^{3+}，然后调节 pH 值，并控制至 3（注意不要使溶液的 $pH>4$，若 pH 值过大，会析出碱式硫酸铜的沉淀，影响产品的质量和产量），再加热煮沸，使 Fe^{3+} 水解成为 $Fe(OH)_3$ 沉淀而除去。反应如下：

$$2Fe^{2+} + 2H^+ + H_2O_2 \longrightarrow 2Fe^{3+} + 2H_2O$$

$$Fe^{3+} + 3H_2O \xrightarrow[\triangle]{pH=3} Fe(OH)_3 \downarrow + 3H^+$$

将除去杂质的 $CuSO_4$ 溶液进行蒸发，冷却结晶，减压过滤后得到蓝色 $CuSO_4 \cdot 5H_2O$。

三、 实验步骤

1. 氧化铜的制备

把洗净的瓷坩埚经充分灼烧干燥并冷却后，在托盘天平上称取 3.0g 废 Cu 粉放入其内。将坩埚置于泥三角上，用煤气灯氧化焰小火微热，使坩埚均匀受热，待 Cu 粉干燥后，加大火焰用高温灼烧，并不断搅拌，搅拌时必须用坩埚钳夹住坩埚，以免打翻坩埚或使坩埚从泥三角上掉落。灼烧至 Cu 粉完全转化为黑色 CuO（约 20min），停止加热并冷却至室温。

2. 粗 $CuSO_4$ 溶液的制备

将冷却后的 CuO 倒入 100mL 小烧杯中，加入 18mL 3mol/L H_2SO_4（工业纯），微热使之溶解。

3. $CuSO_4$ 溶液的精制

在粗 $CuSO_4$ 溶液中，滴加 2mL 3% H_2O_2，将溶液加热，检验溶液中是否还存在 Fe^{2+}（如何检验）。当 Fe^{2+} 完全氧化后，慢慢加入 $CuCO_3$ 粉末，同时不断搅拌直到溶液 pH=3，在此过程中，要不断地用 pH 试纸测试溶液的 pH 值，控制溶液 pH=3，再加热至沸（为什么?）趁热减压过滤，将滤液转移至洁净的烧杯中。

4. $CuSO_4 \cdot 5H_2O$ 晶体的制备

在精制后的 $CuSO_4$ 溶液中，滴加 3mol/L H_2SO_4 酸化，调节溶液至 pH=1 后，转移至洁净的蒸发皿中，水浴加热蒸发至液面出现晶膜时停止。在室温下冷却至晶体析出。然后减压过滤，晶体用滤纸吸干后，称重。计算产率。

四、 仪器与试剂

托盘天平	煤气灯
瓷坩埚	泥三角
铁架台	布氏漏斗
吸滤瓶	烧杯
点滴板	玻璃棒
量筒	蒸发皿
滤纸	剪刀
Cu 粉	H_2SO_4 (3mol/L)
H_2O_2(3%)	$K_3[Fe(CN)_6]$(0.1mol/L)
$CuCO_3$(C.P.)	pH 试纸

五、 思考题

(1) 在粗 $CuSO_4$ 溶液中 Fe^{2+} 杂质为什么要氧化为 Fe^{3+} 后再除去？为什么要调节溶液的 pH=3？pH 值太大或太小有何影响？

(2) 为什么要在精制后的 $CuSO_4$ 溶液中调节 pH=1 使溶液呈强酸性？

(3) 蒸发、结晶制备 $CuSO_4 \cdot 5H_2O$ 时，为什么刚出现晶膜即停止加热而不能将溶液蒸干？

(4) 如何清洗坩埚中的残余物 Cu 和 CuO 等？

(5) 固液分离有哪些方法？根据什么情况选择固液分离的方法？

实验十 淀粉胶黏剂的制备

一、 实验目的

(1) 掌握载体淀粉胶黏剂的制备工艺。

(2) 了解淀粉胶黏剂的黏度对生产瓦楞纸板质量的影响。

二、 实验原理

在不加热的情况下，利用淀粉水溶液在 NaOH 介质中生成醇钠化合物和碱性分子化合物的性质，使淀粉在 NaOH 溶液中充分糊化（即得载体胶黏剂）。硼砂交联剂能与淀粉的羟基和纸纤维的羟基产生化学键力，提高了胶黏剂的黏度和瓦楞纸板的黏结强度。

三、 实验步骤

总用量：100g 淀粉、430mL 水（自来水）、3g NaOH、2g 硼砂。

1. 载体胶的制备

(1) 在 250mL 的烧杯中加 100mL 水，在搅拌下加 15g 淀粉，继续搅拌 10min，即淀粉液。

(2) 在小烧杯中加 50mL 水，在搅拌下加 3g NaOH，配成 NaOH 溶液。

(3) 将 NaOH 溶液慢慢加入淀粉液中，边加边搅拌至淀粉液完全糊化（已成胶）。静放 20min。

2. 主体淀粉液的配制

在 800mL 烧杯中加 230mL 水、85g 淀粉、2g 硼砂（用搅拌器进行搅拌）。

3. 载体淀粉胶黏剂的配制

在搅拌下将载体胶慢慢加到主体淀粉液中，加完后用剩余水（50mL 水）分两次洗载体杯并全部转移到主体杯中，继续搅拌 20min，即得载体淀粉胶黏剂。

四、 测黏度（用涂-4 杯黏度计）

黏度为 30～50s。

五、 仪器与试剂

电子天平（SL102N）
JBV-Ⅲ变频调速搅拌器
烧杯（800mL）
量筒（100mL）
淀粉
硼砂
涂-4 杯黏度计
秒表
量杯（500mL）
烧杯（250mL）
烧杯（800mL）
NaOH

六、 思考题

(1) 在不加热的情况下，NaOH 为什么会使淀粉糊化？

(2) 硼砂为什么会使淀粉胶黏剂的黏度增加？

(3) 淀粉胶黏剂的制备中哪一步最关键？

实验十一 比色法测定水果（或蔬菜）中维生素 C 的含量

一、 实验目的

(1) 了解比色法测定维生素 C 的原理。

(2) 学会从植物样品中制取试液的一般方法。

(3) 掌握分光光度计的使用操作。

二、 实验原理

维生素 C 又名抗坏血酸，化学名称为 3-氧代-L-古龙糖酸呋喃内酯，分子式为 $C_6H_8O_6$，是一种对机体具有营养、调节和医疗作用的生命物质。纯净的维生素 C 为白色或淡黄色结晶或结晶粉末，无臭、味酸；还原性强，在空气中极易被氧化，尤其在碱性介质中反应更甚。氧化产物脱氢抗坏血酸仍保留维生素 C 的生物活性。在动物组织内脱氢抗坏血酸可被谷胱甘肽等还原物质还原为抗坏血酸。

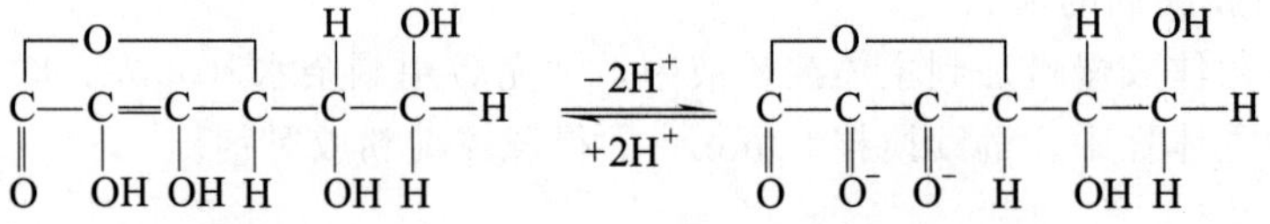

$$\text{(I)} \underset{+2H^+}{\overset{-2H^+}{\rightleftharpoons}} \text{(II)}$$

(Ⅰ) 抗坏血酸　　(Ⅱ) 脱氢抗坏血酸

当系统 pH＞5 时，脱氢抗坏血酸易将其分子结构重排使其内能环开裂，生成二酮古洛糖酸：

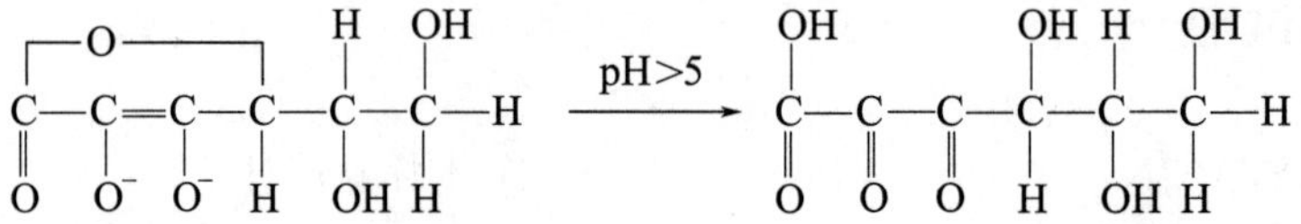

$$\text{(II)} \xrightarrow{pH>5} \text{(III)}$$

(Ⅱ) 脱氢抗坏血酸　　(Ⅲ) 二酮古洛糖酸

（Ⅰ）、（Ⅱ）、（Ⅲ）合称为总维生素 C。（Ⅱ）、（Ⅲ）均能与 2,4-二硝基苯肼作用生成红色物质脎，这种红色物质能溶解于硫酸，其生成量与（Ⅱ）、（Ⅲ）的量成正比。因此，只要将样品中的（Ⅰ）氧化，并与 2,4-二硝基苯肼作用，生成的红色物质用硫酸溶解，再与同样处理的维生素 C 标准溶液比色，即可求出样品中维生素 C 的含量。

三、 实验步骤

1. 提取维生素 C 试样

称量新鲜去皮白梨（或绿豆芽）2g 于研钵中，加 10mL 1％草酸，研磨 5～10min，将提取液收集于 100mL 烧杯中，重复提取 3 次，然后转移到 50mL 容量瓶中，用 1％草酸调至刻度，摇匀待用。

用 20.0mL 移液管从上述 50mL 容量瓶中取提取液于干燥锥形瓶中，加入 1g 活性炭，充分振摇约 1min 后过滤到锥形瓶中（漏斗、滤纸及接受滤液的锥形瓶都必须是干燥的）。

2. 配制标准溶液

取 20mL 0.01mg/mL 维生素 C 溶液置于干燥锥形瓶中，加入 1g 活性炭振摇约 1min 后过滤（方法同前）。

3. 显色

空白溶液的配制：在 10mL 容量瓶中加入 1％草酸 2.5mL、10％硫脲 1 滴、2％2,4-二硝基苯肼 1mL。

标准溶液的配制：在 10mL 容量瓶中加入标准维生素 C 的滤液 2.5mL、10%硫脲 1 滴、2%2,4-二硝基苯肼 1mL；

样品溶液的配制：在 10mL 容量瓶中加入样品的滤液 2.5mL、10%硫脲 1 滴、2%2,4-二硝基苯肼 1mL。

上述三种溶液分别混匀（不能倒转），置于沸水中（容量瓶开盖）加热约 10min 后，取出冷却至室温。然后分别将三个 10mL 容量瓶置于冰水浴中，缓慢滴加 85% H_2SO_4 3.0mL（边滴加边摇动，防止炭化），冷至室温，置于冰水浴中用 1%草酸调至刻度，充分混匀静置 10min 后测量吸光度。

4. 测量吸光度

用 723N 分光光度计，选 500nm 波长，用空白液调 $A=0$，分别测标准液和样品液的吸光度。

5. 计算

100g 样品中维生素 C 总含量（mg）＝

四、 仪器与试剂

（1）仪器　723N 分光光度计，50mL 容量瓶，10mL 容量瓶，研钵，50mL 锥形瓶，5mL 刻度吸管。

（2）试剂　1%草酸，25% H_2SO_4，2% 2,4-二硝基苯肼，85% H_2SO_4，10%硫脲（50g 硫脲溶于 500mL1%草酸中），1mg/mL 抗坏血酸标准溶液（将 100mg 纯维生素 C 溶于 100mL1%草酸中），活性炭（100g 活性炭加 750mL 1mg/L HCl，加热 1h，过滤，用蒸馏水洗涤数次至滤液无 Fe^{3+} 为止，置于 110℃烘箱中烘干）。

五、 思考题

（1）样品处理和标准维生素 C 溶液中加入 1%草酸起什么作用？

（2）为什么要用活性炭脱色？

（3）本实验中有哪些因素会导致测定误差？

实验十二　从茶叶中提取咖啡碱

一、 实验目的

（1）了解从茶叶中提取咖啡因的基本原理和方法；并通过定性鉴定，了解咖啡因的一般性质。

（2）进一步熟悉萃取、蒸馏、减压过滤、浓缩、升华等。

二、 实验原理

茶叶中含有多种生物碱，其中以咖啡碱（即咖啡因，caffeine）为主，占 1%～5%，另外还含有单宁酸（又名鞣酸）、没食子酸及色素、纤维素、蛋白质等。咖啡碱是杂环化合物嘌呤的衍生物，其结构式和化学名称如下：

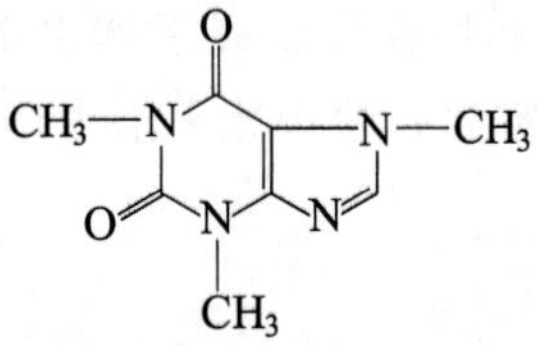

1,3,7-三甲基-2,6-二氧嘌呤

含结晶水的咖啡碱为无色针状结晶，能溶于氯仿、水、乙醇、苯等。在 100℃时失去结晶水并开始升华，至 178℃升华很快。据此，可先用适当溶剂从茶叶中进行提取，再用升华法加以提纯。咖啡碱具有刺激心脏、兴奋大脑神经和利尿等作用，因此可单独作为有关药物或药物的配方。

三、 实验步骤

1. 提取

称取 10g 干茶叶和 14g 碳酸钠[1]（或 10g 生石灰），一并置于 250mL 烧杯中，加入 150mL 蒸馏水，加热煮沸 30min，并不断搅拌（注意需补加适量水，使水始终保持 150mL）。趁热用垫有脱脂棉（或玻璃棉）的普通玻璃漏斗过滤。其滤液再用折叠滤纸过滤（或减压过滤），以除去残渣。将所得滤液冷却至室温，移入分液漏斗中，加 25mL 氯仿，轻轻地回荡[2]分液漏斗数分钟。静置分层，将下层氯仿萃取液转入锥形瓶内，上层液再用 25mL 氯仿萃取一次。合并两次萃取液于 100mL 干燥蒸馏烧瓶中，用水浴蒸去氯仿[3]（回收），蒸至溶液剩余 7～8mL 时，停止蒸馏。

把浓缩液倒入 125mL 蒸发皿中，再用 5mL 氯仿分两次洗涤蒸馏瓶，一并倒入蒸发皿内，在通风橱内用蒸气浴蒸发至干。蒸发皿中出现的白色（有时为黄绿色）结晶便是咖啡因粗产品[4]。

2. 产品鉴定

（1）与生物碱试剂作用[5] 取咖啡因结晶的一半于小试管中，加 4mL 水，微热，使固体溶解。分装于两支试管中，一支加入 1～2 滴 5%的鞣酸溶液，有何现象？

另一支加 1～2 滴 10%盐酸（或 10%硫酸），再加入 1～2 滴碘的碘化钾试剂。现象如何？

（2）氧化[6] 在蒸发皿剩余的咖啡因中加入 30%的过氧化氢 8～10 滴，置于水浴上蒸干，残渣呈何颜色？再加一滴浓氨水于残渣上颜色又有何变化？

四、 仪器与药品

（1）仪器 250mL 烧杯，漏斗（或抽滤装置），100℃温度计，150mL 分液漏斗，

100mL 蒸馏烧瓶，150mL 锥形瓶，直形冷凝管，125mL 蒸发皿，水浴锅。

（2）药品　干茶叶 10g，碳酸钠 14g（或生石灰粉 10g），氯仿 55mL，5%鞣酸，10%盐酸，碘的碘化钾试剂，30%过氧化氢，浓氨水，滤纸，脱脂棉（或玻璃棉）等。

五、 思考题

（1）提取咖啡因时，用到的生石灰起什么作用？

（2）从茶叶中提取出的粗咖啡因有绿色光泽，为什么？

（3）具有什么条件的固体有机化合物，才能用升华法进行提纯？

（4）在进行升华操作时，为什么只能用小火缓缓加热？

［注释］

［1］碳酸钠的作用之一，是使单宁酸形成钠盐溶于水而除去。也可加醋酸铅溶液于茶叶热滤液中，使单宁酸形成铅盐沉淀而滤去。

［2］用氯仿萃取时，不可剧烈振荡分液漏斗，以防形成乳浊液，应轻轻回荡。如产生乳化现象，可加入少量氯化钠固体。

［3］蒸除氯仿必须用水浴，切勿用灯焰直接加热，以防蒸气逸出导致麻醉中毒，特别是防止剧毒的光气生成，即光化氧化：

$$\mathrm{H{-}CCl_3} + \frac{1}{2}\mathrm{O_2} \xrightarrow{h\nu} \mathrm{O{=}CCl_2} + \mathrm{HCl}$$

［4］咖啡因粗产品中含有微量色素，可通过重结晶法纯化。方法如下：向固体咖啡因中逐滴加入丙酮，在水浴上保持温热，使之刚好溶解。然后冷却，便析出咖啡因结晶，用普通滤纸过滤，加少量丙酮洗涤结晶。最后，连同滤纸置于干燥器或空气中干燥，即得白色针状的咖啡因。

［5］咖啡因属嘌呤类衍生物，可被生物碱试剂（如鞣酸、碘的碘化钾试剂、饱和苦味酸等）沉淀。

［6］咖啡因可被过氧化氢、氯酸钾等氧化剂氧化，生成四甲基偶嘌呤（将其用水浴蒸干，呈玫瑰红色），后者与氨作用即生成紫色的紫脲酸铵。该反应是嘌呤类生物碱的特性反应。

实验十三　计算机联用测定无机盐溶解热

一、 实验目的

（1）用量热计测定 KNO_3 的积分溶解热。

（2）掌握量热实验中温差校正方法以及与计算机联用测量溶解过程动态曲线的方法。

二、 实验原理

盐类的溶解过程通常包含着两个同时进行的过程：晶格的破坏和离子的溶剂化。前者为吸热过程，后者为放热过程。溶解热是这两种热效应的总和。因此，盐溶解过程最终是吸热或放热，是由这两个热效应的相对大小决定的。常用的积分溶解热是指等温等压下，将1mol溶质溶解于一定量溶剂中形成一定浓度溶液的热效应。溶解热的测定可以在具有良好绝热层的量热计中进行。在恒压条件下，由于量热计为绝热系统，溶解过程所吸收的热或放出的热全部由系统温度的变化放映出来。为求溶解过程的热效应，进而求得积分溶解热（即焓变 ΔH），可以根据盖斯定律将实际溶解过程设计成两步进行，如图 8-7 所示。

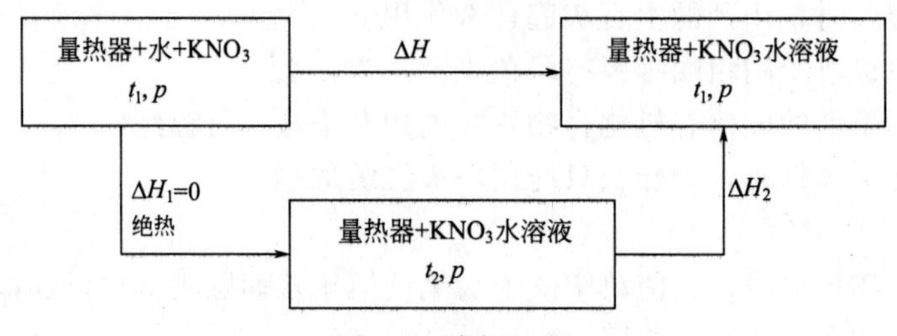

图 8-7 溶解过程

由图 8-7 可知，恒压下焓变 ΔH 为两个过程焓变 ΔH_1 和 ΔH_2 之和，即：

$$\Delta H=\Delta H_1+\Delta H_2 \tag{8-1}$$

因为，量热计为绝热系统，$Q_p=\Delta H_1$

所以，在 t_1 温度下溶解的恒压热效应 ΔH 为：

$$\Delta H=\Delta H_2=K(t_1-t_2)=-K(t_2-t_1) \tag{8-2}$$

式中，K 是量热计与 KNO_3 水溶液所组成的系统的总热容量；(t_2-t_1) 为 KNO_3 溶解前后系统温度的变化值 $\Delta t_{溶解}$。

设将质量为 m 的 KNO_3 溶解于一定体积的水中，KNO_3 的摩尔质量为 M，则在此浓度下 KNO_3 的积分溶解热为：

$$\Delta_{sol}H_m=\Delta HM/m=-KM/m\cdot\Delta t_{溶解} \tag{8-3}$$

K 值可由电热法求取。即在同一实验中用电加热提供一定的热量 Q，测得温升为 $\Delta t_{加热}$，则 $K\cdot\Delta t_{加热}=Q$。若加热电压为 U，通过电热丝的电流强度为 I，通电时间为 τ 则：

$$K\Delta t_{加热}=IU\tau \tag{8-4}$$

所以

$$K=IU\tau/\Delta t_{加热} \tag{8-5}$$

由于实验中搅拌操作提供了一定热量，而且系统也并不是严格绝热的，因此在盐溶解的过程或电加热过程中都会引入微小的额外温差。为了消除这些影响，真实的 $\Delta t_{溶解}$ 与 $\Delta t_{加热}$ 应用图 8-8 所示的外推法求取。图 8-8 表示电加热过程的温度-时间（t-τ）曲线。AB 线和 CD 线的斜率分别表示在电加热前后因搅拌和散热等热交换而引起的温度变化速率。t_B 和 t_C 分别为通电开始时温度和通电后的直线段的最初温度。真实的 $\Delta t_{加热}$ 必须在 t_B 和 t_C 间进行校正，去掉由于搅拌和散热等所引起的温度变化值。为简便起见，设加热集中在加热前后的平均温度 t_E（即 t_B 和 t_C 的中点）下瞬间完成，在 t_E 前后由于搅拌或散热而引起的温度变化率即为 AB 线和 CD 线的斜率。所以将 AB、CD 直线分别外推到与 t_E 对应的时间的垂直线上，得到 G、H 两交点。显然 GN 与 PH 所对应的温度差即为 t_E 前后因搅拌和散热所引起的温度变化的校正值。真实的 Δt 加热应为 H 与 G 两点所对应的温度 t_H 与 t_G 之差。

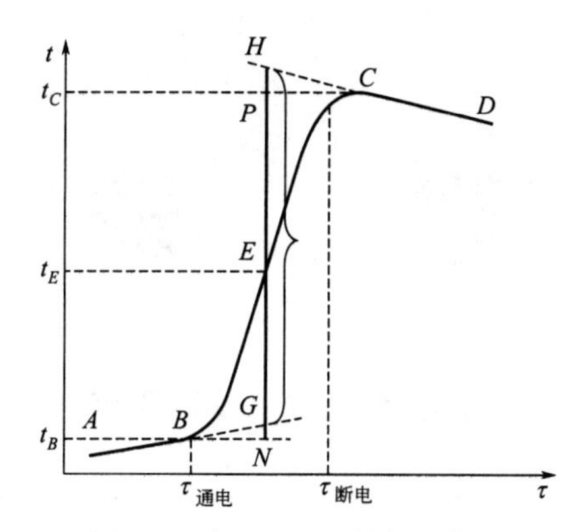

图 8-8 求 $\Delta t_{加热}$ 的外推法作图

三、 实验步骤

（1）用量筒量取 100mL 去离子水，倒入量热计中并测量水温。

（2）在干燥的试管中称取 2.7～2.9g 干燥过的 KNO_3（精确到±0.01g）。

（3）先打开信号处理器、直流稳压器，再打开电脑。自动进入实验测试软件，在“项目管理”中点击“打开项目”，选择“溶解热测定”，再点击“打开项目”，输入自己学号和称取的样品质量。

（4）系统提示装入试样后，立即装入待测试样。

（5）等待测试结果，注意数据变化。测试完毕，系统自动保存、读取。

四、 仪器与试剂

（1）仪器　量热计，磁力搅拌器，直流稳压电源，半导体温度计，信号处理器，电脑，天平。

（2）试剂　干燥过的分析纯 KNO_3。

五、 数据处理

（1）作盐溶解过程和电加热过程温度-时间图，用外推法求得真实的 $\Delta t_{溶解}$ 与 $\Delta t_{加热}$。

（2）按式（8-5）计算系统总热容量 K。

（3）按式（8-3）计算 KNO_3 的积分溶解热 $\Delta_{sol}H_m$。

六、 思考题

（1）溶解热与哪些因素有关？本实验求得的 KNO_3 溶解热所对应的温度如何确定？是否为溶解前后系统温度的平均值？

（2）为什么要用作图法求得 $\Delta t_{溶解}$ 与 $\Delta t_{加热}$？如何求得？

（3）本实验如何测定系统的总热容量 K？若用先加热后加盐的方法是否可以？

（4）在标定系统热容过程中，如果加热电压过大或加热时间过长，是否会影响实验结果的准确性？为什么？

附　　录

附录1　常用符号表

符号	意义及单位	符号	意义及单位
n_B	B的物质的量,单位 mol	φ_B	B的体积分数,量纲为1的量
N_A	阿伏伽德罗常数,$N_A=6.0221367(36)\times10^{23}$/mol	c_B	物质B的浓度(物质的量浓度),单位 mol/m^3
T	热力学温度,单位 K	$b^\ominus$	标准质量摩尔浓度,$b^\ominus=1.0$mol/kg
R	摩尔气体常量,$R=8.3145100(70)$J/(K・mol)	b_B	溶质B的质量摩尔浓度,单位 mol/kg
v_B	物质B的化学计量数,量纲为1的量	w_B	B的质量分数,量纲为1的量
U	热力学能,单位 J	p	压力,压强,单位 Pa
Q	热,热量,单位 J	$p^\ominus$	标准压力,$p^\ominus=100.000$kPa
W	功,单位 J	p_B	气体物质B的分压力,单位 Pa
H	焓,单位 J	ξ	化学反应进度,单位 mol
G	吉布斯函数,单位 J	ξ	化学反应转化速率,单位 mol/s
S	熵,单位 K/J	$K_{sp}^\ominus$	溶度积常数,量纲为1的量
h	普朗克常量,$h=6.6260755(40)\times10^{-34}$ J・s	$K^\ominus$	标准平衡常数(平衡常数),量纲为1的量
a_0	玻尔半径,$a_0=5.291177249(24)\times10^{-11}$ m	v	(基于浓度的)化学反应速率,单位 mol/(dm^3・s)
q	电荷量,单位 C	k	反应速率常数,单位,(mol/dm^3)$^{1-n}$/s
r	半径,单位 m	A	指前因子,单位同 k
d	直径,距离,单位 m	λ	波长,单位 m
μ	分子电偶极矩,单位 C・m	Ⅱ	渗透压,单位 Pa
E	电动势,电极电势,单位 V	ρ	密度,体积质量,单位 kg/m^3
E_a	化学反应活化能,单位 J/mol	σ	表面张力,单位 N/m
x_B	B的物质的量分数(摩尔分数),量纲为1的量	F	法拉第常量 $F=9.648530(29)\times10^4$C/mol
z	离子的电荷数,电子转移数	v	频率,单位 s^{-1}

注：本表中基本物理量常数值为1986年科学数据委员会基本常数工作组（CDDATA Task Group on Fundamental Constants）所推荐的。括号内为最右位的标准偏差不确定度（参阅 CDDATA Bull. 631986 1～49）。

附录2　一些单质和化合物的 $\Delta_f H_m^\ominus$、$\Delta_f G_m^\ominus$ 和 $S_m^\ominus$ (298.15K)

物　质	状态	$\Delta_f H_m^\ominus$/(kJ/mol)	$\Delta_f G_m^\ominus$/(kJ/mol)	$S_m^\ominus$/[J/(mol・K)]
Ag	s	0	0	42.55
Ag^+	aq	105.579	77.107	72.68
AgF	s	−204.6	—	—
AgCl	s	−127.068	−109.789	96.2
AgBr	s	−100.37	−96.90	170.1
AgI	s	−61.68	−66.19	115.5
Ag_2O	s	−30.05	−11.20	121.3

续表

物　质	状态	$\Delta_f H_m^\ominus$/(kJ/mol)	$\Delta_f G_m^\ominus$/(kJ/mol)	$S_m^\ominus$/[J/(mol·K)]
$AgNO_3$	s	−124.39	−33.41	140.92
Ag_2CO_3	s	−505.8	−436.8	167.4
Al	s	0	0	28.83
Al^{3+}	aq	−531	−485	−321.7
$AlCl_3$	s	−704.2	−628.8	110.67
Al_2O_3	s,α 刚玉	−1675.7	−1582.3	50.92
$Al_2(SO_4)_3$	s	−3440.84	−3099.94	239.3
AlO_2^-	aq	−918.8	−823.0	−21
Ba	s	0	0	62.8
Ba^{2+}	aq	−537.64	−560.77	9.6
$BaCl_2$	s	−858.6	−810.4	123.68
$BaCO_3$	s	−1216.3	−1137.6	112.1
BaO	s	−553.5	−525.1	70.42
$BaTiO_3$	s	−1659.8	−1572.3	107.9
Br_2	l	0	0	152.231
Br_2	g	30.907	3.110	245.463
Br^-	aq	−121.55	−103.96	82.4
C	s,石墨	0	0	5.740
C	s,金刚石	1.8966	2.8995	2.377
CCl_4	l	−135.44	−65.21	216.40
CO	g	−110.525	−137.168	197.674
CO_2	g	−393.509	−394.359	213.74
CO_3^{2-}	aq	−677.14	−527.81	−56.9
HCO_3^-	aq	−691.99	−586.77	91.2
Ca	s	0	0	41.42
Ca^{2+}	aq	−542.83	−553.58	−53.1
$CaCO_3$	s,方解石	−1206.92	−1128.79	92.9
CaO	s	−635.09	−604.03	39.75
$Ca(OH)_2$	s	−986.09	−898.49	83.39
$CaSO_4$	s,不溶解的	−1434.11	−1321.79	106.7
$CaSO_4 \cdot 2H_2O$	s,透石膏	−2022.63	−1797.28	194.1
Cl_2	g	0	0	223.006
Cl^-	aq	−167.16	−131.26	56.5
Co	s,α	0	0	30.04
$CoCl_2$	s	−312.5	−269.8	109.16
Cr	s	0	0	23.77
Cr^{3+}	aq	−1999.1	—	—
Cr_2O_3	s	−1139.7	−1058.1	81.2
$Cr_2O_7^{2-}$	aq	−1490.3	−1301.1	261.9
Cu	s	0	0	33.150
Cu^+	aq	71.67	49.98	40.6
Cu^{2+}	aq	64.77	65.49	−99.6
$CuCl_2$	s	−220.1	−175.7	108.07
CuO	s	−157.3	−129.7	42.63
Cu_2O	s	−168.6	−146.0	93.14
CuS	g	−53.1	−53.6	66.5
F_2	g	0	0	202.78
Fe	s,α	0	0	27.28
Fe^{2+}	aq	−89.1	−78.90	−137.7

续表

物　质	状态	$\Delta_f H_m^\ominus$/(kJ/mol)	$\Delta_f G_m^\ominus$/(kJ/mol)	$S_m^\ominus$/[J/(mol·K)]
Fe^{3+}	aq	−48.5	−4.7	−315.9
$Fe_{0.947}O$	s,方铁矿	−266.27	−245.12	57.49
FeO	s	−272.0	—	—
Fe_2O_3	s,赤铁矿	−824.2	−742.2	87.40
Fe_3O_4	s,磁铁矿	−1118.4	−1015.4	146.4
$Fe(OH)_2$	s	−569.0	−486.5	88
$Fe(OH)_3$	s	−823.0	−696.5	106.7
$FeCl_3$	s	−399.49	−334.00	142.3
H_2	g	0	0	130.684
H^+	aq	0	0	0
H_2CO_3	aq	−699.65	−623.16	187.4
HCl	g	−92.307	−95.299	186.80
HF	g	−271.1	−273.2	173.79
HI	g	26.48	1.70	206.594
HNO_3	l	−174.10	−80.79	155.60
H_2O	g	−241.818	−228.572	188.825
H_2O	l	−285.83	−237.129	69.91
H_2O_2	l	−187.78	−120.35	109.6
H_2O_2	aq	−191.17	−134.03	143.9
H_2S	g	−20.63	−33.56	205.79
HS^-	aq	−17.6	12.08	62.8
Hg	g	61.317	31.820	174.96
Hg	l	0	0	76.02
HgO	s,红	−90.83	−58.539	70.29
$HgCl_2$	s	−224.3	−178.6	146.0
I_2	g	62.438	19.327	260.65
I_2	s	0	0	116.135
I^-	aq	−55.19	−51.59	111.3
K	s	0	0	64.18
K^+	aq	−252.38	−283.27	102.5
KCl	s	−436.747	−409.14	82.59
KBr	s	−393.798	−380.66	95.90
KNO_3	s	−494.63	−394.86	133.05
$K_2Cr_2O_7$	s	−2061.5	−1881.8	291.2
Mg	s	0	0	32.68
Mg^{2+}	aq	−466.85	−454.8	−138.1
$MgCl_2$	s	−641.32	−591.79	89.62
MgO	s,粗粒的	−601.70	−569.44	26.94
$Mg(OH)_2$	s	−924.54	−833.51	63.18
$MgCO_3$	s	−1095.8	−1012.11	65.69
Mn	s,α	0	0	32.01
Mn^{2+}	aq	−220.75	−228.1	−73.6
MnO	s	−385.22	−362.90	59.71
N_2	g	0	0	191.50
NH_3	g	−46.11	−16.45	192.45
NH_3	aq	−80.29	−26.50	111.3
NH_4^+	aq	−132.43	−79.31	113.4
N_2H_4	l	50.63	149.34	121.21
NH_4Cl	s	−314.43	−202.87	94.6
NO	g	90.25	86.55	210.761

续表

物　质	状态	$\Delta_f H_m^{\ominus}$/(kJ/mol)	$\Delta_f G_m^{\ominus}$/(kJ/mol)	$S_m^{\ominus}$/[J/(mol·K)]
NO_2	g	33.18	51.31	240.06
N_2O_4	g	9.16	304.29	97.89
NO_3^-	aq	−205.0	−108.74	146.4
Na	s	0	0	51.21
Na^+	aq	−240.12	−261.95	59.0
NaCl	s	−411.15	−384.15	72.13
Na_2O	s	−414.22	−375.47	75.06
NaOH	s	−425.609	−379.526	64.45
Ni	s	0	0	29.87
NiO	s	−239.7	−211.7	37.99
O_2	g	0	0	205.138
O_3	g	142.7	163.2	238.93
OH^-	aq	−229.994	−157.244	−10.75
P	s,白	0	0	41.09
Pb	s	0	0	64.81
Pb^{2+}	aq	−1.7	−24.43	10.5
$PbCl_2$	s	−359.41	−314.1	136.0
PbO	s,黄	−217.32	−187.89	68.70
S	s,正交	0	0	31.80
S^{2-}	aq	33.1	85.8	−14.6
SO_2	g	−296.83	−300.19	248.22
SO_3	g	−395.72	−371.06	256.76
SO_4^{2-}	aq	−909.27	−744.53	20.1
Si	s	0	0	18.83
SiO_2	s,α 石英	−910.94	−856.64	41.84
Sn	s,白	0	0	51.55
SnO_2	s	−580.7	−519.7	52.3
Ti	s	0	0	30.63
$TiCl_4$	l	−804.2	−737.2	252.34
$TiCl_4$	g	−763.2	−726.7	354.9
TiN	s	−722.2	—	—
TiO_2	s,金红石	−944.7	−889.5	50.33
Zn	s	0	0	41.63
Zn^{2+}	aq	−153.89	−147.06	−112.1
CH_4	g	−74.81	−50.72	186.264
C_2H_2	g	226.73	209.20	200.94
C_2H_4	g	52.26	68.15	219.56
C_2H_6	g	−84.68	−32.82	229.60
C_6H_6	g	82.93	129.66	269.20
C_6H_6	l	48.99	124.35	173.26
CH_3OH	l	−238.66	−166.27	126.8
C_2H_5OH	l	−277.69	−174.78	160.07
CH_3COOH	l	−484.5	−389.9	159.8
C_6H_5COOH	s	−385.05	−245.27	167.57
$C_{12}H_{22}O_{11}$	s	−2225.5	−1544.6	360.2

附录 3 一些弱电解质的解离常数（298.15K）

名称(酸)	分子式	解离常数	$pK_a^\ominus$
砷酸	H_3AsO_4	$K_{a1}^\ominus=6.5\times10^{-3}$	2.19
		$K_{a2}^\ominus=1.15\times10^{-7}$	6.94
		$K_{a3}^\ominus=3.2\times10^{-12}$	11.50
亚砷酸	H_3AsO_3	$K_{a1}^\ominus=6.0\times10^{-10}$	9.22
硼酸	H_3BO_3	$K_{a1}^\ominus=5.8\times10^{-10}$	9.24
碳酸	H_2CO_3	$K_{a1}^\ominus=4.2\times10^{-7}$	6.38
		$K_{a2}^\ominus=5.6\times10^{-11}$	10.25
铬酸	H_2CrO_4	$K_{a2}^\ominus=3.2\times10^{-7}$	6.50
氢氰酸	HCN	$K_a^\ominus=4.9\times10^{-10}$	9.31
氢氟酸	HF	$K_a^\ominus=6.8\times10^{-4}$	3.17
氢硫酸	H_2S	$K_{a1}^\ominus=8.9\times10^{-8}$	7.05
		$K_{a2}^\ominus=1.2\times10^{-13}$	12.92
磷酸	H_3PO_4	$K_{a1}^\ominus=6.9\times10^{-3}$	2.16
		$K_{a2}^\ominus=6.2\times10^{-8}$	7.21
		$K_{a3}^\ominus=4.8\times10^{-13}$	12.32
硅酸	H_2SiO_3	$K_{a1}^\ominus=1.7\times10^{-10}$	9.77
		$K_{a2}^\ominus=1.6\times10^{-12}$	11.80
硫酸	H_2SO_4	$K_{a2}^\ominus=1.2\times10^{-2}$	1.92
亚硫酸	H_2SO_3	$K_{a1}^\ominus=1.29\times10^{-12}$	1.89
		$K_{a2}^\ominus=6.3\times10^{-8}$	7.20
甲酸	HCOOH	$K_a^\ominus=1.7\times10^{-4}$	3.77
乙酸	CH_3COOH	$K_a^\ominus=1.75\times10^{-5}$	4.76
丙酸	C_2H_5COOH	$K_a^\ominus=1.35\times10^{-5}$	4.87
氯乙酸	$ClCH_2COOH$	$K_a^\ominus=1.38\times10^{-3}$	2.86
二氯乙酸	$Cl_2CHCOOH$	$K_a^\ominus=5.5\times10^{-2}$	1.26
氨基乙酸	$NH_3^+CH_2COOH$	$K_{a1}^\ominus=4.5\times10^{-3}$	2.35
	$NH_3^+CH_2COO^-$	$K_{a2}^\ominus=1.7\times10^{-10}$	9.78
苯甲酸	C_6H_5COOH	$K_a^\ominus=6.2\times10^{-5}$	4.21
草酸	$H_2C_2O_4$	$K_{a1}^\ominus=5.6\times10^{-2}$	1.25
		$K_{a2}^\ominus=5.1\times10^{-5}$	4.29
α-酒石酸	CH(OH)COOH | CH(OH)COOH	$K_{a1}^\ominus=9.1\times10^{-4}$	3.04
		$K_{a2}^\ominus=4.3\times10^{-5}$	4.37
琥珀酸	CH_2COOH | CH_2COOH	$K_{a1}^\ominus=6.2\times10^{-5}$	4.21
		$K_{a2}^\ominus=2.3\times10^{-6}$	5.64
邻苯二甲酸	$C_6H_4(COOH)_2$（邻位，COOH / COOH）	$K_{a1}^\ominus=1.12\times10^{-3}$	2.95
		$K_{a2}^\ominus=3.91\times10^{-6}$	5.41
柠檬酸	CH_2COOH | C(OH)COOH | CH_2COOH	$K_{a1}^\ominus=7.4\times10^{-4}$	3.13
		$K_{a2}^\ominus=1.7\times10^{-5}$	4.76
		$K_{a3}^\ominus=4.0\times10^{-7}$	6.40
苯酚	C_6H_5OH	$K_a^\ominus$ 1.12×10^{-10}	9.95
顺丁烯二酸	CHCOOH | CHCOOH(顺式)	$K_{a1}^\ominus=1.2\times10^{-2}$	1.92
		$K_{a2}^\ominus=6.0\times10^{-7}$	6.22

名称（碱）	分子式	解离常数	$pK_b^\ominus$
氨	NH_3	$K_b^\ominus=1.8\times10^{-5}$	4.75
联氨	$H_2N—NH_2$	$K_{b1}^\ominus=9.8\times10^{-7}$	6.01
		$K_{b2}^\ominus=1.32\times10^{-15}$	14.88
羟氨	NH_2OH	$K_b^\ominus=9.1\times10^{-9}$	8.04

续表

名称(碱)	分子式	解离常数	$pK_b^\ominus$
甲胺	CH_3NH_2	$K_b^\ominus=4.2\times10^{-4}$	3.38
乙胺	$C_2H_5NH_2$	$K_b^\ominus=4.3\times10^{-4}$	3.37
苯胺	$C_6H_5NH_2$	$K_b^\ominus=4.2\times10^{-10}$	9.38
乙二胺	$H_2NC_2H_4NH_2$	$K_{b1}^\ominus=8.5\times10^{-5}$	4.07
		$K_{b2}^\ominus=7.1\times10^{-8}$	7.15
三乙醇胺	$N(C_2H_4OH)_3$	$K_b^\ominus=5.8\times10^{-7}$	6.24
六亚甲基四胺	$(CH_2)_6N_4$	$K_b^\ominus=1.35\times10^{-9}$	8.87
吡啶	C_5H_5N	$K_b^\ominus=1.8\times10^{-9}$	8.74

附录 4 一些物质的溶度积（298.15K）

化合物	$K_{sp}^\ominus$	$pK_{sp}^\ominus$	化合物	$K_{sp}^\ominus$	$pK_{sp}^\ominus$
AgAc	1.94×10^{-3}	2.71	Hg_2Cl_2	1.43×10^{-18}	17.84
AgCl	1.77×10^{-10}	9.75	HgI_2	2.82×10^{-29}	28.55
AgBr	5.35×10^{-13}	12.27	$Hg(OH)_2$	3.13×10^{-26}	25.50
$AgBrO_3$	5.34×10^{-5}	4.27	HgS(黑)	6.44×10^{-53}	52.19
AgCN	5.97×10^{-17}	16.22	HgS(红)	2.00×10^{-53}	52.70
AgI	8.52×10^{-17}	16.07	Hg_2Br_2	6.41×10^{-23}	22.19
$AgIO_3$	3.17×10^{-8}	7.50	Hg_2CO_3	3.67×10^{-17}	16.44
Ag_2CrO_4	1.12×10^{-12}	11.95	$Hg_2C_2O_4$	1.75×10^{-13}	12.76
AgSCN	1.03×10^{-12}	11.99	Hg_2F_2	3.10×10^{-6}	5.51
$Ag_2S(\alpha)$	6.69×10^{-50}	49.17	Hg_2I_2	5.33×10^{-29}	28.27
$Ag_2S(\beta)$	1.09×10^{-49}	48.96	Hg_2SO_4	7.99×10^{-7}	6.10
Ag_2SO_3	1.49×10^{-14}	13.83	$KClO_4$	1.05×10^{-2}	1.98
Ag_2SO_4	1.70×10^{-5}	4.92	K_2PtCl_6	7.48×10^{-6}	5.13
$Ag_2C_2O_4$	5.40×10^{-12}	11.27	Li_2CO_3	8.15×10^{-4}	3.09
Ag_3AsO_4	1.03×10^{-22}	21.99	$MgCO_3$	6.82×10^{-6}	5.17
Ag_3PO_4	8.89×10^{-17}	16.05	$MgC_2O_4\cdot2H_2O$	4.83×10^{-6}	5.32
$BaCrO_4$	1.17×10^{-10}	9.93	MgF_2	7.421×10^{-11}	10.13
$BaCO_3$	2.58×10^{-9}	8.31	$Mg(OH)_2$	5.61×10^{-12}	11.25
$BaSO_4$	1.08×10^{-10}	9.97	$Mg_3(PO_4)_2$	1.04×10^{-24}	23.98
BaF_2	1.84×10^{-7}	6.74	$MnCO_3$	2.24×10^{-11}	10.65
$BiAsO_4$	4.43×10^{-10}	9.35	$Mn(OH)_2$	2.06×10^{-13}	12.69
Bi_2S_3	1.82×10^{-99}	98.74	MnS	4.65×10^{-14}	13.33
$Ca(OH)_2$	5.02×10^{-6}	5.30	$Ni(OH)_2$	5.48×10^{-16}	15.26
$CaCO_3$	3.36×10^{-9}	8.47	NiS	1.07×10^{-21}	20.97
CaC_2O_4	2.32×10^{-9}	8.63	$PbBr_2$	6.60×10^{-6}	5.18
CaF_2	3.45×10^{-11}	10.46	$PbCO_3$	1.46×10^{-13}	12.84
$Ca_3(PO_4)_2$	2.07×10^{-33}	32.68	$PbCl_2$	1.70×10^{-5}	4.77
$CaSO_4$	4.93×10^{-5}	4.31	PbC_2O_4	8.51×10^{-10}	9.07
$CdCO_3$	1.0×10^{-12}	12.00	PbI_2	9.8×10^{-9}	8.01
$CdC_2O_4\cdot3H_2O$	1.42×10^{-8}	7.85	$Pb(OH)_2$	1.43×10^{-20}	19.84
$Cd(OH)_2$	7.2×10^{-15}	14.14	PbS	9.04×10^{-29}	28.04
CdS	1.40×10^{-29}	28.85	$PbSO_4$	2.53×10^{-8}	7.60
$Co(OH)_2$	5.92×10^{-15}	14.23	$SrCO_3$	5.60×10^{-10}	9.05
CuCl	1.72×10^{-7}	6.76	SrF_2	4.33×10^{-9}	8.36
CuI	1.27×10^{-12}	11.90	$SrSO_4$	3.77×10^{-7}	6.42
CuSCN	1.77×10^{-13}	12.75	$Sn(OH)_2$	5.45×10^{-27}	26.26
CuS	1.27×10^{-36}	35.90	SnS	3.25×10^{-28}	27.49
$Cu_3(PO_4)_2$	1.39×10^{-37}	36.86	$ZnCO_3$	1.46×10^{-10}	9.84
$FeCO_3$	3.13×10^{-11}	10.50	$ZnC_2O_4\cdot2H_2O$	1.37×10^{-9}	8.86
FeS	1.59×10^{-19}	18.80	ZnF_2	3.04×10^{-2}	1.52
FeF_2	2.36×10^{-6}	5.63	$Zn(OH)_2$	3×10^{-17}	16.5
$Fe(OH)_2$	4.87×10^{-17}	16.31	ZnS	2.93×10^{-25}	24.53
$Fe(OH)_3$	2.79×10^{-39}	38.55	ZnS_β	5×10^{-25}	24.3
$FePO_4\cdot2H_2O$	9.92×10^{-29}	28.00	$ZnO(OH)_2$	6×10^{-49}	48.2

附录 5 标准电极电势（298.15K）

一、酸性介质

电对（氧化态/还原态）	电极反应（氧化态＋ze^-⇌还原态）	标准电极电势 $E^{\ominus}$/V
Li^+/Li	$Li^+(aq)+e^- \rightleftharpoons Li(s)$	−3.0401
K^+/K	$K^+(aq)+e^- \rightleftharpoons K(s)$	−2.931
Ba^{2+}/Ba	$Ba^{2+}(aq)+2e^- \rightleftharpoons Ba(s)$	−2.906
Sr^{2+}/Sr	$Sr^{2+}(aq)+2e^- \rightleftharpoons Sr(s)$	−2.899
Ca^{2+}/Ca	$Ca^{2+}(aq)+2e^- \rightleftharpoons Ca(s)$	−2.868
Na^+/Na	$Na^+(aq)+e^- \rightleftharpoons Na(s)$	−2.71
Mg^{2+}/Mg	$Mg^{2+}(aq)+2e^- \rightleftharpoons Mg(s)$	−2.372
Be^{2+}/Be	$Be^{2+}(aq)+2e^- \rightleftharpoons Be(s)$	−1.968
Al^{3+}/Al	$Al^{3+}(aq)+3e^- \rightleftharpoons Al(s)$(0.1mol/L NaOH)	−1.662
Mn^{2+}/Mn	$Mn^{2+}(aq)+2e^- \rightleftharpoons Mn(s)$	−1.185
TiO_2/Ti	$TiO_2(s)+4H^+(aq)+4e^- \rightleftharpoons Ti(s)+2H_2O$	−0.86
SiO_2/Si	$SiO_2(s)+4H^+(aq)+4e^- \rightleftharpoons Si(s)+2H_2O$	−0.84
Zn^{2+}/Zn	$Zn^{2+}(aq)+2e^- \rightleftharpoons Zn(s)$	−0.7618
Fe^{2+}/Fe	$Fe^{2+}(aq)+2e^- \rightleftharpoons Fe(s)$	−0.447
Cd^{2+}/Cd	$Cd^{2+}(aq)+2e^- \rightleftharpoons Cd(s)$	−0.4030
Co^{2+}/Co	$Co^{2+}(aq)+2e^- \rightleftharpoons Co(s)$	−0.28
Ni^{2+}/Ni	$Ni^{2+}(aq)+2e^- \rightleftharpoons Ni(s)$	−0.257
Sn^{2+}/Sn	$Sn^{2+}(aq)+2e^- \rightleftharpoons Sn(s)$	−0.1375
Pb^{2+}/Pb	$Pb^{2+}(aq)+2e^- \rightleftharpoons Pb(s)$	−0.1262
H^+/H_2	$H^+(aq)+e^- \rightleftharpoons \frac{1}{2}H_2(g)$	0.0000
$S_4O_6{}^{2-}/S_2O_3{}^{2-}$	$S_4O_6^{2-}(aq)+2e^- \rightleftharpoons 2S_2O_3^{2-}(aq)$	+0.08
S/H_2S	$S(s)+2H^+(aq)+2e^- \rightleftharpoons H_2S(aq)$	+0.142
Sn^{4+}/Sn^{2+}	$Sn^{4+}(aq)+2e^- \rightleftharpoons Sn^{2+}(aq)$	+0.151
SO_4^{2-}/H_2SO_3	$SO_4^{2-}(aq)+4H^++2e^- \rightleftharpoons H_2SO_3(aq)+H_2O$	+0.172
Hg_2Cl_2/Hg	$Hg_2Cl_2(s)+2e^- \rightleftharpoons 2Hg(l)+2Cl^-(aq)$	+0.26808
Cu^{2+}/Cu	$Cu^{2+}(aq)+2e^- \rightleftharpoons Cu(s)$	+0.3419
O_2/OH^-	$\frac{1}{2}O_2(g)+H_2O+2e^- \rightleftharpoons 2OH^-(aq)$	+0.401
Cu^+/Cu	$Cu^+(aq)+e^- \rightleftharpoons Cu(s)$	+0.521
I_2/I^-	$I_2(s)+2e^- \rightleftharpoons 2I^-(aq)$	+0.5355
O_2/H_2O_2	$O_2(g)+2H^+(aq)+2e^- \rightleftharpoons H_2O_2(aq)$	+0.695
Fe^{3+}/Fe^{2+}	$Fe^{3+}(aq)+e^- \rightleftharpoons Fe^{2+}(aq)$	+0.771
$Hg_2{}^{2+}/Hg$	$\frac{1}{2}Hg_2{}^{2+}(aq)+e^- \rightleftharpoons Hg(l)$	+0.7973
Ag^+/Ag	$Ag^+(aq)+e^- \rightleftharpoons Ag(s)$	+0.7990
Hg^{2+}/Hg	$Hg^{2+}(aq)+2e^- \rightleftharpoons Hg(l)$	+0.851
NO_3^-/NO	$NO_3^-(aq)+4H^+(aq)+3e^- \rightleftharpoons NO(g)+2H_2O$	+0.957
HNO_2/NO	$HNO_2(aq)+H^+(aq)+e^- \rightleftharpoons NO(g)+H_2O$	+0.983
Br_2/Br^-	$Br_2(l)+2e^- \rightleftharpoons 2Br^-(aq)$	+1.066
MnO_2/Mn^{2+}	$MnO_2(s)+4H^+(aq)+2e^- \rightleftharpoons Mn^{2+}(aq)+2H_2O$	+1.224
O_2/H_2O	$O_2(g)+4H^+(aq)+4e^- \rightleftharpoons 2H_2O$	+1.229
$Cr_2O_7^{2-}/Cr^{3+}$	$Cr_2O_7^{2-}(aq)+14H^+(aq)+6e^- \rightleftharpoons 2Cr^{3+}(aq)+7H_2O$	+1.232
Cl_2/Cl^-	$Cl_2(g)+2e^- \rightleftharpoons 2Cl^-(aq)$	+1.35827

续表

电对 （氧化态/还原态）	电极反应 （氧化态＋ze^-⇌还原态）	标准电极电势 $E^{\ominus}$/V
MnO_4^-/Mn^{2+}	$MnO_4^-(aq)+8H^+(aq)+5e^- \rightleftharpoons Mn^{2+}(aq)+4H_2O$	＋1.507
H_2O_2/H_2O	$H_2O_2(aq)+2H^+(aq)+2e^- \rightleftharpoons 2H_2O$	＋1.776
$S_2O_8^{2-}/SO_4^{2-}$	$S_2O_8^{2-}(aq)+2e^- \rightleftharpoons 2SO_4^{2-}(aq)$	＋2.010
F_2/F^-	$F_2(g)+2e^- \rightleftharpoons 2F^-(aq)$	＋2.866

二、 碱性介质

电对 （氧化态/还原态）	电极反应 （氧化态＋ze^-⇌还原态）	标准电极电势 $E^{\ominus}$/V
$Ca(OH)_2/Ca$	$Ca(OH)_2(s)+2e^- \rightleftharpoons Ca(s)+2OH^-(aq)$	－3.02
$Ba(OH)_2/Ba$	$Ba(OH)_2(s)+2e^- \rightleftharpoons Ba(s)+2OH^-(aq)$	－2.91
$Sr(OH)_2/Sr$	$Sr(OH)_2(s)+2e^- \rightleftharpoons Sr(s)+2OH^-(aq)$	－2.90
$H_2AlO_3^-/Al$	$H_2AlO_3^-(aq)+H_2O+3e^- \rightleftharpoons Al(s)+4OH^-(aq)$	－2.35
SiO_3^{2-}/Si	$SiO_3^{2-}(aq)+3H_2O+4e^- \rightleftharpoons Si(s)+6OH^-(aq)$	－1.697
$Mn(OH)_2/Mn$	$Mn(OH)_2(s)+2e^- \rightleftharpoons Mn(s)+2OH^-(aq)$	－1.56
$Cr(OH)_2/Cr$	$Cr(OH)_3(s)+3e^- \rightleftharpoons Cr(s)+3OH^-(aq)$	－1.48
ZnO_2^{2-}/Zn	$ZnO_2^{2-}(aq)+H_2O+2e^- \rightleftharpoons Zn(s)+4OH^-(aq)$	－1.249
CrO_2^-/Cr	$CrO_2^-(aq)+H_2O+3e^- \rightleftharpoons Cr(s)+4OH^-(aq)$	－1.48
H_2O/H_2	$2H_2O+2e^- \rightleftharpoons H_2(g)+2OH^-(aq)$	－0.8277
$Ni(OH)_2/Ni$	$Ni(OH)_2(s)+2e^- \rightleftharpoons Ni(s)+2OH^-(aq)$	－0.72
$Fe(OH)_3/Fe(OH)_2$	$Fe(OH)_3(s)+e^- \rightleftharpoons Fe(OH)_2(s)+OH^-(aq)$	－0.56
$Cu(OH)_2/Cu$	$Cu(OH)_2(s)+2e^- \rightleftharpoons Cu(s)+2OH^-(aq)$	－0.222

参 考 文 献

[1] 曲向荣．环境保护与可持续发展［M］．北京：清华大学出版社，2012.
[2] 刘芃岩．环境保护概论［M］．北京：化学工业出版社，2011.
[3] 史启祯．无机化学与化学分析［M］．北京：高等教育出版社，2011.
[4] 王玉梅．环境学基础［M］．北京：科学出版社，2010.
[5] 王红云，赵连俊．环境化学［M］．北京：化学工业出版社，2009.
[6] 郭廷忠，周艳梅，王琳．环境管理学［M］．北京：科学出版社，2009.
[7] 杨秋华，曲建强．大学化学［M］．天津：天津大学出版社，2009.
[8] 曹瑞军．大学化学［M］．北京：高等教育出版社，2008.
[9] 冯小明，张崇才，冯晓东．复合材料［M］．重庆：重庆大学出版社，2007.
[10] 李云凯，周张健．陶瓷及其复合材料［M］．北京：北京理工大学出版社，2007.
[11] 大连理工大学普通化学教研组编．大学普通化学［M］．大连：大连理工大学出版社，2007.
[12] 王国建，王德海，邱军．功能高分子材料［M］．上海：华东理工大学出版社，2006.
[13] 浙江大学普通化学教研组编．王明华，徐瑞钧，周永秋，张殊佳修订．普通化学［M］．北京：高等教育出版社，2006.
[14] 徐晓虹，吴建峰，王国梅．材料概论［M］．北京：高等教育出版社，2006.
[15] 雅菁，吴芳，周彩楼．材料概论［M］．重庆：重庆大学出版社，2006.
[16] 车剑飞，黄洁雯，杨娟．复合材料及其工程应用［M］．北京：机械工业出版社，2006.
[17] 韩选利．大学化学［M］．北京：高等教育出版社，2005.
[18] 杨华明，宋晓岚，金圣明．新型无机材料［M］．北京：化学工业出版社，2004.
[19] 郝元恺，肖加余．高性能材料学［M］．北京：化学工业出版社，2004.
[20] 何强，井文涌，王翊亭．环境学导论［M］．北京：清华大学出版社，2004.
[21] 尹洪峰，任耘，罗发．复合材料及其应用［M］．西安：陕西科学技术出版社，2003.
[22] 华彤文，高月英，赵凤林，李俊然，程虎民，戴乐荣．大学基础化学［M］．北京：高等教育出版社，2003.
[23] 大连理工大学无机化学教研室编．无机化学［M］．北京：高等教育出版社，2003.
[24] 施惠生．材料概论［M］．上海：同济大学出版社，2003.
[25] 郭红卫，汪济奎．现代功能材料及其应用［M］．北京：化学工业出版社，2002.
[26] 倪礼忠，陈麒．复合材料科学与工程［M］．北京：科学出版社，2002.
[27] 曲保中，朱炳林，周伟红主编．新大学化学［M］．北京：科学出版社，2002.
[28] 吴人杰．复合材料［M］．天津：天津大学出版社，2000.
[29] 何燧源，金云云，何方．环境化学［M］．上海：华东理工大学出版社，2000.
[30] 王荣国，武卫莉，谷万里．复合材料概论［M］．哈尔滨：哈尔滨工业大学出版社，1999.
[31] 傅献彩，大学化学［M］．北京：高等教育出版社，1999.
[32] 张德庆，张东兴，刘立柱．高分子材料科学导论［M］．哈尔滨：哈尔滨工业大学出版社，1999.
[33] 戴金辉，葛兆明，吴泽．非金属材料概论［M］．哈尔滨：哈尔滨工业大学出版社，1997.
[34] 张国定，赵昌正．金属基复合材料［M］．上海：上海交通大学出版社，1996.
[35] 于春天．金属基复合材料［M］．北京：冶金工业出版社，1995.
[36] 王焰新．改善环境与消除贫困：城市可持续发展战略实证研究［M］．北京：中国环境科学出版社，2002.
[37] 葛瑞法．绿色化学发展及环境应用的哲学思考［D］．山西大学，2008.
[38] 李向东．大学有机化学教学中渗透绿色化学理念的研究［D］．西北大学，2015.
[39] 梁春妹．高中绿色化学教学策略研究［D］．广西师范大学，2012.
[40] 林玲．基于绿色化学视角的初中化学教学优化研究［D］．华中师范大学，2015.
[41] 王霞，张冉冉，吕浩，赵秋玲，滕利华，张帅一，高鹏，艾晶晶．超材料的发展及研究现状［J］．青岛科技大学学报（自然科学版），2016（02）．
[42] 宋坤．光学超材料与手性超材料的电磁特性研究［D］．西北工业大学，2014.
[43] 周济，于相龙．智能超材料的创新特性与应用前景［J］．中国工业和信息化，2018（08）．

[44] 王淳佳．基于专利信息分析的碳纤维产业发展策略研究［D］．昆明理工大学，2018.
[45] 郑林宝．连续化碳纤维表面生长碳纳米管及其结构性能研究［D］．山东大学，2018.
[46] 曾祥．碳纤维复合材料超声检测若干关键技术研究［D］．浙江大学，2018.
[47] 黄永昌．电化学保护技术及其应用第二讲阴极保护原理及其应用［J］．腐蚀与防护，2000，21（4）．
[48] 杨绮琴．应用电化学［M］．第2版．广州：中山大学出版社，2001.

元素周期表

IUPAC 2013

图例	
氧化态(单质的氧化态为0，未列入；常见的为红色)	+2 +3 +4 +5 +6
原子序数	95
元素符号(红色的为放射性元素)	Am
元素名称(注▴的为人造元素)	镅▴
价层电子构型	$5f^{7}7s^{2}$
以 $^{12}C=12$ 为基准的原子量(注✦的是半衰期最长同位素的原子量)	243.06138(2)✦

s区元素 p区元素 d区元素 ds区元素 f区元素 稀有气体

周期＼族	1 ⅠA	2 ⅡA	3 ⅢB	4 ⅣB	5 ⅤB	6 ⅥB	7 ⅦB	8	9 ⅧB(Ⅷ)	10	11 ⅠB	12 ⅡB	13 ⅢA	14 ⅣA	15 ⅤA	16 ⅥA	17 ⅦA	18 ⅧA(0)	电子层
1	**1** H 氢 $1s^{1}$ 1.008 -1 +1																	**2** He 氦 $1s^{2}$ 4.002602(2)	K
2	**3** Li 锂 $2s^{1}$ 6.94 +1	**4** Be 铍 $2s^{2}$ 9.0121831(5) +2											**5** B 硼 $2s^{2}2p^{1}$ 10.81 +3	**6** C 碳 $2s^{2}2p^{2}$ 12.011 -4 +2 +4	**7** N 氮 $2s^{2}2p^{3}$ 14.007 -3 -2 -1 +1 +2 +3 +4 +5	**8** O 氧 $2s^{2}2p^{4}$ 15.999 -2 -1	**9** F 氟 $2s^{2}2p^{5}$ 18.998403163(6) -1	**10** Ne 氖 $2s^{2}2p^{6}$ 20.1797(6)	L K
3	**11** Na 钠 $3s^{1}$ 22.98976928(2) -1 +1	**12** Mg 镁 $3s^{2}$ 24.305 +2											**13** Al 铝 $3s^{2}3p^{1}$ 26.9815385(7) +3	**14** Si 硅 $3s^{2}3p^{2}$ 28.085 -4 +2 +4	**15** P 磷 $3s^{2}3p^{3}$ 30.973761998(5) -3 +1 +3 +5	**16** S 硫 $3s^{2}3p^{4}$ 32.06 -2 +2 +4 +6	**17** Cl 氯 $3s^{2}3p^{5}$ 35.45 -1 +1 +3 +5 +7	**18** Ar 氩 $3s^{2}3p^{6}$ 39.948(1)	M L K
4	**19** K 钾 $4s^{1}$ 39.0983(1) -1 +1	**20** Ca 钙 $4s^{2}$ 40.078(4) +2	**21** Sc 钪 $3d^{1}4s^{2}$ 44.955908(5) +3	**22** Ti 钛 $3d^{2}4s^{2}$ 47.867(1) -1 0 +2 +3 +4	**23** V 钒 $3d^{3}4s^{2}$ 50.9415(1) 0 ±1 +2 +3 +4 +5	**24** Cr 铬 $3d^{5}4s^{1}$ 51.9961(6) -3 0 ±1 +2 +3 +4 +5 +6	**25** Mn 锰 $3d^{5}4s^{2}$ 54.938044(3) -2 0 ±1 +2 +3 +4 +5 +6 +7	**26** Fe 铁 $3d^{6}4s^{2}$ 55.845(2) -2 0 ±1 +2 +3 +4 +5 +6	**27** Co 钴 $3d^{7}4s^{2}$ 58.933194(4) 0 ±1 +2 +3 +4 +5	**28** Ni 镍 $3d^{8}4s^{2}$ 58.6934(4) 0 ±1 +2 +3 +4	**29** Cu 铜 $3d^{10}4s^{1}$ 63.546(3) +1 +2 +3 +4	**30** Zn 锌 $3d^{10}4s^{2}$ 65.38(2) +1 +2	**31** Ga 镓 $4s^{2}4p^{1}$ 69.723(1) +1 +3	**32** Ge 锗 $4s^{2}4p^{2}$ 72.630(8) +2 +4	**33** As 砷 $4s^{2}4p^{3}$ 74.921595(6) -3 +3 +5	**34** Se 硒 $4s^{2}4p^{4}$ 78.971(8) -2 +2 +4 +6	**35** Br 溴 $4s^{2}4p^{5}$ 79.904 -1 +1 +3 +5 +7	**36** Kr 氪 $4s^{2}4p^{6}$ 83.798(2) +2 +4	N M L K
5	**37** Rb 铷 $5s^{1}$ 85.4678(3) -1 +1	**38** Sr 锶 $5s^{2}$ 87.62(1) +2	**39** Y 钇 $4d^{1}5s^{2}$ 88.90584(2) +3	**40** Zr 锆 $4d^{2}5s^{2}$ 91.224(2) +1 +2 +3 +4	**41** Nb 铌 $4d^{4}5s^{1}$ 92.90637(2) 0 ±1 +2 +3 +4 +5	**42** Mo 钼 $4d^{5}5s^{1}$ 95.95(1) 0 ±1 +2 +3 +4 +5 +6	**43** Tc 锝▴ $4d^{5}5s^{2}$ 97.90721(3)✦ 0 ±1 +2 +3 +4 +5 +6 +7	**44** Ru 钌 $4d^{7}5s^{1}$ 101.07(2) 0 +1 +2 +3 +4 +5 +6 +7 +8	**45** Rh 铑 $4d^{8}5s^{1}$ 102.90550(2) 0 ±1 +2 +3 +4 +5 +6	**46** Pd 钯 $4d^{10}$ 106.42(1) 0 +1 +2 +3 +4	**47** Ag 银 $4d^{10}5s^{1}$ 107.8682(2) +1 +2 +3	**48** Cd 镉 $4d^{10}5s^{2}$ 112.414(4) +1 +2	**49** In 铟 $5s^{2}5p^{1}$ 114.818(1) +1 +3	**50** Sn 锡 $5s^{2}5p^{2}$ 118.710(7) +2 +4	**51** Sb 锑 $5s^{2}5p^{3}$ 121.760(1) -3 +3 +5	**52** Te 碲 $5s^{2}5p^{4}$ 127.60(3) -2 +2 +4 +6	**53** I 碘 $5s^{2}5p^{5}$ 126.90447(3) -1 +1 +3 +5 +7	**54** Xe 氙 $5s^{2}5p^{6}$ 131.293(6) +2 +4 +6 +8	O N M L K
6	**55** Cs 铯 $6s^{1}$ 132.90545196(6) -1 +1	**56** Ba 钡 $6s^{2}$ 137.327(7) +2	**57~71** La~Lu 镧系	**72** Hf 铪 $5d^{2}6s^{2}$ 178.49(2) +1 +2 +3 +4	**73** Ta 钽 $5d^{3}6s^{2}$ 180.94788(2) 0 ±1 +2 +3 +4 +5	**74** W 钨 $5d^{4}6s^{2}$ 183.84(1) 0 ±1 +2 +3 +4 +5 +6	**75** Re 铼 $5d^{5}6s^{2}$ 186.207(1) 0 ±1 +2 +3 +4 +5 +6 +7	**76** Os 锇 $5d^{6}6s^{2}$ 190.23(3) 0 +1 +2 +3 +4 +5 +6 +7 +8	**77** Ir 铱 $5d^{7}6s^{2}$ 192.217(3) 0 ±1 +2 +3 +4 +5 +6	**78** Pt 铂 $5d^{9}6s^{1}$ 195.084(9) 0 +2 +3 +4 +5 +6	**79** Au 金 $5d^{10}6s^{1}$ 196.966569(5) +1 +2 +3 +5	**80** Hg 汞 $5d^{10}6s^{2}$ 200.592(3) +1 +2 +3	**81** Tl 铊 $6s^{2}6p^{1}$ 204.38 +1 +3	**82** Pb 铅 $6s^{2}6p^{2}$ 207.2(1) +2 +4	**83** Bi 铋 $6s^{2}6p^{3}$ 208.98040(1) -3 +3 +5	**84** Po 钋 $6s^{2}6p^{4}$ 208.98243(2)✦ -2 +2 +4 +6	**85** At 砹 $6s^{2}6p^{5}$ 209.98715(5)✦ ±1 +3 +5 +7	**86** Rn 氡 $6s^{2}6p^{6}$ 222.01758(2)✦ +2	P O N M L K
7	**87** Fr 钫▴ $7s^{1}$ 223.01974(2)✦ +1	**88** Ra 镭 $7s^{2}$ 226.02541(2)✦ +2	**89~103** Ac~Lr 锕系	**104** Rf 𬬻▴ $6d^{2}7s^{2}$ 267.122(4)✦	**105** Db 𨧀▴ $6d^{3}7s^{2}$ 270.131(4)✦	**106** Sg 𨭎▴ $6d^{4}7s^{2}$ 269.129(3)✦	**107** Bh 𨨏▴ $6d^{5}7s^{2}$ 270.133(2)✦	**108** Hs 𨭆▴ $6d^{6}7s^{2}$ 270.134(2)✦	**109** Mt 鿏▴ $6d^{7}7s^{2}$ 278.156(5)✦	**110** Ds 𫟼▴ 281.165(4)✦	**111** Rg 𬬭▴ 281.166(6)✦	**112** Cn 鿔▴ 285.177(4)✦	**113** Nh 鿭▴ 286.182(5)✦	**114** Fl 𫓧▴ 289.190(4)✦	**115** Mc 镆▴ 289.194(6)✦	**116** Lv 𫟷▴ 293.204(4)✦	**117** Ts 鿬▴ 293.208(6)✦	**118** Og 鿫▴ 294.214(5)✦	Q P O N M L K

★	57	58	59	60	61	62	63	64	65	66	67	68	69	70	71
★ 镧系	**57** La★ 镧 $5d^{1}6s^{2}$ 138.90547(7) +3	**58** Ce 铈 $4f^{1}5d^{1}6s^{2}$ 140.116(1) +2 +3 +4	**59** Pr 镨 $4f^{3}6s^{2}$ 140.90766(2) +3 +4	**60** Nd 钕 $4f^{4}6s^{2}$ 144.242(3) +2 +3 +4	**61** Pm 钷▴ $4f^{5}6s^{2}$ 144.91276(2)✦ +3	**62** Sm 钐 $4f^{6}6s^{2}$ 150.36(2) +2 +3	**63** Eu 铕 $4f^{7}6s^{2}$ 151.964(1) +2 +3	**64** Gd 钆 $4f^{7}5d^{1}6s^{2}$ 157.25(3) +3	**65** Tb 铽 $4f^{9}6s^{2}$ 158.92535(2) +3 +4	**66** Dy 镝 $4f^{10}6s^{2}$ 162.500(1) +3 +4	**67** Ho 钬 $4f^{11}6s^{2}$ 164.93033(2) +3	**68** Er 铒 $4f^{12}6s^{2}$ 167.259(3) +3	**69** Tm 铥 $4f^{13}6s^{2}$ 168.93422(2) +2 +3	**70** Yb 镱 $4f^{14}6s^{2}$ 173.045(10) +2 +3	**71** Lu 镥 $4f^{14}5d^{1}6s^{2}$ 174.9668(1) +3
★ 锕系	**89** Ac★ 锕 $6d^{1}7s^{2}$ 227.02775(2)✦ +3	**90** Th 钍 $6d^{2}7s^{2}$ 232.0377(4) +3 +4	**91** Pa 镤 $5f^{2}6d^{1}7s^{2}$ 231.03588(2) +3 +4 +5	**92** U 铀 $5f^{3}6d^{1}7s^{2}$ 238.02891(3) +3 +4 +5 +6	**93** Np 镎 $5f^{4}6d^{1}7s^{2}$ 237.04817(2)✦ +3 +4 +5 +6 +7	**94** Pu 钚 $5f^{6}7s^{2}$ 244.06421(4)✦ +3 +4 +5 +6 +7	**95** Am 镅▴ $5f^{7}7s^{2}$ 243.06138(2)✦ +2 +3 +4 +5 +6	**96** Cm 锔▴ $5f^{7}6d^{1}7s^{2}$ 247.07035(3)✦ +3 +4	**97** Bk 锫▴ $5f^{9}7s^{2}$ 247.07031(4)✦ +3 +4	**98** Cf 锎▴ $5f^{10}7s^{2}$ 251.07959(3)✦ +2 +3 +4	**99** Es 锿▴ $5f^{11}7s^{2}$ 252.0830(3)✦ +2 +3	**100** Fm 镄▴ $5f^{12}7s^{2}$ 257.09511(5)✦ +2 +3	**101** Md 钔▴ $5f^{13}7s^{2}$ 258.09843(3)✦ +2 +3	**102** No 锘▴ $5f^{14}7s^{2}$ 259.1010(7)✦ +2 +3	**103** Lr 铹▴ $5f^{14}6d^{1}7s^{2}$ 262.110(2)✦ +3